Best wishes for the future of your work with animation students

Gary Mairs

祝愿动画学生的作品拥有美好的未来！

盖瑞·梅尔斯

盖瑞·梅尔斯（Gary Mairs）

美国籍。美国加州艺术学院电影学院院长、电影导演工作坊创办人之一。在电影界有多年的创作经验。曾导演和监制电影短片《醒梦》(2007)、《说出它》(2008)、《海明威的夜晚》(2009)，担任官方纪录片《出神入化：电影剪辑的魔力》(2004)的艺术指导。在线上专业杂志包括《摄影机的低架》、《烂番茄》。发表多篇专业论文，著作有《被控对称性：詹姆斯·班宁的风景电影》。

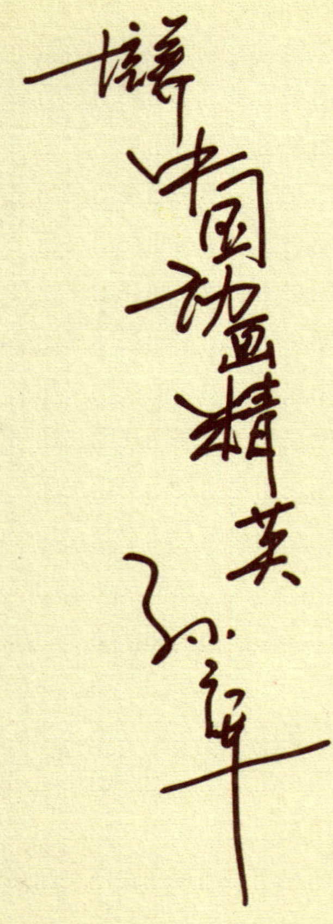

孙立军

北京电影学院动画学院院长、教授。

现任国家扶持动漫产业专家组原创组负责人、中国动画学会副会长、中国电视艺术家协会卡通艺术委员会常务理事、中国成人教育协会培训中心动漫游培训基地专家委员会主任委员、中国软件学会游戏分会副会长、中国东方文化研究会漫画分会理事长、国际动画教育联盟主席、微软亚洲研究院客座研究员、北京电影学院动画艺术研究所所长。

主要作品有：漫画《风》，动画短片《小螺号》、《好邻居》，动画系列片《三只小狐狸》、《越野赛》、《浑元》、《西西瓜瓜历险记》，动画电影《小兵张嘎》、《欢笑满屋》等。

曾担任中国中央电视台少儿频道动画片、“金童奖”、“金鹰奖”、“华表奖”、汉城国际动画电影节、2008奥运吉祥物设计、世界漫画大会“学院奖”等奖项的评委。曾获中国政府华表奖优秀动画片奖、中国电影金鸡奖最佳美术片奖提名等奖项。

with head and hands ...
all the best to
Animation Students
Keep animating!
Robi Engler

祝愿所有学习动画的学生，用你们的头脑和双手，创作出优秀的作品！

罗比·恩格勒

罗比·恩格勒（Robi Engler）

瑞士籍。1975年创办“想象动画工作室”，致力于动画电视与影院长片创作，并热衷动画教育，于欧、亚、非三洲客座教学数年。著有《动画电影工作室》一书，并被翻译成四国语言。

THE FUTURE OF ANIMATION IN CHINA IS IN THE HANDS OF YOUNG TALENT LIKE YOURSELVES. TOMORROW'S LEGENDS ARE BORN TODAY!

CHEERS,

KEVIN GEIGER

WALT DISNEY ANIMATION

中国动画的未来掌握在年轻人手中，就如同你们自己。今天的你们必将成为明天的传奇！

凯文·盖格

凯文·盖格（Kevin Geiger）

美国籍。现任北京电影学院客座教授。曾担任迪斯尼动画电影公司电脑动画以及技术总监、加州艺术学院电影学院实验动画系副教授。在好莱坞动画和特效产业有将近15年的技术、艺术和组织方面的经验，并担任Animation Options动画专业咨询公司总裁、Simplistic Pictures动画制作公司得奖动画的制片人、非营利组织“Animation Co-op”的导演。

Maya 3D 图形与动画设计

[美]亚当·沃特金斯　编著
张星海　张　娟　高　清　等译

中国科学技术出版社
·北　京·

图书在版编目(CIP)数据

Maya 3D 图形与动画设计/(美)沃特金斯编著,张星海等译.—北京:中国科学技术出版社,2011
书名原文:Introduction to 3D Graphics & Animation Using Maya
(优秀动漫游系列教材)
ISBN 978-7-5046-4978-2

Ⅰ.①M… Ⅱ.①沃… ②张… Ⅲ.①三维—动画—图形软件,Maya—教材 Ⅳ.①TP391.41

中国版本图书馆 CIP 数据核字(2011)第 023395 号

著作权合同登记号:01-2009-5377

译　　者 张星海 张 娟 高 清 邹佰晶 陶伟萍 杨 帆 邵 东

策划编辑 肖 叶
责任编辑 胡 萍 邵 梦
封面设计 阳 光
责任校对 王勤杰
责任印制 安利平
法律顾问 宋润君

中国科学技术出版社出版
北京市海淀区中关村南大街 16 号 邮政编码:100081
电话:010-62173865 传真:010-62179148
http://www.kjpbooks.com.cn
科学普及出版社发行部发行
北京国防印刷厂印刷
*
开本:700 毫米×1000 毫米 1/16 印张:27.75 彩插:4 字数:500 千字
2011 年 5 月第 1 版 2011 年 5 月第 1 次印刷
ISBN 978-7-5046-4978-2/TP·377
印数:1—4500 册 定价:86.00 元 配 DVD 一张

(凡购买本社的图书,如有缺页、倒页、
脱页者,本社发行部负责调换)

前　言

本书将为使用 Maya 制作三维动画提供全面的分析。本书覆盖了动画制作的大部分领域，包括：建模、UV 贴图、纹理、渲染、绑定及动画，可供个人在家中自学或课堂教学使用。全书每一章都由一些理论和范例构成，范例既可以用于自学也可以用于课堂练习。如果你正使用这本书作为课堂教案，那么请确保浏览一下本书附录中的建议。

关于范例

了解按哪个按钮以及使用哪个下拉菜单是很重要的。然而，那只是成为优秀的模型师、纹理艺术家或动画师的一部分。因此每一章都以一些理论为开端，而每一个范例都会加入提示，来解释在刚才的操作步骤中要求你这么操作的原因。

这些“为什么”部分——用一个灯泡图标作指示——包括使用工具的重要技巧，以及我们使用某个具体工具的原因。请一定重视这些部分，因为它们有助于你超越简单的三维技术学习，让你能够开始创造出真正属于自己的作品。

关于光盘的说明

随书附赠的光盘包括范例的操作结果及所有中间步骤。如果你发现范例有部分不清楚或是想看到更多的操作步骤，请一定要看一下光盘上的文件。

目 录

第一章　三维创作流程

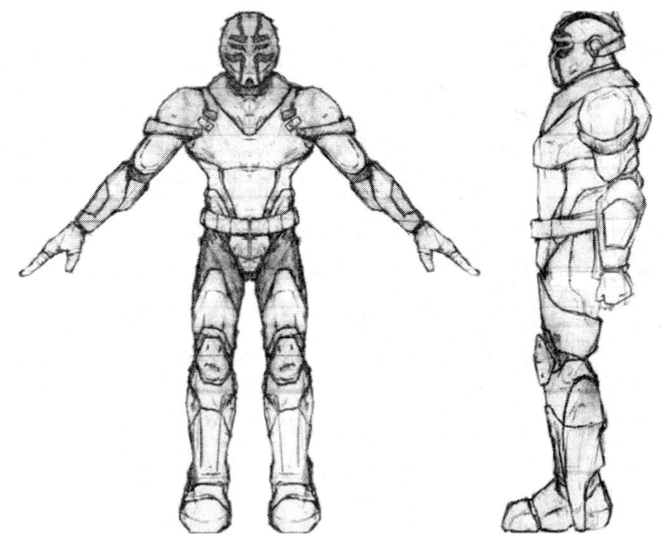

基本术语

在深入学习之前，让我们花片刻的时间来确保我们讲的是相同的语言。三维同其他行业领域一样，充满着行业术语，随处可见。

我们当中大部分人都创建过一些简单模型，如塑料飞机或小汽车，或者创建过中高级科学生态系统模型。总之，建模的要点不是要再次创造出你的目标物体，而是用这种形式将它表现出来。使用电脑建模也是一样的——它是许多由电脑处理的数据指令，这些数据指令用来形成一个物体的几何形状。这种模型的几何体只存在于电脑的数据空间中。它们如同 Word 文档或 Photoshop 文档一样，也是一种文档。三维模型可以通过网上传递，或者储存在磁盘上和复制在光盘上，同时也会出现数据丢失的现象。事实上，它只是一种 1 和 0 的集合。然而，这种 1 或 0 的数据集合几乎能表现出所有的三维世界。前面所讲的知识都是深入学习后面的三维概念的基础。但是请记住，模型只是一个物体的表现形式，不要试着把它当成真实的物体本身。在你的建模过程中要想方设法减少模型的面数，虽然面数很重要，但是一个好的三维项目不一定需要精致的（高面数的）模型。仔细规划好你的制作时间，包括所有的三维领域（如模型、贴图、灯光领域）。当老板寻找三维高手时，一个纹理、灯光、渲染、动画设置效果都很好的模型，要比一个不具备这些效果的模型更能给人留下深刻的印象（请看第三章“建模基础——多边形基础建模”）。

在建模完成后，就可以贴图了。贴图就像是把彩色的包装纸或装饰片贴到模型的表面上。一些贴图可以使模型显得更加清晰，另外一些贴图则会使模型看起来具有凹凸感、光泽感、粗糙感或其他效果。有一些纹理贴图（置换贴图）甚至改变了模型的几何体形状。有些贴图能像幻灯机放映幻灯片一样被投射到物体上，也可以像毛毯或包装纸一样被展开或被附加到模型几何体的一部分上。纹理贴图可以把同一个球体模型从高尔夫球变成网球、棒球、篮球、地球仪、真实的地球等不同特征的物体。在第七章和第八章你可以学到贴图的强大功能。

无论你的模型或者贴图有多么精致，如果没有打上灯光还是无法看到。三维灯光，就像所有在数字空间的东西一样，也是虚拟的。它用数学运算法则，来模拟真实世界的光线效果。尽管现在的三维软件在灯光处理方面（三维物体可以真正产生出灯光），以及产生出的光粒子（或光波）在数字空间中工作方面取得了很大进步，但是为了创建有效的照明场景，大量的艺术设计和表现还是必须的。灯光是最重要的三维领域之一，也是最经常被忽视的部分之一。在第十章“角色建模”当中，在灯光设计和灯光理论的实际应用之后会讲解更多灯光理论。

一些三维制作是用于说明的，还有一些三维制作的目的是为了渲染出漂亮的静态图片，另外一些三维制作是为了叙事的，例如动画。尽管我们使用同一个三维程序来创建静态图片和动画，而归根结底，这两种形式的目标和媒介是不同的。动画制作赋予几何体模型生命，给它们活力和性格。动画制作是一个复杂的过程，甚至一个最简单的弹跳球的动画，都需要细心地研究我们周围的世界及物理学中的重量知识。毫无疑问，动画不仅超越了它本身苛刻的技术条件，还要达到一个符合运动规律的层面。你通常会发现，花费了四分之一的时间做一切有关动画制作的其他工作，而花四分之三的时间在搞动画制作。这是一个挑战，但是三维制作的回报是很巨大的，在第十章到第十三章将具体介绍动画制作。

一个场景在完成建模、贴图、灯光及动画设置之后，电脑必须绘制出我们赋予给它的几何体模型、颜色、灯光。这些电脑进行的渲染通常是我们最终的静态图片或动画。渲染有许多不同的方式，包括从最具有真实感的效果到卡通式的效果等等。

当你工作时要记住，渲染复杂的场景会花费大量的时间。当工作完成后，电脑仍然需要进行大量工作来执行你给它的指令，有时甚至最快的电脑也要花费很长时间来做这些工作。当你的客户走进门时，你才完成灯光设置并开始渲染，这是种很愚蠢的做法（根据我的经验，客户们通常对这种拖沓的做法极为不满）。

创建三维项目

现在我们用线性方式讲述所有概念,不过三维工作流程却不是一个线性的过程。图 1 – 1 展示了一个关于三维制作流程性质的准线性图表。

三维项目的第一步是计划,计划,再计划。你或许急于想要进入其中去做项目,这在刚接触三维时是很正常的事,但是早晚你都会想要真正制作一个完整的项目。每花费一个小时作出一个项目的优秀计划,就会在实际生产中节省 10 个小时。在计划的过程中会包含很多绘制草图工作。

米开朗基罗制作了大量的草图。如今，这些草图都是艺术的杰作。对于他来说，这些草图则意味着他的艺术走向了巅峰。它们当中有些是研究物体或人类解剖结构，有些则是研究平面规划、结构、平衡及设计的草图。虽然当今的一些艺术家们能凭借画布上的创作灵感创造出一些优秀的作品，但多数伟大的艺术家把更多时间花费在怎样让他们的作品展现出更好的效果上。

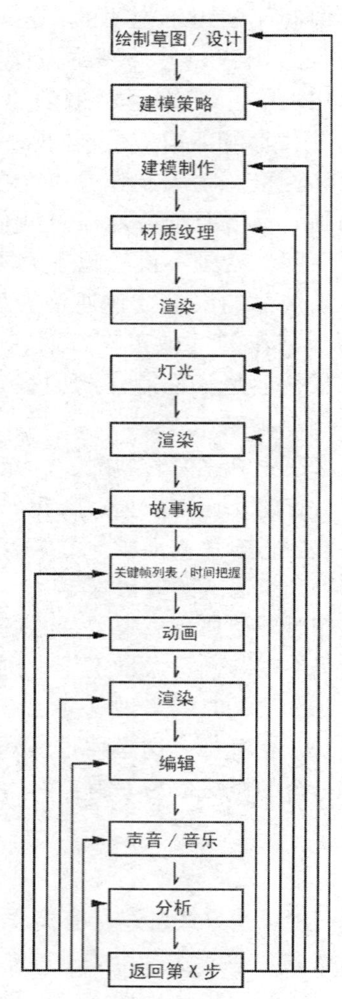

图 1－1 三维工作流程

三维工作流程本身没有什么差异。如果最终的项目是一套齿轮的静态图片，那么描绘齿轮的样子，它们是如何被放置在一起而形成一个整体图像的草图，以及对颜色和亮度进行的标注都是很重要的。如果最终的项目是一个动画角色，那么角色的草图，他的个性及造型将为漫长而枯燥的建模过程提供宝贵的视觉资源（如图 1－2 所示）。如果最终的项目是一个动画，当在制作一个有效的故事板的时候，把精力放在摄像机的角度、节奏和镜头组接上，那么最后一步的制作可以节省很多时间（如图 1－3 所示）。

你或许会说："额外的几分钟或额外的一点渲染能怎么样？那不是世

界末日!”现在或许不是这样，但是当额外的渲染花费 10 到 12 个小时，以及为了渲染 4 个复杂的场景花费的时间从额外几分钟变成几天的时候，那么花 45 分钟画草图将会变得非常值得。

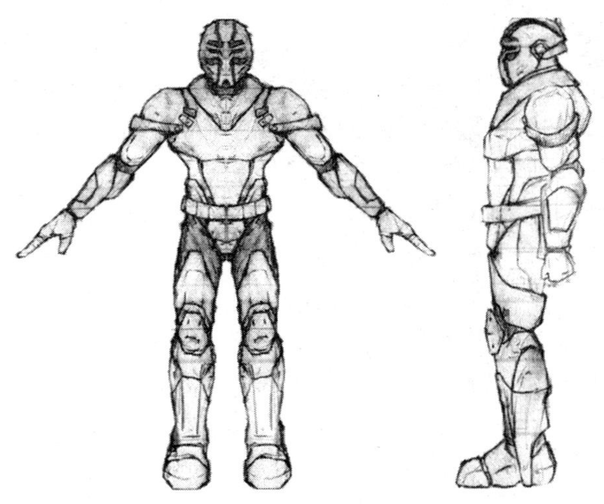

图 1－2 游戏角色模型的草图

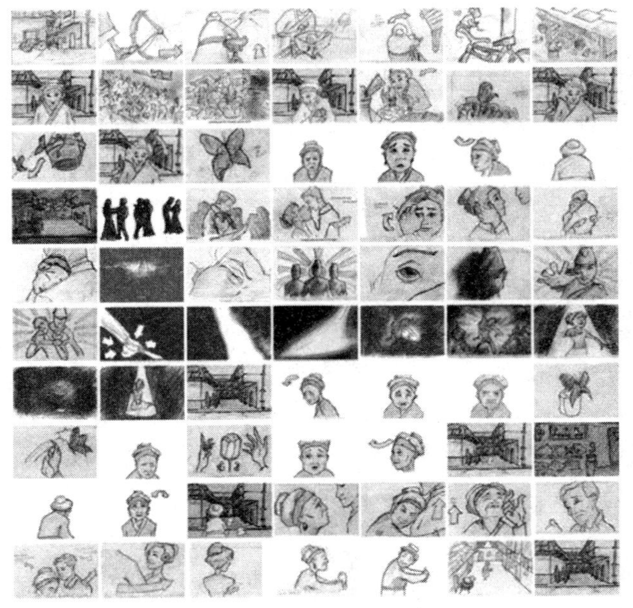

图 1－3 UIM 的 Willem Keetell 课堂作业中的故事板

当我们把模型的造型及镜头组接在纸上画出来并修改定稿之后，接下来就应该策划建模过程了。稍后，我们将会看到许多不同的建模方式，而且很容易被错综复杂的眼部下方的皮肤褶皱或是齿轮表面上的斑点特征搞得眼花缭乱。但是不要被这些细碎特征所迷惑！建造模型很有趣，但它只是最终所完成项目的一小部分。许多人花费太多的时间去制作完美的模型，以至于没有足够的时间去为模型贴图或制作动画，最后文件夹里都是模型却没有最终完成的项目。如果你只是打算申请一个建模的工作，那么这些作品很好，但是，如果你的目标更远大，那么这样就很糟糕。模型的背面能被看见吗？在镜头中模型或照相机是移动的吗？灯光照明有多好呢？什么样的建模效果能用贴图来做呢？在你建造模型之前，先问问自己所有这些问题。如果模型的某些部分不能被看见，那么把它们制作出来就没用了。同样，如果它们在镜头中只用不到一秒的时间就模糊地快速闪过，那么在细节上花费太多时间也是没什么用的。

当全局计划工作都做完时,就到了真正使用电脑制作的时候了。在电脑制作三维阶段,第一步是建模。如果能有效地计划,建模就是一次有趣的雕刻、车削和创建过程,而这种创作手段在其他创作媒介是没有的。有时,你会发现所用的软件或建模技术手段与初始设计方案不吻合,因此,必须回到"第 X 步骤"重新开始,重新设计一下,然后修改模型。

在创建完模型几何体之后，就可以开始贴图了。有时候，贴图需要使用程序中预置的纹理（最低限度保持了纹理的通用性），然而有时候，需要通过图像或其他图形创建自己的贴图纹理。有时候创建贴图就是在其他图像软件中绘制自己的贴图纹理（例如，Photoshop 图像处理软件，Illustrator 插图软件等等）。创造出纹理后，我们就要将注意力放在如何将贴图赋予到那些几何模型上，在这个过程中，你会发现纹理需要变换，或许并没有像你想象的那样覆盖住模型，所以一些反复的修正是有必要的。

当应用贴图纹理的时候，做许多暂时的渲染，观察纹理是怎样附着在模型表面的。然后是模型、贴图、渲染、重新贴图、再次渲染，有时会重新建模、重新渲染、重新贴图、再次渲染……这个过程我想你是明白的。因为这个阶段的渲染只是一个预览，所以一定要使用更快速的渲染算法。

在把贴图应用于模型后，开始进行项目的灯光照明工作。在灯光照明上要花费适宜的时间，因为良好的灯光照明可以给最枯燥的模型和贴图带来活力，否则会把设计中最有活力的东西扼杀掉。在这里，也需要一次又一次地渲染。通常在灯光设置期间，你可能会发现所使用的灯光

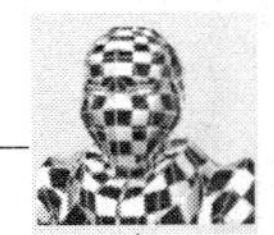

照明氛围会对贴图的颜色有影响，所以也要对贴图进行调整。

现在，如果该项目是一个静态图片，那就要进行一次最终渲染。如果该项目是一个动画，那就要确保故事板制作得出色、易懂。如果该动画需要与声音同步（让动作去匹配声音），那么创建一个动画摄制表是很重要的（如图 1－4 所示）。创建符合你需要的动画摄制表，而这个表格是在动画的每一帧上把动作与声音匹配起来的基本方法。

摄制表						
时间	帧	动作说明	对　白	动　　画	背　景	摄像机指示

图 1－4　一个简单的动画摄制表

在你规划好动画的节奏之后，就是着手进行你的项目的时候了。时间作为第四维度，动画有时候被称为四维艺术。如何调整你的动画以及如何来设计它的运动，决定了动画的个性、趣味性以及它的艺术气息。因为这本书的后几个章节都致力于动画制作，我将把这个问题留到那儿再讨论。关键是要记住，动画同样也是项目最终呈现的一种手段，很明显，在渲染出来之后也需要经历很多次修改。

当动画中大致所有的镜头都完成后（可使用播放预览代替渲染），你可能已经创作出 QuickTime 格式的影片了，这取决于你故事板上设定了多少镜头（播放预览是不需要渲染的视频输出形式，它能够使你把一系列的镜头迅速地组合到一起，而无需在渲染上花费大量的处理时间）。然后找出动画中的哪部分是故事发展所真正需要的，而哪些是需要剪掉的。我们都会爱上自己的项目，特别是当我们对所学到的一项新技术感到非常满意时，或总体上它的运作非常顺利的时候。然而，观众们并不总能分享到我们发现一种新技术的喜悦，反而，如果我们的内容不符合故事情节的发展，他们通常会觉得很无聊。安排一些重要时段进行编辑，好的编辑并不会那么快、那么容易得到，并且通常为了剪掉多余的片段，一些不同的编辑版本是有必要的，这能使它顺利通过故事板剪辑阶段。在编辑过程中，你能够看到所有先前列出的内容是否都组合到了一起。如果不是，那就备份一下数据，然后再修改。

在编辑过程中，经常是最后加上声音。然而，配音是如此重要，

确实值得我们提及它并把它作为一个创作环节。要想做出最好的动画，当开始这个项目的时候，你就要有一个关于声音的明确概念。声音能够帮你诠释动作、节奏和情感，因此有必要花一些时间配音。注意在作品中不要只使用现有的声音。把现有的声音放置到花费了几个星期或者几个月的时间精心创作的三维动画上面，就像是从内布拉斯加州买来上等白面，从南美洲买来最好的可可豆，从夏威夷买来最纯净的糖，却用污水和在一起做成了蛋糕。

对于电脑艺术家们来说，最大的问题是缺少外部的反馈信息和外部的印象。我们很容易沉浸在手头的项目中，并且在没有得到任何意见的情况下完成该项目。当你完成一个好的编辑和音频设计之后，应该意识到这项工作仍未结束，应该去获取很多反馈信息。你会很吃惊地发现，你的朋友、家人和同事能够帮你很多忙。当人们说："我不知道那是什么"的时候，不要胡乱猜想，那是他们在告诉你他们不懂三维创作方法，那也意味着你没有像讲你自己的故事那样将你的作品表达清晰。除了让朋友或是熟人看一看这些项目外，还要从懂得三维动画的人那里获取一些意见。将有很多网站、论坛让你张贴作品供人评论的，通常出自这些群体的评论都具有建设性意义，而且这些评论都来自于知识渊博的群体。有时，一些很好的、有建设性的批评能够把你的设计方案引领到更有趣、更成功的层面上。当评论源源不断地涌现时，不要理会那些没用的，要关注那些有根据的评论。批评过后，你可能会发现你需要返回故事板阶段进行显著的修改，或者你会发现那只是缜密作品中的一个小问题。无论哪种情况，三维创作都会出现反复过程的。

既然我们已经看到返回到先前一步的所有情况，需要说的是，有时也需要停止修改。这个工作流程的最后一步是知道什么时候停止修改和让这个项目保持原状。总是有一些东西能被做得更好一些，但是还有其他的情节需要表达、更多的运动需要研究以及有更多的思想要去探索的情况。

教程介绍和说明

在三维艺术界存在一个错误的看法："你必须知道某个软件，否则你就绝对创造不出好作品，你也绝不会找到一份工作!"这种想法来自于那些没有真正理解这个行业的人们。虽然有一些高端动画公司在寻找一个 Maya 大师，或一个痴迷于 Lightwave 的高手，但是在大部分的公司里，动画师们还是会倾向于用多种独有的软件来工作。

那就是说，你不能随时随地使用它，而是只有当你被雇用的时候才能学到它。此外，大部分工作室也会经常使用大众可以获得的软件。一些软件做某些事情要比其他软件做得好，但并不是做所有事情都比其他的做得好。工作室招聘优秀的建模师、贴图纹理师、动画师等，他们总是能培训你去使用一种新软件，但是如果你没有一些基本概念的技能，那么，你就没有价值。

进一步说，网络上很混乱，有人使用不可靠的软件创作出极其恐怖的项目，而有人则使用免费或廉价的软件创作出令人惊奇的项目。其规则就是：内容比工具重要。

然而最终，大体上的划分就是你必须要知道一些软件以表示你懂得一些软件之外的概念。在本书中，我们将会使用 Maya 作为我们的创作媒介，作为特定类型的画笔来创造我们的杰作。就像你正在学习一样，把注意力集中在这些概念上——不要仅限于软件本身。你可以通过被雇用来展现你对三维软件应用的精通。当你被雇用后，这些概念就可以有助于你掌握其他软件包。如果你真正理解三维建模、贴图及动画技术的内涵，你就能够很快掌握你所在的公司里正在使用的或当前流行的软件包。

本书教程的目标是让你懂得三维的概念、技术及策略，而不只是一个软件。然后带着对三维核心问题的牢固的理解，以及长时间的反复琢磨，你就能够使用任何软件来创作你的杰作了。

Maya 的原理

既然我们已经讨论过一般的工作流程，就让我们看看 Maya 是如何进行三维工作的，以及对用户来说这一工作流程是如何通过 Maya 界面体现出来的。

节点

Maya 使用了一种非常有趣、非常强大、非常灵活，也非常麻烦的叫做“节点系统”的方式执行命令。Maya 把你下达给它的每一个命令作为一个节点（创建外形、调整外形、应用纹理、绑定蒙皮等等）。历史记录跟踪每一个你下达给它的命令（节点）。

把历史记录看做一个长长的节点清单，把节点看做方程式。Maya 以线性的方式追踪这些节点，它对看起来像第一个节点的东西进行计算，然后同那个节点的计算结果一起继续进行到下一步，并且继续计算之后的场景应该是什么样子，等等。这种系统的功能在

于你能够沿着历史记录跳回到任意一个记录中的位置，并且能改变任何特定的节点。这并不意味着你通过取消后面的操作回到那个点上，而是在一长串的方程式中仅仅改变了一部分特定的节点。

当你对节点做了改变时，Maya 会自动重新计算在那个节点产生新结果之后的所有节点。就好像你在使用 Photoshop 工作时，向上返回了 16 步，你对图像的一部分做了色彩调整，而现在你又需要那个改动了。节点系统允许你进入那个节点——指明时间——调整色彩，然后所有你应用过的其他修改、绘画、滤镜等等，将会自动再一次进行应用。

问题是，要保持追踪和持续计算你每次操作场景产生的大量操作指令集合，这会让 Maya（以及你的计算机硬件）工作起来相当困难。因为通常节点的计算是一个线性过程，整理已经解决好的节点最终就变得非常重要。

稍后，我们会看到删除、整理，并真正清空所有的节点的操作，这样你就能够基本上冻结时间并告诉 Maya："好了，不要操心我们之前做的任何事情了——只需要关注当前正在进行的操作。"

有效地理解 Maya 的节点系统是成功运用它的关键。遗憾的是，你只有在操作中才会注意它。现在，请记住节点在运作，并留意你认为与它们有关的地方。我们要密切观察在教程中出现的节点。

Maya 的界面

在本书中我们不打算涵盖整个界面，有关界面的信息可以在随 Maya 一同安装到电脑中的"帮助"文件中找到，而且在这里也没有必要将它再重复介绍一遍。我们将要在这本书中介绍界面的一些核心部分，这些部分将会在本书后面的教程中使用到。

界面的内容很庞大，它的功能可以很强大，但界面也能以某种方式获取。要注意到嵌套在所有位置上的按钮和内容，随意点击就能够激活或复原一些你需要的或是重要的东西。

图 1－5 展示了一个界面的概貌及它是如何划分的。上面的许多工具我们将会用下拉菜单来替代。它们当中的大部分，我们可以通过键盘的快捷键来进入，因为这样要快得多。

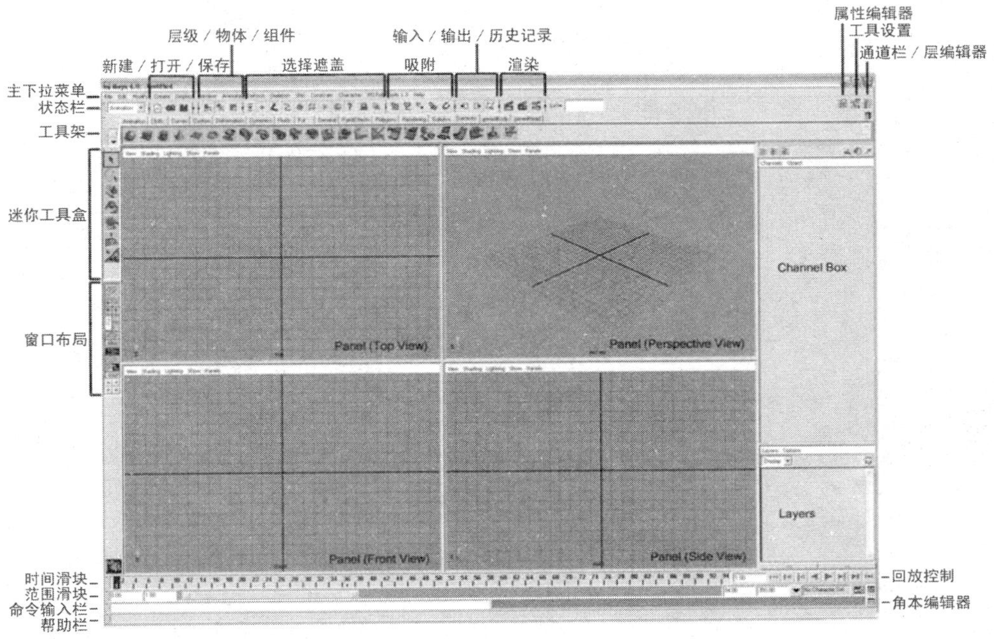

图 1－5　Maya 界面概览

随着我们对工具进行讨论的进展，Maya 在界面中提供了一些帮助信息。如果让鼠标在界面中的按钮上稍停留一会儿，将会弹出一个黄色的小框，上面会显示这个按钮是做什么用的信息。同样，在界面底部还有一个叫做帮助栏的区域。这个帮助栏经常提供如何使用某一个特定工具的信息，或者会在出现问题的时候向你发出警告。你的鼠标停留在任何工具上时，帮助栏就会显示出该工具的名字。在新版本的 Maya 中，在属性编辑器的最下方（右下角）有一个框叫做注解，它能够在工具如何运作方面提供一些额外的解释。

菜单设置

Maya 界面的内容如此庞大，实际上，它不能一次显示出所有的下拉菜单。Maya 有各种不同的菜单设置，这些菜单设置会根据你所使用的功能变换界面顶端的下拉菜单，使你用到的功能能够显示出来。

图 1－6 显示出一些菜单设置。请注意，他们按照三维项目的一般工作流程进行了相当直观的分解。当你改变菜单设置时，在窗口右边的下拉菜单也会随之改变（如图 1－7 所示）。

图 1－6　改变界面右上角的菜单设置

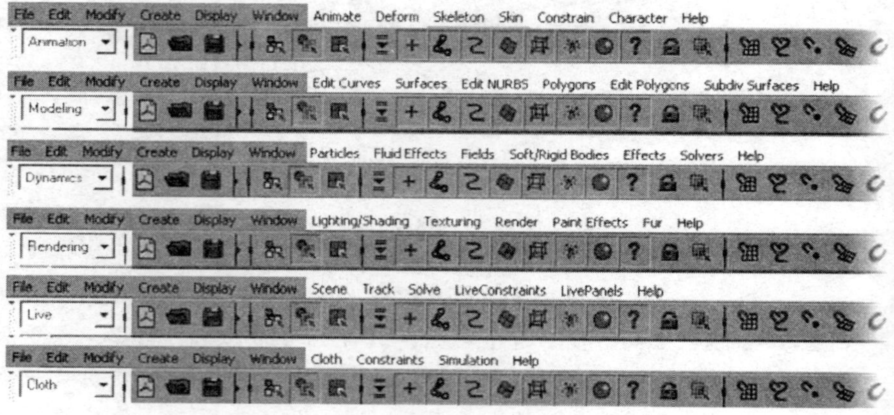

图 1－7　根据你正在使用的菜单设置，界面右边的下拉菜单将会改变

下拉菜单

在 Maya 中，可以使用的命令都汇集在命令的下拉菜单中，这些下拉菜单除少数几个改进了外，其余的都是以下拉菜单的方式工作的。

首先，当你选择一个下拉菜单时，你将会看到在它的顶部有三个小条，如果你选择这三个小条，你就可以把这个菜单摘下来，使其变成一个浮动面板。如果你要短时间内频繁使用一组工具的时候，这个功能就非常有用了。以浮动面板的方式工作，你可以非常方便地找到并使用这些工具，同时你也能很快地关闭浮动面板。

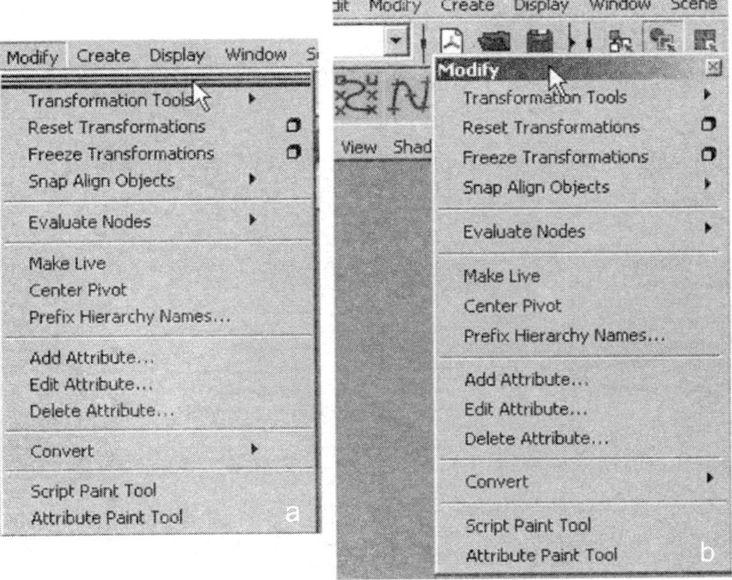

图 1－8　将菜单（a）摘下，使其成为浮动面板状态（b）

此外，在下拉菜单的许多工具中存在的不只是工具的名称，许多工具在它们名字旁边都有一个带阴影的小方块，这个小方块被称为命令设置面板。当你移动鼠标点击下拉菜单的时候，记住，你不仅可以选择一个工具或命令，还可以调出命令设置面板，来设置该工具如何运行（如图 1－9 所示）。

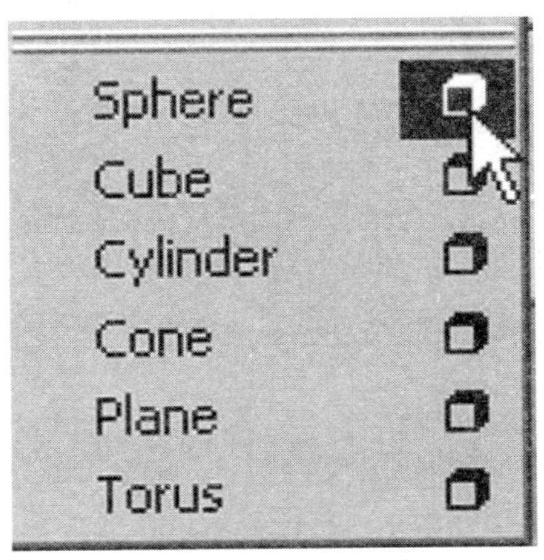

图 1－9　一个下拉菜单中的选项面板

事实上，现在一个命令设置面板的出现通常表示此工具能够被调整。记住你在命令设置面板中所做的改变会一直保留，直到你恢复默认设置或设置成一个新的数值。所以如果你之前没有使用过一个工具，或距离上次使用该工具有一段时间了，那就应该提前打开命令设置面板，选择 Edit→Reset Settings 命令（在命令设置面板的窗口中），将命令参数恢复为默认设置（如图 1－10 所示）。

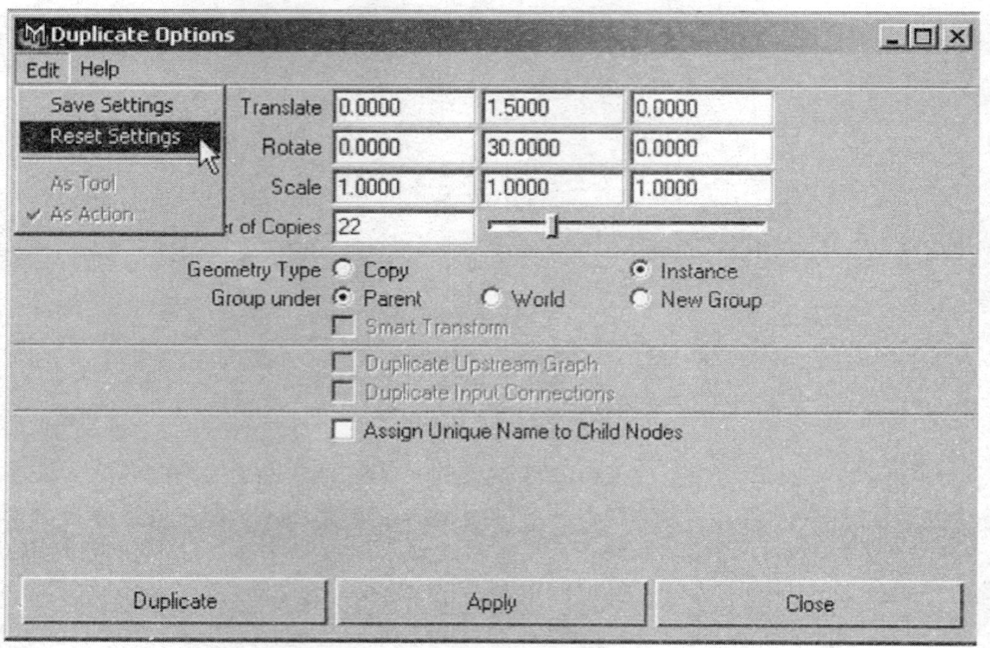

图 1－10　在命令设置面板中恢复默认设置

组织架构

在 Maya 中理解如何组织项目很重要。虽然有很多种方法去组织项目，而且很多的组织方法都是依据个人喜好，有两个工具几乎可以用在所有的组织规划中：层（Layer）和大纲视图（Outliner）。

层

图 1－11 展示了在 Maya 界面顶端的右上角有三个按钮，从左到右分别定义了什么东西将会在通道栏（在界面的最右边）所占据的位置上显示出来：显示或隐藏属性编辑器，显示或隐藏工具设置，显示或隐藏通道栏/层编辑器。

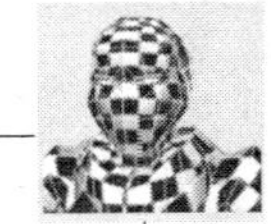

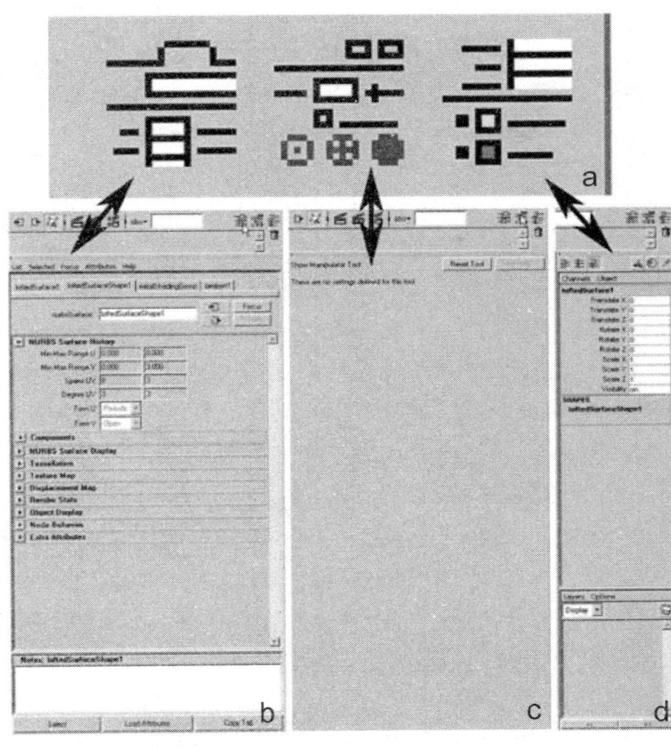

图 1－11　在 Maya 界面顶端的右上角，允许你去定义是否显示通道栏/层编辑器、属性编辑器及工具设置

注意最右面的按钮显示了两样东西：通道栏和层编辑器。我们将会在后面对通道栏进行详细介绍，它包含了所选取物体的可编辑通道中的信息，也在 INPUTS 区域展示出物体的节点。

在通道栏的下方就是层编辑器。你可以使用在通道栏顶端的三个按钮来隐藏层编辑器（或通道栏）。如图 1－12 所示，那儿的三个按钮允许你将通道栏和层编辑器同时显示，或一次只显示其中一个。

层编辑器允许你创建、修改、隐藏或是显示项目中的层。层包含物体，层也可用于渲染过程——你可以通过层选择渲染或不渲染物体，或者为了后期合成而选择把层渲染到不同的文件中。此外，当你还在进行三维场景的编辑工作时，层可用来对物体进行隐藏、显示或将其变成模板。

要创建一个层，可以选择层的下拉菜单并选择 Create Layer 命令（如图 1－13 所示）。单击层编辑器右上角的小按钮也可以创建一个新层。

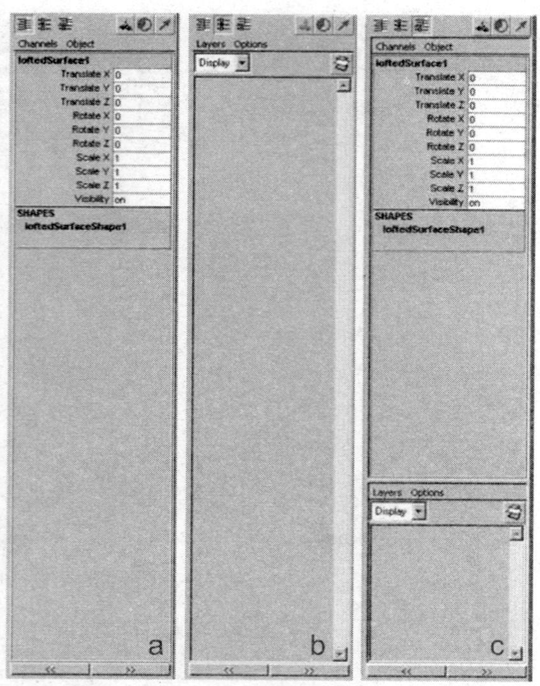

图 1－12　通道栏上的按钮允许你分别对通道栏或层进行显示或隐藏，也允许你将通道栏和层同时显示或隐藏

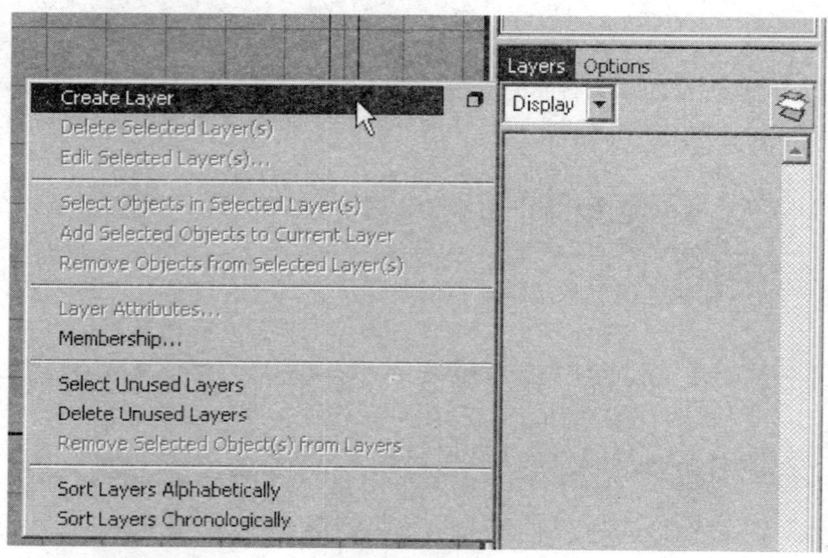

图 1－13　创建一个新层

我们创建一个叫做 layer1 的层，你可以看到它出现在层编辑器中。双击这个名字打开对话框，如图 1－14 所示。在这个对话框中，你可以改变层的名字（确保使用下划线代替空格）；你可以改变一个层是否可见（虽然还有更好的地方进行这个操作）；你还可以决定在该层中物体线框的显示颜色。

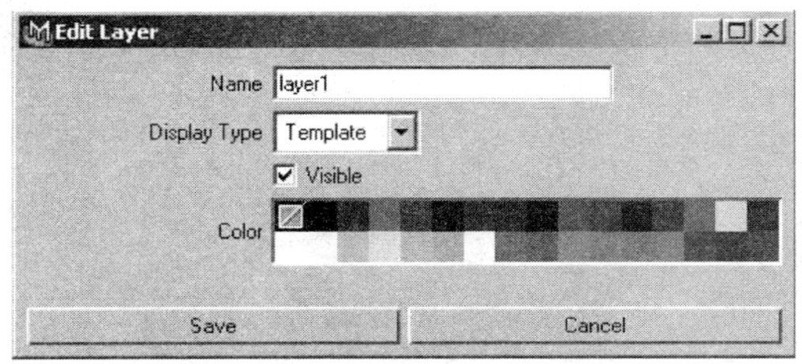

图 1－14 改变层的名字

在层的名字旁边有两个栏。第一个里面带字母 V 的栏定义了层的可见性。单击 V 字母可以让层中的物体不显示出来（必须是所有的物体都放置到了这个层中）。

第二个栏在默认情况下是空白的，但是当你单击空白处时，该栏就会转变为字母 T 或字母 R（如图 1－15 所示）。

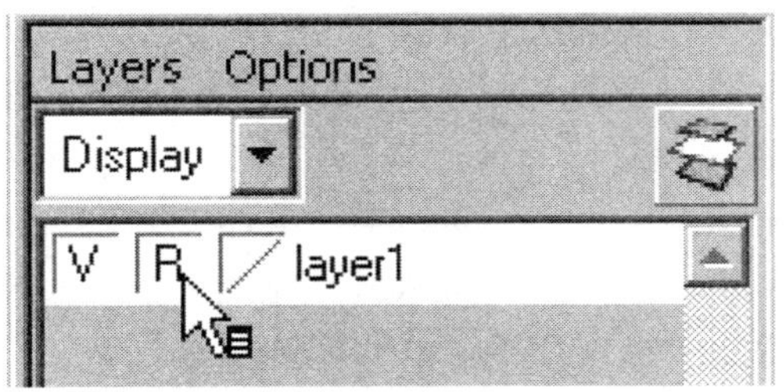

图 1－15 层编辑器中的模板/参考栏

T 代表模板。一个模板层（或物体）以一个浅橙色的线框的方式显示。该物体不能被选择或修改，也不能被渲染。然而，在创建其他形体时，它可以作为一种物体结构上的重要资源。

R 代表参考。建立一个参考层可以使物体以正常的状态出现。然而，这些物体不能被选择或修改。当你在场景中放置了某一个物体或一组物体，并且你不希望移动它时，建立一个参考层就很有用。同样，如果你为一个带有骨骼关节的角色制作动画，你只想选择骨骼而不希望意外选择到多边形模型，那么把多边形模型放置到参考层中就可以避免误选。

最后，将物体添加到层中，选择物体，在层上点击鼠标右键，并从弹出的下拉菜单中选择 Add Selected Object 命令（如图 1－16 所示）。

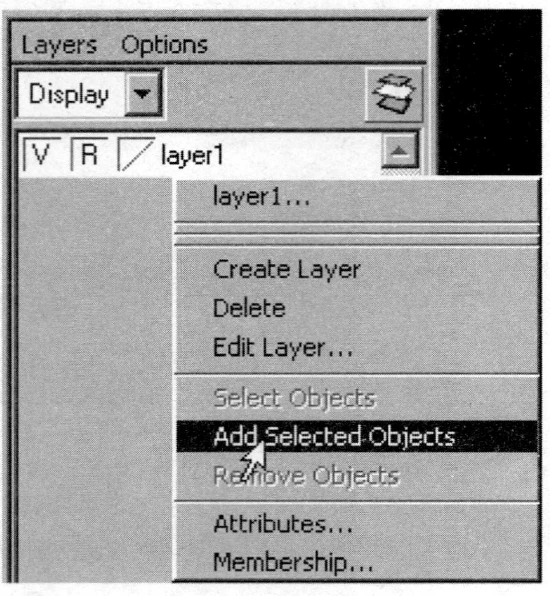

图 1－16 将物体添加到层中

层级关系和大纲视图

你随时都可以通过点击 Window→Outliner 来调出大纲视图。初学 Maya 的人往往没有充分利用大纲视图。从最基本的层面来说，大纲视图简单地给出了存在于你场景中物体的列表。在大纲视图中，你可以选择物体或组，给它们重新命名，而更重要的，是你可以将它们编组或重新安排层级关系。在本书范例的学习过程中，你会有很多机会在实际操作中了解大纲视图。

如图 1－17 所示，物体 East _ Wall 已经被选择。不过要注意的是，East _ Wall 也是 Walls 这个组的一部分。在 Maya 中，组的作用实际上相当强大，因为它创造了一个空物体（一个自身没有几何体的空物体），而添加进组的物体都变成了组的子物体。在第二章和第三章的范例里面，我们将对层级功能讲得更详细一些。

需要注意的重要事情是 Walls（这个组）没有被选中，即使它已经呈现出强调显示状态。当大纲视图中某些东西以突出的绿色显示时，表明这个物体的子物体被选中了。而实际上被选中的物体将会呈现出突出的灰色（在苹果电脑中显示为接近蓝色的颜色）。

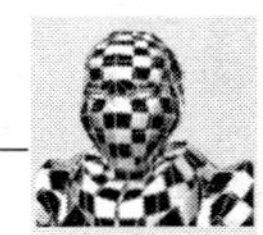

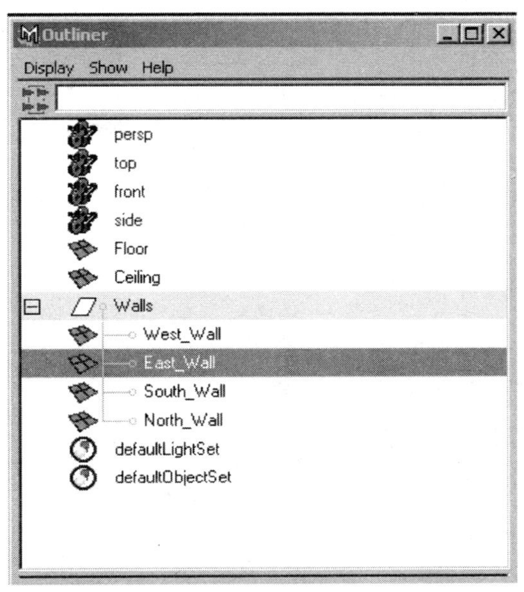

1－17　大纲视图的屏幕截图。在 Walls（屏幕上显示为突出的绿色）这个组中选中了物体 East _ Wall（显示为突出的灰色）

结语

现在你已经简单地了解了三维制作流程和一些关于 Maya 的工作方式、组织方式，并具备了一些三维空间的概念，是时候来用 Maya 做一些优秀作品了。

第二章　了解数码三维世界

艺术的产生和发展就是一个循序渐进的过程。虽然艺术的起源可以追溯到人类的出现，但是随着时间的推移，艺术的研究目标和研究理论都已经发生了翻天覆地的变化。从法国拉斯考克斯的洞穴壁画到埃及的《美杜姆群鹅》；从葛饰北斋的《巨浪》到波提切利的《维纳斯的诞生》；从安格尔的《大宫女》到罗斯科的《四只红鸭子》，再到约翰·拉萨特和他的团队创作出的《玩具总动员》系列和《超人总动员》。在二维平面上描绘真实或虚幻三维世界的方法已经进入了新的发展方向，并取得了新成就。

我们身边的三维世界

通过眼睛观看事物，大脑能够将眼睛发送的两个不同信息处理成立体感的视觉信号。在艺术中，运用透视的目的就是对眼睛进行欺骗，使其在二维绘画空间里看出三维空间的立体感、距离感和相对位置。对如何在一幅二维绘画上描绘出立体感的理解，不仅仅是整个艺术史上的重要成就之一，同时也为今天的三维创作打下了坚实的基础。

透视的基本原理是：把油画或者绘画的表面看成是一个无形的平面，而这个平面对观察者来说是垂直的，我们称它为投影平面。观察者的所在位置我们称之为视点。

图 2－1　投影平面、视点和透视图

当观察者看向投影平面，通常会看到是用一条直线来描绘的视平线，视平线上包括了一个消失点。消失点就是所有相互平行，而且也与视线平行的平行线汇聚在一起的点。随着透视法的发展，艺术家们意识到和视线不平行的直线也有它们各自的消失点，而且其中的一些消失点不在投影平面之内（如图 2－1 所示）。我们在刚开始讨论这个问题的时候，提出了大量的概念，但它们现在都派上了用场。

什么是数字空间

透视的一个重要概念就是投影平面上的每一个形状和物体都发射出一束光线到视点上面，或者说是到我们的眼睛上面。包括 Maya 在内的三维软件，都基于这个概念来进行一个称为光线追踪的渲染，想象一下场景中所有的物体都发射出这些虚拟的光线，它们沿着各自的路线到达视点上面，都穿过投影平面，在电脑中你可以把这个投影平面看作屏幕。理论上，这个屏幕记录了你的显示器将会显示出的像素的明暗、色相、强度。光线追踪的工作方式，是从视点开始逆向追踪这些光线到物体上面，在这个过程中，需要考虑的是从光源处发射或反射出的光线是否可以被看到。实际上，除了光线追踪外还有很多种不同方式可以显示出屏幕上所要显示的图像，但是，把数字空间中电脑所绘制或投射出的三维物体显示到图片上面，光线追踪就是一个较好的方法。

投射窗口和虚拟摄像机中的数字空间

我们通常认为透视的表现形式是与我们生活的世界非常相像的一种线性形式。正因为如此，我们看到在三维艺术中创建的大部分图像都是以透视投影来显示的。然而，尽管透视是最终理解一个作品的最好方式，但在创建作品的过程中，透视有时候却不是观察三维空间的最佳选择。

在 Maya 中，你可以使用很多种不同的视角来观察同一个数字空间或者物体。在默认设置中，你可以使用顶视图、前视图和侧视图去观察场景。尽管在这些视图中你也可以采用透视的方式观察，但是这样做会给你在三维操作上带来干扰。

当电脑用透视方式来显示空间时，它是在二维屏幕中显示三个维度的空间。问题在于，你的鼠标只能在屏幕中的投影平面上进行二维运动。因此当你用鼠标点击物体时，程序很难分清你是要在 X 轴、Y 轴上移动，还是要在 Z 轴上移动。

Maya 创造了一个与你的视线垂直的视平面，物体可以沿着这个不断

变化的视平面移动。为了矫正它，三维程序用了一种叫做正交视图或正交投影的方法。

正交投影是一种视图，和透视图不同，平行线在正交视图中不再相交于消失点，而是保持平行或是和投影平面成直角关系。说到底，就是你只能观察到三维空间中的二个维度。

在 Maya 中，三维空间的默认视图是一个大的透视图。然而，当你快速点击键盘上的空格键时，就会看到透视图（如图 2－2b 所示）和三张正交视图（如图 2－2a，图 2－2c，图 2－2d 所示）。

在 Maya 透视图的右上角会有一个导航工具（如图 2－2b 所示）。在该工具中，每个圆锥体（在新版本中是立方体的每个面）都代表一种不同的正交视图。点击它们，Maya 就会将视图转换到其相应的正交视图。点击中间的立方体（在新版本中是点击小房子图标），视图又会变成透视图。它有着很酷的视觉效果，同时也有着很强大的功能。

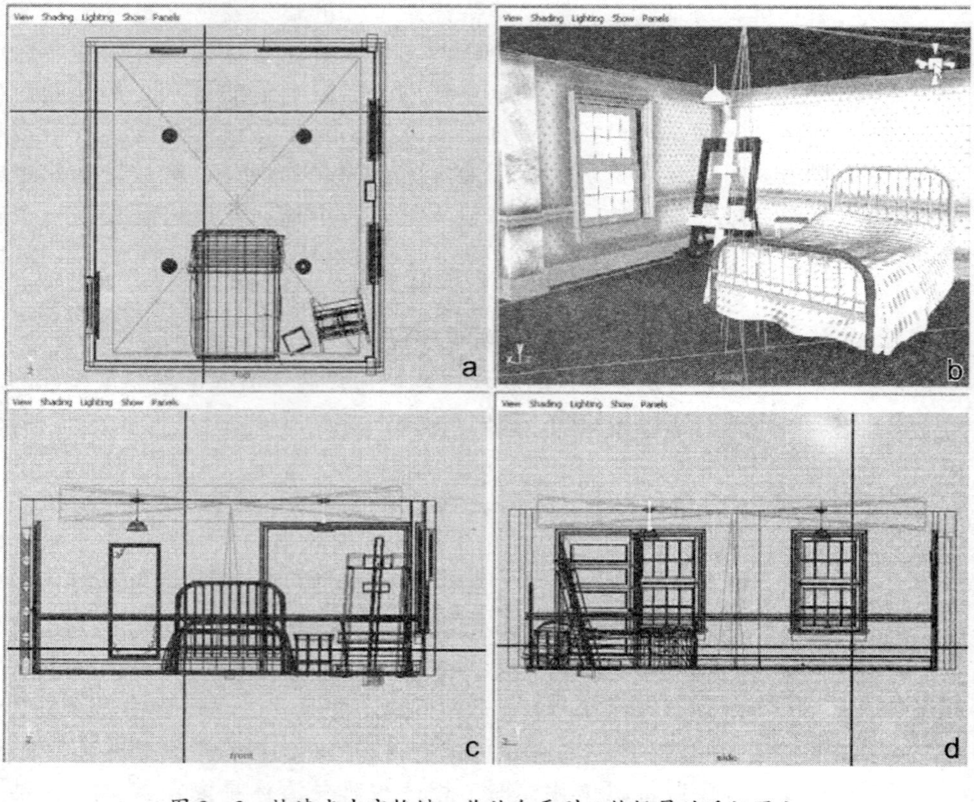

图 2－2　快速点击空格键，你就会看到三维场景的透视图和正交视图。再按一下空格键，视图就会切换成全屏模式

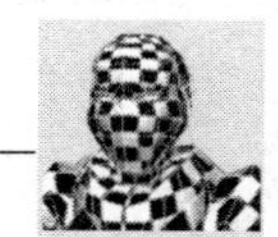

正交视图的优点是，它可以使你轻而易举地安排物体。例如，你可以快速而准确地定位所有物体，从侧视图看它们是坐落在地平面上的。或者，在顶视图中，随意移动家具而不需要担心它们下落，从而穿透地面。但是，仅仅一个正交视图是没有太大用处的，因为它无法显示深度。所以使用这些正交视图的最好办法就是多打开几个视图，这样你可以在一个视图里做垂直的调整，在另一个视图里做水平的调整，在第三个视图里进行深度上的调整——每个维度都有一个自己的视图。Maya 为每个正交视图都创建了一个正交摄像机，你可以在大纲视图中看到这个摄像机（大纲视图可以用 Window→Outliner 命令打开——它是一个用列表方式显示场景中所有物体的窗口，后文会详细介绍它）。而三维作品通常都是使用透视摄像机的视图进行最终渲染和展示的。

为了让某个视图全屏显示，你只需将鼠标指针移到该视图上面，然后按一下空格键。如果想要再次同时显示四个不同的视图，则只需再按一下空格键就可以了。

电脑的绘图方法

当你发出指令，使电脑在数字空间里工作，电脑就会在屏幕上绘制或渲染出图像信息，使你了解工作进程。我们已经知道电脑能以某些方式显示出物体外形，但它还能用多种方式显示出物体的形体结构。

渲染是电脑在投影平面（屏幕）上绘制或绘画出作品信息的一种方法。三维制作其实就是一个创造三维世界的过程，也是一个指示电脑为你绘制作品，以及告诉它如何进行绘制的过程。有时候你会希望电脑绘制或渲染出一个漂亮的图像，但有些时候，则需要渲染出用于提供信息的插图作品。

最直观的渲染形式就是用多种算法实现的明暗渲染，明暗渲染的形式是指你可以看到一个物体具有了明暗变化，这种明暗变化能够展示出物体的体量感或光的来源。图 2-3 展示了不同的明暗渲染类型。我们会在第九章讲解更多的高级渲染方法（如光线追踪、辐射着色等等）。不过对当前来说，渲染效果越接近照片级的真实效果，电脑在计算物体绘制和图像细节上花费的时间就会越多。事实上，相对于数字空间中的轻松操作和建模来说，这些高级的渲染方式不是真正好用的方式。

相对今天的硬件技术来说，一些明暗渲染方式是很方便、很容易的，近来应用最广泛的渲染技术是 SGI（美国硅图公司）研发的 OpenGL 技术，该技术能非常高效地利用合适硬件，加快渲染速度。目前，大部分显卡都可以通过 OpenGL 加速渲染。

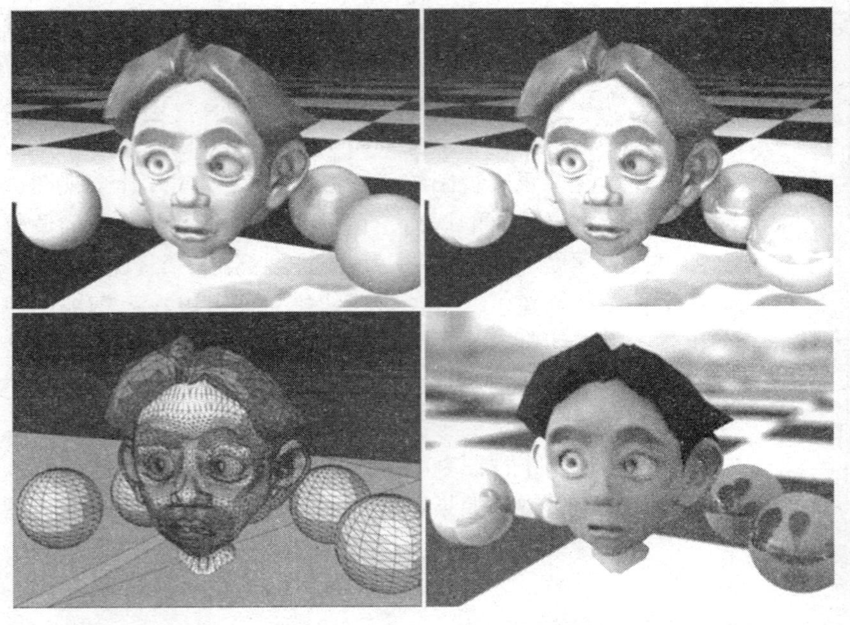

图 2－3　各种不同明暗渲染之间的比较

OpenGL 技术的强大之处，在于它能快速绘制出被灯光照射的模型，并最低限度显示出一个模型表面材质的合理效果，尽管这只是众多实例中的一个粗略渲染方式，但是却给出了计算总体颜色和方位的一个好方法。所有这些低端明暗渲染的作用，是通过硬件让建模师能够粗略地查看分布在物体表面上的灯光、纹理的效果。显卡基本上可以实时计算出这个渲染效果。

有时候，弄明白结构比单纯地观察物体表面的颜色和灯光更重要。举例来说，大部分绘画课程开设之初，都会进行一个经典练习，那就是结构素描。也就是说，学生根据所看到的物体正面去绘制出物体背面的构造，该练习的目的就是为了让学生更好地理解结构。在 Maya 中，我们可以用线框显示物体，来观察我们所制作物体的结构。

按键盘上的 4、5、6、7 数字键，你可以切换出不同的显示模式，按数字键 4 将会以线框模式显示模型（如图 2－4 所示）。

你可以把线框想象成你在纸上画的结构素描。从技术角度上来说，它实际上就是定义了每个多边形的边或曲面模型的 ISO 等参线。线框模式可以让你快速观察到你的几何体，以及多边形面片的组合情况。它可以让你透过一个物体进行直接选择，并可以让你观察到隐藏在其他物体后面或内部的物体。

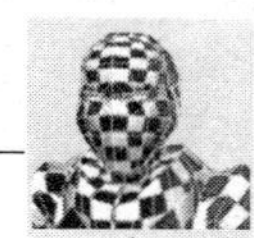

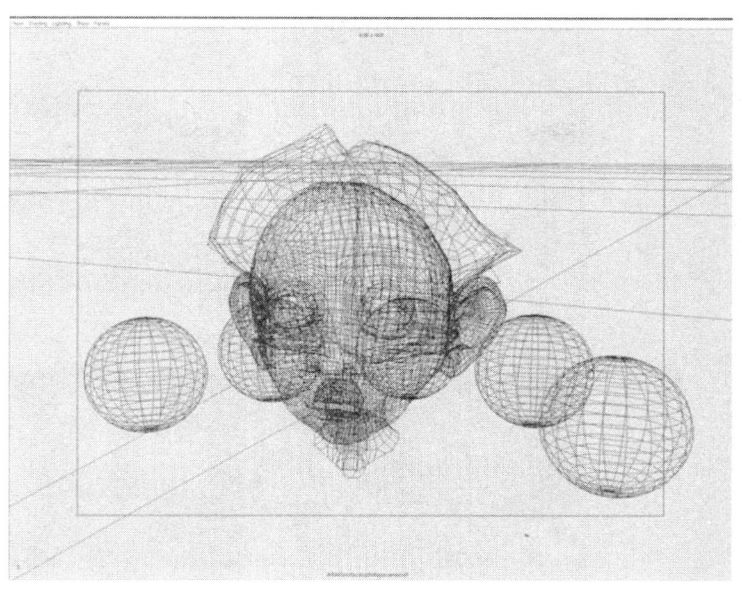

图 2－4 三维场景的线框视图

线框显示的最大优势就是更新显示的速度很快。因为一旦模型变得越来越复杂，Maya 需要处理的信息就会越来越多，它也就需要越来越长的时间来表达这些信息。有时候，如果模型变得特别复杂，那么用 OpenGL 进行明暗渲染也会花费非常长的时间。

按下数字键 4 以线框模式显示场景，按下数字键 5 则切换到光滑显示模式，这种显示方式基本上能够显示出带有简单材质信息（通常是些简单的色彩）的不透明的物体表面。按数字键 6，就会在光滑显示的基础上添加硬件纹理效果，这种显示方式可以让你在场景中预览到添加给色彩及凹凸属性的贴图效果。按下数字键 7，就会同时显示光滑效果和灯光效果。请注意这种显示模式只能显示一个粗略的灯光效果，对于一些像阴影或衰减这样更加精密的灯光效果是无法很好地显示出来的。图 2－5 是不同显示模式的差异比较。请打开随书光盘，看看图2－4 和图 2－5 的彩色版本。

Maya 还可以将一个物体以边界盒（BoundingBox）或点的方式进行显示。边界盒是一个包裹在一个物体的所有几何体外面的盒子。点则是指一个物体的顶点或者控制点。这两种显示方式都是在编辑复杂模型的时候才会用得到，而你在本书的学习过程中是不会碰到这么复杂的模型的。不过，如果你需要使用它们的时候，可以从任何视图的 View 下拉菜单中调出它们。

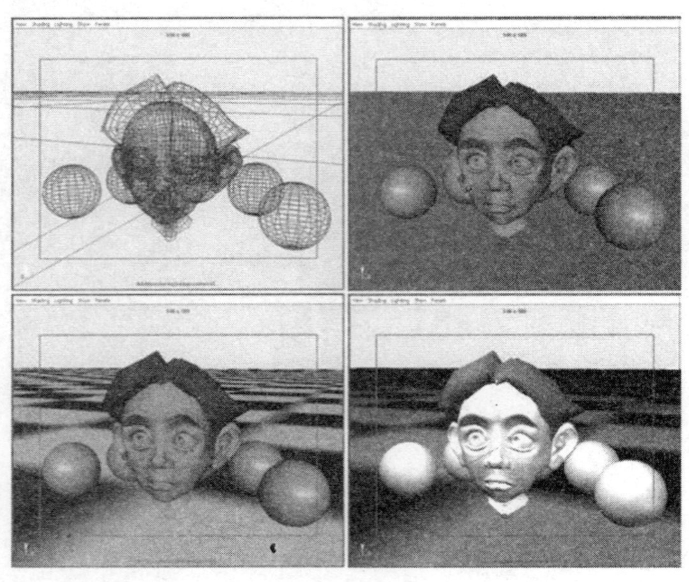

图 2-5　从左上方按照顺时针排列依次是：线框显示模式(4 键)；光滑显示模式(5 键)；添加了硬件纹理的光滑显示模式(6 键)；添加了灯光的光滑显示模式(7 键)

在三维数字空间中移动

电脑以数学方程式和算法为基础进行工作，基于这个原因，以及为了能够与操作者进行交流，电脑将数字空间转换成用 X、Y、Z 三个坐标轴度量的三维场景。在这个几何学模型中，用 X 轴作为水平轴，用 Y 轴作为垂直轴，用 Z 轴作为深度轴。坐标值可以是正值也可以是负值，这取决于它们与数字空间中坐标原点的相对位置关系，而坐标原点的 X、Y、Z 值都是 0。这也是大多数三维软件（包括 Maya）的默认屏幕中，至少包含一个坐标平面网格和一个坐标轴图标的原因，这是为了让你知道数字空间的显示情况（如图 2-6 所示）。在 Maya 中，坐标平面网格就处在屏幕的正中央，而坐标轴图标则位于每个视图的左下角。

Maya 将所有的物体，包括物体、物体的一部分、物体上的顶点和其他类型的点，都看成一系列三维坐标（X、Y、Z）的集合。虽然通常软件用户并不需要关心这些具体数值，但知道哪个数值代表哪个轴向仍然很重要，因为在大多数三维软件中都支持手工输入数值。进一步来说，理解电脑的思维方式并熟悉数字空间，可以帮助你理解电脑所呈现给你的三维世界。这点在 Maya 中尤其重要，因为（很快你会知道）Maya 有时只是提供给你三个数值输入区域，却不提示它们都代表什么。而通常情况下，这三个数值分别代表了 X、Y、Z 坐标。

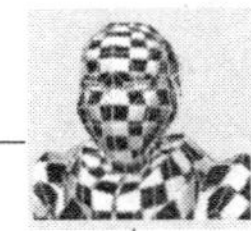

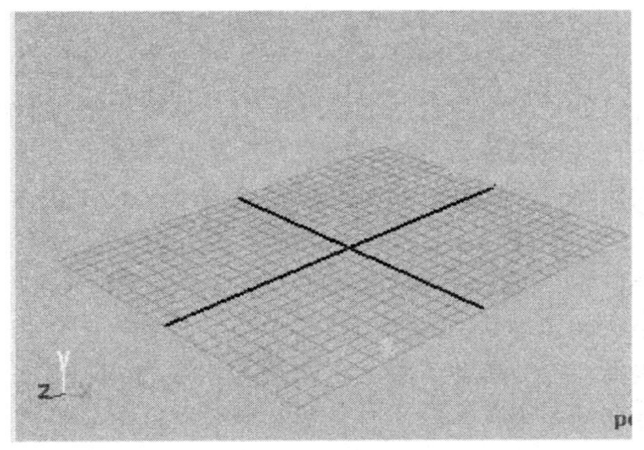

图 2－6　默认的网格平面及坐标轴图标

图 2－7 显示了一个物体轴向坐标为（0，0，0）的立方体。由于该立方体的每一个边都有 2 个单位长，因此这个立方体的每一个顶点坐标分别为（1，1，1），（－1，1，1），（1，－1，1），（1，1，－1），（－1，－1，1），（1，－1，－1），（－1，1，－1）和（－1，－1，－1）。请记住很关键的一点，是当我们使用创造性的右脑思维方式工作时，电脑则基本上是用左脑思维方式工作。当我们试图命令电脑定位一个物体时，记住这点就很重要了。

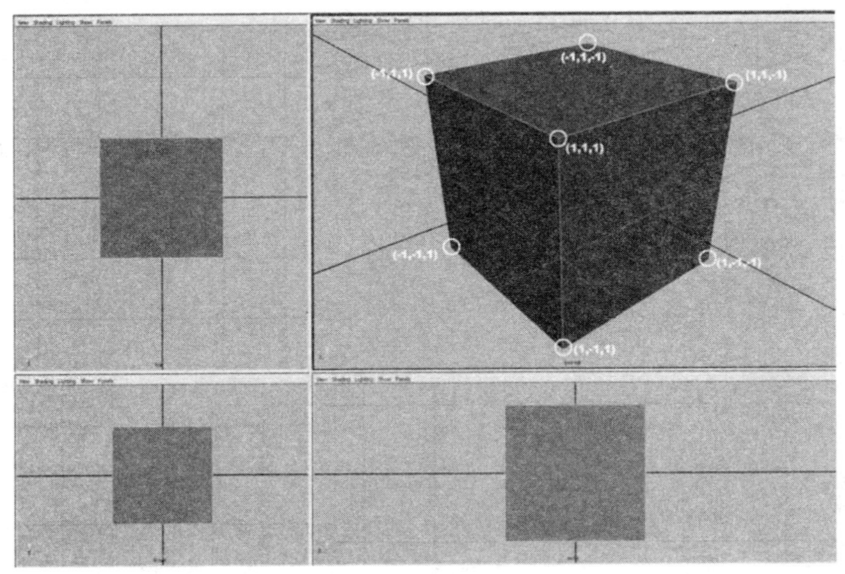

图 2－7　坐标值为（0，0，0）的两个单位宽度的立方体，注意每个顶点（立方体的每个角上）都有 X，Y，Z 坐标值

当 Maya 用透视图渲染三维空间中的形体时（如图 2－7 所示），实际上就是将三维空间计算成二维平面图片的过程。因为我们的鼠标只能在屏幕的平面上沿着两个维度移动，所以如果我们仅仅使用鼠标去选择物体，并使用移动工具来调整其位置，Maya 就会尽力去领会，我们想要将物体在三个维度上如何进行移动。

如图 2－7 所示的默认四视图显示，我们能看到物体的正交视图效果，它不同于透视图的效果，它仅仅在每个窗口中显示出两个维度。这个对数字空间中物体进行简单显示的视图，可以给 Maya 中的物体移动提供纯粹的帮助。如果我们想在水平方向（X 轴）或深度方向（Z 轴）上移动一个物体的话，只需要观察顶视图即可，那么在该视图内无论怎样移动物体，它也绝不会上下移动。如果你想在一个房间中移动家具，而不想让家具离开地板平面出现悬浮的情况，那么使用这个视图绝对有效。同理，如果在前视图中移动物体，你可以让它进行上下移动（Y 轴）或水平移动（X 轴），却不会影响到深度（Z 轴）；而在侧视图中移动物体的话，就会上下移动（Y 轴）物体和在深度（Z 轴）上移动物体，却不会移动该物体在 X 轴上的相对位置。在后面的范例中进行形体创建的时候，你将会有更深入的体会。

三维空间中的操作

在 Maya 的三维空间中最重要的一点，就是你必须知道自己的位置在哪里，以及你所观察的对象是什么。记住 Maya 将每个视图都看成是一个摄像机的取景器，这些摄像机设置在三维空间中，并将你打算操作的三维世界展示给你。在数字世界中，摄像机是可以移动的（通过取景器）。

使用 Maya 的时候，你最好拥有一个三键鼠标。是的，虽然苹果公司多年来一直强调说鼠标只需一个按键，但这对 Maya 软件来说并不合适，如果你使用的是苹果电脑，那就需要买一个三键鼠标，而如果你用的是 PC 电脑，那你得确认所用的是三键鼠标——而不是两个按键加一个滚轮的鼠标。尽管你可以把滚轮当成按键使用，但你会发现真正的三键鼠标让整个工作进程更快一些。

Alt 键（苹果电脑上的 Command 键）将是你的得力助手。大多数 Maya 高手的键盘上的 Alt 键，因使用频繁和拇指的长期敲打，几乎已经被彻底磨平了。按住 Alt 键，实际上是在告诉 Maya：“嘿！现在我要移动当前的视图摄像机了。”

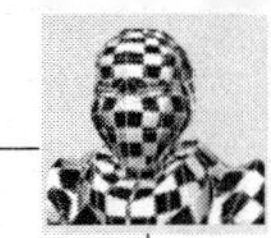

Alt 键加上鼠标左键（Alt – LMB），可以让你围绕选中的对象或世界坐标中心翻转摄像机。翻转就是指让摄像机围绕指定的点进行旋转，翻转摄像机让你能围绕空间中的某个点旋转。这么做可以让你围绕物体的上面、下面、周圈进行移动。请注意这个操作只能在透视图中进行。

Alt 键加上鼠标中键（ALT – MMB）可以用来确定摄像机的拍摄位置，确认位置是指只移动摄像机的位置而不旋转摄像机。当你按住 Alt 键并用鼠标中键拖动鼠标时，摄像机就会沿着某些轨迹进行运动，并可随时停留在一个指定位置上。这样可以让你通过移动场景看到空间内任何一个位置。这种方法同样适用于正交视图和透视图中。

Alt 键加上鼠标右键（ALT – RMB），或者同时按下 ALT 和鼠标左键及中键，可以推拉摄像机，这也就意味着摄像机会被朝着拍摄对象拉近或拉远，这个操作并不改变摄像机焦距，也并不是在使用变焦镜头，实际上就是让摄像机更靠近或远离拍摄对象。这种方法同样适用于正交视图和透视图中。

控制摄像机的方法还有很多种，比如摇摆摄像机（如同左右倾斜摄像机），或者改变虚拟镜头的光圈，但是目前在大部分情况下，翻转、定位及推拉功能是你在观察场景时最有效的工具。

掌握模型的移动和操作过程

每当一个雕塑家负责一个耗资巨大的公共工程项目时，他总会使用多种技术及工具来完成任务。当一个画家承接一个颇具挑战的绘画时，即使只画一种明确风格的作品，他仍会使用各种不同的工具进行创作，包括不同大小的画笔、材料、绘画颜料以及使用不同的绘画技巧等。当然，数码艺术也不例外。前一章中介绍了各种不同的方法和数码软件中使用的工具。然而，仅凭借任何单一的工具和方法，是不可能创作出令人满意的作品的。只有在正确的时间使用正确的工具才能创作出完美的模型。

因为使用多种建模技术会呈现出强大的力量，所以就有必要把模型的各个部分组合成一个结构清晰的形体。为了能够做到这点，就必须真正掌握如何在数字空间内移动、操作以及组织形体。

工具箱

在我们再次进入数字空间之前，我们必须认真地讨论一下有关工具的问题。当你在三维空间内工作时，你可以在屏幕上随处点击鼠标，执

行你的操作命令。至于鼠标到底执行哪一项命令，在很大程度上取决于你使用哪种工具。Maya（和大多数三维软件一样）本身自带一个工具箱，这个工具箱中放有一些经常使用的工具（如图 2－8 所示）。该工具箱位于界面的左上部。

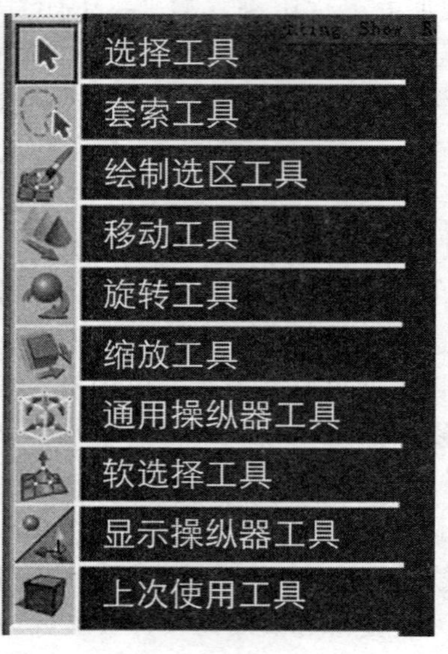

图 2－8　Maya 的工具箱

有的工具用来移动物体，有的用来调整大小，有的用来旋转物体，还有些工具用来改变多边形结构，以及有些工具用于其他功能。每种工具都有自己独特的功能，是其他工具无法替代的。这似乎很简单，但当你真正操作不下去的时候，你首先应该检查一下，你是否为当前操作选择了正确的工具。

在坐标空间内对物体进行定位

我们首先介绍移动工具。在 Maya 中，你使用移动工具来移动空间中的物体。实际上不仅如此，你还可以用它选择要移动的物体。

在任何视图中，将会使用绿色突出显示被选中物体的多边形或 ISO 等参线（稍后会详细介绍这些内容），并显示出物体中心的枢轴点或操纵器。你点击这个操纵器就可以移动物体，然而，这个操纵器实际上包含了多种工具（如图 2－9 所示）。

注意该操纵器实际上是用三个坐标手柄来表示 X，Y，Z 轴的（X 坐标手柄为红色，Y 坐标手柄为绿色，Z 坐标手柄为蓝色）。

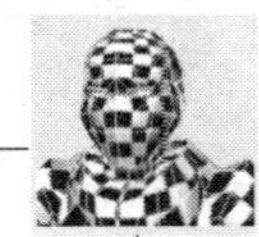

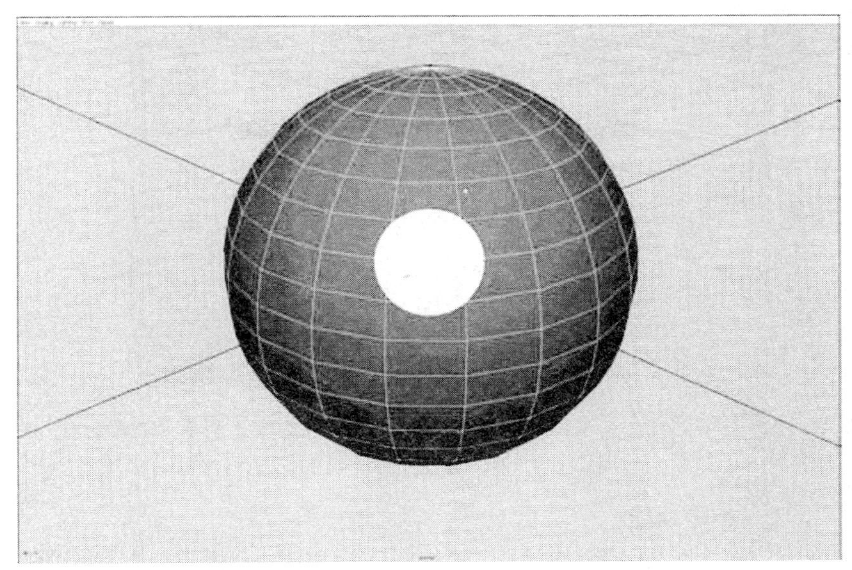

图 2－9 Maya 中物体的枢轴点（有时称为操纵器）

第四个手柄是位于枢轴点中心的黄色方框，它叫做中心手柄。这个黄色方框实际上代表了你观察物体时的视平面。

激活移动工具后，如果你单击并拖动中心手柄（黄色方框），物体将会沿着视平面移动。在透视图中，这么操作意味着在 X，Y，Z 轴三个方向上移动。在正交视图中（顶视图、侧视图或前视图），按住中心手柄，你可以在该视图中的二维平面上移动它。

每一个红色、绿色、蓝色手柄（X 轴移动手柄、Y 轴移动手柄、Z 轴移动手柄）都能用来移动物体。例如，你单击并拖动 Y 轴手柄（绿色）就可以控制它在 Y 轴方向移动。注意当你选择了一个手柄时，它将会用黄色来突出显示。对于另外两个手柄的操作也是同样的。

另外，使用移动工具还有几个小窍门。如果你按住 Ctrl 键同时单击任何一个方向手柄，你可以暂时关闭在该方向上移动物体的能力。这时中心手柄的图标就会变成一个小平面，该平面表示物体仍然可以移动的方向。图 2－10 展示了按下 Ctrl 键加上单击 Y 轴手柄后的中心手柄效果。

这时，如果使用移动工具，单击并拖拽中心手柄，物体将只会在 X 轴和 Z 轴方向上移动。试一下。

在中心手柄上按 Ctrl 键并单击，就能使它再次在所有方向上工作。

热键提示 移动工具的快捷键是 w（小写字母）。

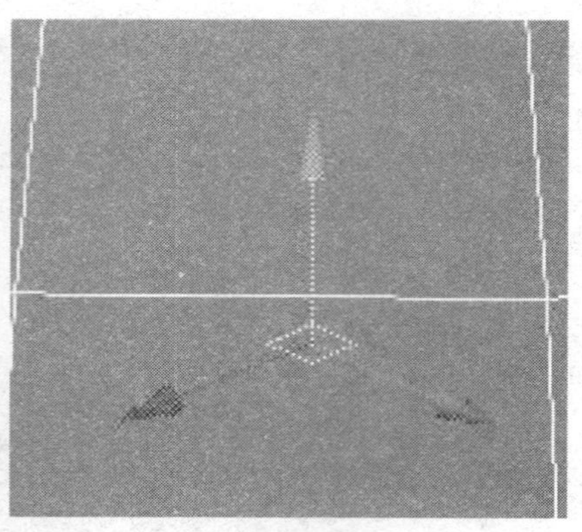

图 2 – 10　移动工具允许你禁止某个方向上的移动，这个图显示了关闭 Y 轴移动的结果

旋转功能

除了能够在数字空间内移动物体外，我们还可以围绕物体轴心来旋转物体。在 Maya 中，可以使用旋转工具完成这个操作。每个物体都有自己的旋转轴心。

像物体的移动一样，Maya 可以使物体无限制地自由旋转，或者是有限制地旋转，比如，你会需要放置汽车的时候面向北而非面向东，而不是仅仅把它安在两个轮胎上，就不管具体的朝向方位了。

你可以在选择一个物体的同时通过点击旋转工具来激活它。当你选中一个物体并且激活旋转工具时，物体会以绿色来突出显示，并且在物体中间会出现一个新的操纵器（如图 2 – 11 所示）。

点击并拖动旋转操纵器的中心，你可以在三个方向上自由旋转物体。不过，这种自由旋转的操作很难控制，因此我们通常都会采用受限制的旋转方式。

和移动工具一样，旋转工具的操纵器也有四个手柄。它们都用圆圈来表示：一个红色的 X 轴旋转手柄、一个绿色的 Y 轴旋转手柄、一个蓝色的 Z 轴旋转手柄和一个黄色的视平面旋转手柄。

当你单击其中任何一个圆圈时，它们将会显示为突出的黄色来表明该手柄已经被你激活。当你点击并拖动其中一个手柄时，物体就会围绕自身轴心旋转。请注意，每个手柄的颜色表明了这个物体旋转时所围绕的轴线。

旋转工具的快捷键是 e（小写字母）。

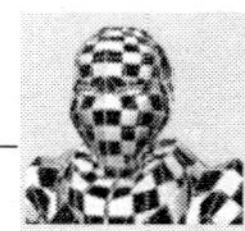

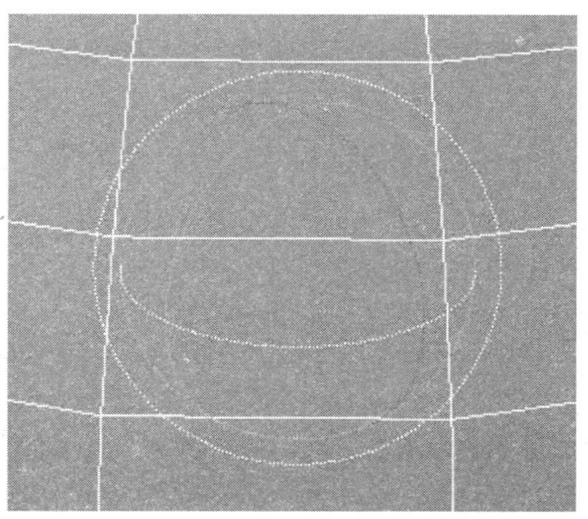

图 2－11　旋转工具的操纵器

缩放工具和相关尺寸

在创建了物体后，我们可以设定及改变它们的尺寸。与移动和旋转工具相同，Maya 中的缩放工具能够让你控制一个物体的尺寸。你可以用它直接选择一个物体，并同时出现四个操纵手柄：X 轴缩放手柄、Y 轴缩放手柄、Z 轴缩放手柄和一个中心缩放手柄（如图 2－12 所示）。

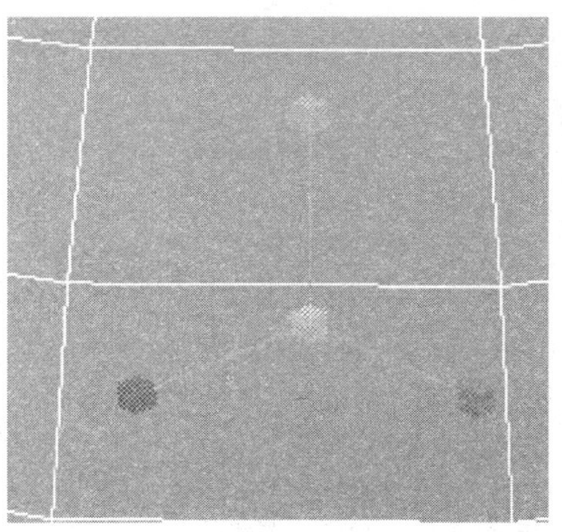

图 2－12　缩放工具的操纵器

正如预计的那样，每一个手柄都能让你在其相应的方向上缩放物体。只有中心缩放手柄是明显不同的，点击并拖动这个手柄，你可以同时在所有方向上成比例地缩放物体。

热键提示 缩放工具的键盘快捷键是 r（小写字母）。

多功能全局操纵器

Maya 中还有一个很有价值的工具就是多功能全局操纵器。工具箱中的缩放工具下面就是多功能全局操纵器工具，它集合了移动、缩放及旋转工具，又加上一些别的功能。

它的工作方法是这样的：选择一个物体并激活全局操纵器，该物体就会被一个边界盒包裹起来，而边界盒的每个边或顶点上都有操纵器。此外，边界盒的中心就是传统的移动操纵器（如图 2－13 所示）。

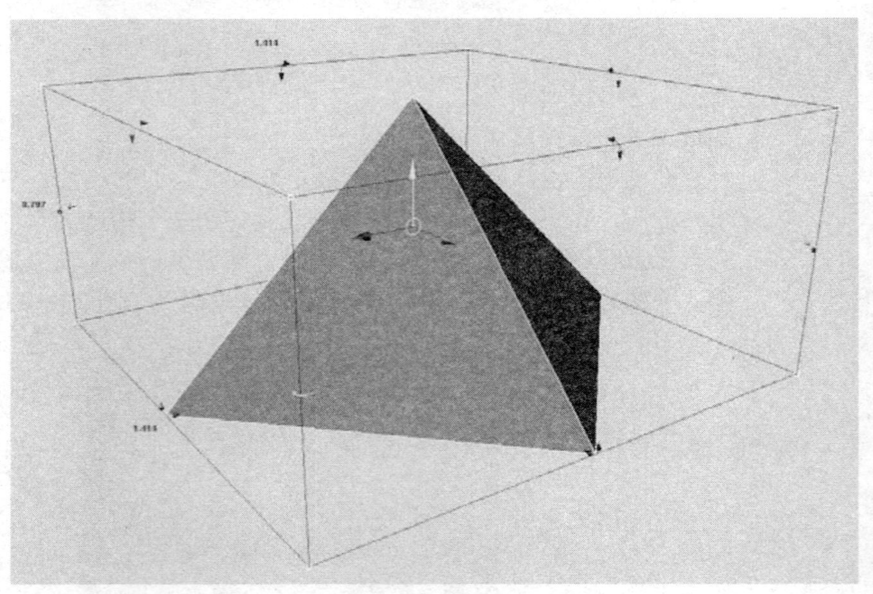

图 2－13 被选中物体上的全局操纵器

现在，利用这一工具，你可以通过点击边界盒中心的操纵器来移动物体，点住边线上的任何曲线箭头来旋转物体，点住边界盒顶点上的蓝色点来缩放物体。去试一试吧。

当你按下 Ctrl 或 Shift 键时会出现这个工具的附加功能。使用旋转操纵器手柄时，按住 Ctrl 键，可以限制旋转以 5°递增（注意蓝色数值会让你知道已经旋转了多少度）。同样，使用旋转操纵器手柄时，按住 Shift 键，可以使物体围绕物体中心旋转，而不再围绕边界盒对面的边进行旋转（默认情况下）。

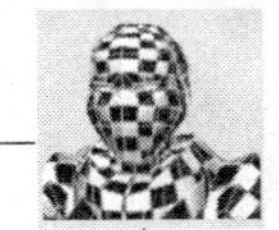

当使用缩放操纵器时（边界盒的每个角上的蓝色小方块），默认情况下，这个物体会朝向你所拖拽小方块对面的顶点进行缩放。按住 Shift 键可以围绕物体中心缩放，而按住 Ctrl 键可以让物体只沿着一个轴缩放。

如果你是 Maya 的一个长期用户，可能需要花费一点时间去适应这个功能强大的工具，但这是非常值得的。运用这个工具对物体进行定位、缩放和旋转都会变得更加流畅。

热键提示　利用 Ctrl 加上 t 键能够激活全局操纵器。

对操纵器进行操纵

在默认情况下，操纵器在物体的三维空间中心。然而，有时候我们不希望它在那儿。例如，当你创建一个门时，最终你需要这个门沿着它一侧的合页旋转，而不是围绕它的中心。同样，如果你正在创建一个柱子，从它的底部向上缩放会更容易，这样它就从地面向上生长。

Maya 允许你对操纵器位置进行一些简单更改。只要按下 Insert 键（在 PC 电脑上）或 Home 键（在苹果电脑上），便可改变操纵器位置。当你做这些的时候，操纵器（无论你是在用移动、旋转还是缩放工具）的外观就会变成如图 2－14 所示的样子。

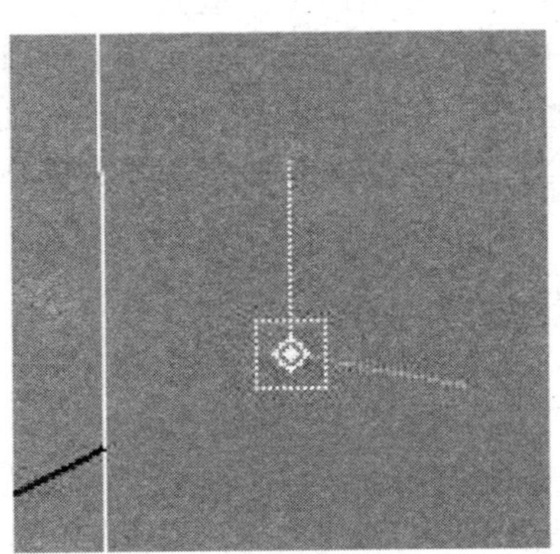

图 2－14　移动操纵器的位置

现在，就像使用移动工具那样去移动你的操纵器。你可以通过点住任何带颜色的手柄做单方向运动，或使用中心手柄进行自由移动。把操纵器放到你想放的位置后，再次按 Insert 键（或苹果电脑上的 Home 键），将会把操纵器锁定到新位置上。

你将会在接下来的范例中学到更多关于这方面的使用技巧。

移动坐标操纵器，只需按下 Insert 键（或苹果电脑上的 Home 键）。确认再次按下 Insert 键以便从这个模式中退出来。还要注意到你可以按下 d 键调整操纵器，松开 d 键就会返回你上次使用的工具。

充分的理论准备

我们已经知道了大量关于电脑如何在数字空间中进行工作和交流的理论。为了能快速告诉电脑你想让它做的事，掌握这些知识很重要，不过，够用就行了。现在我们知道了电脑如何执行命令，再让我们来看看如何安排好这些命令，并如何让 Maya 接受这些命令。在这本书的学习过程中，我们会使用一些迷你范例来阐明详细的技巧。此外，我们还将操作一个贯穿整本书长度的长范例，来应用涉及的所有技巧。

在每一个范例中，该范例的实际步骤都将被编号。为了避免陷入简单罗列操作步骤，而将其讲透彻，我们加入了一些“Why?”的提示框。这些提示框将包含一些工具操作背后的理论知识，或工作流程背后的一些基本原理。虽然这些提示不是掌握整个范例的关键，但要想真正理解正在进行的工作，它们就具有很重要的作用。记住目标不只是要学完某个范例，而是要真正掌握在范例中涉及的使用工具和原理概念等，这样你才可能创造出自己的三维杰作。

如果你对任何操作步骤有疑问，一定要去看一看随书附带的光盘。你会发现在范例的不同操作阶段保存下来的 Maya 文件。另外你会发现光盘中以全彩方式保存了书中所有图片，你可以看到图像的更多细节。

那么，我们就不再罗唆了，让我们把理论应用于实践并开始创作吧。

Maya 的菜单设置

在后面的章节中，我们要更多地介绍 Maya 界面的各个部分。不过，有一些事情我们需要马上就讲清楚，以防它们成为学习过程中的障碍。

Maya 是如此复杂，以至于它实际上有数个下拉菜单模块。如果你看看 Maya 界面的顶部，你会看到 File、Edit、Modify、Create、Display 和 Window（文件、编辑、修改、创建、显示和窗口）几个下拉菜单。这些下拉菜单是恒定不变的，它们总是处于可见状态（除非你隐藏它们）。在制作过程中，你需要时常运用这些菜单中的大部分工具。

除了这些，还取决于你的 Maya 版本是 Maya 完全版还是 Maya 无限版，因此你的 Maya 就会有四套或六套菜单模块。

如果你看到和图中完全一样的界面左上角（如图 2 – 15 所示），你就会看到一个弹出菜单。该菜单允许你挑选在界面中显示的菜单模块。通

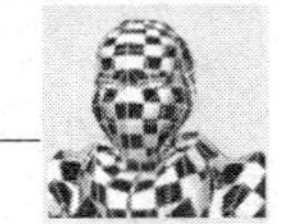

常默认是 Animation（动画）模块，虽然你在一个项目中所做的第一件事一般是建模。

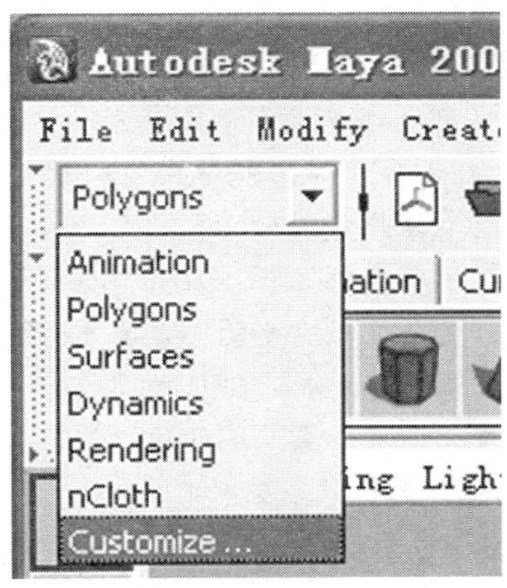

图 2－15　用于菜单设置的弹出菜单

根据你选择的菜单模块，在 Window 菜单右边的区域就会显示出相应菜单数量及菜单内容。这种编排非常直观，不同菜单模块对应着你在项目中需要用来建模、制作动画或是渲染的工具。

在接下来的范例中，你懂得应该在哪个菜单模块中工作很重要。如果本书中提到一个菜单模块中的一个具体的下拉菜单，将会使用一个"/"符号来表示菜单模块。例如 Polygons 模块 Edit Mesh→Extrude（Options），这句话意思是，在多边形建模菜单模块中找到编辑面板菜单下的挤出命令，并点击命令后面的小方块图标，调出命令设置面板。

范例 2.1　制作简单的小人

目标

1. 学会创建原始多边形形状。
2. 使用移动、旋转和缩放工具。
3. 调整操纵器位置。
4. 探索群组的功能。

这不是最吸引人的范例，并且创作成果看起来还有些粗糙。但是当完成这个范例的时候，你应该会很好地掌握了移动 Maya 的三维空间的技巧，还有移动这个空间中的物体的技巧。

建立工程项目

Maya 将文件保存在项目中。实际上，一个项目是一个文件夹的集合，各种文件夹则包含了各种应用元素。它可以包含多个场景文件（将会被你看作 Maya 文件的东西）、用于贴图的位图文件、用于投影平面的影片文件、用于口型同步的声音文件，以及完整渲染出的序列图片。

由于 Maya 本身并不能把所有数据保存到单个文件中，而是把它们连接在一起，因此有一个恰当的文件结构是非常重要的。确保你已经设置好了项目的所在位置，以及让 Maya 知道哪一个项目是你目前正在工作的项目，这是至关重要的，尤其是当你与其他三维艺术家一起协同工作的时候。如果你是在实验机房工作，每次在你开始工作之前，要设置好你的项目。不要想当然地认为，没有其他人用过这台电脑或不曾有人更改过设置好的项目。

第 1 步：在你的硬盘上创建一个区域保存你的 Maya 文件。你可能在桌面创建了一个叫做“Maya Tutorials”之类的文件夹，这个文件夹可以用来保存你所有的文件项目。

第 2 步：在 Maya 中，选择 File→Project→New 命令。

第 3 步：在 Name（名称）输入栏中输入“Primitive _ Man”。

为了确保不同操作平台间的数据兼容性，Maya 使用下划线代替空格作为字母之间的连接符。在某些方面，Maya 要比其他的软件严格，总是使用下划线是一个很好的操作习惯。

第 4 步：在 Location（位置）输入栏旁边点击 Browse ...（浏览）按钮。在桌面上找到 MayaTutorials 这个文件夹并按下 OK 按钮。

第 5 步：点击 Use Defaults（使用默认设置）按钮。

这个 Use Defaults 按钮实际上创建了 Maya 熟悉的一大批文件夹。虽然你也可以把所有纹理都保存在用自己名字命名的文件夹下，如“Fred”这样的文件夹，但默认的名称非常直观，而且其他合作的三维艺术家也能理解。

第 6 步：点击 Accept（接受）按钮。

当你点击 Accept 按钮后，可能 Maya 要停留几秒钟之后，才能允许你进行其他操作。它正在做的是，在你指定的目录中创建所有的文件夹。打开你的 Maya Tutorials 文件夹，你会发现一个叫做“Primitive _ Man”的新文件夹，它包含了一整个系列的文件夹。这就是你制作一个项目文件前的准备工作。

第 7 步：创建一个新场景文件，来确保在你的场景中没有其他物体，选择 File→New 命令。

第 8 步：保存文件。选择 File→Save as ...命令，将文件命名为 Tutorial _ 2 _ 1 保存。

立刻保存你创建的新文件有两个原因：第一，它能帮你检查你的项目设置是否正确。正确的场景保存目录应该是在“Primitive _ Man”文件夹里的“scenes”文件夹。如果 Maya 在保存场景时打开的是另一个目录，你就需要停止保存并重新设置你的项目（你可以使用 File→Project→Set ...命令进行设置）；第二，Maya 有时会死机，所以我们就要养成早保存、常保存的好习惯。在初步保存后，你就可以只点击快捷键 Ctrl 加 S 键来保存了（在苹果机上是 Command 加 S）。

新的形状

第 9 步：选择 Create→Polygon Primitives→Sphere 命令后面的小方块，打开命令设置面板。默认设置应该是如图 2 - 16 所示，如果不是这样的参数设置，那我们可以在该窗口中选择 Edit→Reset，并点击 Create 按钮。

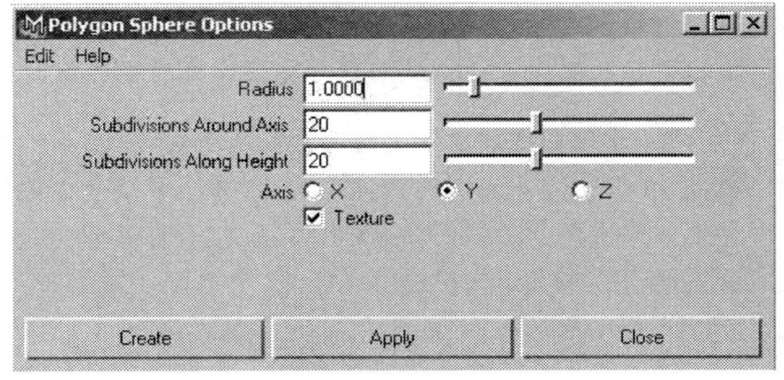

图 2 - 16　多边形球体的命令设置面板

如前所述，Maya 难以做到让你每次打开软件的时候都有一样的体会，因为它会记录你上次使用过的设置。遗憾的是，如果你是处在实验机房里，或者你已经有一段时间没有使用某个工具了，那么 Maya 的这个特点就会变成一个问题。也就是说，如果你已经有段时间没用某个工具了（或是第一次使用），有必要花点时间恢复设置。

注意，我们正在创建一个球体，设置 Radius（半径）为 1 个单位，在 Axis divisions 和 Height divisions 两个值上都设为 20 个分段数。在这种

情况下，分段数就是多边形的数量。创造出来的球体，围绕它的赤道轴有 20 行多边形，而从南极到北极也有 20 行多边形。稍后我们将会讨论更多关于多边形的问题。

第 10 步：按下空格键把你的视图面板分成标准的 4 个视图（一个透视图和三个正交视图）。

理解你的模型和它与场景中其他物体的位置关系，这在三维创作中是非常重要的。要确保场景的四个视图发挥作用。

第 11 步：按下键盘上的 f 键，在视图中完整显示这个球体。请注意，这个操作会完整显示当前你的鼠标所在视图中的物体。因此，你可以移动鼠标到每一个视图，并再按下 f 键来完整显示这个球体。

第 12 步：将鼠标放在透视图上，按下数字键 5 来看看模型的着色效果。

传统上，许多三维艺术家都让透视图用着色模式显示（几何体的一种不透明显示方式），而让前视图、顶视图、侧视图用线框模式显示。一部分原因是，这样可以让你不必去围绕模型旋转你的视角，就可以在正交视图中迅速看到模型是否在别的物体内部或是后边；另一部分原因是，省出更多的系统资源，从而让你更快速地观察透视图。

第 13 步：选择移动工具（在键盘上按 w），并将球体在 Y 轴方向上移动 15 个单位。确定你点住了 Y 轴坐标手柄（在顶端的一个绿色椎体手柄）来进行此项操作，这样物体只会沿着 Y 轴方向移动。你可以通过观察通道栏来确定你已经移动了 15 个单位（如图 2－17 所示）。

通道栏（可以通过点击图 2－17 上鼠标所在位置的按钮来激活）可以让你看到所选中物体的各项控制参数。请注意，你可以选择任意一个输入栏并输入一个数值。在键盘上按下 Enter 键（不是数字键盘上的 Enter键）来保存这个数值。

还要注意，通道栏也记录着和某一特定物体相连的节点（在第一章中已讨论过）。Inputs 一栏用来列出这些节点。目前和这个球体相连的只有一个叫做 polysphere1 的节点。

第 14 步：把球体（当前名称为 pSphere1）重命名为“Head”（头部）。在通道栏的 pSphere1 名字上双击一下，然后就可以进行重命名了（如图 2－18 所示）。

当你忙于创建你的作品时，命名似乎是一件很麻烦的事，不过随着工作的深入，你会认识到命名是一个很好的工作习惯。一部分原因是，在工作室中，一个三维艺术家很少单独工作，也很少只在一个文件中工作。如果一个含有 100 个物体的文件，而每个物体名称都像 pCube15、Psphere4 之类，那么对之后接手这个文件的合作者来说，会觉得你的工作很混乱。当然具体如何命名是由你来定的。

第 15 步：创建一个新立方体（点击 Create→Polygon Primitives→Cube 命令后面的小方块，调出命令设置面板）。恢复默认设置（Edit→Reset Setting），并按下 Create 按钮进行创建。

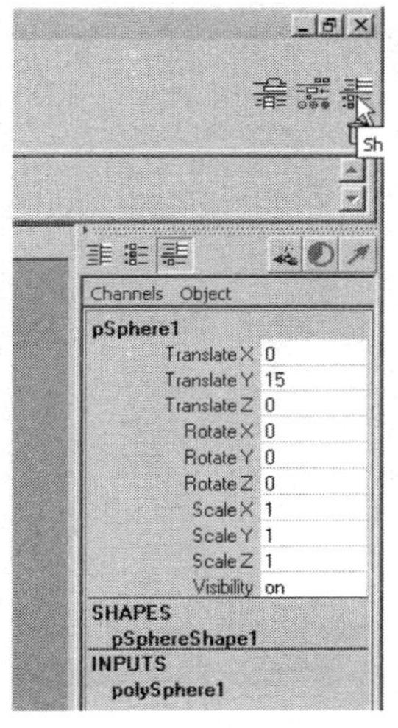

图 2－17　通道栏显示球体沿 Y 轴向上移动了 15 个单位

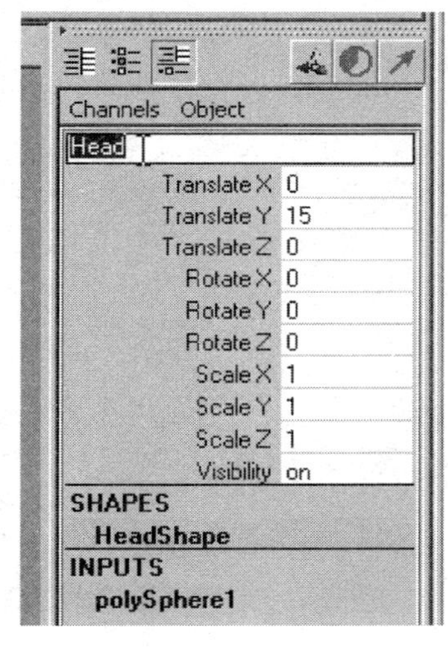

图 2－18 将 pSphere1 重新命名为"Head"

第 16 步：在通道栏中将 pCube1 重命名为"Chest"（胸部）。

第 17 步：在 Y 轴上，向上移动立方体（使用移动工具并拖动 Y 轴手柄），将它放置于 Head 的下方。不必顾忌移动的数值是否精确，用眼睛确定放置的位置即可。

第 18 步：在键盘上按下 r（小写字母）键来激活缩放工具。缩放"Chest"物体使它的大小与图 2－19 所示的大小相似。你可能需要使用所有的 X 轴，Y 轴和 Z 轴缩放手柄进行这个操作。

第 19 步：复制 Chest。选中这个物体之后，选择 Edit→Duplicate 命令的命令设置面板，恢复默认设置（Edit→Reset Setting）——该命令参数应该与图 2－20 相同，并点击 Duplicate 按钮。

复制工具可以说是一个最令人惊叹的节省时间的工具,但是如果设置不正确,也会产生很大的麻烦。默认设置为:精确复制原物体,并将复制出的新物体放置在原来位置。不过你可以改变这些设置,来制作出你想要的足够多的复制品。但是,如果你忘了已更改过设置(或是之前有人在这台电脑上改动过设置),那么你很有可能在完全不知情的情况下复制出 12 个 Chest 的复制品。所以要恢复默认设置,以避免这种情况发生。

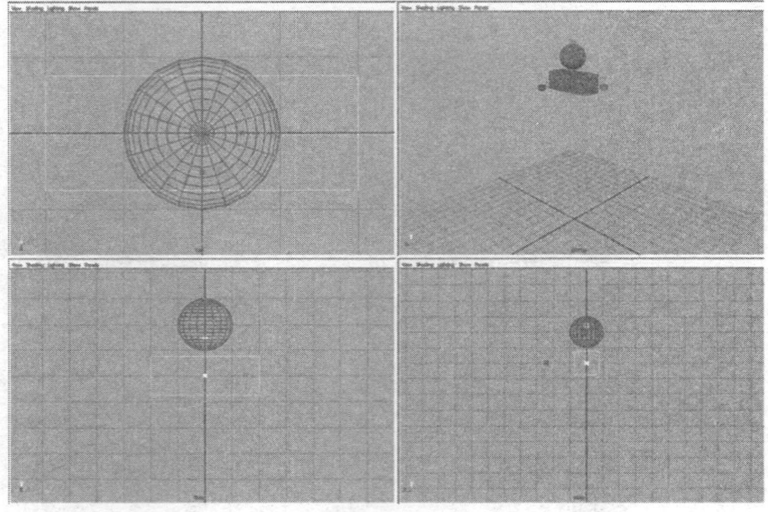

图 2－19　移动、缩放 Chest，将其放置到合适的位置

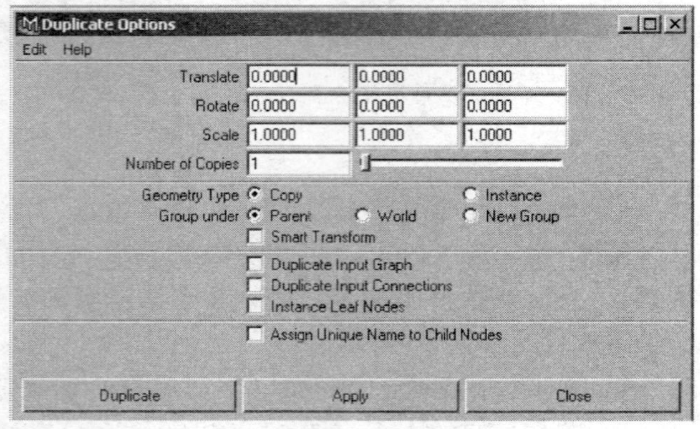

图 2－20　使用默认复制参数来复制 Chest

第 20 步：将 Chest1 移动并缩放（用 Chest 复制出来的物体）到图 2－21 所示的位置。注意，新复制的 Chest1 与原来的 Chest 正处在完全重合的位置，只有使用移动工具将其移动下来，你才能同时看到两个形体。

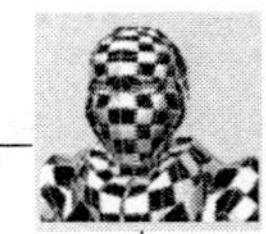

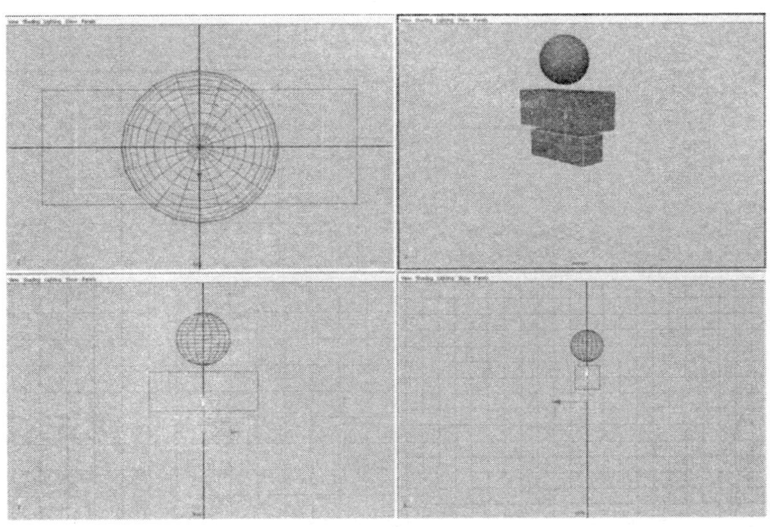

图 2-21　对 Chest1 进行复制、移动、缩放

第 21 步：复制（按 Ctrl 加 d 键或执行 Edit→Duplicate 命令）Chest1，重命名为“Abs”（腹部），然后移动、缩放到如图 2-22 所示位置上。

第 22 步：复制（按 Ctrl 加 d 键）Abs 并重命名为“Trunk”（躯干）。移动、缩放到如图 2-22 所示位置上。

第 23 步：创建三个球体（使用 Create→Polygon Primitives→Sphere 命令）作为髋关节、膝关节和踝关节；创建两个圆柱（打开 Create→Polygon Primitives→Cylinder 的命令设置面板——当你第一次使用它时一定要恢复这个工具的默认设置），把两个圆柱作为大腿和小腿；创建两个立方体（使用 Create→Polygon Primitives→Cube 命令）作为脚和脚趾。移动、缩放这些物体到它们各自的位置，所有这些原始物体合起来创建了腿部。确保给你创建的每一个形体命名，命名如下：右侧髋关节名为 R_Hip，右侧大腿名为 R_Thigh，右侧膝关节名为 R_Knee，右侧小腿名为 R_Shin，右侧踝关节名为 R_Ankle，右脚名为 R_Foot，右侧脚趾名为 R_Toe。它们应该与图 2-23 相似。

群组的强大功能

第 24 步：选择这些组成右腿的物体。选择 R_Hip 然后按住 Shift 键加选 R_Thigh、R_Knee、R_Shin、R_Ankle、R_Foot 和 R_Toe 等物体（这些都是组成右腿的物体）。除了最后选择的物体以绿色突出显示外，其他物体都会使用白色突出显示。

查看一下大纲视图（Window→Outliner ...），你会看到所有被选中的物体都用灰色突出显示。

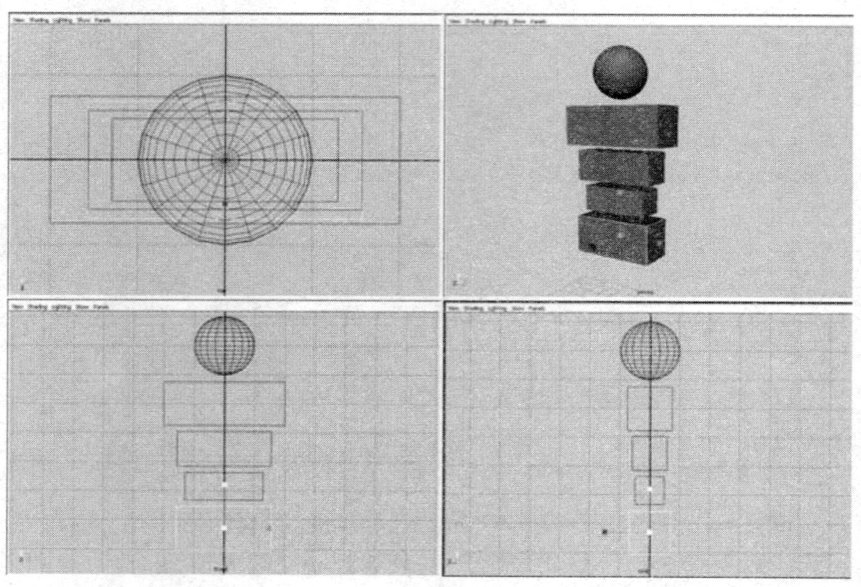

图 2－22　由 Head、Chest、Chest1、Abs、Trunk 组成的完整躯干

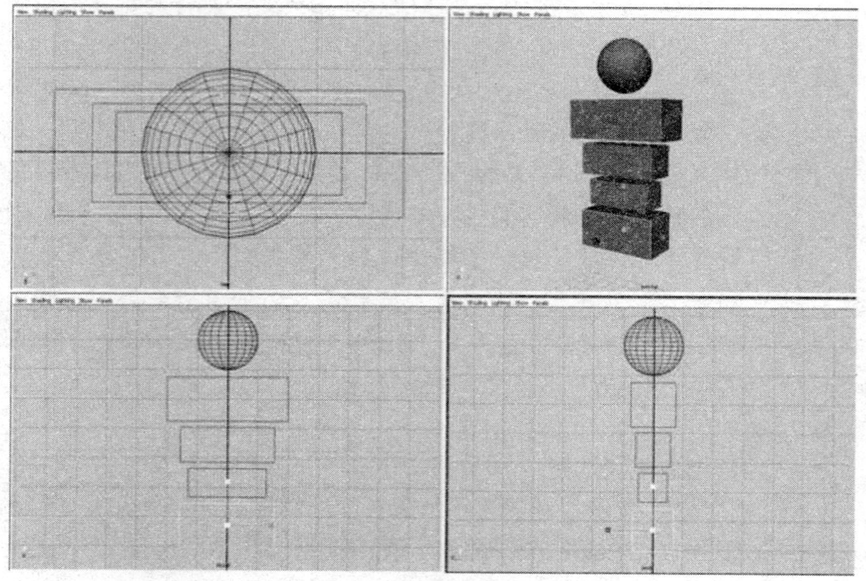

图 2－23　完成后的右腿

第 25 步：把腿部各个物体组合到一起。按下 Ctrl 加 g(或者选择 Edit→Group 命令)。场景中将会发生一些改变，整个群组(一个整体)将会以绿色突出显示，通道栏中将会显示当前的选中对象，叫 group1(群组 1)。

现在看一看大纲视图。一个叫做 group1 的新物体产生了，该物体包含了所有的腿部物体（作为子物体）。

第 26 步：将 group1 重新命名为"R _ Leg"。

群组是一个能够给你节省很多时间的工具。它可以让你一次快速地对很多物体进行选择、修改、复制或设置动画。在后面章节中，我们会讨论更多关于群组的问题，但是现在需要注意的是如何选中一个群组。

在场景中的空白处点击鼠标，以取消对任何物体的选择。现在点击腿部中的任何一个物体（它将会以绿色突出显示）。现在，在键盘上按下"向上箭头键"，整个腿部将会立即以绿色突出显示（当做这些操作时，请看看在大纲视图中会发生怎样的变化）。点击"向上箭头键"可以将当前的选择层级提升到更高的层级，即从选择腿的一部分变成选择整个 R _ Leg组。明白这个思路了吗?

第 27 步：调整枢轴点。按下 w 键激活移动工具并选择腿上的任意部分。按下"向上箭头键"选择整个 R _ Leg 组。注意这个群组的操纵器停留在坐标原点上（0，0，0）。因为一个组默认的设置就是将枢轴点放置在坐标原点上（0，0，0）。为了解决这个问题，以便使操纵器（将轴心点调整到腿部的中心位置）更加直观，在键盘上按下 Insert 键（苹果电脑上的 Home 键）。将枢轴点向上移动到 R _ Shin 物体的中心，并再次按下 Insert 键（如图 2 – 24 所示）。

最终，你将要确保让腿部围绕髋关节旋转。虽然对于腿部还有许多关于层级的工作要做，从而确保小腿围绕膝盖旋转等，但把整条腿的枢轴点操纵器放在髋关节上是重要的第一步。当你把该组的操纵器移动到髋关节时，请观察你的所有正交视图，确保它的确放置到了三维空间中的正确位置。

第 28 步：复制这个群组。确定选择了 R _ Leg（整个组）（看一下通道盒中所选择物体的名称），按下 Ctrl 加 d 键（或使用 Edit→Duplicate 命令）。这将会创建一个叫做 R _ Leg1 的新组，原有群组中的全部物体也复制到了新组中。重新命名这个新组为"L _ Leg"。

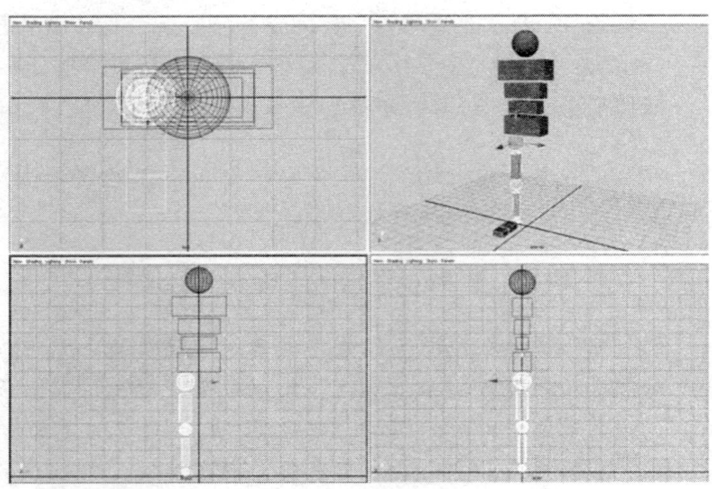

图 2－24　为新的腿重新定位枢轴点

第 29 步： 使用移动工具，使用 X 轴移动手柄（如图 2－25 所示）移动 L _ Leg 组。选择 L _ Leg 的每个部分，将它们重新命名（在通道栏中）为 L _ Hip，L _ Thigh，L _ Knee 等名称。

第 30 步： 利用腿来创建胳膊（对完成这个人物来说，这是一个非常懒惰但是非常快捷的方法）。选择任意一条腿的群组（确定你使用"向上箭头键"选择了群组）并复制它。重新命名为"L _ Arm"。

第 31 步： 向上移动 L _ Arm 群组到适当位置（如图 2－26 所示）。

第 32 步： 将胳膊中的每一个物体重命名为 L _ Shoulder（左肩）、L _ UpperArm（左上臂）、L _ Elbow（左肘）、L _ Forearm（左前臂）、L _ Wrist（左腕）、L _ Hand（左手）、L _ Finger（左手指）。

第 33 步： 缩小胳膊的尺寸。仍然选择 L _ Arm，切换到缩放工具（快捷键为 r）并拖拽操纵器的中心手柄，这样手臂在所有方向上成比例地缩小。使在缩放之后，L _ Wrist 这个物体大概处在髋关节位置上。

注意你正在缩放一个由很多物体组成的群组。当你使用缩放工具缩放一个群组时，所有的物体都成比例地缩小或放大，同时会保持它们在群组中的相对位置不变。你可以做一个实验，在群组中选择所有的物体（按 Shift 进行加选）。因为选中了所有的物体而不是群组，如果使用缩放工具缩放，你会发现所有物体都在它们自身的空间中正确地缩放，因此物体之间的间隔就会加大。所以让物体在群组中保持相对位置不变，是使用群组功能的另一个好处。

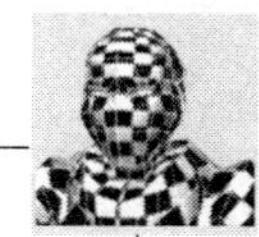

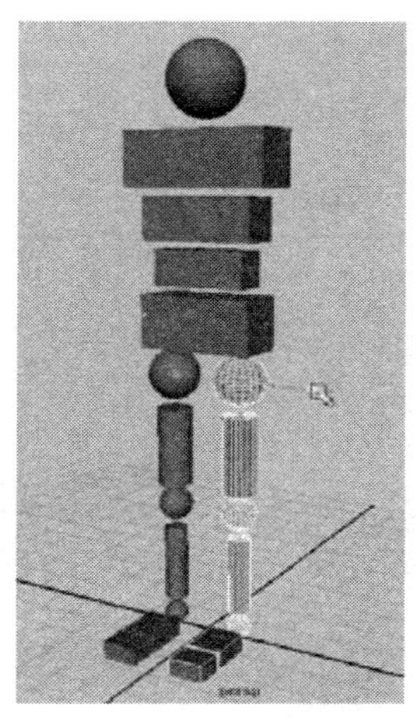

图 2－25 复制、命名并放置 L _ Leg 群组

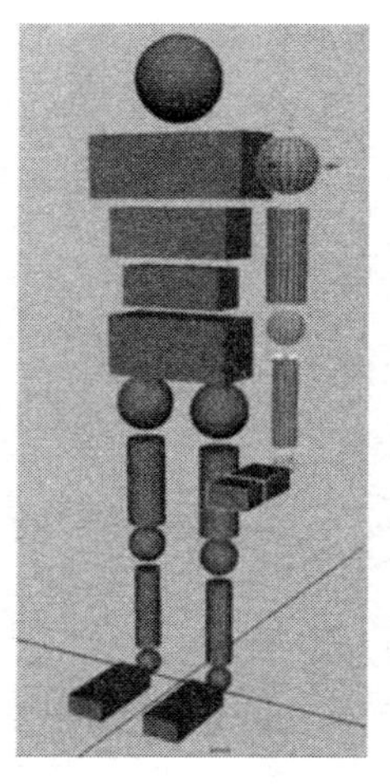

图 2－26 胳膊（也是一条腿）移动到了相应位置

第 34 步：将胳膊旋转到一个能伸展得开的位置。确保你选择了 L _ Arm 群组，并在键盘上按下 e 键激活旋转工具。注意如图 2－27 中胳膊的操纵器将会展示出 X 轴旋转手柄、Y 轴旋转手柄和 Z 轴旋转手柄。为了向上旋转手臂，你将需要点住蓝色手柄（Z 轴旋转手柄）进行操作。更加精确的旋转方式是，你在通道栏里输入数值旋转这个群组，在 Rotate Z 输入区域输入 90，使其旋转 90°。

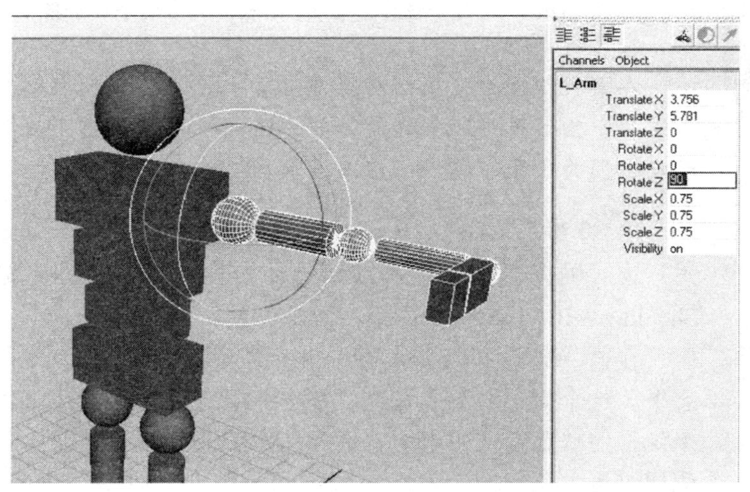

图 2－27 旋转胳膊。请注意如果你还没有通过通道栏旋转它，就需要用群组的蓝色 Z 轴旋转手柄进行旋转

第 35 步：将 L _ Arm 和 L _ Finger 旋转并移动到相应的位置上。依据个人喜好进行缩放（如图 2 – 28 所示）。你可以在通道栏中输入旋转数值，或是使用旋转工具凭感觉进行旋转。

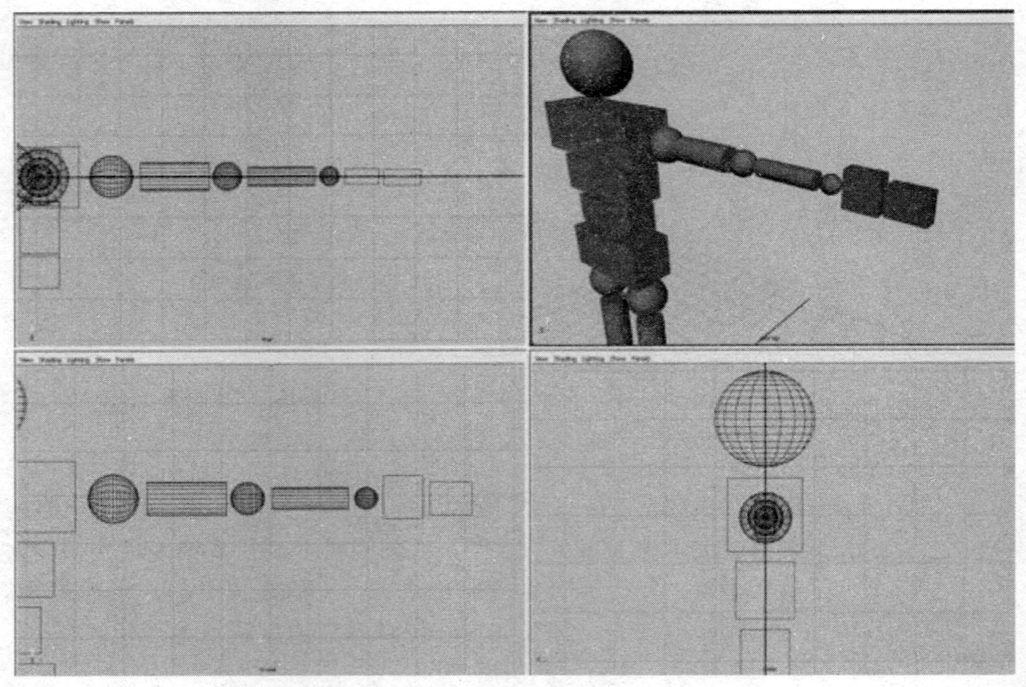

图 2 – 28　进行了旋转、缩放、移动操作后的手和手指

在哪种视图中使用这种功能主要与个人喜好有关。在本范例中，查看这几个物体是否对齐的最简单方法是，在顶视图中进行旋转、缩放及移动，因为手跟手指已经在 Y 坐标轴方向上对齐了。

第 36 步：复制 L _ Arm，重命名为“R _ Arm”，并把它放在身体的另一边。确保每个物体都按照身体右侧进行相应的重命名（例如 R _ Shoulder、R _ UpperArm 等等），如图 9 – 29 所示。

在这一范例中，你学到了一些相当基础的东西。实际上，在当前状态下，这个简单的小人在这个基本练习之外是毫无用处的。对动画制作来说，他缺乏合理的组织，而且对渲染来说，形体又太简单了。但是希望通过这个范例的学习，你会学到一些在三维空间中的基本操作方法，包括在这个空间中移动（位移）、旋转及缩放物体的操作。

现在，保存好你的文件。

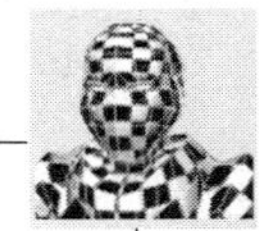

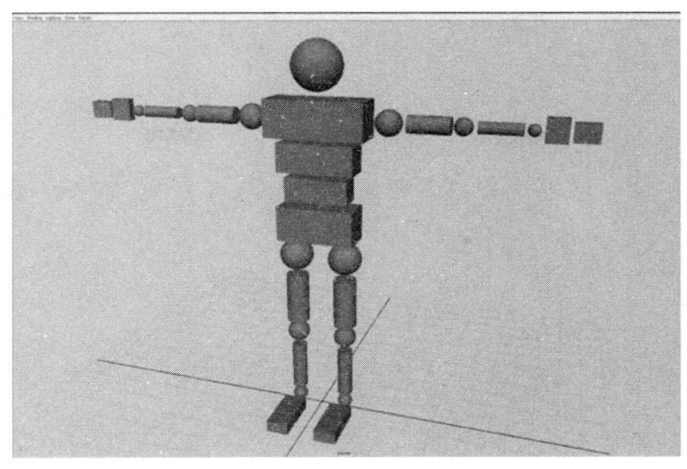

图 2－29　完成后的简单小人

挑战、练习和课后作业

1. 为简单小人创建一个女朋友。想一想通过怎样简单的形式能体现性别的明显不同。

2. 你要如何组织（同样通过群组的方式）简单小人，以方便将来设定动画？提示：将多个群组进一步组合成群组。

3. 使用本章中介绍的简单几何体的形式和技巧，建造一个如图 2－30 所示的简单建筑模型。

图 2－30　挑战 3 中提到的简单几何体组成的模型

第三章 建模基础——多边形基础建模

高效建模

图 3－1 是由 Mike Clayton 设计的简单却优美的数字角色。在许多方面它都是非常出色的，首先设计很巧妙，因为他细心地将同样的形状应用在了身体上的所有部位，并且这一形状是由一些非常简单的三维几何元素组成的。由于人物造型设计巧妙，在建模时也会具有很清晰的思路。然而，这并不意味着所有角色或是模型都会像这个被艺术家巧妙设计的模型一样整洁，当人们试图把许多多边形拼凑到一起去创建出一个有趣的形状时，会遇到许多问题——也就是无法搞清楚"这是什么形状?"，而像图 3－1 中呈现的草图确实解决了不少这类问题。

图 3－1　Mike Clayton 设计的角色

如果你能够将头脑中构想的形态在纸上绘制出来，你也就能够使用数字方法表达这个形体了。例如，在草图中使用的基本形状是由球体与一种扭曲的圆柱体结合而成的。你可以在做出使用哪些形状作为模型构成组件的决定后，迅速得到一个关于使用哪些种类建模方法进行工作的策略。下面首先简要介绍现有的几种数字几何体，之后会详细介绍如何使用一些非常基础的技术开始建模。

建模类型

Maya 作为一款高端三维软件，拥有一组相当强大的建模工具。市场上总是出现新的软件，或是旧软件的新版本持续挑战 Maya。这对消费者

而言是好事，因为进入市场并被使用者接受的工具往往会移植到不同的软件中，所以竞争是件好事。

就其核心而言，Maya 像大部分 3D 软件一样，利用了多种类型的建模方法，以下便是关于它们的简要概述。

多边形建模

最终，Maya 中的任何形状都以多边形状态结束。渲染器只需简单地将模型看做多边形面来渲染就可以了。所有建模方法都在用不同的方式建造形体，但最后当 Maya 准备渲染这些图形时，它使用了一个叫做镶嵌细分（tessellation）的过程将模型分解为很多三角多边形。

由于这一原因，也许最基本的建模方式就是多边形建模。多边形建模是直接对多边形及其构成成分进行操作，去建造出想要的形体。当使用 Maya 中的多边形建模时，会用到叫做多边形的二维形状（通常为四条边或三条边），并在数字空间中将它们组织成三维形体的外壳。图3－2显示了由 6 个正方形结合而成的立方体。同样，图 3－3 显示了由 6 个三角形结合成一个锥体，使用的是与前面相同的原理。

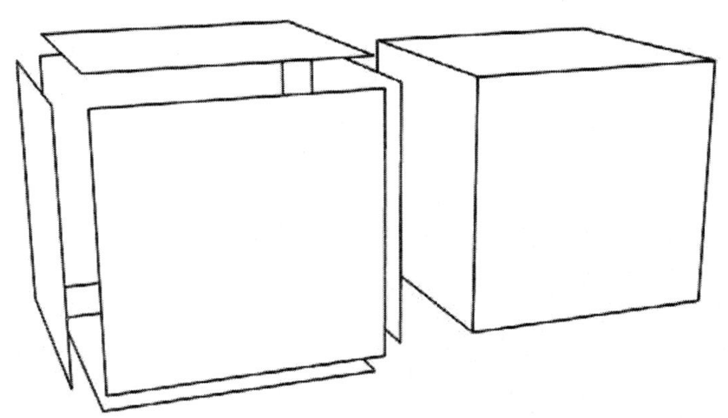

图 3－2　由二维正方形构成的立方体

如图 3－2 和图 3－3 所示，对于锥体和立方体这样的简单几何体，多边形建模会完美地完成工作。然而，计算机中多边形的一个规则是它们不能弯曲。它们可以在任何角度下与另一个多边形连接，但二维形状本身是不能弯曲的。因此，对于一个像球一样的物体，就需要使用很多多边形（包括四边形和三角形）来创建球面的弧度。如果多边形面数少，那么球体就不会很圆滑（如图 3－4 所示）。

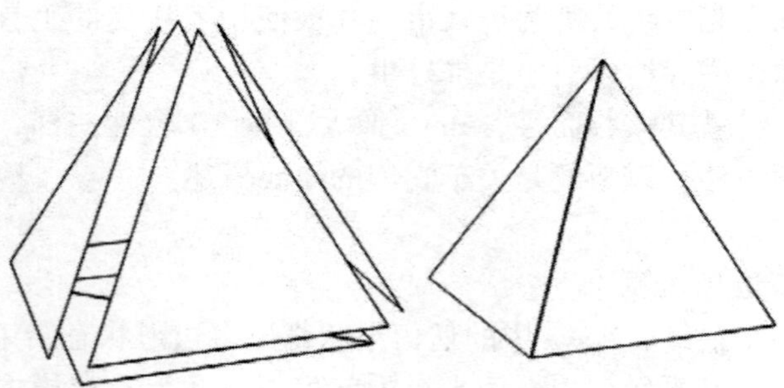

图 3－3　由二维三角多边形组成的锥体

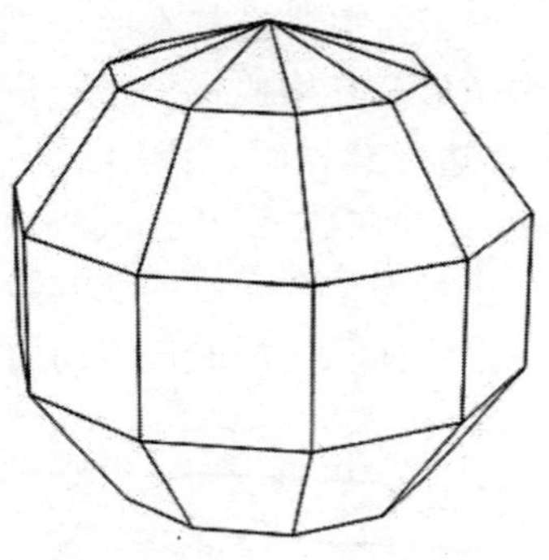

图 3－4　由少量多边形组成的块状球体

随着多边形面数的增加，这个球面变得很像迪斯尼世界中的未来体验中心（EPCOT Center）（如图 3－5 所示）。实际上要制成一个圆滑的球体，需要使用大量的多边形（如图 3－6 所示）。

图 3－5　由中等数量的多边形构成的稍微圆滑的球体

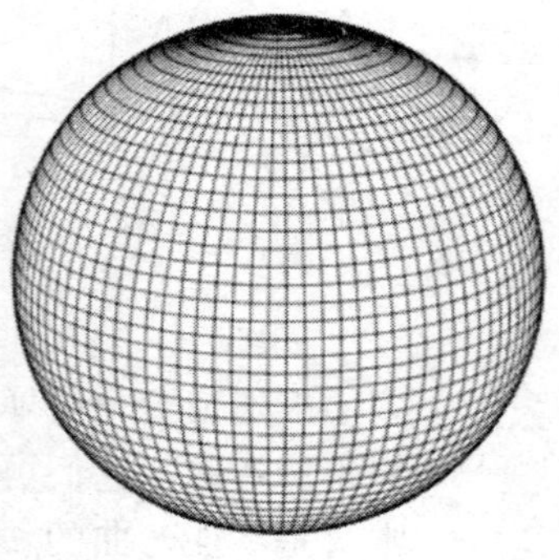

图 3－6　由大量多边形制成的十分圆滑的球体

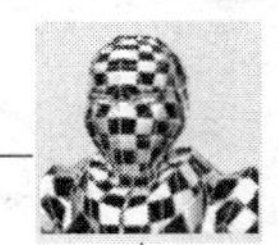

问题是，在模型中的多边形数量越多，其数据量也就越多。也就是说，计算机要处理的信息也就越多。对一个球体来说，使用大量的多边形不是问题，不过随着形体变得更加复杂，多边形的数量才开始真正变得多起来。当多边形数量增多了，电脑的速度就慢下来了；动画师就会很沮丧；他就得喝更多的咖啡加班；他还会因为熬夜而掉头发；动画师的配偶、孩子和宠物就会开始被冷落了，等等。总之多边形面数太多就会带来坏消息。

降低多边形面数能够保持计算机快速运转并且动画项目的渲染也更快。这就是大多数游戏（使用 OpenGL 或 DirectX，real - time 渲染器）的角色模型为什么都是低模的原因。随着硬件技术的提升，游戏模型的复杂程度也随之提高。游戏模型师都是低模建模专家。但无论制作什么类型的项目，当使用多边形建模时，好的草图和故事板都是非常宝贵的，它们可以帮你合理规划模型，确定该在什么部位增加面数，在什么地方可以减少面数。

NURBS 曲面建模

NURBS 曲面（有时也称为自由造型多边形）实际上是 Non - Uniform Rational B - Splines 的缩写。各个软件（包括 Maya）处理 NURBS 曲面的方法略有不同。但其应用的核心思想都是一致的，即 NURBS 曲面是指从一个或多个样条线创建出三维物体。

样条线的技术性解释是指在三维空间上线性分布的顶点序列。顶点之间的链接有时被称为插值。样条线最基本的类型是由直线组成的（线性插值），而其他的样条线则是由曲线组成的（三次方插值）。样条曲线的美在于它不包含任何尖锐的角，除非指令它们这样做。样条线的创建与矢量绘图程序（比如 Illustrator 或 Freehand 这样的软件）中画线的方法非常近似。在本章最后的范例中会介绍创建并编辑样条线的几个例子。

尽管样条线是创建于三维空间中，但它本身是一维的。样条线自身不具备几何形状，也无法在渲染器中渲染出来。不过，当样条线创建并被排列组成 NURBS 曲面时，它们就会像中国灯笼里的龙骨，又像在车床上飞速旋转或挤出旧式黏土玩具一样，从而创建出整个形体（如图3 - 7所示）。

NURBS 技术真正强大的地方在于，可以用样条线创建出非常具有流线感的 NURBS 曲面模型，它们在快速创建有机体模型方面非常有用。例如，要创建在图 3 - 7 中右侧的花瓶，如果采用多边形建模，那么将不得不处理数量巨大的多边形——尤其是想获得光滑的线条时。但利用

NURBS 曲面建模则可以快速地完成该形体的创建。

综上所述，需要指出的重点是，当用 NURBS 建模的时候，它们本身没有实际的多边形形状——只有样条线和曲面。然而，所有的渲染器都使用多边形来定义模型表面。因此，创建的 NURBS 曲面/NURBS 物体，必须通过前面提过的镶嵌细分过程转换为多边形才能进行渲染。

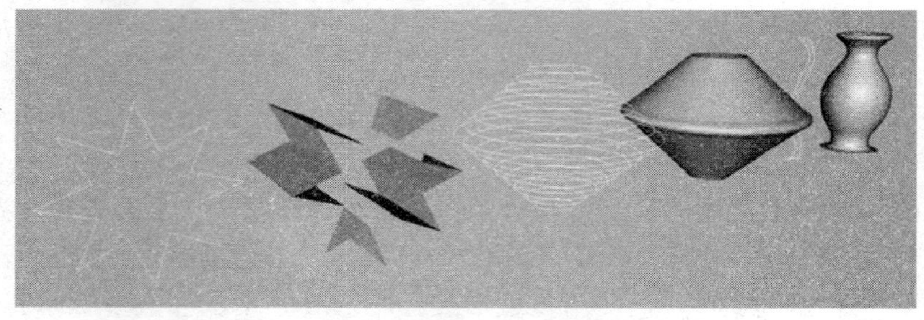

图 3－7　样条线的种类和它们可以创建出的形体

大多数渲染器只能处理三角形（三条边的）。因此，如果创建了一个四条边的多边形面，或一个有 n 条边的多边形面（有些 3D 应用程序允许这么做），所用软件都必须把多边形细分成三角形。同样，当要在屏幕上显示 NURBS 曲面模型或准备将它渲染出来时，软件必须决定如何将模型表面细分成三角形。

幸运的是，Maya 在后台为我们做了所有这一切——而我们无须考虑它是如何工作的。当然，如果需要的话，Maya 允许我们看到镶嵌细分和进行调整。但一般来说，大多数模型的细分都会很好，Maya 会自动处理好这些问题。

细分曲面

技术上，大多数软件的细分曲面实际上是一种多边形建模。然而在有些软件中，比如 Maya，细分曲面（subdivision surfaces）是一种多边形和 NURBS 曲面的特殊的混合体。Maya 也在多边形建模中使用一种叫做细分代理（Subdiv Proxy）的东西，它的工作方式与其他大多数软件中的细分曲面非常相似。

在所有的软件中，细分曲面的基本思路是这样的：你能够使用多边形工具创建一个基本的形体，但要使用相对少的多边形面数。这个低模的版本通常被称为一个笼框。一个细分曲面将会依据这个笼框细分现存的多边形，使形体弯曲，创建出更光滑的表面。这实质上是允许用相对少的多边形去控制大量的多边形。

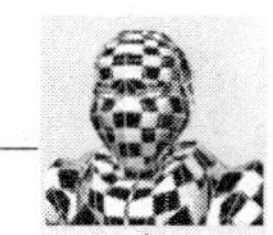

图 3 – 8 展示了一个细分曲面在工作时的例子。首先展示了由 UIW 学生 Jennifer Barton 创建的低模笼框；其次展示了一旦把细分曲面功能应用在这个低模身上，它会变成什么样子；最后展示了渲染后的效果。请注意低模笼框包围在光滑的高模外部。

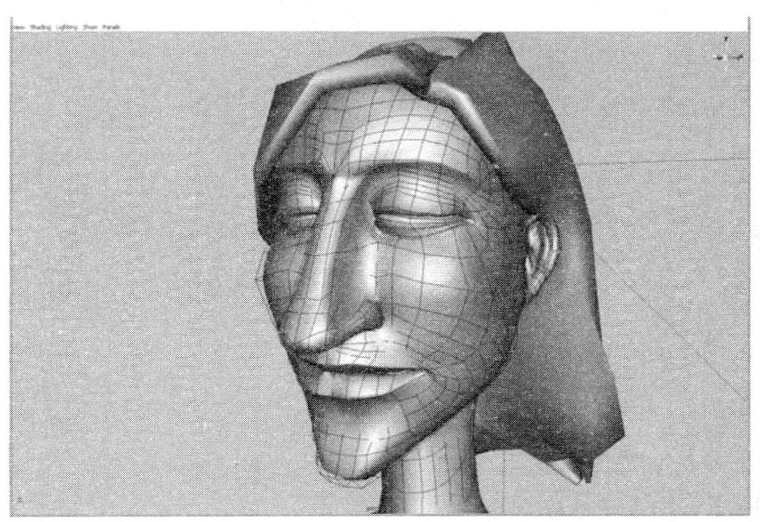

图 3 – 8　细分曲面根据低模笼框创建出了光滑、复杂、高面数的模型

这种方法的强大威力在于：你可以通过改变低模笼框，继续控制和修改光滑的细分曲面！能够继续添加细节、创建新的关节，并通过这一工具的力量迅速完成各种设计。

原始物体

每一个三维软件都会储备上一大组常用形体。这些储备的形体，无论是多边形的还是基于 NURBS 曲面的，都被称为原始物体（primitives）。Maya 储备了许多相当标准的原始物体——球、立方体、圆柱体、圆锥体、平面以及圆环。Maya7 之后又新增了柏拉图立体、足球状球体、螺旋线、管道、金字塔锥体和棱柱体（如图 3 – 9 所示）。

尽管这些形体是最基本的，但不要轻视它们的用处。原始物体渲染快速，且通常可以根据多边形面数进行优化。一般情况下，原始物体可以作为多边形建模时的初始物体，这是它们最为有用之处，然后当调整、弯曲和挤出它们成为新的形态时，你会认识到它们是最有用的。

作为第一个范例，我们会看到将原始物体作为基石，创建一个房间的基本外形和一些非常基本的家具模型。

图 3－9　Maya 的原始物体

范例 3.1　用原始物体创建房间

目标

1. 使用原始物体创建房间的基本形状。
2. 使用对齐和吸附工具将物体进行清晰分明的衔接。
3. 通过通道栏精确、高效地进行缩放和定位操作。
4. 在通道栏的输入区域进行基本节点的修改操作。

事实上，本范例将经过所有章节的制作过程，模型最终渲染的效果如图 3－10 所示。通过学习本章下面的内容和后面的章节，我们将使用各种建模技术创造这些模型。

定义你的项目

你要通过后面多个范例来学习创建房间和人物。事实上，为了使结构更加清晰，你要把房间的各个部分放在不同文件中来创建。那么，将会有许多 Maya 场景文件，而最后都要把它们汇集到一个主要文件中，创建出最终成品。在操作过程中，所有不同的 Maya 场景文件都需要使用相同的贴图文件夹。所以，你需要有一个项目文件夹来放置所有的场景文件。

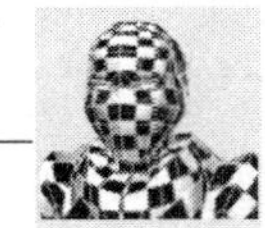

在这一步中我们要创建一个新的 Maya 工程项目，并将本项目中所有相关的 Maya 文件保存到场景文件夹中。

图 3－10 令人惊奇的木头人（Amazing Wooden Man）的房间最终渲染效果

第 1 步： 选择 File→Project→New 命令。打开新项目对话框，在名字输入区域输入“Amazing _ Wooden _ Man”。

第 2 步： 在 Location（保存位置）输入区域的旁边，请点击Browse ...（浏览）按钮。找到桌面上的 Maya 范例文件夹，然后单击 OK 按钮进行确定。

第 3 步： 点击 Use Defaults（使用默认）按钮，让 Maya 创建并使用默认的文件夹存储所有的东西。

第 4 步： 点击 Accept（接受）按钮。

第 5 步： 创建一个新的场景文件（点击 File→New 命令），将其命名为 Tutorial 3.1，然后保存它（点击 File→Save As ...命令）。

该目录应该被设置为保存在你的 Amazing _ Wooden _ Man 目录（项目文件夹）中的场景文件夹中。

第 6 步： 创建地板。创建一个 12 英尺宽（wide）、20 英尺深（deep）的平面。点击 Create→Polygon Primitives→Plane 命令后面的小方块，调出命令设置面板（Options）。设置 Width = 12，Height = 20。将 Subdivision（细分值）的参数设置为 Width = 1，Height = 1（如图 3－11 所示）。单击 Create（创建）按钮。

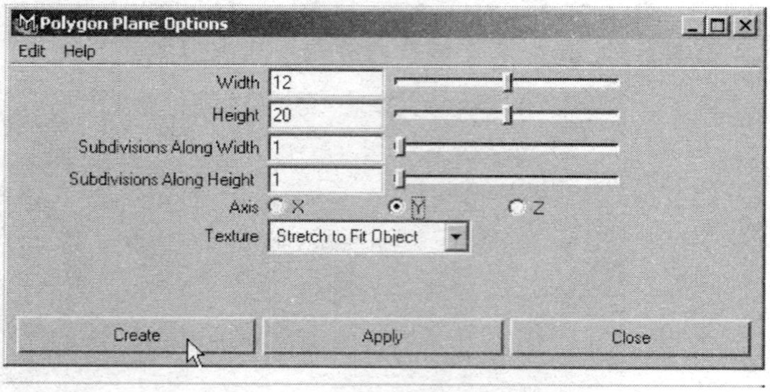

Polygon Plane Options
Edit Help
Width 12
Height 20
Subdivisions Along Width 1
Subdivisions Along Height 1
Axis X Y Z
Texture Stretch to Fit Object
Create Apply Close

图 3－11 创建多边形平面的命令设置面板，该平面将用来创建地板

Maya 的单位设置是比较模糊的，你可以将这些单位定义为你想要的。在本范例中，我们假设这些单元格是英尺。这样就使得操纵很容易，因为在场景网格中，一个正方形格子就代表了一个单位。

也要注意（就像之前讨论过的），细分值表明了这个物体包含多少个多边形。因为在地板上将不会有大量的变形，所以整个地板用一个多边形就足够表达了。

第 7 步：在通道栏中将 pPlane1 重新命名为“Floor”（地板）。

第 8 步：复制 Floor 这个物体并重新命名为“Ceiling”（天花板）。

第 9 步：把 Ceiling 向上移动 8 个单元格。在场景中选择 Ceiling 这个物体，在通道栏中，在 Translate Y 的输入区域输入 8。

仍然假设每个单元格代表一英尺，我们简单地设定天花板有 8 英尺那么高。

第 10 步：创建 North_Wall（北墙）。点击 Create→Polygon Primitives→Cube 命令后面的小方块，调出命令设置面板（Options）。在 Polygon Cube Options（立方体命令设置面板）中输入 Width = 12，Height = 8，Depth = 0.5。注意在 Subdivisions 细分值输入区域的所有值都应该是 1。将这个新立方体 pCube1 重命名为“North Wall”。

我们知道房间宽度是 12 英尺，它的高度是 8 英尺（因而墙体设置 Width = 12 和 Height = 8）。而设置 0.5 这个值是限定墙体为 6 英寸深（译者注：1 英尺 = 12 英寸）。

第 11 步：把墙移动到位。使用移动工具(或通过通道栏)移动 North _ Wall 到房间最北端的位置(或设置位移值 translate Z = －10)。确保将它向上移动 4 个单元格，这样墙底部实际上就坐于地板上(图 3－12)。

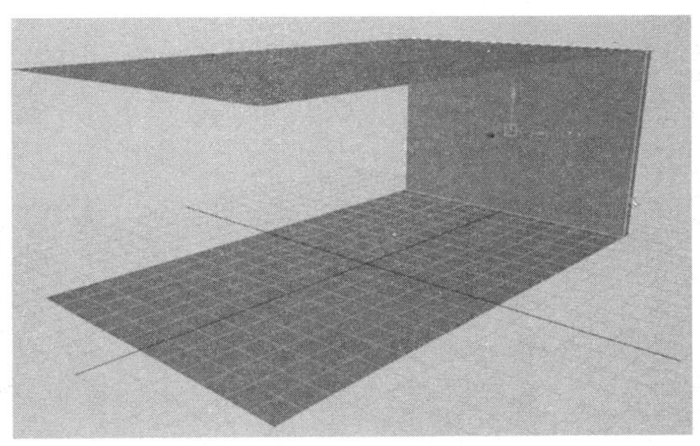

图 3－12 重新命名 North _ Wall（北墙）并放置到合适的位置上

所有新建对象都位于坐标原点（0，0，0），因为我们用输入数值的方式定义了房间的大小，因此可以知道在 Z 轴方向移动 10 英尺将会把墙正好放在房间的边缘上。注意，我们这个房间的创建依据标准的上北、下南、左西、右东的方向坐标，与我们从顶视图观察到的一致。（译者注：要使得新建对象位于坐标原点，需要去掉 Create→Polygon Primitives→Interactive Creation 的勾选）。

第 12 步：复制 North _ Wall 这个物体。重命名为“South _ Wall”（南墙）并移动到房间最南端的位置（Z = 10），使用移动工具进行移动或在通道栏的 Translate Z 输入区域输入 10。

第 13 步：创建一个新的立方体作为东墙。点击 Create→Polygon Primitives→Cube 命令后面的小方块，调出命令设置面板（Options）。设置宽度为 5 、高度为 8、深度为 20（Width = 5，Height = 8，Depth = 20）。单击 Create（创建）按钮。重命名立方体为“East _ Wall”。

请注意你正在创造一个新立方体，而不是简单地将一面现有墙壁复制出来并进行旋转。这是因为我们想尽可能将这种建筑类的模型做到整洁和精确。

通道栏显示的 Scale 值是指缩放的比例——而不是尺寸的大小。因此，当你在命令设置面板中设定了一个物体的大小时，通道栏中的 Scale 实际上显示为 1（就是指物体刚创建时的缩放比例为 1)。设置 Scale = 2，并不是使物体变大 2 个单元格，而是将它修改为刚创建时的两倍大小。

因此在本范例中，若知道房间的确切大小，使用精确的正常尺寸创建物体是十分有意义的，这样便于测量出一个精确的结果。

第 14 步： 定位 East _ Wall(东墙)的位置。在通道栏中设置 X 轴位移为 6、Y 轴位移为 4(Translate X = 6, Translate Y = 4)(如图 3 – 13 所示)。

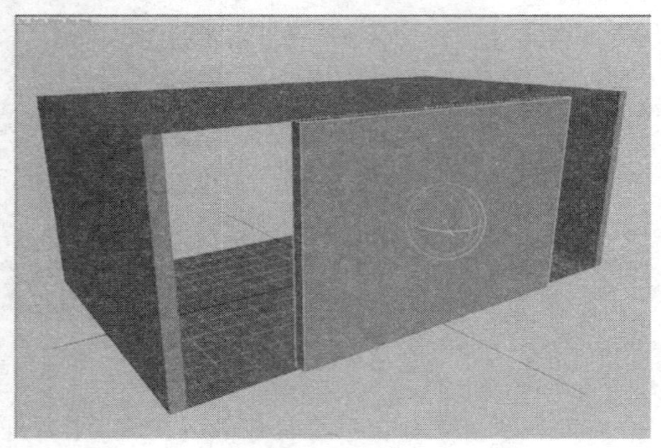

图 3 – 13 将 East _ Wall 进行定位

注意这里出现了一个问题，观察 East _ Wall（东墙）与 North _ Wall（北墙）或 South _ Wall（南墙）相连接的拐角处，你就能看到缺口（如图 3 – 14 所示)。因为这时你制作出的墙壁有厚度（其厚度为 6 英寸)。要解决这个问题，需要使东墙更长些。

第 15 步： 重新设置 East _ Wall(东墙)的 Width = 20.5，通过修改 East _ Wall 的创建节点实现东墙长度的修改。在通道栏中找到 INPUTS 输入节点区域。这里将会列出用于创建 East _ Wall 物体的节点。现在这里应该只有一个节点——polyCube2。单击该节点，将会出现新的输入区域(如图3 – 15所示)。这里出现的参数和你创建立方体时输入的参数相同，在这里，你可以继续对物体进行修改。请将 Depth 的值设定为 20.5。

每个南墙和北墙的厚度都是 0.5 个单位（6 英寸)，并且墙的中心正坐落在地板边缘。所以，墙面有 0.25 英尺的厚度是位于地板之外的。0.25 × 2等于 0.5 个单位（本范例中用英尺做单位)。由于 East _ Wall 的枢轴点在墙壁的中心，因此在 Depth（深度）值上增加 0.5 个单元格，将会在南、北两个方向上各增加 0.25 个单位大小。

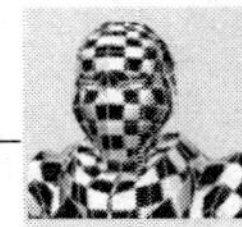

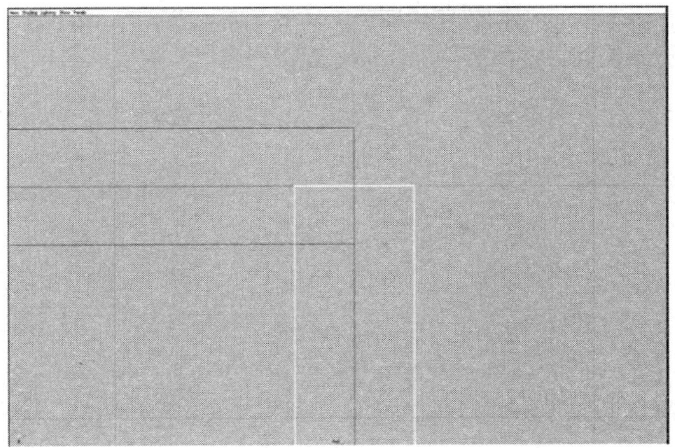

图 3－14 出现缺口问题的区域

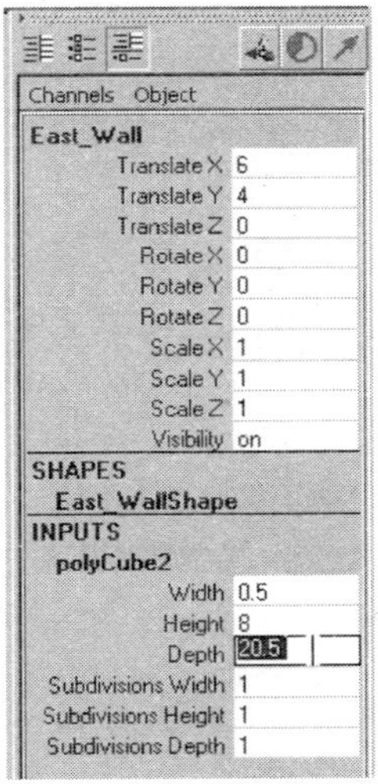

图 3－15 在通道栏中的 East _ Wall 的 INPUTS
输入区域中，对 polyCube2 节点进行编辑

第 16 步：复制 East_Wall，重命名为 West_Wall（西墙）并移动到相应位置上。在 West_Wall 物体的通道栏中设置 Translate X = －6、Translate Y = 4、Translate Z = 0（如图 3－16 所示）。

现在的房间看起来像个盒子，而这个盒子要花 16 步创建。这虽然是一个盒子，但它的每一面墙都是有厚度的——这很重要。当我们切割制作窗户和门的时候，我们需要墙壁具有深度。

稍后我们将调整地板，使它包含一个门厅和其他一些东西，如果这个房间的墙面都没有厚度，那么想得到我们所需要的几何结构将会更加困难。

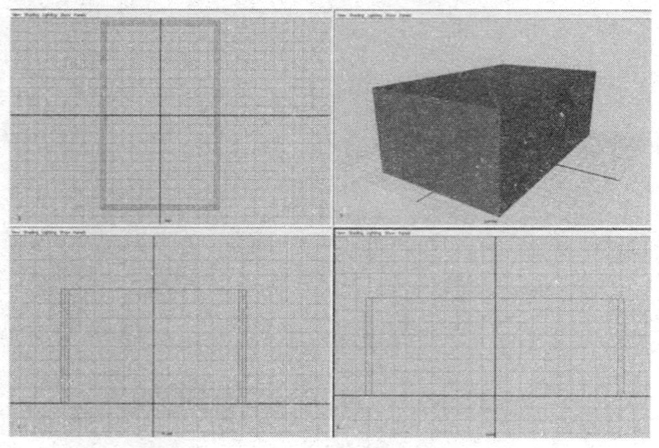

图 3－16 基本的墙壁完成后的效果

整理和组织场景

随着学习的继续，你会发现在制作过程中组织、整理场景中的物体会比最后再进行组织，整理更容易。此外，假如你需要把你的文件转交给其他人，这么做会更加保险一点。总是使用清晰的层级关系，组织出一个整洁的场景文件是一个非常好的工作习惯。

第 17 步：建立一个新的显示层。在层编辑器里，点击创建新层按钮或选择 Layers→Create Layer 命令创建出一个新的显示层。命名新层为"Ceiling Layer"（天花板层）。

为什么将这个层命名为"Ceiling Layer"，而不是只叫做"Ceiling"（天花板）？你应该还记得在前面的操作中，Ceiling（天花板）这个名字已经命名给了 Ceiling（天花板）这个物体了。从根本上讲，这意味着在这个文件中只能有一个节点使用这个名字，并且 Maya 不允许其他任何节点（包括层节点）使用相同的名字。

第 18 步：将 Ceiling 这个物体分配到 Ceiling Layer（天花板层）这个层中，选择 Ceiling 这个物体（在场景视图中或在大纲视图中选择）。在层编辑器中用鼠标右键单击 Ceiling Layer 这个层图标，在弹出的菜单中选择 AddSelectedObjects（添加所选物体到本层）。

第 19 步：创建一个 Walls Layer 层（墙壁层），并将所有墙壁添加到

这个层中。

第 20 步:创建一个 Floor Layer 层(地板层),并将地板添加到这个层中。

现在你可以在 Ceiling Layer（天花板层）上快速点击 V 图标，房间中的天花板将会消失。当然它依然存在，只是没有显示出来。这样你在设计房间内细节时就没有天花板阻碍你的视线了。同样因为你已经创建了墙壁层和地板层，所以可以在层编辑器中操作，从而快速隐藏或显示这些物体。

第 21 步：隐藏（关闭可视性）Ceiling Layer（天花板层）中的物体。

第 22 步：保存当前场景。

吸附的力量

此时你还需要给模型添加一些其他细节。为确保这些细节能够添加到精确位置，在下面步骤中将使用一些 Maya 的吸附工具。

第 23 步：创建一个新的多边形立方体（点击 Create→Polygon Primitives→Cube 命令后面的小方块，调出命令设置面板（Options）），设置 Width = 2，Height = 8，Depth = 2，将立方体重新命名为 NW _ Pillar（东南方向的柱子）。

实质上这是一个位于房间角落的正方形柱子，柱子的尺寸是：长宽均为 2 英尺，高为 8 英尺。

第 24 步：将圆柱的操纵器中心(枢轴点)吸附到外面一角的顶点上。在顶视图中,按一下键盘上的 Insert(插入)键。激活移动工具,按住键盘上的 v键并移动操纵器到柱子左上角的顶点上(如图3 - 17所示)。再次按一

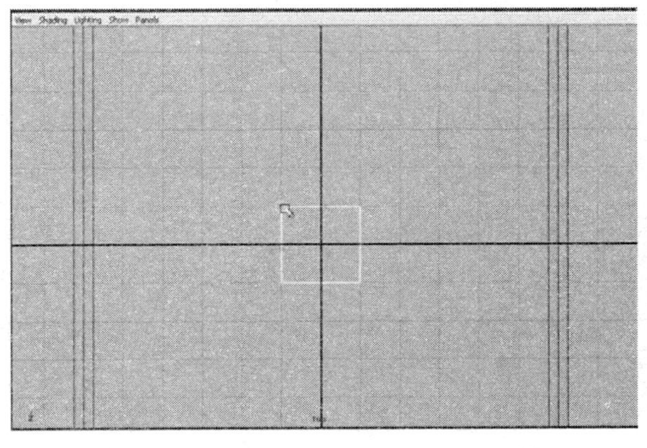

图 3 - 17　吸附操作后的移动工具操纵器

下键盘上的 Insert(插入)键锁定操纵器新的位置。

按住键盘上的 v 键不松手,就可以吸附到点上(在本案例中的点就是一个顶点)。注意在 Maya 界面的顶端,你可以看到吸附工具图标(如图 3－18所示)。这些图标从左到右分别为吸附到网格上(Grid)、吸附到曲线(Curve)上、吸附到点上(Point)、吸附到投影平面上(View Plane)及将所选对象激活为吸附体(Make the Selected Object Live)。稍后我们将更多地了解这些吸附工具。现在,需要将操纵器中心放置到柱子的一个角上,这样将有助于把这个柱子吸附到房间的角上。

图 3－18 吸附工具

第 25 步:将这个柱子吸附到房间的西北角。激活移动工具(快捷键是 w)并按住 v 键实现吸附到点。使操纵器的中心手柄(中间的那个小方块)移动这个柱子模型,这样它就吸附到墙体西北角的顶点上了(如图3－19 所示)。

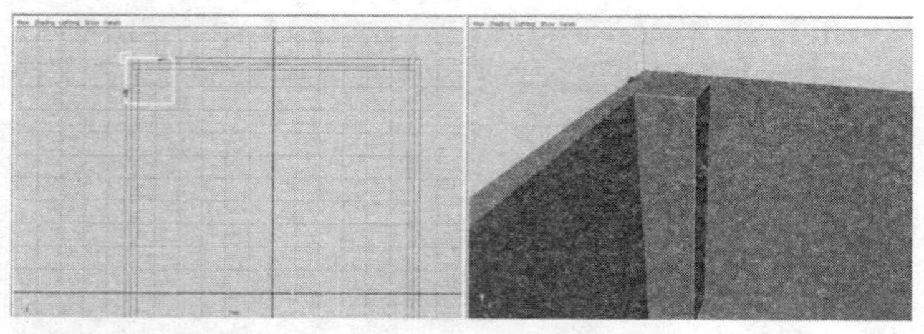

图 3－19 使用移动工具(w)和吸附到点(v)功能将柱子吸附到房间一角

第 26 步:确保 NW _ Pillar 这个物体也吸附到墙壁的顶部。可以在透视图中或前视图中观察到柱子顶部是否和墙壁顶部对齐。如果没有对齐,就进行移动并吸附到点。

第 27 步:复制 NW _ Pillar 并命名为新的 NE _ Pillar(东北方向的柱子)。

第 28 步： 将操纵器中心移动到柱子右上角（从顶视图中可以看到）。确保使用吸附到点（v 键）。

第 29 步： 吸附 NE _ Pillar 这个物体到房间的东北角。再一次确保你将柱子吸附到了墙体的外角上。

第 30 步： 选择两个柱体模型并把它们添加到 Walls Layer 这个层中。

第 31 步： 保存场景文件。

第 32 步： 创建 3 个附加的立方体并使用吸附功能，放置到如图 3 - 20 中所显示的相同位置上。尺寸是否精确并不重要，只要视觉上符合大致的尺寸大小即可。

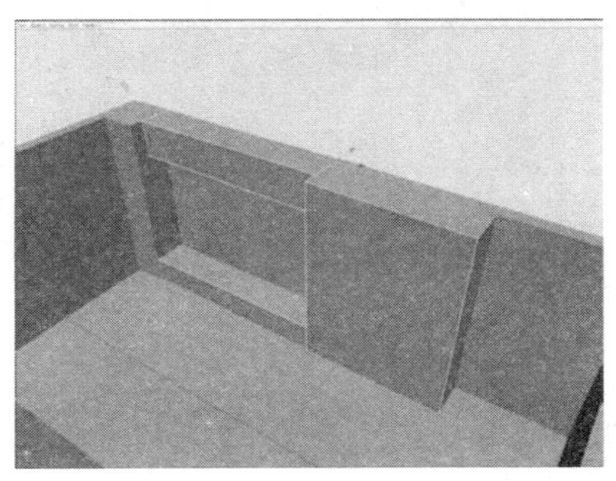

图 3 - 20　添加几何体建筑构件

第 33 步： 添加一个洗手间。要做到这一点，需要再创建三面墙壁、一个地板以及一个天花板。将这几个物体分别命名为 BR _ Floor（洗手间地板）、BR _ Ceiling（洗手间天花板）、BR _ North _ Wall（洗手间北墙）、BR _ South _ Wall（洗手间南墙）、BR _ West _ Wall（洗手间西墙）（如图 3 - 21 所示）。

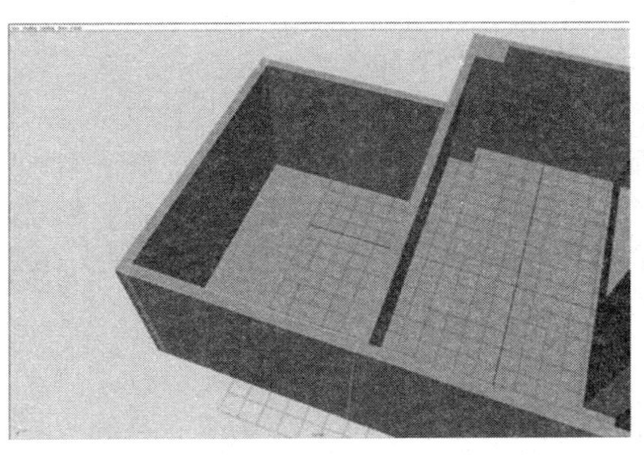

图 3 - 21　新增加的洗手间

第 34 步：创建一些新的显示层，根据你的想法，将新建的洗手间的几个物体模型加到不同层中。

第 35 步：为门厅创建两个墙壁。不用创建新的地板（如图 3 – 22 所示）。

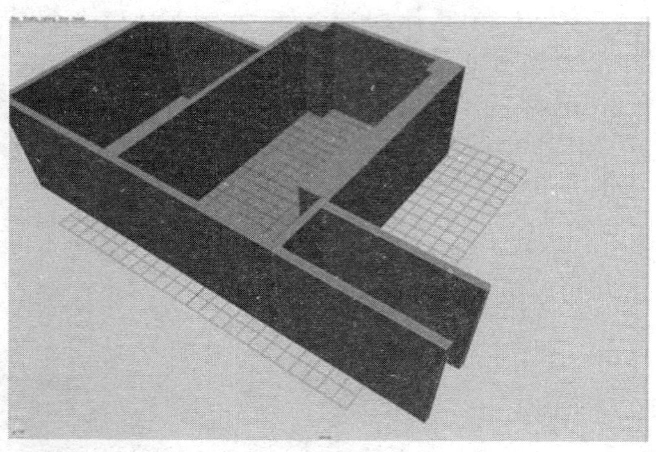

图 3 – 22　增加一个门厅

第 36 步：为门厅创建一个新的显示层，并将与门厅相关的物体添加进这个层。

第 37 步：保存场景文件。

范例总结

是的，这个房间现在看起来非常空。但是不要担心，下一章你将开始通过在墙面上切割形状的方式创建门和窗户。此外，我们将尝试在构成成分级别上对模型进行编辑，来创建出更有趣的形状。

挑战、练习和课后作业

使用一本室内设计书或找一本建筑杂志。在里面找出一个带有多角度照片的房间（这样你就可以真正了解到这个房间里都有什么了）。绘制一个平面草图并使用目前学过的方法把它创建出来。你所创建的房间可能仅仅有墙壁，但这个练习会让你学会更好地把握一个房间的比例。

第四章 多边形建模与构成成分编辑

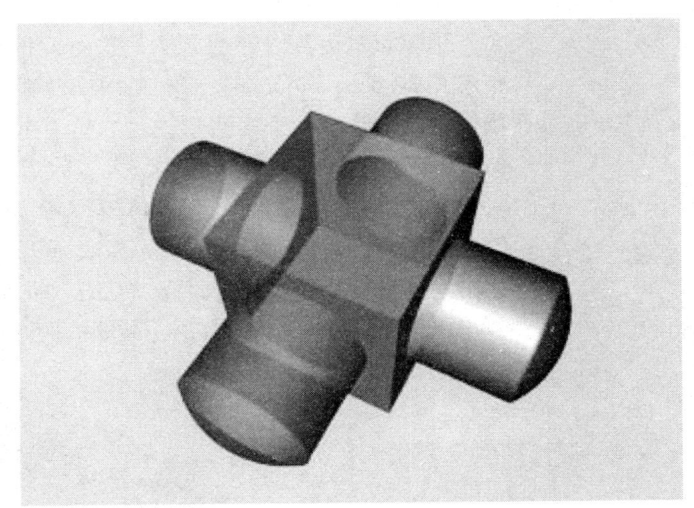

在上一章中,我们已经学会了使用基本几何体创建房间的基本结构。但我们当时创建出的房间有个很大的问题,那就是它没有进出的门。在本章中,我们将从布尔运算开始,学习如何创建出合适的门。

另外,在本章中我们将不再局限于对一大批多边形模型的移动、旋转或缩放操作,而是从宏观转向微观,学习如何对单个多边形形态进行控制和操作。

布尔运算

你还记得所学过的那些图书检索技术之类的课程吗?如果不记得了,那你也应该有在网络上搜索关键词的那种大海捞针的经历吧?布尔搜索运算就是一种通过确定关联条件或排除非关联条件,来搜索一个或多个相符条件的数学理论。用布尔运算进行三维建模基于相同的数学理论,布尔运算允许你将物体 A 加上或减去物体 B,从而产生了第三个物体。第三个物体的形状就是前两个物体进行相加、相减或相交计算所得到的结果。Maya 的多边形布尔运算工具在 Polygons 模块下的 Polygons→Boolean 下拉菜单中。

理解布尔运算最好的方法是进行实例操作。图 4-1 显示了一个使用布尔并集(Boolean union)计算(A+B)的例子,通过使用布尔运算命令,两个物体就会合并成一个多边形模型。这看起来就像是两个物体交叉在一起,似乎不是什么难事。但实际上,大多数情况下,计算机都只是把模型作为一层外壳来看待,即使一个球体模型看上去就像是一个实心的大理石球,但它实质上,只是表面上画上了像大理石一样纹理的一个空壳。所以,当几个物体进行相交计算的时候,三维软件会追踪计算所有相交形态的外壳数据,图 4-2 展示了贴有透明贴图的两个模型交叉在一起的形态。

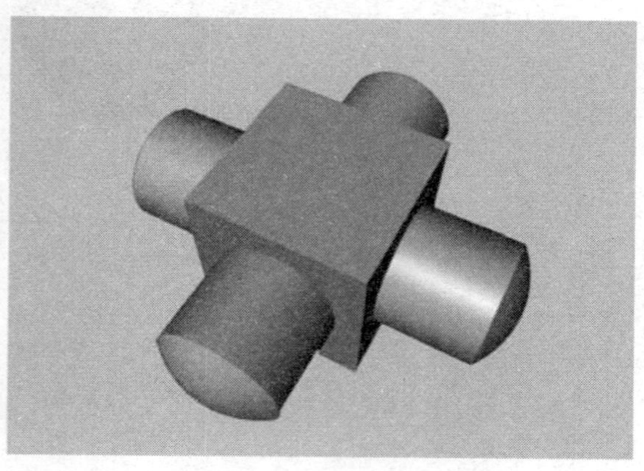

图 4-1　简单的布尔并集命令运用实例

与图 4 – 2 进行比较，图 4 – 3 中使用 Boolean union（布尔并集）命令创造出了相同的形体（译者注：但区别是两个模型变成了一个模型）。当 Maya 使用 Boolean union 命令（Polygons 模块/Mesh→Booleans→Union）时，它只保留下所有多边形合并在一起所形成的整体的形体外壳，而忽略掉所有被包含进内部的多边形形态。你可以这样看待交叉在一起的模型，就像找来大块黏土做成的原始形体并把这些黏土块捏到一起，从而获得想要的最终形体。所有的原始形体也依然存在，只是都相互包含进了彼此的内部。那么现在在整体的形体上贴上一个纸做的外壳，然后把纸外壳里所有的黏土都掏干净，而最终获得的这个空外壳就与布尔并集命令的结果是一样的。你可以在图 4 – 2 和图 4 – 3 中看到执行布尔并集命令前后的差异以及计算机是如何进行处理的。

图 4 – 2　贴有透明贴图的两个模型交叉在一起的形态

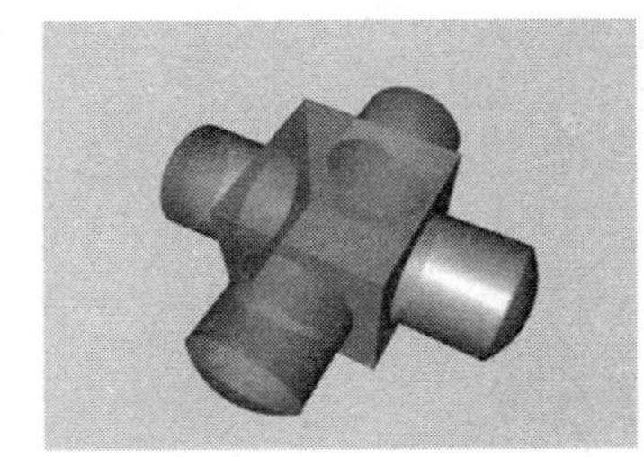

图 4 – 3　贴有透明贴图的两个模型进行布尔并集后的形态

布尔求差命令(Boolean difference)是取一个形体并将它身上被其他形体所包含进去的那部分几何体减去，保留剩下的形体。想象一下，有一种神奇形体，它可以插入任何多边形物体。然后这种神奇形体将把插入部位形成的形体包裹起来，最后这种神奇形体连同被它包裹起来的那部分多边形物体一起消失掉了。图 4 – 4 展示了原始形态和使用布尔求差命令后的计算结果。在图上很容易看出来，使用布尔求差命令能够创建出用其他方法很难创建的形体。

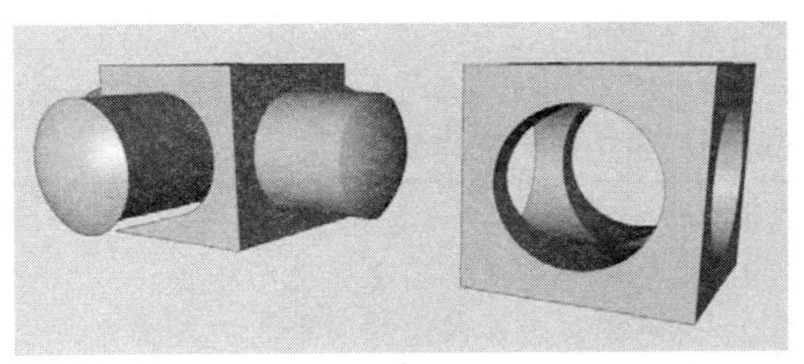

图 4 – 4　布尔求差命令演示

布尔建模运算的另一个强大的命令是布尔交集命令（Boolean intersection，A * B）。这种方法将会把两个物体（或者更多物体）相交的部分保留下来，并且删除掉所有没有相交的部分。图 4－5 展示了布尔交集命令的操作。

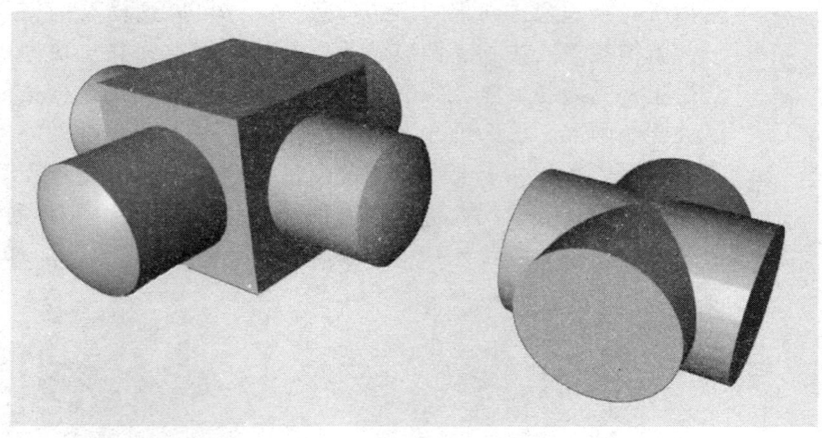

图 4－5　布尔交集命令的操作演示

一些关于布尔运算的提示

使用布尔建模运算有一些技巧。在用这些技巧之前，重要的是要知道 Maya 处理多边形模型的时候，只会用基于多边形技术的布尔运算（当然也可以利用 NURBS 布尔运算对 NURBS 曲面进行操作，命令是 Surfaces 模块/Edit NURBS→Booleans）。接下来，你应该注意到，如果让电脑如图 4－6 中那样"在球体和立方体上执行布尔求差命令"，电脑就会用粗糙的球体与立方体相减，从而在立方体上留下一个粗糙的圆洞，如图 4－7 所示。

所以，为了获得一个光滑的圆洞（如果这是目的所在），就应该使用高面数的几何体，或是细分过的低模（为球体加入更多的细分或对球体进行光滑处理）。

范例 4.1　在房间场景中进行布尔运算

目标

1. 探索如何使用布尔运算进行建模。
2. 使用布尔运算创建房间中的门及窗户。

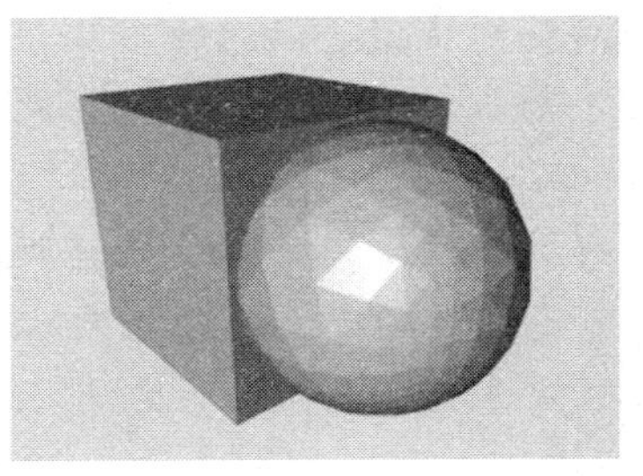

图 4-6 低面数球体及立方体

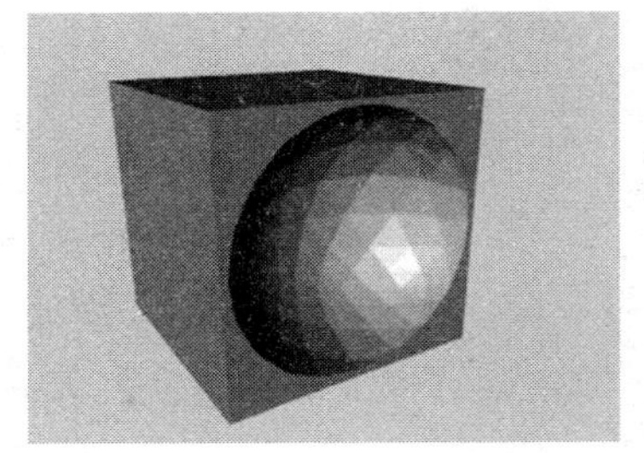

图 4-7 用低模布尔求差命令之后的效果

在这个实例中，你可以对布尔运算进行测试，看看它们如何工作、有什么能力以及有什么缺点。

设置 Maya 工程项目

第 1 步： 设置项目。不必创建一个新的项目文件，而是把 Maya 当前工作项目设置为 Amazing _ Wooden _ Man 项目。可以这样操作：打开当前项目设置命令（File→Project→Set ...），然后在对话框中选择 Amazing _ Wooden _ Man 文件夹（在 Maya 项目文件夹中）并按下确认键。

第 2 步： 打开 Tutorial 3.1。只需选择打开文件命令 File→Open，Maya 会直接进入 Amazing _ Wooden _ Man 项目文件夹里的场景文件夹（Scenes 文件夹）中。单击 Open 打开。

第 3 步： 将打开的场景文件保存为 Tutorial 4.1。使用文件另存命令（File→Save As ...）。

因为这个范例实际上是上一章范例的延续，所以也可以在上一章建立的文件基础上进行操作，并且在保存的时候覆盖原来的文件。然而采用另存为新文件的工作方式可以养成定期按次序保存文件的习惯。这种保存方式是让你不要在一个 Maya 文件上持续工作，而是每次保存的时候都用一个不同的名字（或者相同的名字末尾加上不同的数字来构成文件名）。这样做具有很好的灵活性，当你刚刚操作完成的一个 Maya 文件损坏了（当然最好还是不要出现这种情况!），那么只需要返回上一个版本的文件中重新制作就可以了。因此，定期按次序保存文件是一个很好的习惯。

第 4 步： 创建门洞。创建一个立方体，它的参数设置为 Width = 3，Height = 6.75，Depth = 2。

这个立方体被我们用来做从墙壁中减去的形体，从而使墙面上产生一个洞，用来做成门。当然这个形体本身不是一个门，它在执行完布尔相减运算后就消失了。

立方体的尺寸设置基于这样的想法，用来装门的墙洞高 6 英尺 8 英寸（6.75 个单元格大小），宽 3 英尺，而且立方体需要比墙厚，而墙的厚度一般是 6 英寸左右，所以立方体有 2 英尺的厚度就足够了。

第 5 步：将立方体命名为“Front _ Door _ Hole”。

第 6 步：采用吸附的方式将立方体的操纵手柄移动到底部的中心。方法是按一下键盘上的 Insert 键切换到对操纵手柄的移动状态，然后按下 v 键以实现吸附到点。选中操纵手柄的绿色轴（Y 方向）并且向下移动（如图 4 – 8 所示）。

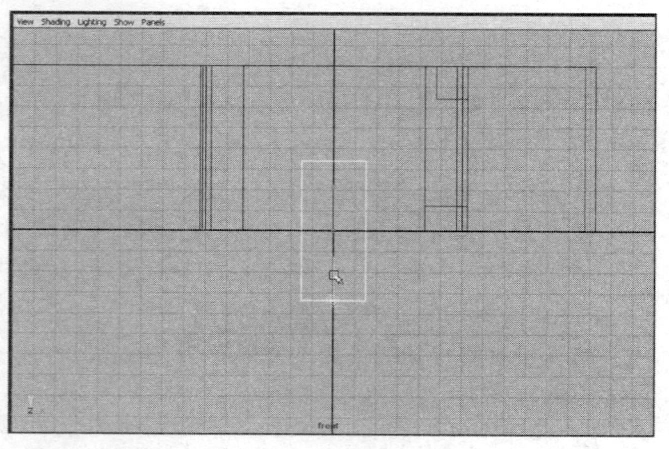

图 4 – 8　移动立方体 Front _ Door _ Hole 的操纵手柄

那么，这么做的原因是要让洞的底部正好和地板平齐，而把操纵手柄移动到物体底部后，就可以使这一操作变得很容易［还要激活对网格（X）的捕捉来配合移动］。

这一步操作的要点是只在 Y 轴向上移动操纵手柄，操纵手柄只是沿着 Y 轴向下吸附到点所在的位置，但却不会被吸附到任何一个边角上的点上面，而且当在顶视图中观看的时候，操纵手柄正保持在门的中间位置。

第 7 步：打开网格吸附，移动 Front _ Door _ Hole，使其穿透走廊的前墙。用快捷键 W 激活移动工具，按下 X 键打开网格吸附的同时，向上移动物体使它穿透前面的墙（如图 4 – 9 所示）。

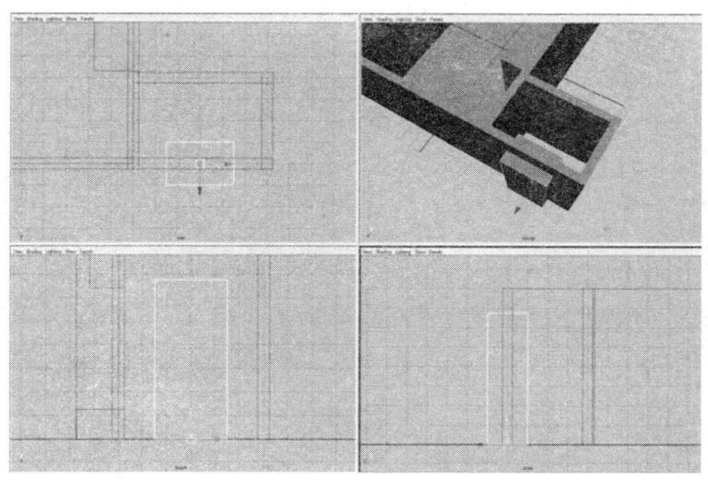

图 4－9　摆放好 Front _ Door _ Hole

请注意，为了使 Front _ Door _ Hole 这个物体在墙面上制造出一个打通了的洞，Front _ Door _ Hole 必须完全穿过用来打洞的物体（本范例中是 Hall _ South _ Wall），如果不这样做，那么在墙上只会得到一个没有打通的洞。

第 8 步： 选择 Hall _ South _ Wall 并按住 Shift 键加选 Front _ Door _ Hole。

Maya 会把你首先选择的物体，看作相减运算时从第二次选择的物体上减去的形体，而把你后选择的物体，看作相减运算时身体一部分被减去的形体。

第 9 步： 选择 Polygons 模块/Polygons 菜单→Booleans→Difference 做布尔减法运算（如图 4－10 所示）。

需要注意以下事情：首先，你已经拥有了一个作为门的洞，其次，操纵手柄返回了场景坐标原点（0，0，0）。

第 10 步： 执行 Modify→Center Pivot，把操纵手柄重置到物体中心。

这么做可以将操纵手柄（物体的枢轴点）移回打完洞的那面墙的物体中心。

第 11 步： 很有意思的是，你可以移动那个洞。在大纲视图中（Window→Outliner），选择（当前的）组 Front _ Door _ Hole。在透视图中，使用移动工具沿着 X 轴方向移动操纵手柄，洞就会移动了！

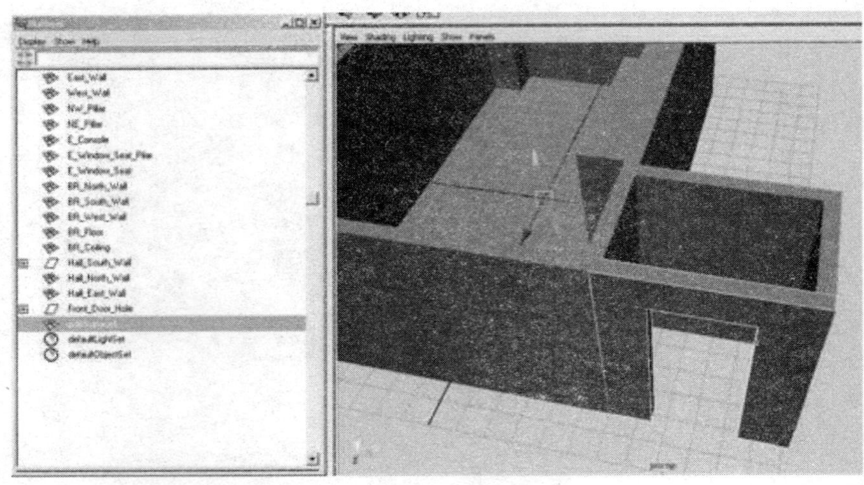

图 4－10　对前门执行布尔运算的结果

这是历史记录功能的强大表现。在大纲视图（用 Window→Outliner 命令调出）中观察，会发现 Hall _ South _ Wall 和 Front _ Door _ Hole 现在已经成为了包含着变换节点的空物体。你还会看到大纲视图中出现了一个叫做 polySurface1 的新物体。如果选择 polySurface1（在大纲视图中）并观察通道栏，将会看到在 INPUTS（输入节点栏）下有一个叫做 polyBoolOp1 的节点。

只要这个新生成的多边形物体还保留着历史记录，就可以对参与布尔运算的原始物体进行更改（更改洞的大小、移动洞的位置，以及更改墙的大小和移动墙的位置，等等），而历史记录将会重新计算出新的结果。

第 12 步： 撤销对洞的移动。按键盘上的 Z 键来完成撤销。

第 13 步： 删除掉 polySurface1 的历史记录。选择 polySurface1 的同时，执行 Edit→Delete by Type→History 命令。

历史记录有很多用处，但历史记录也会保留一些垃圾数据——尤其是在大纲视图中。在本范例中，就产生了两个基本上没有用处的组 Hall_South_Wall 和 Front_Door_Hole。有些方法可以删除一个场景中的历史记录（执行 Edit→Delete All by Type→History 命令），还有些方法可以在操作时不产生历史记录。但是你会经常在制作某些物体时需要保留历史记录（尤其是当你刚开始进行角色建模的时候），所以最好是在工作中定期清除一些不必要的历史记录。

第 14 步：将 polySurface1 重命名为 S _ Entryway。

第 15 步：用同样的方法对 West _ Wall 进行布尔运算。创建一个制作洞的物体，把它放在合适的位置，使用布尔求差运算（Boolean difference），运算完成后删除历史记录，将产生的新物体重命名为“W _ Bathroom _ Wall”，然后执行 Modify→Center Pivot 命令，将物体的枢轴点置于物体中心（如图 4 – 11 所示）。

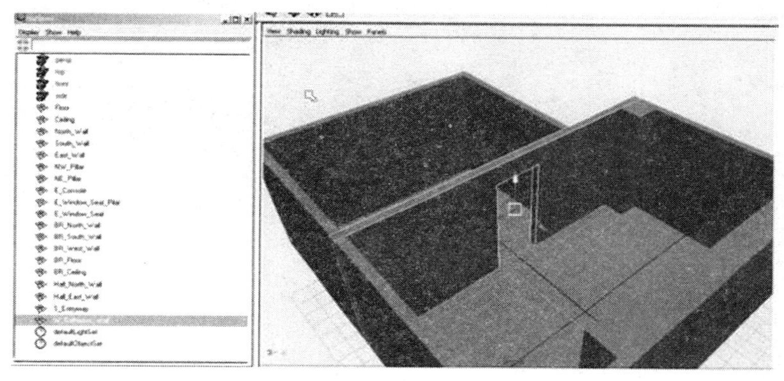

图 4 – 11　布尔求差运算后新产生的 W _ Bathroom _ Wall

第 16 步：在 East _ Wall 中开一个洞作为窗户（如图 4 – 12 所示）。暂时不用考虑给新物体重命名，到下一步才需要它。但要确保删掉历史记录。

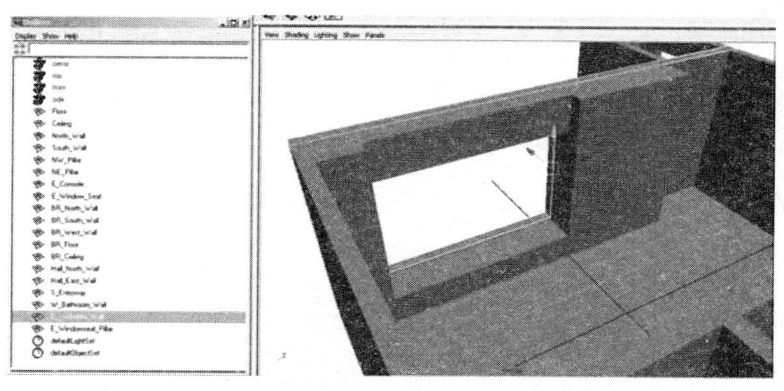

图 4 – 12　使用布尔求差运算(Boolean difference)产生的带有窗户的 East _ Wall

第 17 步：继续在大厅和房间之间的墙上（East _ Wall）打洞，创建一个大厅到房间的门。

第 18 步：在大纲视图中，选择这个带有窗户的墙体（polySurface1），然后按下 Ctrl 键（在苹果电脑上则点击 Command）加选用来制作洞的物

体（新创建一个名字叫做 pCube1 的立方体）。执行 Polygons 模块/Polygons→Booleans→Difference 命令进行布尔求差运算。

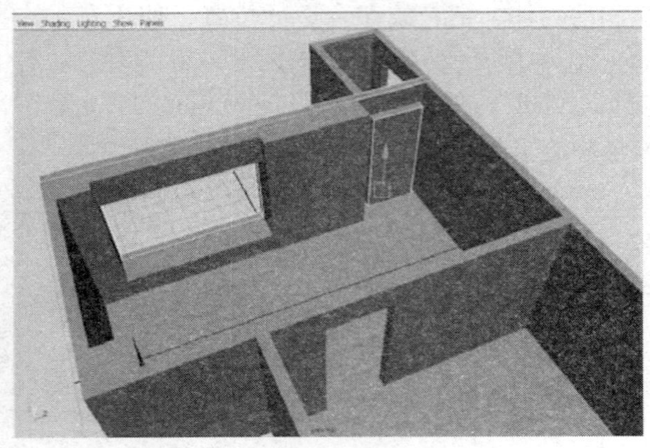

图 4－13　制作门厅入口所需的立方体

在场景视图中，如果你已经选择了一个对象，可以按住 Shift 键，再用鼠标点击想要加选的对象。而在大纲视图中，按住 Shift 键加选的并不只是你新点击的物体，而是你所选择的第一个对象和新点击的对象之间的所有物体（就像你在标准的 Windows 或苹果电脑的界面中操作时遇到的情况一样）。这时可以按住 Ctrl 键加选新的对象，而不会误选它和第一个选择对象之间的其他物体。

第 19 步：删除新产生物体的历史记录并重新命名为"E_Wall"（如图4－14 所示），然后将它的枢轴点置于物体中心。

第 20 步：保存场景。

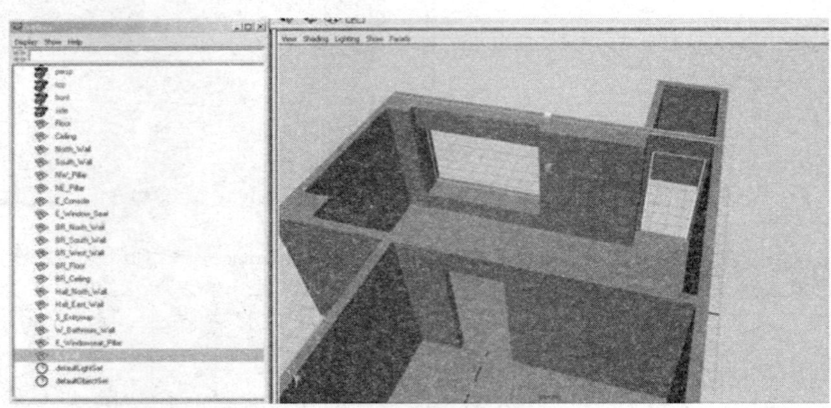

图 4－14　完成后的物体

对场景进行整理

在进行下一步工作之前，让我们花点时间整理目前的场景。你已经创建了一些层，这是一个好的开端，然而在大纲视图中已经产生了相当多的物体，而且在接下来的范例操作中将会产生更多的物体。适当进行一下整理可以保持大纲视图的整洁。

第 21 步： 把 E _ Wall、W _ Bathroom _ Wall 这个两个物体添加到 BR _ Walls _ Layer 这个层中。即在场景视图中或是大纲中选择这两面墙，然后在层编辑器中的 BR _ Walls _ Layer 层上点击鼠标右键，在弹出的菜单中选择 Add Selected Objects 添加所选择的物体到本层中。

第 22 步： 把 S _ Entryway 添加到 Hall _ Layers 这个层（如果这面墙在布尔运算之前就被组织到这个层中的话）。

当使用布尔运算对物体进行操作之后，Maya 就创建了一个先前不存在的新对象。这些新创建对象不会被自动添加到任何一层中。因此，需要把它们添加到适合的层里面。

第 23 步： 打开大纲视图，选择所有的墙（包括那些大厅和入口区域的墙）。配合使用 Shift 键和 Ctrl 键进行加选工作（在苹果电脑中点击 Command）。这样基本上囊括了除地板和天花板之外的大多数物体。

第 24 步： 按下快捷键 Ctrl 加 G（或者执行 Edit→Group 命令），把它们全部组合到一起。

第 25 步： 重新命名这个组为“Walls”。

为什么要再另外创建这个组？这是一种个人习惯，我更愿意在大纲视图中选择物体，因为这比在场景视图中选择对象要更加精确。通过将物体分组，再将组折叠起来的情况下（组的名称旁边出现“+”号），大纲中可以显示更少的物体。你也可以点击“+”号，来展开组查看每一个单独的物体，对于展开的组，也可以点击名称旁边的“-”号，组中的物体又会全部隐藏起来。

请注意在大纲中的这些群组并没有改变它们与各自所属的层之间的归属关系。所以，你仍然可以在层编辑器中随时隐藏或显示层中的物体。

第 26 步： 将所有的地板和天花板分组。并将这个组命名为“Floors & Ceilings”。

第 27 步： 保存场景。

范例总结

在这个简短的范例中你学会了为了做窗户和门而在墙上开洞。你还对场景做了一些整理工作。

在获取一些想要的形体时，布尔运算确实是一种方便的方法。但是最终，你不仅希望能够超越在物体层级上的工作方式，你还希望能够深入到用多边形的构成成分来对模型进行更加自由的编辑。但是首要的任务是需要理解多边形的构成方式。

多边形和它的构成成分

再次会见多边形（如图 4 - 15 所示）。让我们花费一点时间来了解它及它的构成成分。

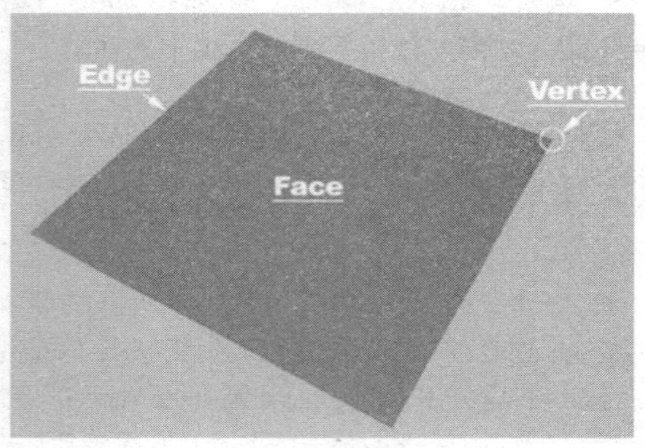

图 4 - 15　多边形和它的构成成分

当使用渲染器对创建的场景进行渲染时，多边形就是渲染器进行渲染的基础，像先前讨论过的，最好把每一个多边形都想象为坚硬的金属板，它们不能弯曲但是能够以任意角度互相连接。多边形面数越多，就越容易构建出一个弯曲的形态。因此，构成模型的多边形面数越多，模型的形态也就越光滑，当然数据量也就越大。

多边形能够被分解成不同的构成成分——事实上这是 Maya 这个软件对多边形的不同部分的称呼——构成成分（components）。通常我们观察一个多边形时，所看到的构成成分是“面”（face）。“面”是多边形中大而扁平的部分。它没有厚度，无限薄。不过，它在其他空间维度中具有大小。可以把一个面看作只有一个正面和一个背面的东西，虽然这只是对面拓扑结构的简化的看法。多边形的正面叫做“法线方向”（normal）（这样描述确实是过于简单化了，但在三维工作中却很实用）。你可以通过菜单 Display→Polygon Components→Normals 命令来显示或者隐藏

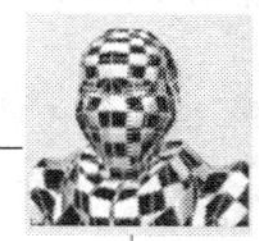

一个多边形网格（多边形的集合，因此也就是许多多边形面的集合）的法线，法线将会显示为从多边形面的中心位置发射出的一根细线。在本章中，我们将会更多地了解法线和它的作用，并且在第六章中我们还将开始学习纹理的使用。

面被叫做“边”(edge)的东西包围着。“边”可以简单地定义为一个面的边界。“边”可以被选择、缩放、移动或旋转。“边”是多边形面焊接在一起时的连接媒介。当两个多边形连接上了,它们就共用一个边。

边的两端叫做“顶点”（vertex）。一个顶点本身在三维空间中既没有体积也没有大小。“顶点”可以简单地定义为边的结束。很多建模工作都是调整顶点的过程，因为当你移动一个顶点时，就会改变这个点所构成的边，也就会改变这个边所构成的面的形状。在由面相互紧密相连而成的一个多边形网格中，邻近的两个或多个多边形会共用一个点。虽然从技术上说，一个点可以被无数个多边形共用，但在实际工作中，我们需要尽量做到最多 4 个多边形面共用一个点（关于这个问题我们会做更多的讲解）。

构成成分模式和选择构成成分

在 Maya 界面的顶端，在菜单设置选项的右边，紧挨着新建/打开/保存三个按钮，就是让你对构成成分进行选择及筛选的一系列工具按钮。图 4－16 显示了被选中的构成成分选择按钮。

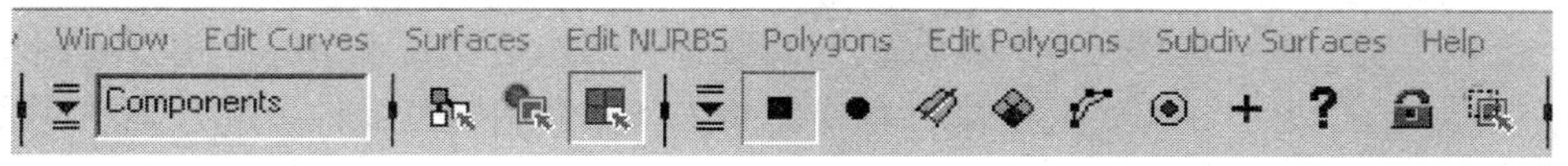

图 4－16 添加到 Maya 的界面上的构成成分选择及筛选工具

当在使用这个工具时，你不能选择整个物体（或是整个多边形网格，或整个 NURBS 曲面），但是可以选择构成一个多边形网格、一个 NURBS 曲面表面或一个 CV 曲线等物体的构成成分。

在实际工作中，除非需要筛选选择的对象（比如，想要框选这个多边形网格，但是只想选中网格中的顶点和边），否则一般不会使用这些构成成分选择及筛选工具。因为还有更快的方法去选择构成成分，并能迅速返回到整个物体的移动操作上。但工作时，有些工具会使你停留在构成成分的选择模式中，而不能够选择物体了。如果发生这种情况，请查看这些构成成分选择及筛选工具并确保正在物体模式状态下（在构成成分按钮左边的那个按钮就是物体模式按钮）。

通常情况下,在物体模式下是更好的选择。当按下物体模式按钮的时候,仍然可以在场景中的物体上点击右键来选择构成成分(如图 4 – 17 所示)。

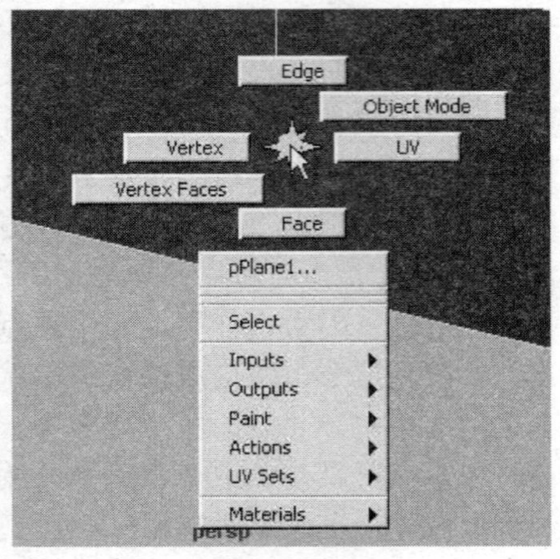

图 4 – 17　在物体上单击鼠标右键调出构成成分选择菜单

当在物体（所有物体包括曲线、NURBS 曲面或多边形网格）上单击鼠标右键时，就会出现一个标记菜单。标记菜单就出现在鼠标右键点击的位置，它提供一个许多新工具或命令的集合，在本范例中，点击出来的标记菜单可以进入某种构成成分操作模式，从而选择或修改该构成成分，只需要将鼠标移动到想要操作的构成成分类型上即可。

在选择了一种构成成分类型后（比如是顶点 Vertex），该多边形网格的所有顶点都将变成可视化的效果（或者用紫色显示出来），然后可以框选或点选这些顶点（Vertex）中的任意一个，并且可以对它们进行移动、旋转或缩放操作。

当选择构成成分时，所用的方法与选择物体时是一样的。也就是在选择了一部分顶点之后，可以按住 Shift 键来增加选择新的顶点。但是当按住 Shift 键来增加选择时，如果选到已经被选中了的顶点，Maya 则将取消对它们的选择。按住 Ctrl 键可以取消选择，按住 Shift + Ctrl 则将会添加选择，而不会取消任何选择。

这个为什么很重要呢？请思考下面的小例子：

图 4 – 18 展示了目前的房间模型的前门。当在物体模式下，如果点击房门并试图移动它，则会移动整面墙。这样的情况当然也有其用途，但是如果想改变房门的高度或房门的外形，那该怎么做呢？

在墙的模型上点击鼠标右键（如图 4－19 所示）（译者注：并将鼠标移动到弹出的标记菜单中的 Vertex 命令上面），这就是告诉 Maya，将在物体的顶点操作模式下工作。

在本范例中，许多顶点就会出现在房门转折处，因为房门里面的多边形面是通过这些顶点与构成墙面的多边形面相连接的。

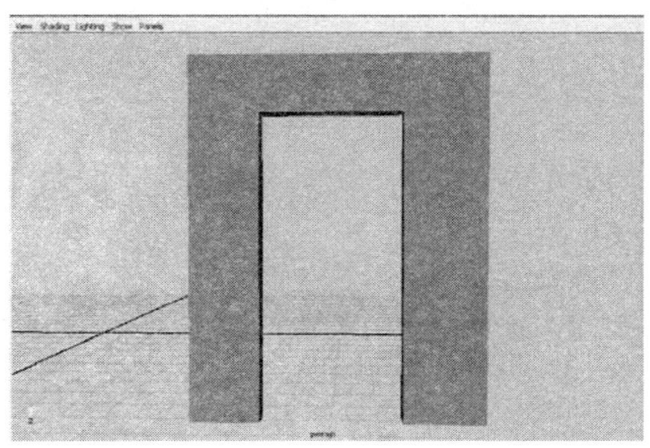

图 4－18　删除了历史记录的房门

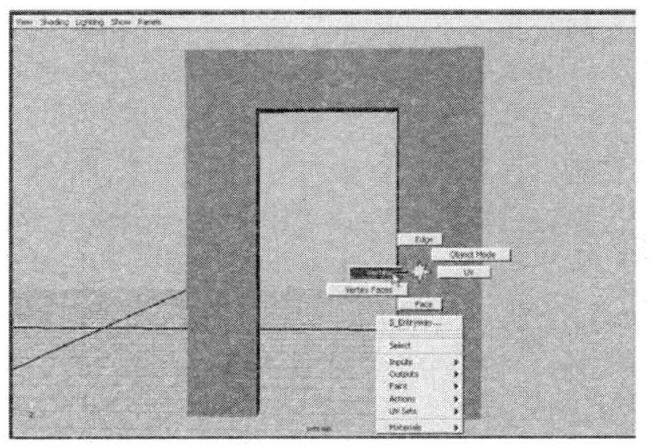

图 4－19　对"顶点"的选择界定就是多边形的构成成分被选中、修改

现在，顶点全部呈紫色显示。用框选的方式选中需要的顶点（在房门顶部的 4 个），可以使用移动工具在 Y 轴上，向上移动选中的顶点，使房门变得更高，甚至如图 4－20 所示，可以改变整个房门的形状。

即使这些屏幕截图显示了这个物体的构成成分被修改了，但是 Maya 仍然处于物体操作模式下。因此，如果点击场景中的另一个物体，仍然将会选择整个物体（译者注：而不会选择另一个物体的顶点）。

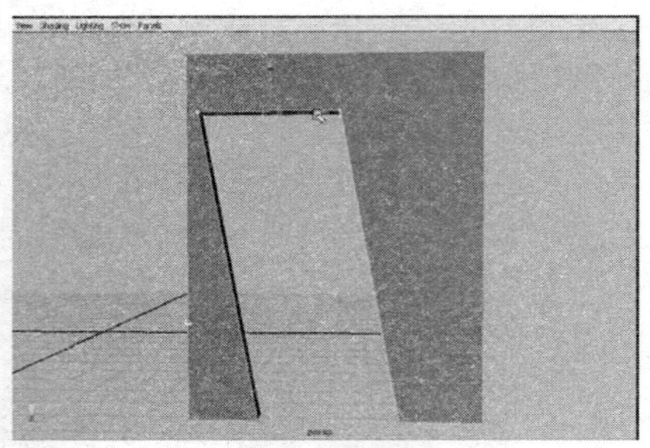

图 4-20 通过移动在房门顶部的顶点创建出变形的房门

当在顶点操作模式下完成了对多边形顶点的修改，就可以再次用鼠标右键点击这个激活的物体，并且从标记菜单中选择物体模式（Object Mode)，接着选择整个多边形物体。

有时，当要用鼠标右键点击选择物体模式时，Maya 可能会出点小问题。如果只是在多边形面的中间点击鼠标右键，有时候就会弹出一个意料之外的标记菜单。如果发生了这种情况，请松开鼠标并在多边形面的边上点击右键，就会弹出想要的标记菜单而选择物体模式。

挤出多边形面和多边形边

能够以构成成分方式工作并通过构成成分调整多边形是 3D 工作流程中的一个重要部分。然而，迅速创建出新的多边形（以及它的构成成分）才是更强大的能力。这就让你从仅仅能够创建几种简单的原始几何体的水平，飞跃到能够创建全新、有趣的造型的新境界。

想法是这样的：图 4-21 中展现了一个原始立方体（多边形技术的)，选中其中一个多边形面：在物体上点击右键，并从标记菜单中选择面模式（Face)，然后用鼠标左键点击一个面。

使用 Polygons 模块/Edit Mesh→Extrude 命令，挤出这个面使其脱离原来所在位置上的边。如图 4-22 所示，当挤出工具后被激活，会出现一组新的操作手柄。这一组操作手柄允许移动、缩放或旋转刚刚挤出的面（通过拖动手柄中的圆锥形箭头实现移动、拖动立方体实现缩放，拖动环绕它们周围的蓝框进行旋转)。通过拖动沿着 Z 轴的操作手柄（在挤出工具中——不需要激活移动工具)，你能够看到在挤出面的边和以前旧的边之间又出现了新的多边形（如图 4-22 所示)。

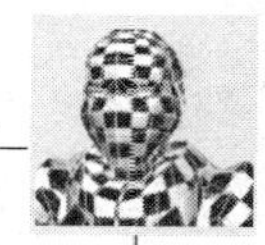

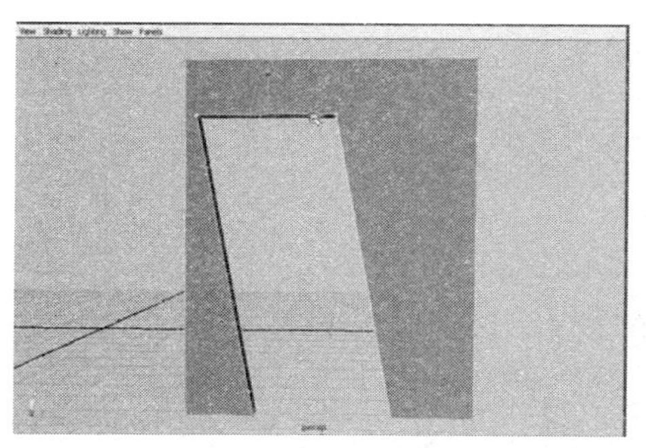

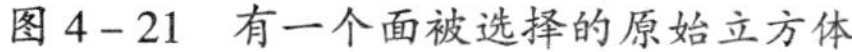

图 4－21 有一个面被选择的原始立方体

图 4－22 挤出的面

可以使用挤出（Extrude）工具中的手柄，或使用常规的移动、旋转、缩放工具，对挤出的这个新面进行缩放、转换或移动等操作。注意这点很重要，在激活了挤出工具之后，必须在新挤出的面上进行一些操作。如果不这样做，在新的和旧的面之间会留下多余的多边形，然后当执行面的光滑或是使用其他细分技术时，这将会引起各种问题。

图 4－23 ~ 图 4－26，展现了创建一个老式的宇宙飞船时持续进行挤出的过程。你可以创建一个新的场景文件，在场景中创建一个立方体，并且试着做出属于你自己的作品，了解挤出工具是如何工作的。

图 4－23 开始制作宇宙飞船

挤出面是一个强有力的操作（稍后我们会学习挤出边）。让我们动手来一点点建造这一整队的宇宙飞船吧（当然，这些飞船不算正式作品，但对于掌握挤出面技术是很有帮助的）。

现在我们学习一些使用挤出工具来挤出面的很有用的办法。

图 4－24　持续地挤出，包括向物体内部挤出形成洞

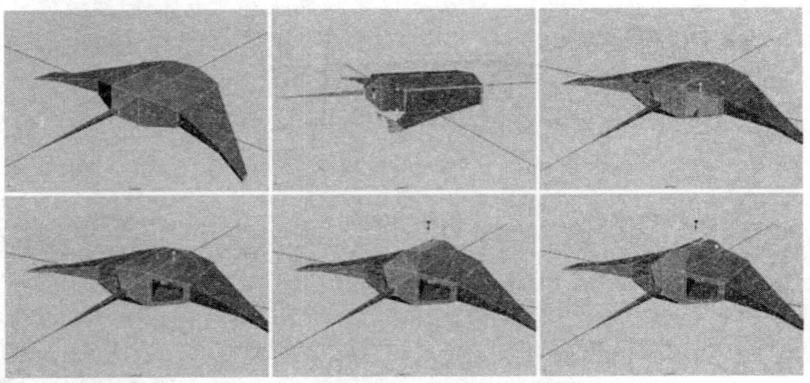

图 4－25　持续挤出以给飞船增加更多细节

图 4－26　最后的润色（请注意最后一幅图中是一个对多边形网格执行光滑命令后的版本。光滑命令也是一个知识点，随后再对它详细讲解）

范例 4.2 使用构成成分编辑和挤出面来创建一个桌子

目标

1. 熟悉构成成分的性质并且学会选择及操纵构成成分。
2. 使用挤出工具挤出面来添加视觉趣味。
3. 使用切割面工具（Cut _ Faces _ tool）来增加所需的几何体。
4. 探索合并顶点及其他的几何体清理技术。
5. 为 Amazing _ Wooden _ Man 的房间创建桌子模型。

第 1 步： 设置当前项目。已经学过正确的步骤了，就是确保 Maya 软件知道在 Amazing _ Wooden _ Man 项目下的一个场景文件中工作，因此请点击 File→Project→Set 命令，将 Amazing _ Wooden _ Man 项目设置为 Maya 当前工作项目。

第 2 步： 创建一个新的场景文件。使用 File→New 命令。

第 3 步： 以“Table”作为文件名保存文件。点击 File→Save 命令，将会弹出一个对话框来寻问该文件的名称。确定将本文件保存到 Amazing _ Wooden _ Man 项目下的场景文件夹中。

在本范例中，将会先将桌腿及桌面分别制作成单独的两个物体。虽然在建模时用一个实体来创建出这个桌子比较简单，但在贴图时用两个物体来组成桌子会更容易些。此外，在创建时，不需要特别在意桌子的尺寸。事实上，创建完这个桌子并将其导入房间场景之后，会发现它或许比整个房间都大。不过不要担心，可以很容易地将它缩放到合适的大小。现在，更重要的是，需有一个合适尺寸的参考网格用来工作。正因为如此，本范例一般不列出物体大小和距离的具体尺寸和精确数值。而是把握住一般的形状和工具的使用。用眼睛打量桌子，将其修改成感觉合适的大小。

第 4 步： 创建一个原始的立方体（多边形的）。点击 Create→Polygon Primitives→Cube 命令后面的小方块，调出该命令的设置选项窗口（Options）。恢复该命令的默认设置（在命令设置选项窗口中打开菜单 Edit→Reset Settings 命令）并且按下 Create 执行创建。将创建出的立方体重命名为“Table Base”。

一定要在命令设置选项窗口中确保恢复默认设置（使用 Edit→Reset Settings），因为 Maya 或许会记录上次创建立方体时设置的参数，而上次是为了在墙上开门洞而创建了一个又高又细的形状。

第 5 步：使用缩放工具对立方体进行缩放使其接近图 4－27 所示，在 Y 轴上大约缩放 6 次可以达到这个结果（如图 4－27 所示）。

第 6 步：在物体上点击鼠标右键调出标记菜单，在标记菜单中选择顶点（Vertex）。

第 7 步：框选立方体底部的四个顶点。可以使用很多工具来进行这个操作（使用移动、缩放、旋转或选择等工具）。

第 8 步：使用缩放工具将这些顶点聚集到一起，从而得到一个锥体（如图 4－28 所示）。

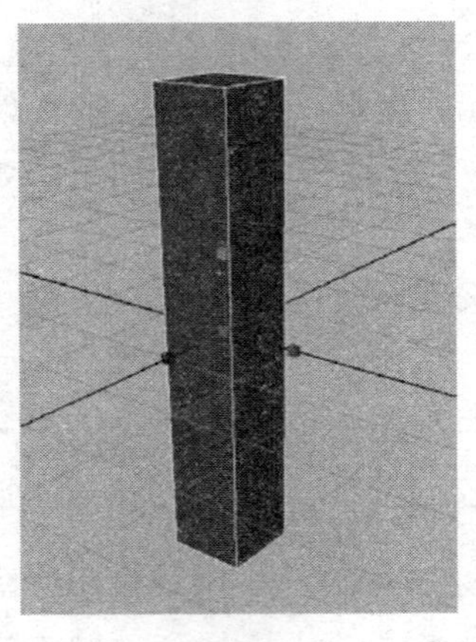

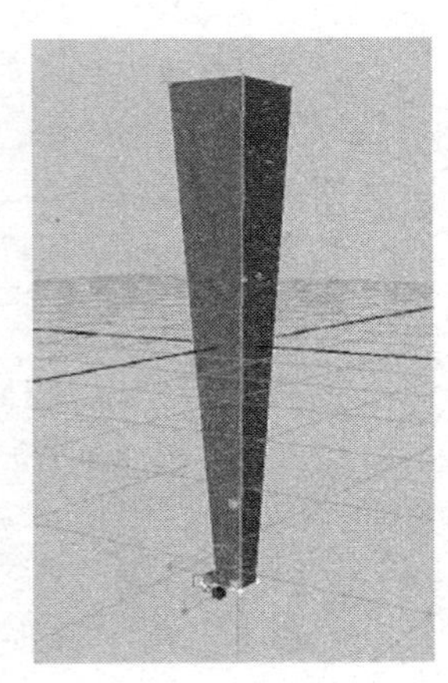

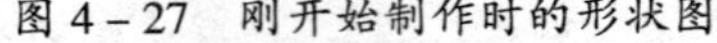

图 4－27　刚开始制作时的形状图　　图 4－28　通过缩放底部顶点获得的锥体

第 9 步：切换到移动工具（快捷键 W），并沿着 Y 轴，向上移动这些顶点使其更短粗一点。

第 10 步：再次用鼠标右键点击 Table Base，并且在标记菜单中选择面模式（Face）。

第 11 步：选择物体最底部的面（如图 4－29 所示）。

第 12 步：挤出面。使用 Polygons 模块/Edit Mesh→Extrude 挤出命令。

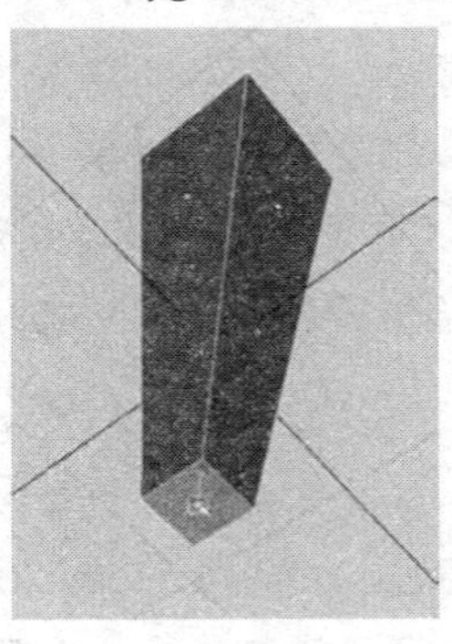

图 4－29　选择的面将会成为 Table Base 的最下面的桌子底座

一个特别的手柄将出现在屏幕上，这表明已经执行了面的挤出。记住，这个手柄可以移动、缩放及旋转新挤出的面。

第 13 步：使用这个挤出工具的手柄，拖拽 Y 轴的移动手柄（绿的锥体），将挤出来的新面向下移动，大致如图 4－30 所示。

第 14 步：使用缩放手柄将这个新面向外扩大成为图 4－31 所示的那样。也可以均匀地缩放面，方法是：在任何一个轴向上的缩放操纵手柄（每个轴向上的小立方体）上点击一次，然后点击并拖拽在手柄中间出现的灰色立方体。

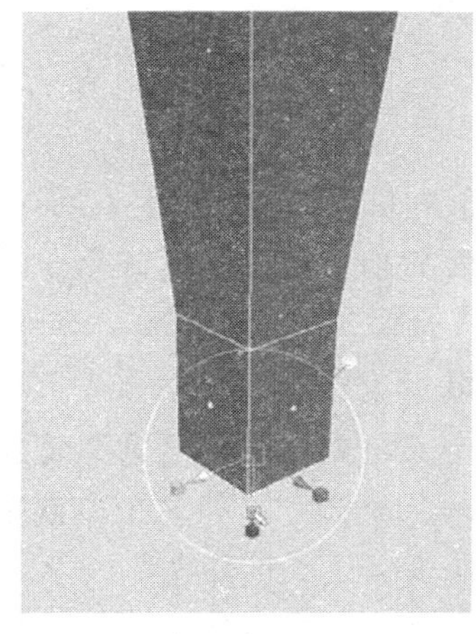

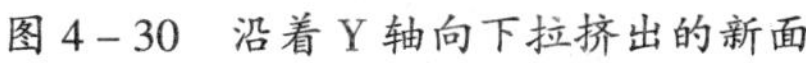
图 4－30　沿着 Y 轴向下拉挤出的新面

图 4－31　缩放新面，创建出一个宽阔的底座

第 15 步：再次使用 Polygons 模块/Edit Mesh→Extrude 挤出命令，或者按下 G 键。

按下 G 键会激活上一次刚使用过的工具。在本案例中，上一次刚使用过的工具就是挤出工具（Extrude）。

第 16 步：使用 Y 轴移动手柄，向下移动这个新挤出的面，给底座一点厚度（如图 4－32 所示）。

第 17 步：在顶视图中观察这个模型。

第 18 步：在 Table Base 这个模型上点击鼠标右键，并且在弹出的标记菜单中选择物体模式（Object Mode）。

下一步操作将要使用切割面工具（Cut Faces），而且将不只是用它切割一个多边形面，而是要用它切割整个物体。Maya 对于特定的工具在哪种构成成分模式下使用相当挑剔。切割面工具恰巧就是这样一个工具，它非常适合在物体模式中工作。

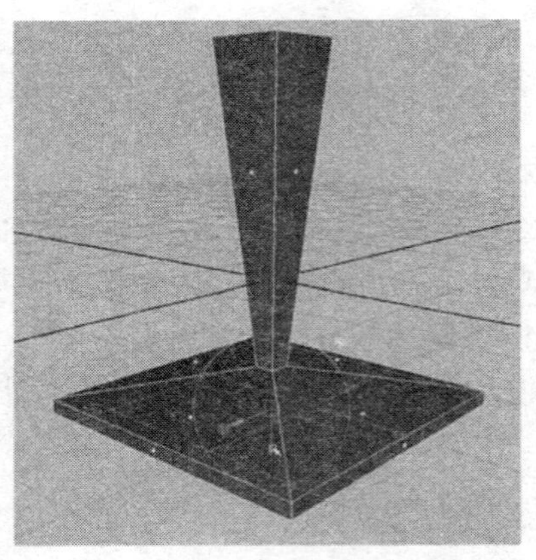

图 4 – 32　通过再次挤出新的面来增加底座的厚度

第 19 步： 激活切割面工具（Cut Faces Tool）。点击 Polygons 模块/Edit Polygons→Cut Faces Tool 命令后面的小方块，调出该命令的设置选项窗口（Options）。恢复该命令的默认设置（Edit→Reset Setting），并且点击 Cut Tool 按钮，再点击 Close 退出。

切割面工具顾名思义就是对多边形面进行切割。这意味着可以将现有的多边形面切开成为多个多边形面的集合。可以将这个工具想像为切割刀，可以将物体切穿，并且在切痕处生成一系列新的边。

在本范例中，需要为桌子的底座创建出 4 个桌脚。为了实现这个目的，需要 4 次切割底座，产生出四个分布于底座每个角之上的新多边形。然后依次对它们进行挤出操作，创建出桌脚。

第 20 步： 在顶视图中，按下 Shift 键（强行切割成 90°直角）的同时，点击并横向拖拽鼠标，从而界定出想要切割的方向（如图 4 – 33 所示）。

第 21 步： 重复这一操作过程进行另外 3 次切割（如图 4 – 34 所示）。

在透视图中，旋转到下面并观察该物体的底部，会发现这个切割面的操作已经一路向下切到了底部。这很有趣，因为分布于底座角上的四个新多边形，就是要挤出创建新桌脚的地方。但是，如果只劈开了底座最底下的多边形面（而不是对整个物体进行切割操作），那么可能会在底座上得到一些不想要的几何体（通常上都是一些五边形）。（译者注：这里是指如果不用 Cut Faces Tool 进行切割，而只是在最底下的多边形面上采用 Split Polygon Tool 进行劈线分离出新的面，就会在模型上出现五边形）。

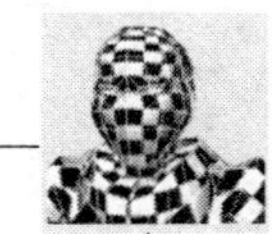

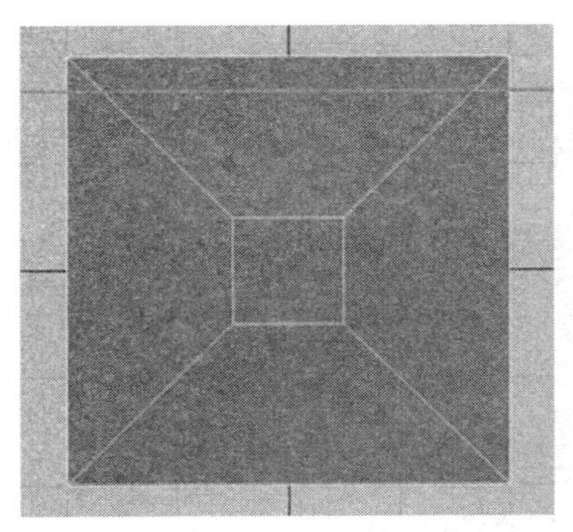

图 4－33　使用 Cut Faces Tool 对整个物体进行切割

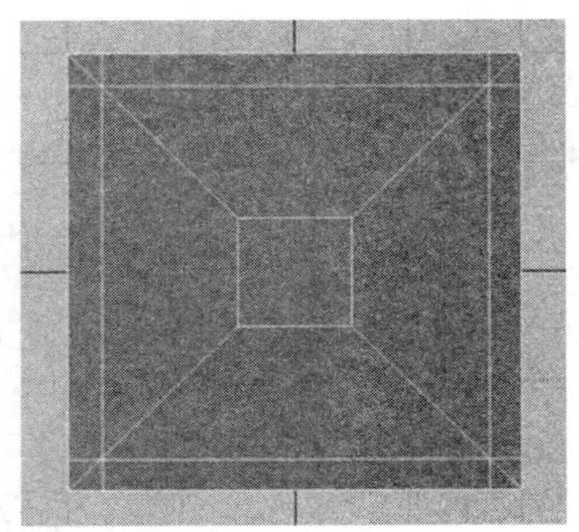

图 4－34　完成了面切割的底座

对模型的清理工作

第 22 步：在透视图中，放大视图，让画面上显示出底座的一个角。注意切割面之后这里形成一些凌乱的几何体。这里有了一个三角形，但是这三个顶点实际应该成为一个顶点。

第 23 步：用鼠标右键点击 Table Base 模型，并且从弹出的标记菜单中选择顶点模式。用鼠标选择应该成为一个顶点的那三个顶点（如图 4－35 所示）。

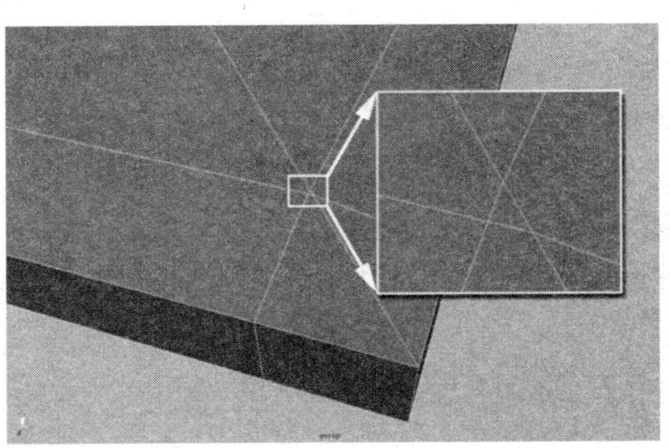

图 4－35　需要清除掉的多余几何体

请记住，当选择顶点时，容易透过物体误选多边形网格背面的顶点。因此当选择这三个顶点时，必须确认没有选择到物体背面的顶点。可以在线框显示模式（wireframe）下观察该物体。如果已经选择了一些无用的构成成分，那就按下 Ctrl 键，对那些无用的顶点进行框选（译者注：按下 Ctrl 进行框选可以取消顶点的选择状态）。

第 24 步：合并顶点。点击 Polygons 模块/Edit Mesh→Merge 命令后面的小方块，调出命令设置面板（Options）。将临界值（Threshold）改成 10 或更大的值，点击 Merge 按钮合并已经选择的顶点（如图 4－36 所示）。

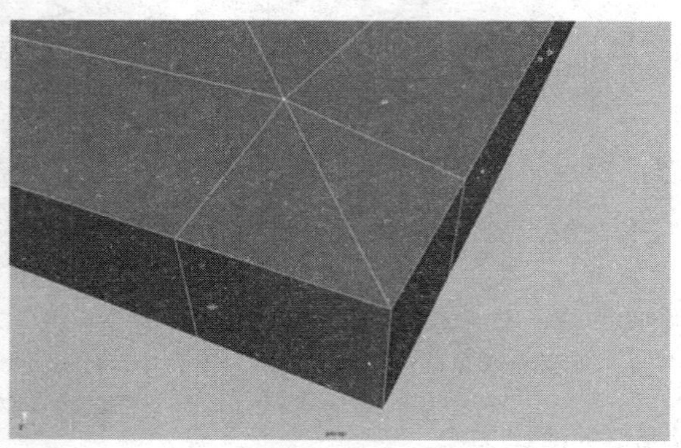

图 4－36　成功合并顶点后的结果

Merge 合并工具允许选择一些顶点，并且对它们移动且合并为一个顶点。这就自动删除了无用的多边形面和边。其工作方式是将所选择的每个顶点进行运算，并检查是否有其他包含在临界值（Threshold）范围之内的顶点被选中。在本范例中，所设置的 10 完全是一个随意值，它也可以是 100，因为只有三个顶点被选择并且需要合并。不过，如果这个临界值设置太小的话，它会认为选中的顶点中有一些并不需要被合并，这就导致它们将不会被合并。

第 25 步：删除无用的边。用鼠标右键点击物体并从标记菜单中选择边模式（Edge）。选中将一个正方形切割成两个三角形的那条边执行删除操作（如图 4－37 所示）。

实际上，这主要是一种修饰。在底座的角上保留多边形原来的状态，在实际工作中会有一些问题（意味着 5 个不同的多边形共用位于上面的一个相同的点，在本范例中这个不算大问题，但是在更复杂的模型里，就可能成为一个真正的问题，所以如果能做出修改，那么避免这个问题出现才是建模的好方法）。而当 Maya 进行渲染时的插值计算时，它实际上还是会细分这个多边形，添加上刚刚删除掉的那条边。但是，这个不需要考虑，只需知道当继续往下建模时，这样操作保持了多边形网格的干净利落。

第 26 步：对底座的其他角重复上面的操作（如图 4－38 所示）。

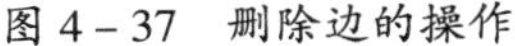

图 4－37 删除边的操作

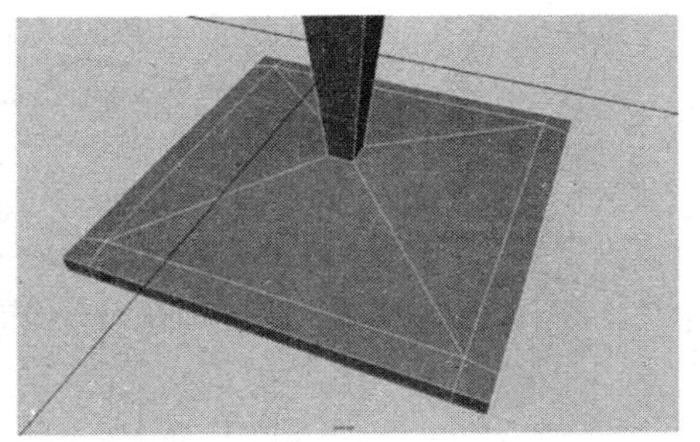

图 4－38 清理底座上多余的多边形

创建桌脚

现在已经对模型的几何体进行了整理（四边形），很容易就可以把桌脚创建出来了。

第 27 步：选择用来创建桌脚的多边形面。用右键点击 Table Base 模型，并从弹出的标记菜单中选择面模式（Face）。按照图 4－39 中所示，先单击选中一个面，然后按住 Shift 键用鼠标加选其他三个面。

第 28 步：挤出面并进行调整，从而创建出桌脚。挤出面（Polygons 模块/Edit Mesh→Extrude）。调整视图使你能够更加近距离看到这些多边形面，然后使用挤出工具的操纵手柄创建一个跟图 4－40 相近的形状。

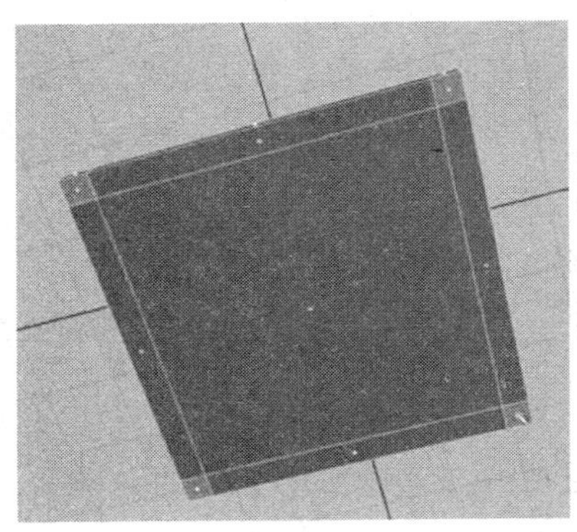

图 4－39 选择用来创建桌脚的多边形面

图 4－40 完成的桌脚

为什么只在一个角的面上进行挤出工作呢？因为四个角的面都已经被选择了，因此当你开始在一个角上工作并挤出这个面时，其他角上的面也同时会被挤出来。

只要用挤出工具的操纵手柄对一个面进行操作，其他的三个面就会同时在自己的位置上发生相应的改变。用这种方法能马上创建出四个桌脚了。

桌子底座的收尾工作

第 29 步：要在桌子底座的顶部用来放桌面的位置进行新的挤出（如图 4 - 41 所示），以完成桌子底座的建模。只选择模型顶部的面并且执行 Polygons 模块/Edit Mesh→Extrude。使用挤出操纵手柄把挤出的面向上拉，拉到你觉得满意的高度。

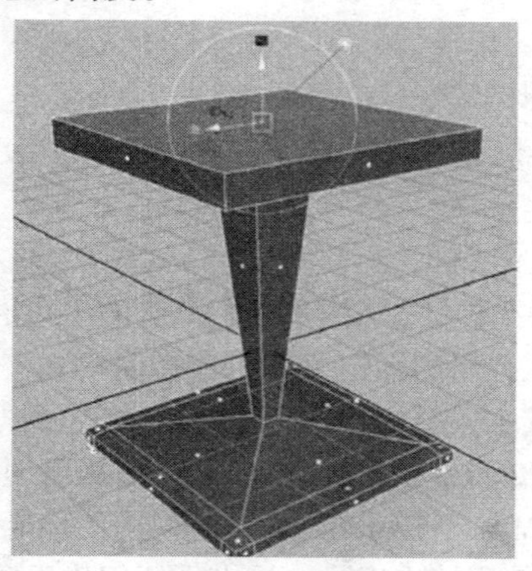

图 4 - 41　完成的桌面底座

创建桌面

第 30 步：创建一个新的多边形原始立方体。缩放并移动到合适的位置（图 4 - 42）。重新命名为“Tabletop”。

第 31 步：选择 Tabletop 模型顶部的面。

第 32 步：执行挤出命令（Extrude），并且使用缩放操纵手柄将挤出的面缩放到图 4 - 43 所示的大小。

请注意在最终渲染效果中，桌面上有一个小的凹槽，这个凹槽处正是麻面的石头材料与木材材质结合处。下面是凹槽的创建过程。

第 33 步：再次挤出面，并使用移动操纵手柄垂直向下移动该面（如图 4 - 44 所示）。

第 34 步：再次挤出面，向内缩小（缩小一点就行）。

第 35 步：再次挤出面，使用移动操纵手柄将面拉回桌面的高度，由此创建出小凹槽（如图 4 - 45 所示）。

图 4-42 新建桌面

图 4-43 挤出桌面顶部的面

图 4-44 将挤出的面下陷

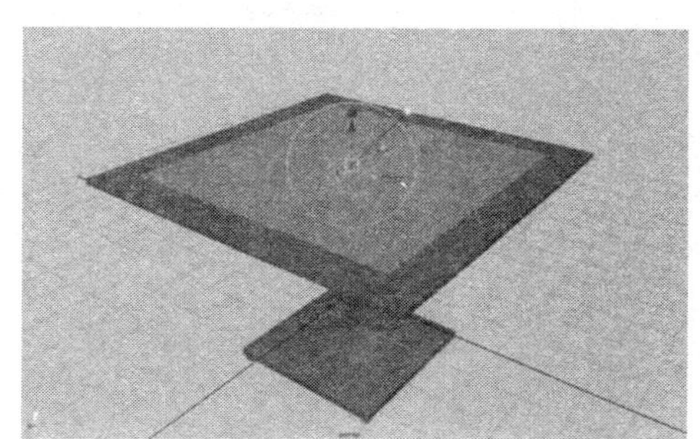

图 4-45 最后润色，完成凹槽结构

整理场景中的数据

第 36 步：使用 Edit→Delete All by Type→History 命令删除历史记录。

为了保持文件数据整洁，实际上也不再需要历史记录，删除场景中所有的历史记录，这将会把 Tabletop 和 Table Base 两个模型中不必要的节点全部去除。

第 37 步：保存场景。

第 38 步：打开 Tutorial 4.1.mb（使用 File→Open 命令）。

第 39 步：执行导入命令，点击 File→Import 命令后面的小方块，调出命令设置面板（Options）。恢复默认设置（点击面板上的 Edit→Reset Settings 命令）。

第 40 步：点选 Group 选项。点击 Import 按钮导入模型。

点选 Group 选项，就能让 Maya 在导入场景文件时自动创建一个组，并将导入的所有物体都放置到这个组中，便于管理。

第 41 步：在导入命令的对话框里选择 Table.mb 文件。

这将会把 Table.mb 中的桌子模型导入到房间里面。请注意，导入的桌子太大了，甚至都穿透了地板。对此需要调整一下尺寸大小。

第 42 步：在大纲视图中，选择组（group）并重命名为"Table"（组里面应该包括两个物体：Tabletop 和 Table base）。

第 43 步：缩放并移动 Table 这个组，使桌子模型放置到房间内部（如图 4－47 所示）。

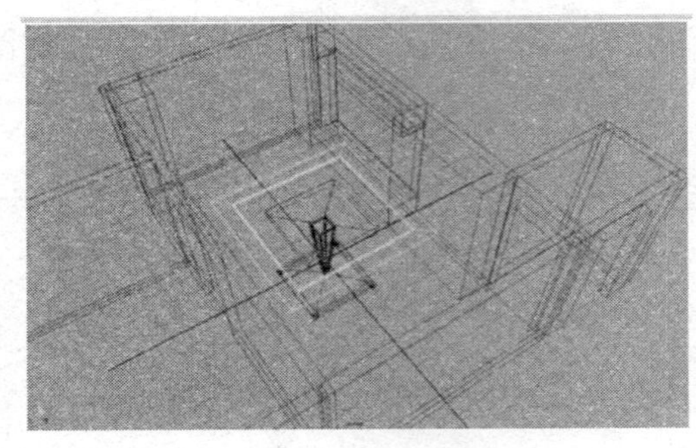

图 4－46　导入桌子模型

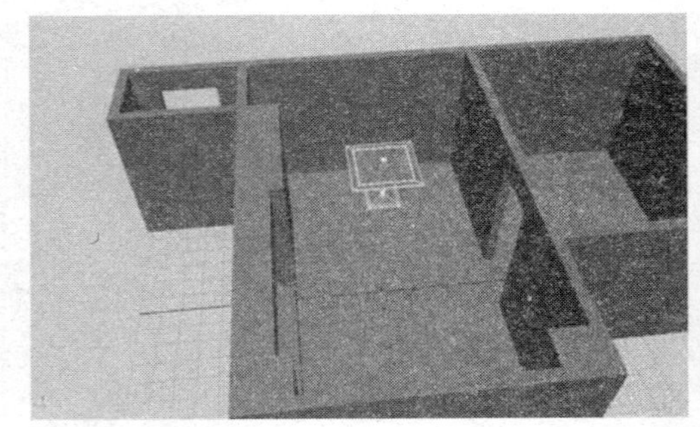

图 4－47　放置好桌子的位置

第 44 步：创建一个新层，命名为"Furniture"（家具）。把 Table 这个组添加到该层。

第 45 步：使用 File→Save as 命令。将场景保存为 Tutorial 4.2。

范例总结

创建一个桌子看起来有很多步骤，比较繁琐。事实上，是我们花了一些时间去解释和理解挤出的作用和进行挤出操作的诀窍。然而，当理解和熟练掌握挤出工具后，基本上所有形体都可以很快创建出来了。

挑战、练习和课后作业

1. 图 4－48 是在范例 4.2 中所创建桌子的底部特写。通过简单的挤出制作出细节。为桌子模型添加这些细节，或添加其中的一部分细节。

2. 使用我们目前学过的工具，大部分的灯、灯罩及烛台都可以创建了（如图 4－49 所示）。

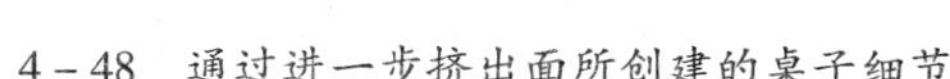
4－48　通过进一步挤出面所创建的桌子细节

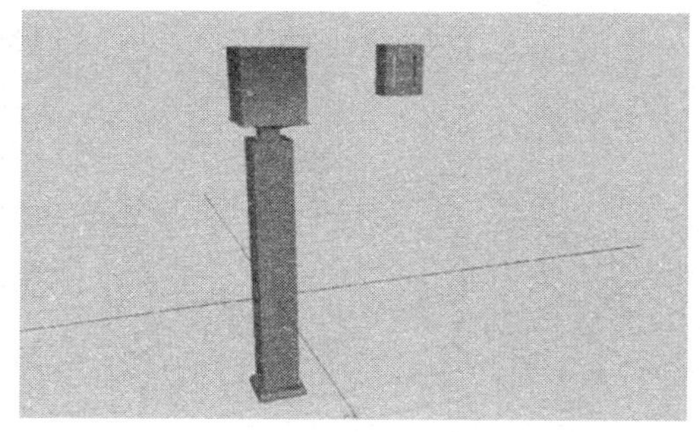

图 4－49　灯和灯罩

图 4－50 展示了这些灯在房间的位置。记住在创建这些模型的过程中，可以将挤出工具和布尔运算工具结合起来使用。

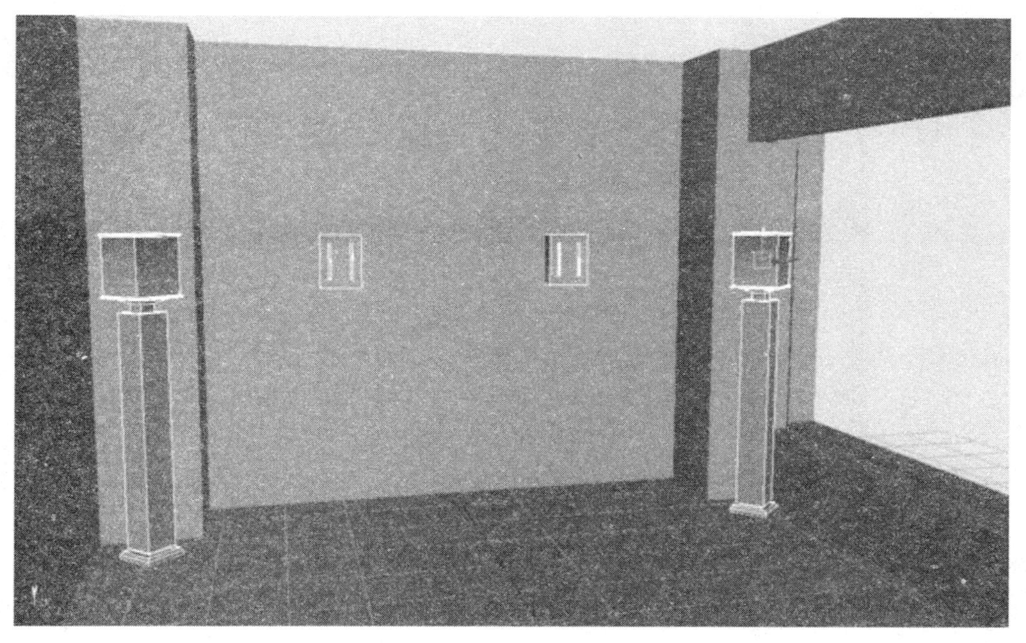

图 4－50　灯和灯罩所在的位置

3. 使用挤出工具和布尔运算工具，在房间中创建吸音板及床头板（如图 4－51 和图 4－52 所示）。

图 4－51　吸音板

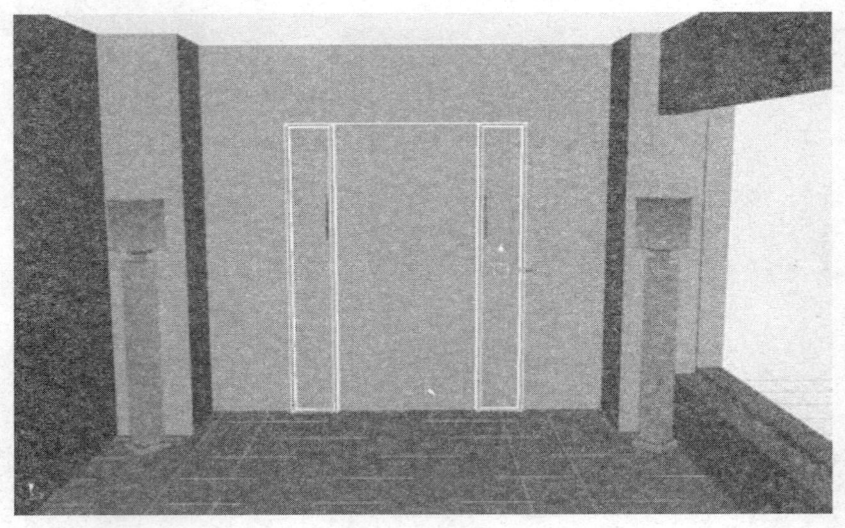

图 4－52　床头板

4. 对场景中的所有物体重新命名并进行整理。确保物体都达到了恰当的制作水平和进行了群组。要查看示例的解决方案，请在光盘中找到 Tutorial 4.2－Extra.mb 文件，打开并与你制作的场景进行对比。

第五章　使用NURBS 初级建模

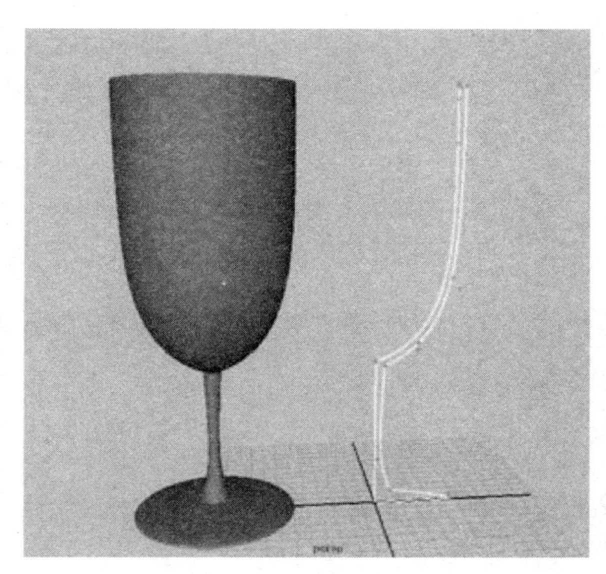

通过上一章的学习，我们已经感受到了多边形建模的乐趣，但现在，要先初步地学习一下 NURBS 建模，而把多边形高级建模的内容放到下一章，更重要的是，到那时我们会用多边形建模的方法创建有机形态的模型。

那么 NURBS 曲面和多边形有什么不同呢？二者不同之处在于多边形模型由面、顶点、边等成分构成，而 NURBS 曲面则由 CV 控制点、ISO 曲率参数线以及壳（Hull）构成。NURBS 曲面是通过样条曲线来创建的，这种样条曲线在 Maya 中被称为“曲线”（Curves）。在没有删除构造历史的情况下，可以通过修改创建曲面模型用的曲线，实现对曲面模型的修改。为了更好地理解曲面的工作方式，我们一起进行下面的学习。

曲线

曲线是 NURBS 曲面建模的基础，Maya 只能创建一种类型的曲线，即样条曲线（译者注：不同于有些软件还可以创建贝塞尔曲线）。然而在 Maya 中有两个创建曲线的工具：CV 曲线创建工具（CV Curve tool）和 EP 曲线创建工具（EP Curve tool），还有很多使用这两个工具创建曲线的技巧。不过在学习如何创建曲线之前，还是先来看看曲线的构成成分吧。

图 5－1 中就是一条曲线，先不管它是如何创建的，你得知道，它像其他 Maya 中的物体一样可以被移动、旋转、缩放。

如果用鼠标右键在这条曲线上点击，就会出现一个标记菜单（如图 5－2 所示），上面包含了所有的曲线构成成分，可以通过这个菜单选择任何一种曲线构成成分，就像前面学过的选择多边形构成成分一样。

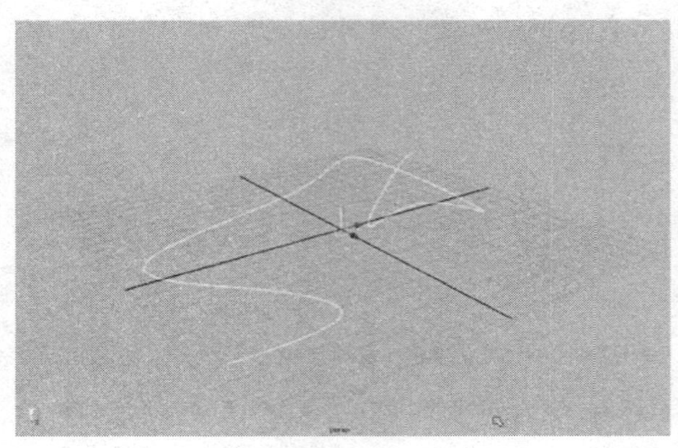

图 5－1　一条场景中存在的曲线

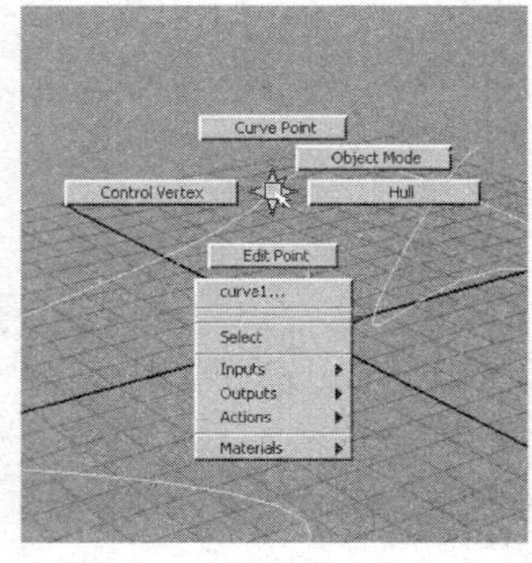

图 5－2　用鼠标右键在曲线上点击后出现标记菜单，上面列出了曲线上面重要的构成成分

CV 控制点

在图 5－3 中可以看到曲线的 CV 控制点。比如，可以把每一个 CV 控制点看成一块磁铁，而曲线本身就是穿过这些磁铁所在区域的柔软的细铁丝，它会受到磁铁吸引而弯曲，而磁铁的数量和位置就决定了这条曲线弯曲的方向。当移动这些 CV 控制点的时候，虽然没有直接移动曲线上面的任何元素，但是曲线的形状会受到影响而改变。

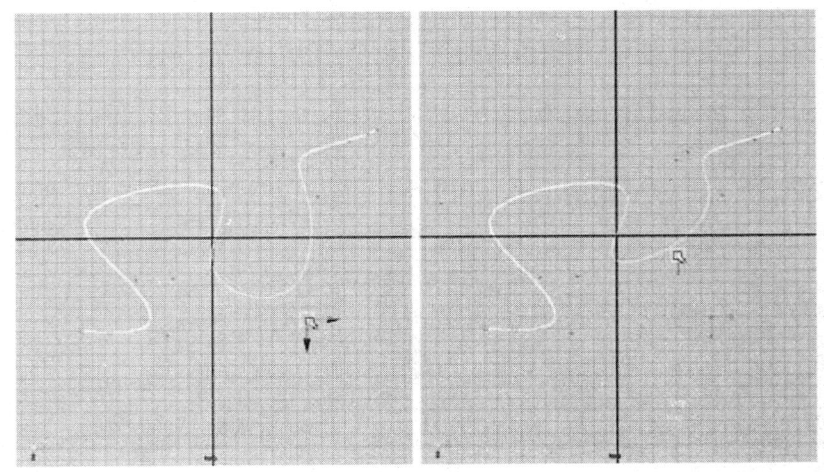

图 5－3　CV 控制点（虽然 CV 控制点并非位于曲线之上，但是却控制着曲线的外形）

曲线点

理论上，Maya 中一条曲线上面排列了大量的曲线点。当按下 C 键进行曲线吸附或者使用曲线变形器上的点时，这些曲线点都给 Maya 的追踪计算提供了定位。不过，曲线点在编辑曲线或曲面时就没有多大用处了，所以这里就只作简单介绍吧。

壳

曲面（当然是指 NURBS 曲面）上的壳非常有用，通常情况下，壳实质上是由一圈控制点汇集而成的，而壳又可以被作为一个单元来移动、旋转、缩放。因此，曲面上的壳为编辑一连串 CV 控制点提供了快速的编辑方法。但是，曲线上的壳就没有这个作用，因为一条曲线只有一个壳，所以你对壳进行操作，也就相当于移动、旋转、缩放整条曲线本身。图 5－4 中显示了曲线的壳。

EP 编辑点

Maya 把 EP 编辑点定义为“存在于曲线或曲面（都是样条曲线类型）之上的节点”。也就是说，EP 编辑点位于曲线之上，而曲线则由它所通过的这些重要的点来规定走向。虽然可以使用创建 EP 编辑点的方式创建曲线，Maya 确实也是沿着这些点创建曲线的，但是使用 EP 编辑点来调整曲线形状却不是一个好主意，与“编辑点”这个名称相比似乎有点讽刺意味，而用 CV 控制点来编辑曲线才是首选方法。在图 5－5 中，可以看到 EP 编辑点在曲线上面显示为“X”符号。

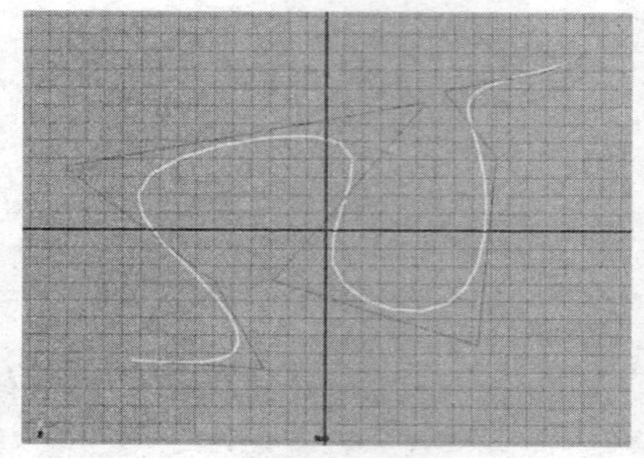

图 5－4　曲线的壳　　　　图 5－5　EP 编辑点

创建曲线

在创建（Create）下拉菜单中有两个曲线创建工具：CV 曲线创建工具（CV Curve tool）和 EP 曲线创建工具（EP Curve tool），CV 曲线创建工具（CV Curve tool）是以定位 CV 控制点创建曲线的，而 EP 曲线创建工具（EP Curve tool）则是以定位 EP 编辑点创建曲线的。因为通过 CV 点创建曲线是最好的曲线创建方法，所以当创建用于生成 NURBS 曲面的曲线时，这也是最好的方法。

选择 Create→CV Curve Tool 时，通道栏区域就会变成 CV 曲线创建工具设置面板，如图 5－6 所示。

请注意这个面板也和其他工具设置面板一样，有一个恢复默认设置的按钮。曲线度数的默认设置为三次方曲线，实际上，这个设置是创建圆滑曲线的常用设置。曲线度数表明了在一个曲线的跨度之间设置的 CV 控制点的个数（实际上曲线允许最少有一个 CV 点，不过这个技术性问题在这里已不重要）。

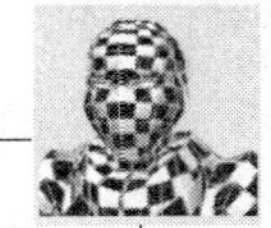

基本上，整条曲线是由许多个跨度的线段构成的，每两个点连线成为一个跨度。曲线的 CV 控制点可以拖拽两点间的连线使其弯曲。

一条 3 度曲线（3 Cubic curve）最少拥有 4 个 CV 控制点，2 个用于定义曲线的开始与结束，2 个用来定义曲线的弯曲状态。

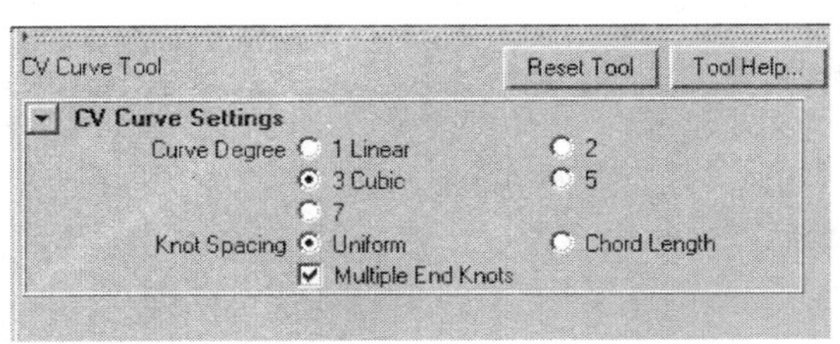

图 5－6　CV 曲线创建工具的设置面板

因此，要创建一条 3 度曲线（3 Cubic curve），必须创建至少 4 个 CV 点，用 CV 曲线创建工具，在任何一个视图上点击都可以创建出 CV 点，在创建 CV 点的过程中，曲线的第一个 CV 点是以空心方块形式显示的，而第二个 CV 点则显示为一个大写的字母 U，第三个、第四个 CV 点的显示形式都是一个实心的方点。注意，创建出第四个 CV 点之前，视图中只能看到前三个 CV 点的连接线，而创建了第四个 CV 点之后，才可以看到这四个 CV 点创建出来的曲线，这时，可以按 Enter 键完成创建工作，退出 CV 曲线创建工具。

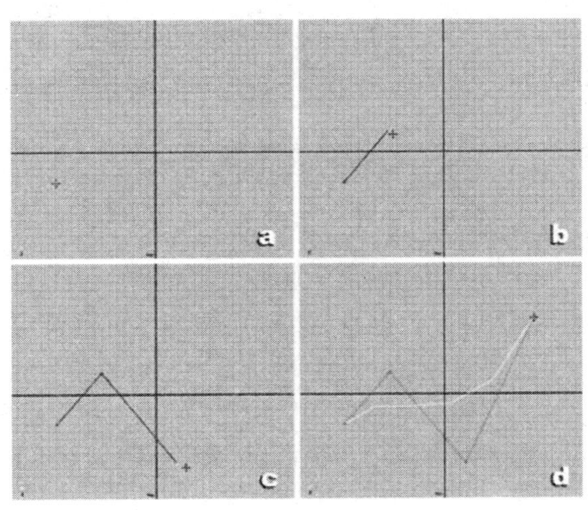

图 5－7　(a) 第一个 CV 点显示为一个空心方块；(b) 第二个 CV 点显示为一个大写的字母 U；(c) 第三个 CV 点显示为一个实心的方点；(d) 当第四个 CV 点创建完，曲线的形态才被定义出来

创建一条曲线倒不必仅限于 4 个 CV 点，在创建过程中，可以不断在视图中点击，创建出更多的 CV 点，也就增加了更多跨度的线段，最终产生出一条长长的曲线，最后可以按下 Enter 键完成创建工作，退出 CV 曲线创建工具。

线性曲线

这听起来似乎有点矛盾，但确实可以用 CV 曲线创建工具去创建直线，可以在工具设置面板中将曲线的度数设置为 1 线性（1 Linear），这意味着只需要用 2 个 CV 点就可以定义出一条线，一个 CV 点用于定义开始，另一个 CV 点用于定义结束。如果这 2 个 CV 点中间不再放置其他 CV 点的话，那么它们中间的线就是一条直线。就像创建 3 度曲线（3 Cubic curve）那样，可以不断点击出更多的 CV 点，产生出许多跨度的一条折线，很简单，就是给这条折线的下一个转折点放上一个 CV 点。

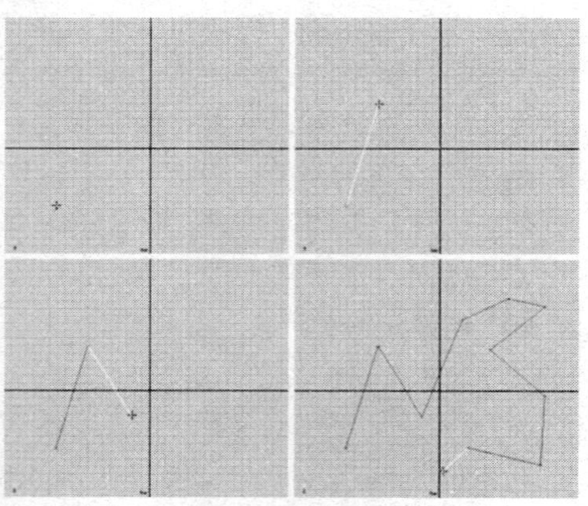

图 5-8　利用 1 线性（1 Linear）创建一条直线性的曲线

曲线的几个小提示

使用 CV 曲线创建工具的注意事项：

- 在用 CV 点创建曲线的过程中，可以采用吸附的方式放置 CV 点。按下 X 键的同时创建 CV 点，可以将新的 CV 点吸附到坐标网格上；按下 C 键的同时创建 CV 点，可以将新的 CV 点吸附到场景中已有的曲线上；按下 V 键的同时创建 CV 点，可以将新的 CV 点吸附到场景中已有的点上。
- 在用 CV 点创建曲线的过程中，按下鼠标左键后不松手，就可以创建出一个点的同时继续移动它的位置，但是这个操作在抬起鼠标左键结束创建这个点的工作后就不能用了。

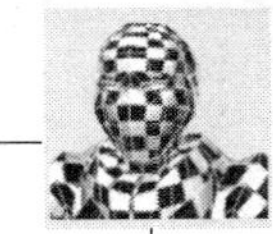

- 如果刚创建的 CV 点位置不对，可以立即按下 Z 键取消刚才的操作，再在一个新的位置上创建一个 CV 点。记住 CV 点的位置不是固定不变的，当完成曲线的创建工作，按下回车键退出 CV 曲线创建工具之后，可以在曲线上用鼠标右键点击曲线，调出标记菜单，从上面选择 CV 控制点编辑层级，在这个编辑层级下就可以选择并移动 CV 点了。
- 曲线有开放和闭合两种状态，不过 CV 曲线创建工具只能创建出开放曲线。虽然，有时看着一条曲线似乎是闭合的，但实际上只是这条曲线的开始 CV 点与结束 CV 点在位置上重合了。要闭合曲线，必须在创建了一条开放曲线之后，退出曲线创建工具，然后点击曲面模块（Surface）下的 Edit Curves→Open/Close Curves 命令，Maya 就会将这个曲线转化为闭合曲线。如果执行对象是一条闭合曲线，则该命令可以将其转化为开放曲线。
- 请记住 Maya 将会存储在工具设置面板上面的最后设置，所以，如果刚把曲线的度数设置为 1 线性（1 Linear），那么请在下次创建圆滑弯曲的曲线之前把它改为 3 度曲线性（3 Cubic）。
- 通常，大部分需要创建的曲线（无论是直线性的还是曲线性的），用 1 线性（1 Linear）和 3 度曲线性（3 Cubic）这两种曲线度数设置创建和编辑就足够了，虽然工具设置面板中有其他的设置，但是基本用不到。
- 当用 3 度曲线性（3 Cubic）创建曲线时，也能在曲线上创建出锐利的折角，只要在需要有折角的地方多放几个 CV 点并让它们重合在一起。就像前面的比喻，CV 点就像磁铁，在同一位置放置更多的磁铁，吸力也就更强，也就让曲线被更紧密地吸附过来，从而产生了锐利的折角。制作折角最好的办法就是采用吸附工具，特别是吸附到网格上面（快捷键 X），这样可以确保把多个 CV 点吸附到一个位置上面。通常，在一个位置上放 3 个 CV 点就能制作出一个很好的锐利折角。

NURBS 曲面

我们现在已经了解了曲线是如何创建的，让我们再学习如何用曲线创建 NURBS 曲面。并不是 Maya 中的所有曲面创建方式都很常用，有一些创建方式在后面的建立房间模型的教程中就没有用到，但是为了将来学习的深入，在这里，我们将对每一种创建方式都做介绍。

旋转创建曲面（Revolve Surface）

旋转曲面命令就像用车床车削木头。可绘制出一条物体外形的轮廓曲线，通常把这条轮廓线的中轴放在 Y 轴上，以便于旋转。

完成这条曲线后，执行曲面模块（Surface）下的 Surfaces→Revolve 命令，曲线就会沿着坐标中心进行旋转，从而创建出一个对称的三维物体，如图 5－9 所示。

请注意,因为保留了历史记录(构造历史),当你选择曲线上的 CV 点进行移动时，那么旋转得到的曲面也会随着发生变形，如图 5－10 所示。

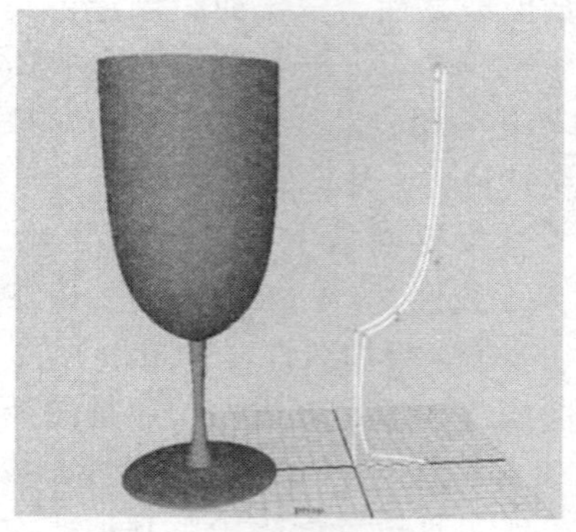

图 5－9　用于旋转创建 NURBS 曲面的曲线

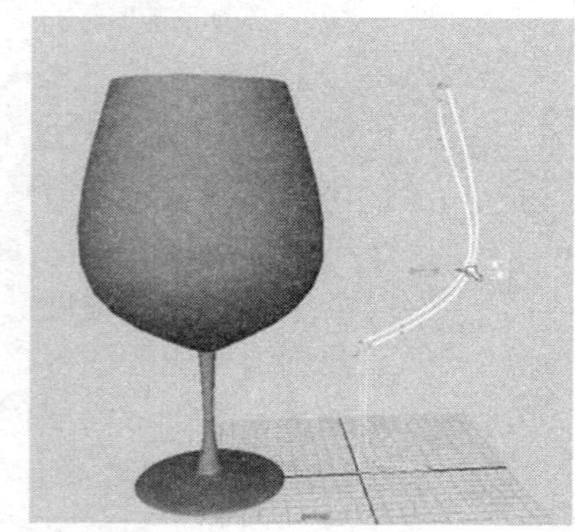

图 5－10　历史记录(构造历史)的作用:右边的曲线旋转后生成了左边的旋转曲面,当修改曲线的时候,曲面也随之发生改变

放样创建曲面（Loft Surface）

放样曲面是由两条或者多条曲线创建的，依次选择用来创建曲面用的曲线，然后执行 Surfaces 模块/Surfaces→Loft 命令，就可以创建出一个曲面（如图 5－11 所示）。在保留历史记录（构造历史）的情况下，创建出的曲面形状也可以通过调整创建曲面用的曲线进行修改。

平面化创建曲面（Planar Surface）

Surfaces 模块/Surfaces→Planar 命令是一个专门创建平面的曲面创建命令，它可以在一条平面化形态（即曲线上的所有点都在一个平面上）的闭合曲线上，填充出一个平整的曲面。这是曲线填充产生曲面最基本的方式（如图 5－12 所示）。

挤出创建曲面（Extrude Surface）

挤出放样曲面也使用两条曲线来创建曲面，第一条曲线制作出物体

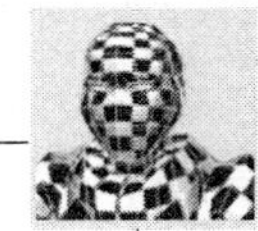

的截面，第二条曲线规定了截面所挤出时要走的路径。挤出命令是 Surfaces 模块/Surfaces→Extrude 命令（如图 5－13 所示）。

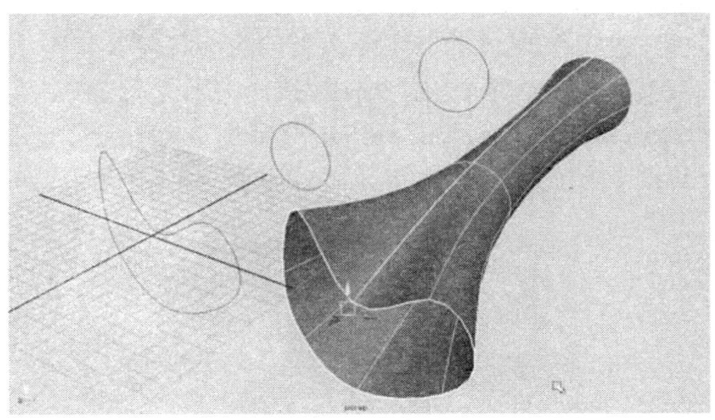

图 5－11　放样创建曲面的图解

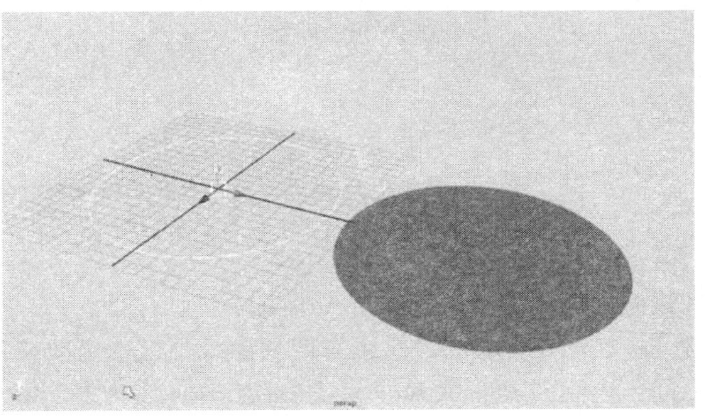

图 5－12　平面化创建曲面的例子

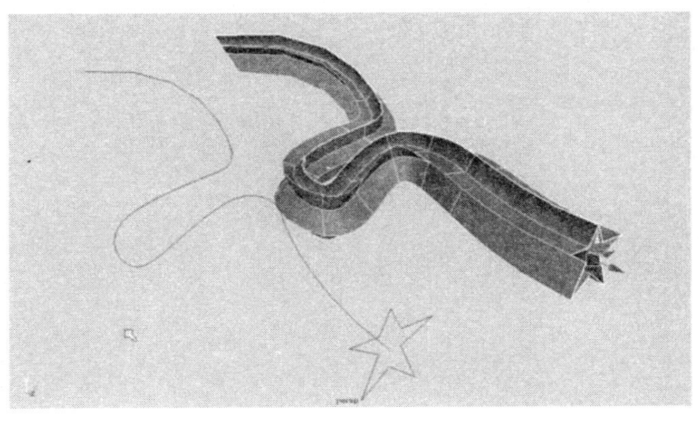

图 5－13　挤出创建曲面的例子

双轨创建曲面（Birail Surface）

这是一个功能强大的曲面创建工具，它能让你快速创建一个复杂的曲面。其基本的工作思路是用一条作为轮廓用的曲线，沿着两条作为轨道的曲线进行运动，从而产生一个新的曲面。这个工具有趣之处在于它是一个交互式创建工具，当你完成曲线创建工作之后，点击双轨创建曲面工具——Surfaces 模块/Surfaces→Birail→Birail 1，当该工具被激活之后，请注意 Maya 界面下方的帮助栏，它将提示你何时选择哪个轨道（如图 5－14 所示）。

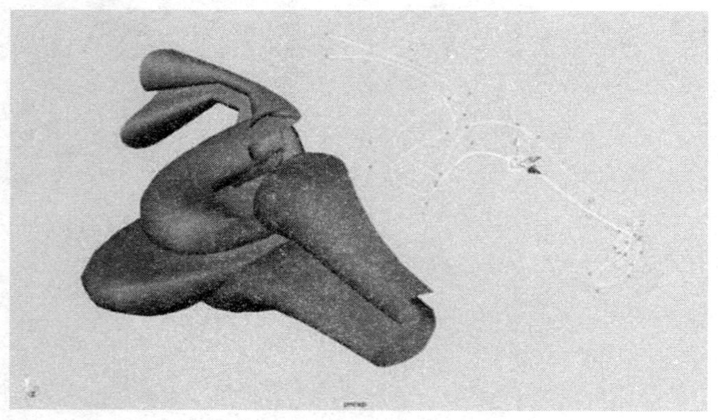

图 5－14　使用双轨工具创建的抽象形态，这种工具还有很多实际用处

边界创建曲面（Boundary Surface）

在图 5－15 的最左边有四条曲线，这四条曲线能够围成某种三维空间，边界创建曲面命令就是以这些曲线为基础，创建出一个 NURBS 曲面。

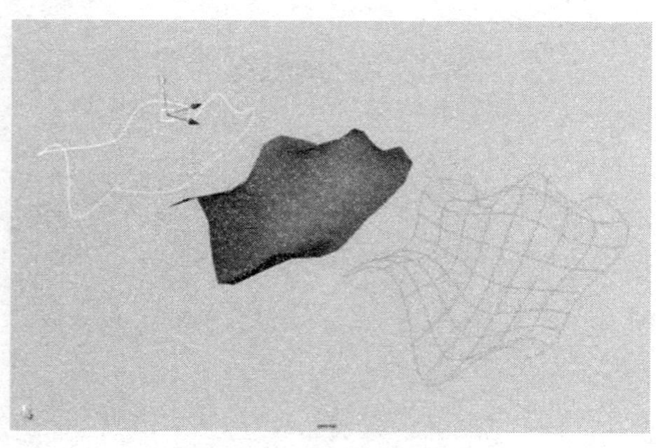

图 5－15　边界创建曲面例子

关于边界创建曲面还有几个重要说明:首先,要确定作为边界的曲线一端与另一条曲线一端彼此是否连接在一起(实现这个连接可以在创建新曲线的时候按下 C 键,吸附到已创建好的曲线之上)。其次,通常情况下,用来进行边界创建曲面的四条相交曲线都应该具有相同的 CV 点数量。

方形创建曲面(Square Surface)

初识之下，方形创建曲面与边界创建曲面非常相似。如同边界创建表面一样，四条曲线也应该是相交的。不同之处在于，方形创建曲面在操作的时候，能够更好地与其他曲面保持连续性，特别是当其中一条曲线是在曲面上创建的时候，而边界创建曲面则难以做到这点。例如，选择一个物体，并点击激活按钮（Maya 界面上方的小磁铁图标，就在其他吸附工具旁边）激活这个物体，在这个物体的表面上绘制一条曲线，然后再点击一次激活按钮，取消对这个物体的激活状态。当用于方形创建曲面的一条曲线是曲面上的曲线的时候，那么新创建出的方形创建曲面就会与原始的物体曲面之间产生平滑的过渡。

图 5 - 16 就是这个技巧的图例。在该图背景中可以看到用于创建曲面的四条曲线，其中一条位于物体表面之上。上面的曲面是方形创建曲面，下面的曲面是边界创建曲面。可以看到这两个曲面在与球体曲面的连接处是十分不同的。

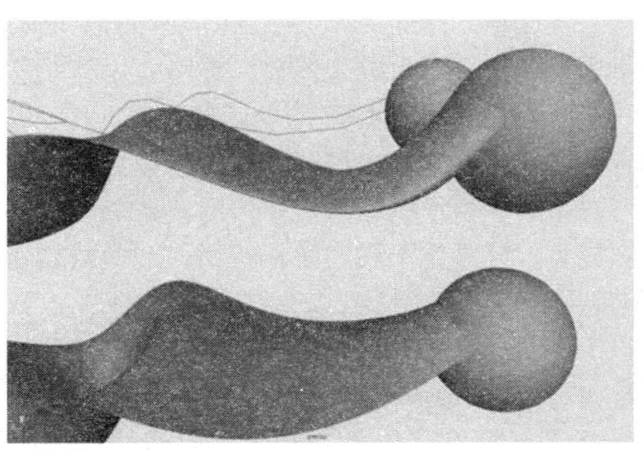

图 5 - 16　方形创建曲面图例,背景中是用于创建曲面的曲线,图片上部是方形创建曲面,图片下部是边界创建曲面

倒角和高级倒角(Bevel and Bevel Plus)

这两个工具是一对功能强大的工具，实质上它们是彼此的变种，因此就将它们一起放在这里介绍吧。核心之处在于，倒角工具意味着对一

条曲线进行挤出，并对挤出产生的面进行倒角处理。而在高级倒角命令（设置面板中有相关选项）中，可以对挤出产生的曲面的前面和后面都加上封盖，而且挤出曲面和封盖都有倒角，甚至可以设置出各种各样的倒角种类（如图 5-17 所示）。

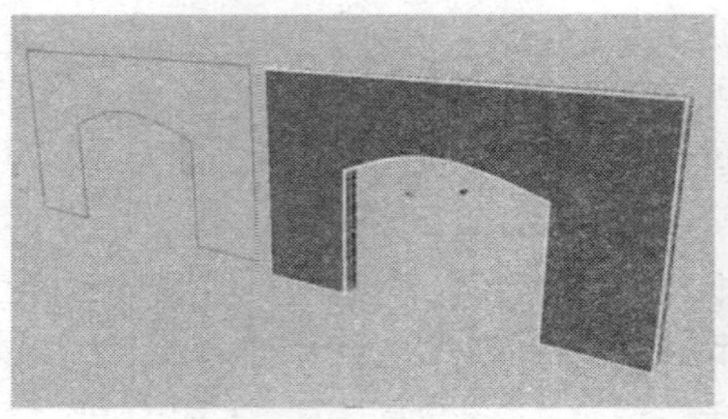

图 5-17　一个高级倒角的例子。右边的图显示了用高级倒角工具创建出的不同类型的倒角样式

一些关于 NURBS 曲面的攻略

绝大多数三维软件都具有十分相似的多边形功能，然而，虽然多数三维软件都有 NURBS 曲面功能，但是其编辑和创建 NURBS 的能力却有着极大差别。Maya 是众多软件中 NURBS 处理能力最强大的之一，而且十分有特色。甚至，当 Maya 的 NURBS 曲面工具第一次出现的时候，人们对于这种 NURBS 建模技术感到十分满意，把它看作创建光滑有机形态的一条捷径。然而，今天的 NURBS 曲面建模已经有些跟不上潮流了，而多边形建模技术也成为多数人常用的建模方式。

正因为如此，我们只花少量的时间来学习 NURBS 建模技术。本书作者在建立和处理有机形态的模型时也更喜欢使用多边形技术，因为多边形技术对多边形模型的拓扑结构（构成多边形的方式）具备深层次的控制能力。它更便于创建面片网格，并使其构造更符合贴图和调动画的要求。

但是，不管怎么说，仍然有些形态和功能得用 NURBS 技术来处理，这样才能做得最好、最快速、最容易。在 Maya 中，可以使用创建 NURBS 曲面的方式（用曲线创建模型）创建出多边形的模型，这样，就能够使用更多的多边形技术进行其他工作了。

在本章后面的范例中，我们会以多种方式运用 NURBS 技术去创建房间场景中所需要的模型。同样，就像我们分析过的大多数物体一样，我们不会只用一种方法创建它，也可以有其他创建这些模型的方法，但是现在还是要学习如何使用这些 NURBS 工具创建它们。

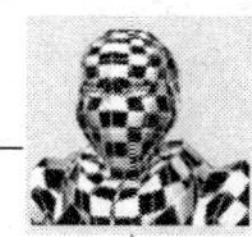

范例 5.1 创建花瓶

目标

1. 创建 CV 曲线。
2. 使用 NURBS 曲面工具创建出原始的圆滑物体。
3. 在构成成分的层级上编辑 NURBS 曲面。

第 1 步：设置该项目为当前工作项目（File→Project→Set ...）这个文件仍然在 Amazing _ Wooden _ Man 文件夹的场景文件夹中。

第 2 步：创建一个新的场景文件（File→new）。保存名称为“Vase”。

创建曲线

第 3 步：把侧视图切换为全屏显示（按下空格键可以将透视图切换为四个视图，用鼠标在侧视图上点击后，再按下空格键就可以把侧视图切换为全屏显示）。

当创建曲线的时候，要尽量避免在透视图中进行操作。当然这不是绝对的，而且在某些情况下，尤其是在边界曲面工具中，在透视图中工作是最适合的。但是在多数情况下，在绘制用于创建曲面的曲线时，用两个维度的视图来工作是最合适的。正交视图便于进行捕捉和允许在清理网格线的时候，快捷方便地看到各种剖面图。

第 4 步：点击 Create→CV Curve Tool 后面的设置选项按钮，创建 CV 曲线。

第 5 步：在工具设置面板上（通道栏常在的位置），点击 Reset Tool 按钮，恢复工具的默认设置，确认 Curve Degree 曲线的等级设置为 3 Cubic（3 度曲线）。

第 6 步：鼠标箭头应该已经变成了一个 + 号，这表明可以创建 CV 点了，左键点击并放开 5 次或 6 次鼠标，创建出一个一般花瓶的轮廓线。

第 7 步：当绘制到花瓶轮廓线与地板的接触位置时，按下 X 键（捕捉到网格）不松手，单击 3 次鼠标左键（仍然继续按着 X 键），在同样的网格交点上放置了 3 个 CV 点。

要在相同的点上放置多个 CV 点时，就得放慢点击鼠标的速度。如果点击太快，Maya 有时就无法放置上 3 个 CV 点。

那么放慢一点速度再点击（注意观察曲线的白色部分会越来越短），接着点击（曲线的白色部分会变得更短）。在整个曲线绘制过程中，要确保所有的点都放在了 Y 轴的同一侧，这样你旋转曲线的结果才会正确。

观察图 5－18 中的每一个操作步骤。注意每一次增加 CV 点，曲线的白色部分都会变得越来越短，这说明 Maya 认为它在空间位置上被拉得越来越紧。

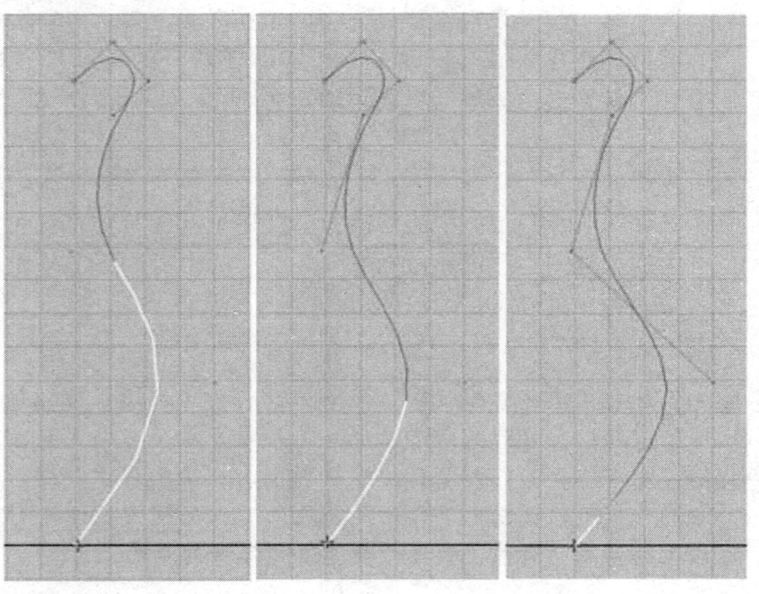

图 5－18　创建花瓶的剖面轮廓线。请注意创建出的三个点都被吸附到了空间中同一位置，这将成为一个干脆利落的边缘开端

第 8 步：接下来创建两个坚硬的转角。按下 X 键进行网格吸附，先在坐标原点上点击三次，再在 Y 轴向上偏一个网格处点击三次。请参照图 5－19 进行操作。

以 Y 轴作为旋转轴心，为了创建出更加整洁的几何体，要保证平面上的点是整齐的，而且曲线没有出现越过 Y 轴的现象。

第 9 步：仍然使用同一个工具继续绘制该曲线，接着向上方放置 CV 点，绘制出花瓶内部的轮廓线，让花瓶显得有厚度。在靠近整条曲线第一个点的位置附近，放置最后一个点，但是不要让它与第一个点的位置重合，按下回车键结束绘制（如图 5－19 所示）。

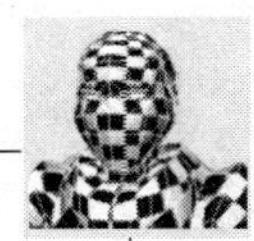

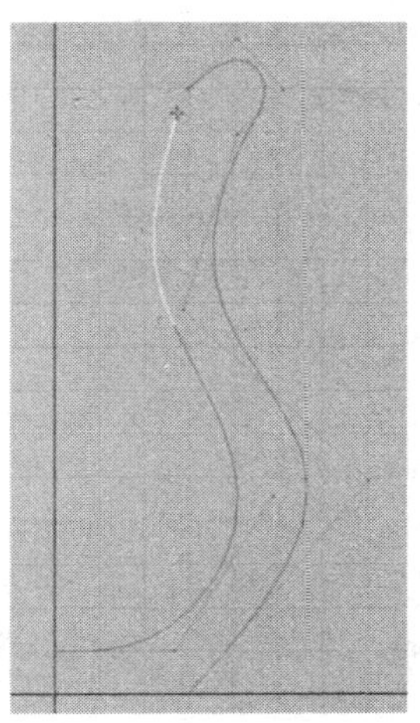

图 5-19 结束曲线绘制阶段。注意不要把最后一个点放置到第一个点上面，保持一个合适的距离就可以了

如果在创建曲线过程中点击了曲线的第一个 CV 点，那么 Maya 就不会闭合这条曲线，它只会在该位置再放置一个 CV 点，虽然从视觉上来看曲线似乎是闭合了，但是实际上并没有真正闭合。这样做的结果是，根据这条曲线产生的几何体会出现意想不到的褶皱和裂缝。

第 10 步：点击 Surfaces 模块下的 Edit Curves→Open/Close Curves 命令后面的设置选项按钮。在设置面板上点击 Reset the tool 按钮，恢复工具的默认设置，并点击 Open/Close 按钮执行命令。

执行命令之后曲线就会闭合，可以从视图中看到闭合后的曲线形状。

第 11 步：点击 Surfaces 模块下的 Surfaces→Revolve 命令后面的设置选项按钮，恢复默认设置。确认旋转轴向已经设置为 Y 轴，与你绘制的曲线所围绕的轴向一致，点击 Revolve（如图 5-20 所示）。

调整

第 12 步：点击迷你工具盒上的移动工具，先在场景空白处点一下，然后在花瓶的曲面上点击。

确定选择的只是花瓶曲面，而不是把花瓶曲面和原始曲线同时选中了。

第 13 步：在大纲视图或通道盒中对新产生的花瓶曲面 revolvedSurface1 进行重新命名。

第 14 步：用移动工具把花瓶曲面沿着 Z 轴移动到足够远，能够完全看到产生花瓶曲面的原始曲线。

第 15 步：在曲线上使用鼠标右键进行点击，从弹出的标记菜单中选择 CV 控制点层级。

第 16 步：框选并移动 CV 点，从而使花瓶的形态变化成想要的形状（如图 5－21 所示）。

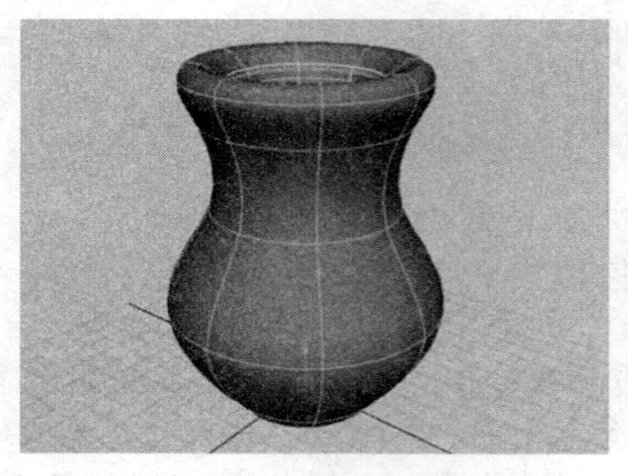

图 5－20　曲线旋转出的花瓶模型

图 5－21 通过调整原始曲线来修改花瓶外形

这主要是历史记录在起作用。该曲线和花瓶曲面是紧密相关的，曲线实际上是花瓶曲面的输入节点。因此，改变曲线，就会改变由这个曲线创建的曲面。

第 17 步：删除曲线。在曲线上点击鼠标右键，进入曲线的物体层级（Object Mode），按键盘上的 Del 键删除曲线。

不需要曲线继续存在，删除曲线可防止出现选择和编辑上的误操作。而且实际上还有其他修改花瓶外形的方法，后面几步就会用到这些方法。

其他调整方法

第 18 步：复制花瓶模型。

第 19 步：将复制出的新模型移出原位置，让两个花瓶模型都能够在视图中清晰可见。

第 20 步：在新模型上点击鼠标右键，调出标记菜单，并在菜单上选择 CV 控制点层级（Control Vertex）。

第 21 步： 框选花瓶最宽部位的 CV 控制点（紫色的点），选中的点将会以鲜明的黄色显示。使用移动工具沿 Y 轴向上移动这些点（如图 5－22 所示）。

第 22 步： 选择花瓶瓶口处的 CV 控制点，使用缩放工具的中心控制手柄（缩放工具中心的那个方块），在三个轴向上同时等比例缩小瓶口处的 CV 控制点（如图 5－23 所示）。

图 5－22　通过移动 CV 控制点对花瓶外形进行修改

图 5－23　缩放瓶口处 CV 控制点进一步修改花瓶外形

第 23 步： 继续复制出新的花瓶模型，对其 CV 控制点进行修改，以产生新的不同形态的花瓶。图 5－24 显示了通过修改 CV 控制点产生的各式各样的花瓶。

图 5－24　通过修改 CV 控制点产生的各式各样的花瓶

第 24 步： 保存场景。

第 25 步： 打开房间场景文件的最终版本（图 5－25 显示了 Tutorial 4.2－Extra.mb 这个文件）。

第 26 步：在这个房间场景文件中导入 Vases.mb（使用文件菜单中的导入命令：File→Import）。

第 27 步：在房间场景中随意摆放做好的这些花瓶（如图 5－25 所示）。

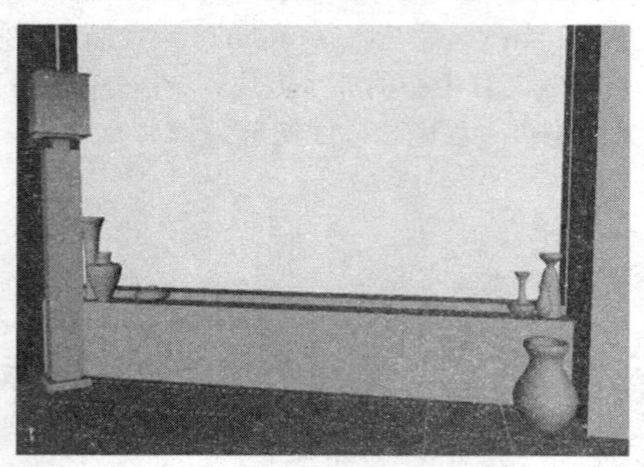

图 5－25　摆放好的花瓶

第 28 步：保存场景。

范例总结

相当有趣，是吧？NURBS 曲面在创建这种形状的时候非常出色，似乎不怎么费力就能用鼠标绘制出流畅的曲线。本范例中的这些形体是对称类型的，而且可以通过推拉 CV 控制点得到自己想要的外形。但这些形状终归在实践中的用途有限（当做过了花瓶、高脚杯、酒瓶后，似乎就没有什么可做的了），而后面范例中的曲面如果采用推拉 CV 点的方式进行调整，则显得很不灵活。

因而我们要再学习一些其他 NURBS 曲面技术，用来创建那些你不知道如何入手的曲面。

范例 5.2　制作房内装饰

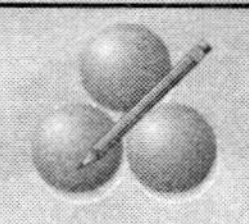

目标

1. 使用 CV 曲线创建工具（CV Curve tool）同时创建曲线性的和直线性的线。

2. 利用放样 NURBS 曲面修剪出门口。

3. 创建门口装饰、门框、地板装饰。

第 1 步：设置该项目为当前工作项目（使用文件菜单下的设置当前项目命令 File→Project→Set ...）这个文件仍然在 Amazing _ Wooden _ Man 文件夹的场景文件夹中。

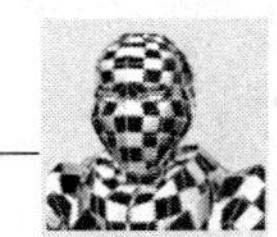

第 2 步：创建一个新的场景文件（使用文件菜单下的新建命令 File →new）。

第 3 步：保存名称为“Door Trim”。

是的，正如你所猜想的那样，这个范例中将会创建一个门框。它虽然看上去不像用 NURBS 技术创建的形状，但是实际上，用 NURBS 制作此类模型会很好。

第 4 步：创建一个新的多边形立方体（点击 Create→Polygon Primitives→Cube 后面的设置选项按钮）。在设置面板上设置 Width = 200，Height 10，Depth = 50。

这基本上是随意设置的一个尺寸，这个立方体的用途是帮助你理解如何将墙的前面和后面的曲面剪切成形。我们知道真实情况下，房间中的墙有 5 个网格那么厚，不过如果按照这样的尺寸建造一个立方体，那么场景网格（每个单元网格就是一个构成单位）对于我们的需要来说就有点太大了。所以创建一面厚度为真实尺寸 100 倍的墙，能够让我们在更紧凑的网格环境中进行工作。从顶视图中把看到的这个物体想象成 6 英寸厚、100 英寸长的一大面墙。记住，模型的尺寸大小并不重要，我们总是在建模完成后还对其进行缩放，但是保证物体本身比例正确很重要。

第 5 步：移动立方体，让它的边位于 YZ 轴之上（中心位置）。

第 6 步：把顶视图切换为全屏显示。

Why?

你正在画的是门框的横截面。如果你用锯子锯开一个门框，以非常端正的视角去看这个锯开的截面（视线与锯片运动路径垂直），你将会看到这个形状。这与在家庭装修中看到的情况很相似。关键一点是要在正交视图中做这个工作，而顶视图是最直观的。

第 7 步：使用 Create→CV Curve Tool，确定曲线度数设置为 3 Cubic。

第 8 步：创建一条曲线来描绘出门框截面的轮廓线（形状接近就可以，不必过于精确），图 5－26 显示了画好的曲线，以及曲线上面的每一处吸附和放置的 CV 点数量（图上数字不代表放置 CV 点时的次序）。记住按下 X 键实现网格吸附，并确保放置在同一位置的 CV 点能叠置在一起。

注意有几个地方的转角必须非常尖锐，所以必须放置 3 个 CV 点。其他有几个地方的转角就不需要这么尖锐，所以放置的 CV 点可以少一点，2 个就可以了。请注意在尖锐转角的前面和后面也应该放置多个 CV 点。

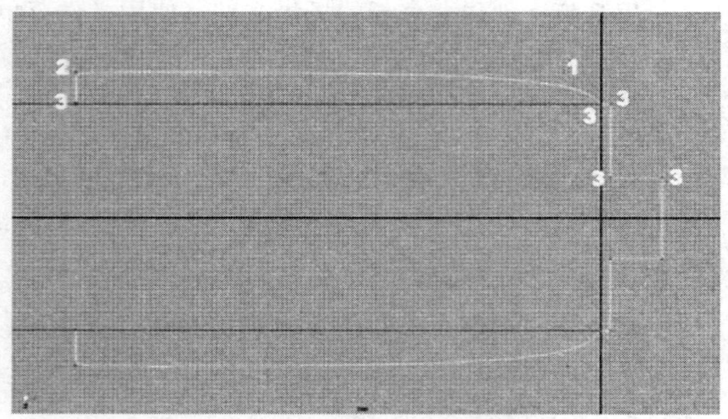

图 5－26　门框的截面轮廓线。请注意为了创建锐利转角而叠置在一起的 CV 点的数量

第 9 步：在物体模式下，以 Z 轴为轴心将曲线旋转 45°，或者在通道栏中给 Rotate Z 输入 45°的旋转值。

我们的计划是创建一个门框转角所需要的曲线。通过将曲线进行放样，获得一个美观的门框结构。但如果只是让曲线平躺着，那么门框模型的顶部结构就只有一个二维的平面，如同一张纸那么单薄。但是，要是只旋转了门框顶部的曲线而没有旋转门框底部的曲线，那么门框从上到下的粗细就不一致了。以旋转这条曲线为开端（以及最后一个曲线也是放在地板上的），围绕整个门框旋转，这一圈都会保持一个不变的尺寸。

第 10 步：以实例的方式复制该曲线。点击编辑菜单中的复制命令 Edit→Duplicate 后面的设置选项按钮，在设置面板中选择 Instance 选项。

在三维软件中，实例是一个功能强大的工具。一个复制出的实例对象不是简单地复制了一个物体模型，虽然在 Maya 中看上去两个物体一样，但是实例复制不同于普通复制。这意味着，如果拥有一个杯形蛋糕模型的 499 个实例，当调整第一个杯形蛋糕上面的多边形时，这 499 个实例也随之发生改变。

在这种情况下，创建门框里面的实例对象就给制作提供了灵活性。例如，想让门框上卡住墙的那部分再深一些，只需要调整第一条曲线，那么其他所有曲线（也包括放样出来的曲面）都会自动随之发生改变。

第 11 步：移动新曲线 Curve2（刚才新复制出的实例对象），沿着 Y 轴向上移动 675 个网格。

另外，这是一个主观的数值设置，还将会有大量的调整，但是这个设置给了曲线需要创建的门洞的大致的一个近似值。

第 12 步：在通道栏中输入 Rotate Z = －45，旋转这个新曲线 Curve2（如图 5－27 所示）。

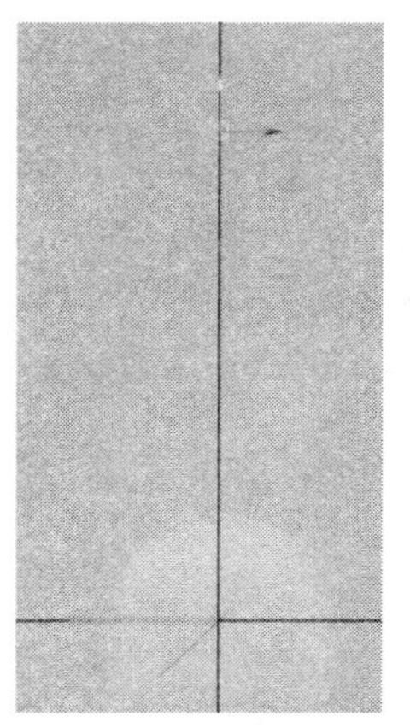

图 5－27 对曲线 Curve2 进行旋转

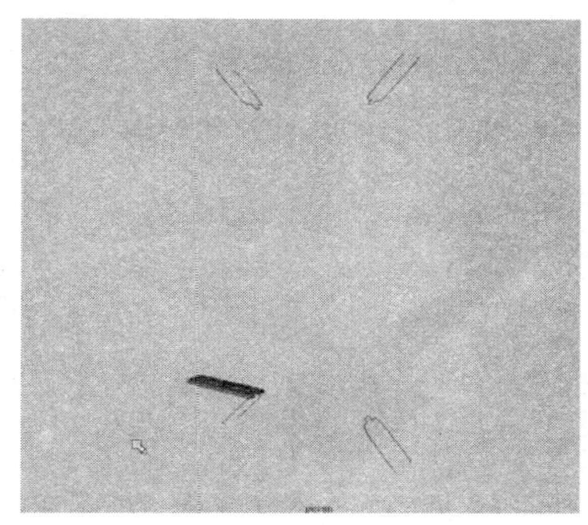

图 5－28 放置曲线

第 13 步：选择第一条曲线 curve1，复制（以实例的方式）出新的曲线 curve3，并在通道栏中输入 Translate X = 300，Translate Y = 675，Rotate Z = －135。

第 14 步：选择第一条曲线 curve1，复制（以实例的方式）出新的曲线 curve4，并在通道栏中输入 Translate X = 300，Rotate Z = －225（如图 5－28 所示）。

这里的转换数值是在后面章节的范例中制作的门洞高 6 英尺（1 英尺 = 0.3 米）8 英寸（1 英寸 = 0.025 米），宽 3 英尺的 100 倍，一开始门框会显得有些巨大，但是不用担心，因为使用了实例对象，所以将来调整起来也很容易。

第 15 步：选择 curve1，按住 Shift 依次加选 curve2、curve3、curve4。

选择曲线的次序决定了 Maya 将曲线用于引导放样的顺序。这里因为它们已经被编上了号，所以 Maya 通常也能够进行计算出来。然而，按照想要用来放样的顺序来选择曲线是一个很好的操作习惯。

第 16 步：选择 Surfaces 模块下面的 Surfaces→Loft 命令后面的设置选项按钮。

第 17 步：改变曲面的度数设置（Surface Degree）为 Linear 线性。按下 Loft 按钮（如图 5－29 所示）。

图 5－29　初步制作出的门框

当创建 CV 曲线的时候，使用的曲线度数相同，曲面的度数设置决定了曲面如何在曲线之间插接起来。默认的 Cubic 度数能够创建出光滑的曲面，如果用来制作自然形态，那么会非常棒。但是，在本范例中，要创建一个人工制作的门框，所以需要尖锐的转角和笔直的线条，因此 Linear 线性是最好的选择。

第 18 步：整理场景。把放样创建出来的 loftedSurface1 命名为"DoorTrim"，创建一个新的层取名为"Trim"，并且将 DoorTrim 放入这个层中。将这个层设为参考层。点击层上的第二个小方格（在层编辑器中），直到它显示出一个字母 R。

第 19 步：选择第一个曲线 curve1，并且在通道栏中输入 Rotate Z = 0，将它旋转回去。

下一步，将会调整门框使它优化一些。调整一个被旋转了 45°的曲线是有些棘手。所以将它放平，这是一个临时步骤（但是是必须的）。

第 20 步：用鼠标右键点击 curve1 并且选择 CV 控制点层级，框选外侧左边的 CV 控制点并使用移动工具向内部移动它们。注意在进行这些操作的时候，所有的实例对象曲线都会发生改变，而 DoorTrim 这个放样曲面也会随着需要进行调整。

第 21 步：重新旋转曲线 curve1，使其 Rotate Z = 45。

第 22 步：执行 Edit→Delete All by Type→History 命令，删除所有的历史记录。

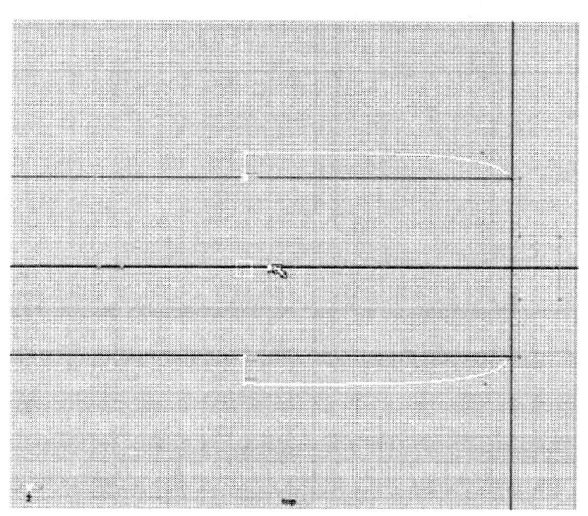

图 5 - 30 通过调整 CV 曲线调整门框曲面

这或许是一个有争议的选择，但是推荐大家删除曲线。在它们已经完成了自身的使命之后，而且也已经把曲面调整到了想要的形态，曲线已经不必在场景中存在了。其他的多数曲面调整也能够通过曲面自身的构成成分进行操作，所以还是把曲线删掉吧。

第 23 步：删除曲线 curve1、curve2、curve3 以及 curve4。

第 24 步：将场景中的 Trim 层取消参考层的设置（关闭参考层提示符 R 的显示）。

第 25 步：保存场景。

第 26 步：打开房间文件的最新版本。并将刚才制作的 Import Door Trim.mb 导入这个房间文件中。

第 27 步：把 DoorTrim 这个物体放置到门洞的位置。导入的门框模型将会非常巨大，因此要对其进行缩放，使其更小。

第 28 步：点击 Edit→Duplicate 后面的选项设置按钮，点击 Reset settings 恢复默认设置（对门框的复制不需要用实例复制方式）。按下 Duplicate 按钮执行命令。

第 29 步：移动复制的门到合适的位置，重复复制其他的门（如图 5 - 31所示）。

图 5－31　放置门框

范例总结

通过这种方法制作出的细节让场景看起来更精细。当你能够控制曲线的构造和线性的放样创建手段时，所有的修整和建模才成为可能。

挑战、练习和课后作业

1. 图 5－32 是一条用于创建房间角线模型所需要的曲线。图 5－33 显示了曲线的布局。为你的房间场景创建角线模型以及其他房间的上部模型。注意，Surfaces 模块下的 Surface→Loft 的工具设置面板中有一个 Close 参数，能够闭合放样出来的曲面。同样注意这个曲面是为范例

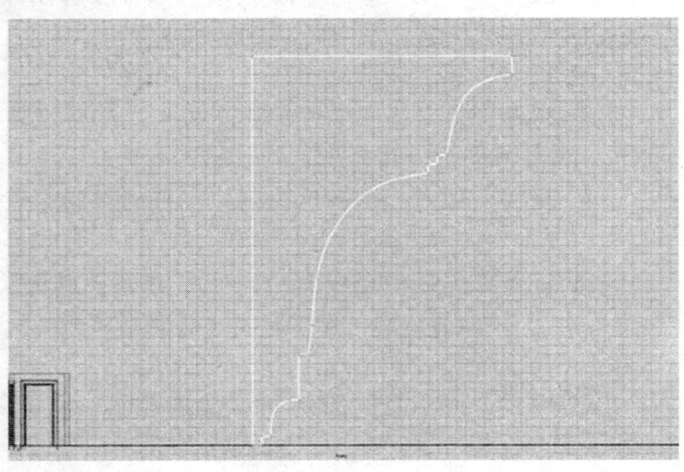

图 5－32　创建房间角线模型所需要的曲线

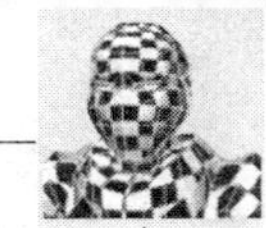

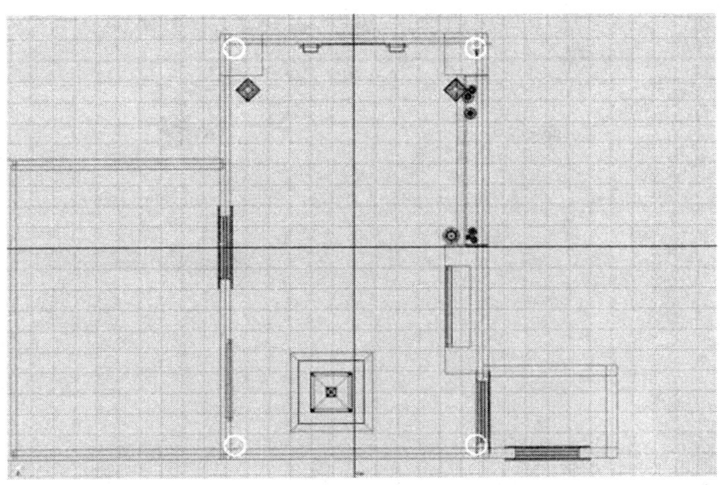

图 5 - 33　角线建模曲线的布局

5.1 创建的，它也有些巨大，为了匹配房间的大小，当创建好曲线之后，要适当进行缩小。

2. 以相同的方式创建一个地板。

3. 参考图 5 - 34，思考如何使用本章节所学习的技术建造一个这样的窗户。

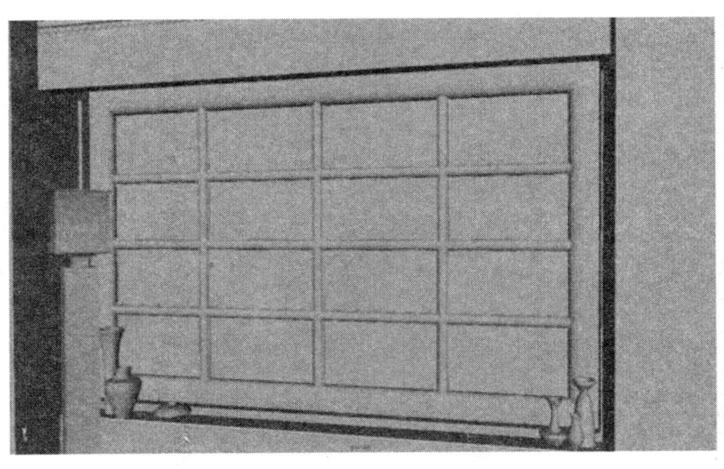

图 5 - 34　用 NURBS 曲面建造出来的窗户

4. 使用 NURBS 技术，创建一个在第 2 章所建造的那个房间的细节和框架。

5. 使用本章节所学习的技术创建一个像图 5 – 35 那样的相框，你将如何做呢?

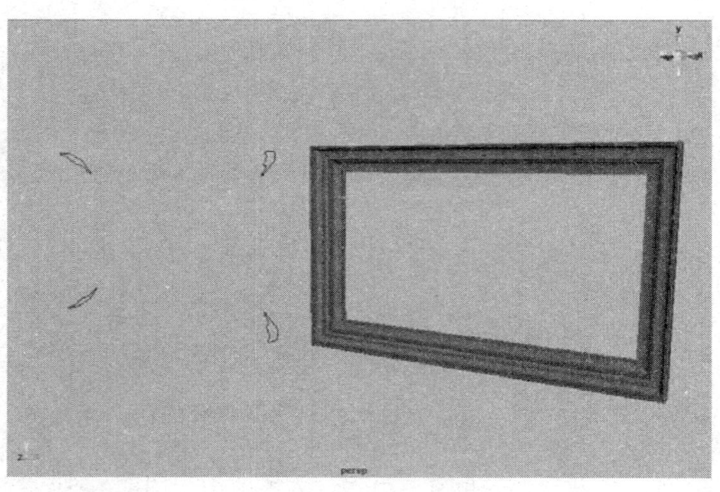

图 5 – 35　相框

6. 使用迄今为止学过的技术，为一张床创建一个床罩。(提示：查看 Bed Construction.mb，研究作者的制作过程。)

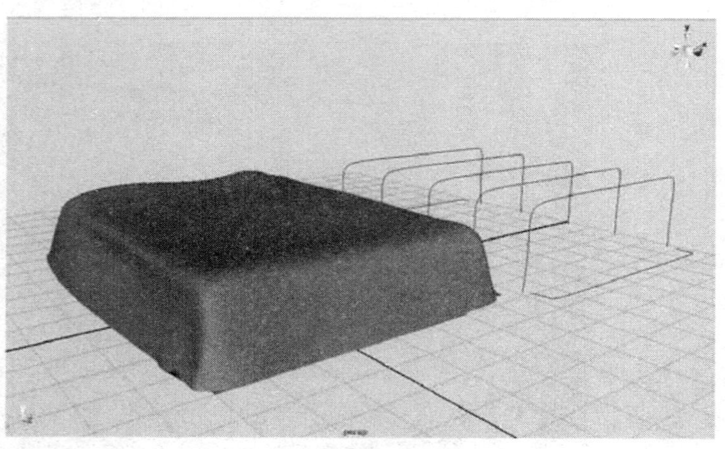

图 5 – 36　床

第六章　多边形高级建模

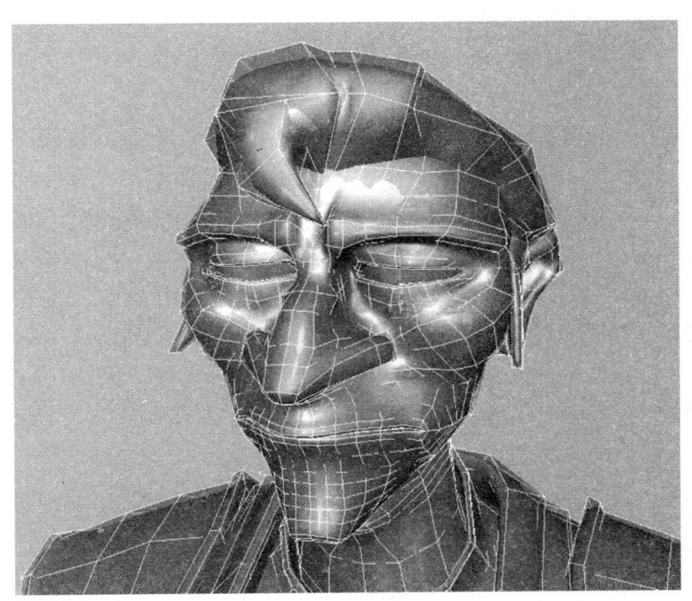

到目前为止，你已经学会了用 NURBS 曲面工具创建简单的形体，也学会了用蕴含着强大力量的挤出工具创建一些基础形体。而事实上，我们只是刚刚开始见识多边形建模的强大力量。

在本章中，我们将要更加细致地学习如何通过 Maya 的多边形建模工具来建模。具体地说，你将学习能够正确控制多边形拓扑结构的工具。更重要的是，你将有机会使用像光滑代理一样的工具，使模型突破四四方方的外观，创建出更加具有活力的和流线型的形态。

全面掌握可编辑组件

使用多边形技术建模的关键是在需要具有细节的地方添加构成成分。也就是说，如果需要在模型上制作出一个更圆滑、更尖锐或具有曲率变化的区域，就必须添加构成成分（顶点、边、面）。这看起来很简单，但是当制作一个复杂模型的时候，就会陷入对构成成分一次又一次地调整之中。

那么如何确保使用必要的构成成分去创建一个给定的形状呢？一方面，如果有一个简单的立方体，只需要操纵 8 个顶点——这当然限制了所能创建形体的复杂性。另一方面，也可以使用成百上千的多边形创建一个网格密集的多边形球体——这当然会提供足够多的顶点供编辑。是的，这提供了大量的点，每一个顶点都等着被推拉操作。然而，这意味着要得到想要的形体——那么所有每一个点都必须被编辑，这将花费无尽的时间做无限的调整。显然，我们需要一个有效的方法，既能提供足够的顶点创建出复杂的形体，又不至于让顶点多到没法编辑的程度。

实际上，方法并不少。Maya 提供了几种方法给一个物体增加可编辑的构成成分，同样也提供了几种方法清除掉无用的可编辑构成成分。

选项窗口

当创建一个原始多边形物体（例如一个立方体）时，可以选择选项窗口（Options Window），在选项窗口中不只设置出尺寸（宽度、高度和深度），也设置出在那个物体上有多少细分值（沿着宽度的细分、高度的细分及深度的细分）。图 6 - 1 展示了多边形立方体选项窗口和立方体细分值分别设置为 4、1 和 2 的结果。

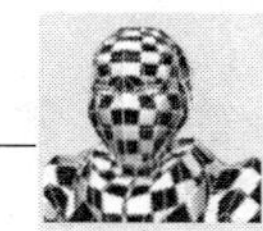

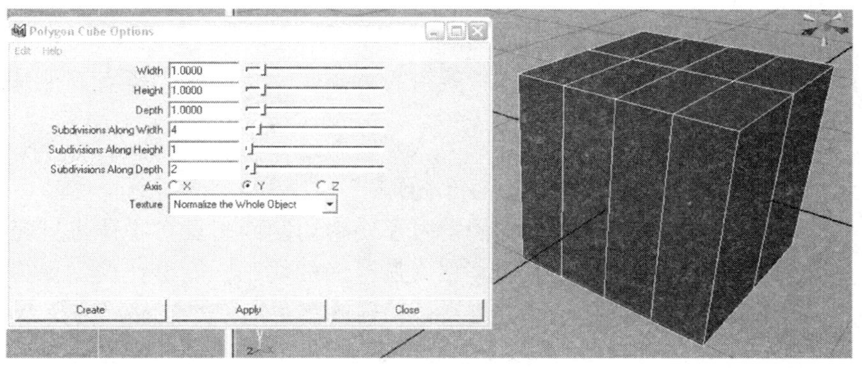

图 6－1　使用选项窗口创建需要的几何体

在一些情况下，如果计划得当，设置好正确的细分数值，就可以节省工作的时间。不过在通常情况下，应该运用 Maya 中更加灵活的操作方式，因为需要在建模过程中随时添加细分网格。

通过节点进行设置细分（输入节点）

在建模过程的初期，也可以利用 Maya 的节点系统调整节点，为创建的形体增加细分值（增加出新的边和顶点）。在选择了原始多边形（并且历史记录被保留）的情况下，通道栏（在 Maya 界面的最右边）会显示这个形体的 INPUTS（输入节点）。在图 6－2 的情况下，其中一个 INPUTS 就是 polyCube1。通过在立方体上单击鼠标，选项窗口中的一些选项就会被激活，这些选项可以用于进一步改善模型形体。在图 6－2 中，高度上的细分值设置为 6，可以看见成型后的立方体。

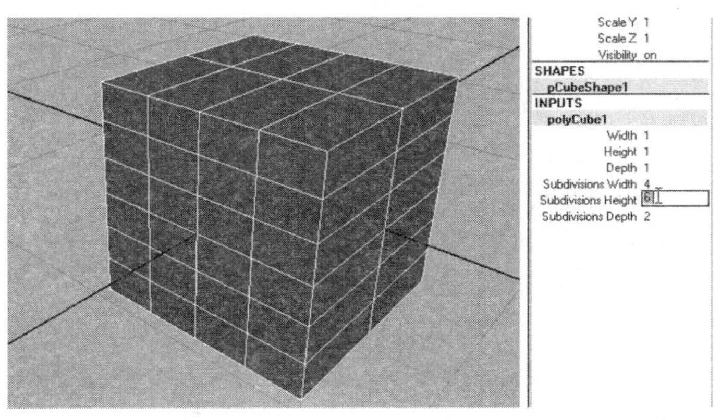

图 6－2　使用一个形体的 INPUTS 提升细分值和增加边及顶点

这种操作方式增加了灵活性，并且这是一个用来增加大量细分的好方法。不过，Maya 把增加出的细分网格放置在彼此相等的距离上，你将会经常需要对其具体位置进行调整。幸运的是，还有其他适合的方法来增加细分。

切割面工具（Cut Faces Tool）

在第五章中，我们学习了使用切割面工具对物体进行完全贯通的切割（如图 6－3 所示）。它支持严谨的切割，能够让模型保持美观的基于四边面的拓扑结构，也支持精确放置新细分的位置。选择 Polygons 模块/Edit Mesh→Cut Faces Tool 就可以使用该工具了。单击鼠标并拖拽来定义贯通切割物体的路线，按住 Shift 键将会限制切割角度。

当在物体模式（object mode）下的时候，这个工具工作得最好。如果在多边形面模式下，这个工具将会只切割一个多边形或只切割一部分网格，但是这将会产生一个不需要的拓扑结构。请确保在使用这个工具之前，模型已经用高亮的绿色显示了（当整个物体被选中时就会这样）。

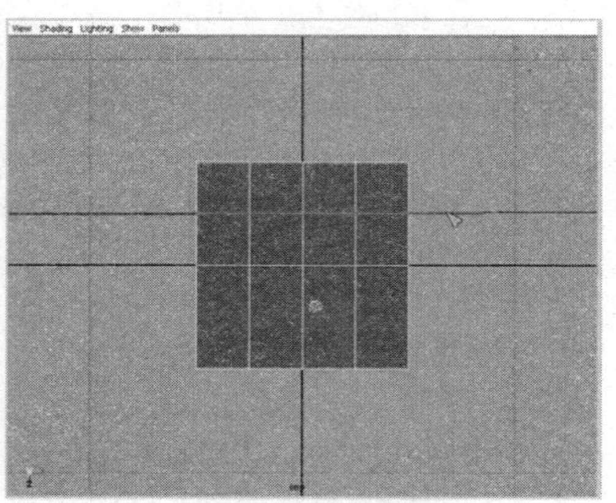

图 6－3　操作过程中的切割面工具

分离多边形工具（或劈线工具，Split Polygon Tool）

虽然切割面工具可以在需要的部位创建整洁、快速的细分，但是它只能以一条长的直线进行切割。有时，添加到模型上的几何体并不需要排成一条直线。分离多边形工具（Polygons 模块/Edit Mesh→Split Polygon Tool）允许在一条边上单击，然后再在另一条边上单击，从而产生一条新边来劈开这个多边形面。

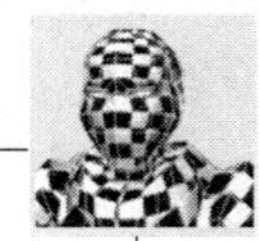

继续对边进行这种操作，也就会继续劈开更多的多边形面。再按 Enter 键，就可以完成操作退出该工具（如图 6－4 所示）。

请记住创建正确的拓扑结构是很重要的。为了避免出现五边形（或是三角形），不要停在图 6－4 显示的状态下。继续围绕形体进行劈线操作，直到返回到开始的地方，就是第一次单击操作的第一条边。

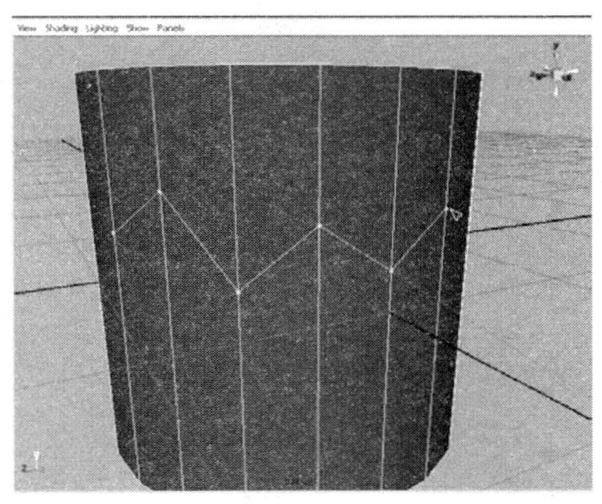

图 6－4　操作中的分离多边形工具

插入圈形边工具（Insert Edge Loop Tool）

新版本 Maya 增加了一些非常重要的（而且必要的）工具，来快速增加模型细分和与之相伴的顶点和边。首先就是插入圈形边工具（Polygons 模块/Edit Mesh→Insert Edge Loop Tool）。

请注意在大多数模型形体中，多边形的边都可以被看作环绕在形体周围的一圈线。实际上，Maya 对于圈（Loop）和环（Ring）做出了概念上的区分。一组环形边（Ring），就是一系列边的汇集，它们实际上接触不到彼此（一般情况下彼此平行）。在图 6－5 中，为了说明环形边的特点，已经作了高亮突出显示。而一条圈形边，则是连续的环绕模型形体的一条封闭的环线。Maya 插入圈形边工具（Insert Edge Loop Tool）的核心思想就是允许插入一条圈形的边。这个操作能创建出一连串连续的细分网格、边和顶点。

图 6－5 展示了正在操作中的这个工具。首先选中该工具，在任何边上单击，你可以看到当放开鼠标时，Maya 将会创建新的一圈边。注意它在形状上更接近在其上方的曲折的边。在你创建中，鼠标离这个模型底部的水平线更近些时，那么这一圈新边将会变得更平。

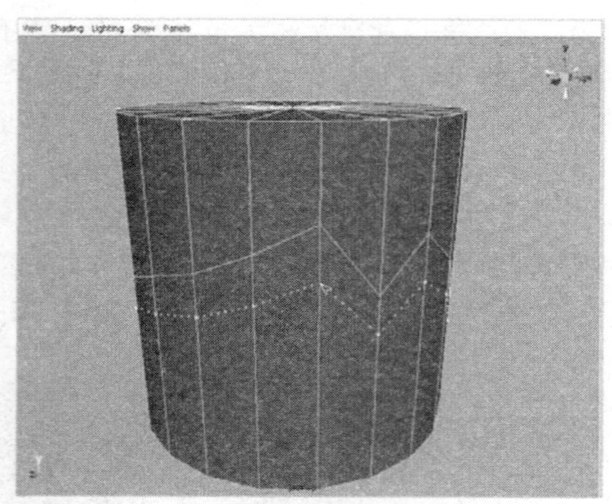

图 6-5 操作中的分解边环形工具。注意你可以使用插入圈形边工具毫不费力地创建出一圈新的连续边

偏移圈形边工具（Offset Edge Loop Tool）

它与插入圈形边工具是姊妹工具，偏移圈形边工具（Polygons 模块/Edit Mesh→Offset Edge Loop Tool）允许在一条圈形边的两侧复制出新的圈形边。

点击这个工具，然后在一条圈形边上单击或者拖拽，在它的两侧就会各自复制出一圈新的边（如图 6-6 所示）。

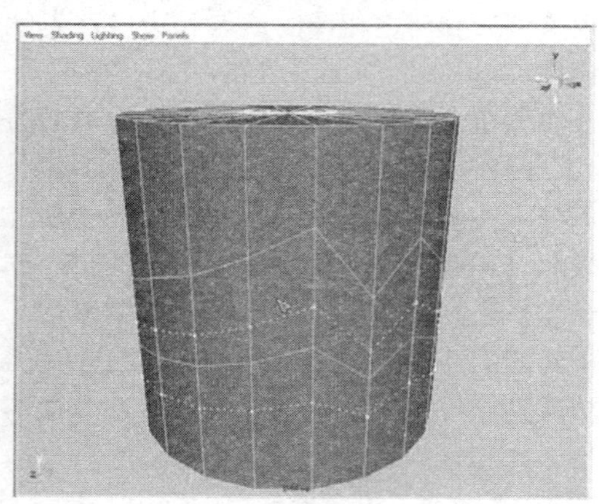

图 6-6 操作中的偏移圈形边工具

插入圈形边工具和偏移圈形边工具都很受欢迎，尤其是在进行有机模型建模时，能发挥出难以置信的用处，后面会对它们做详细介绍。

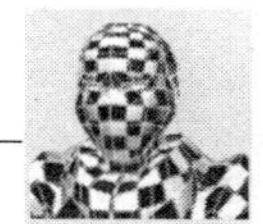

细分和光滑（Subdivision and Smoothing）

Maya 在低模自身拓扑结构基础上提供了一些方法，为其系统地增加多边形的密度。首先就是增加细分命令（Polygons 模块/Edit Mesh→Add Divisions）。

图 6－7 中能看见关于这个工具的一个快速图示。图 6－7a 展示了一个低网格数模型。图 6－7b 展示了执行增加细分命令之后的模型。注意每一个多边形都被细分成了几个小多边形。

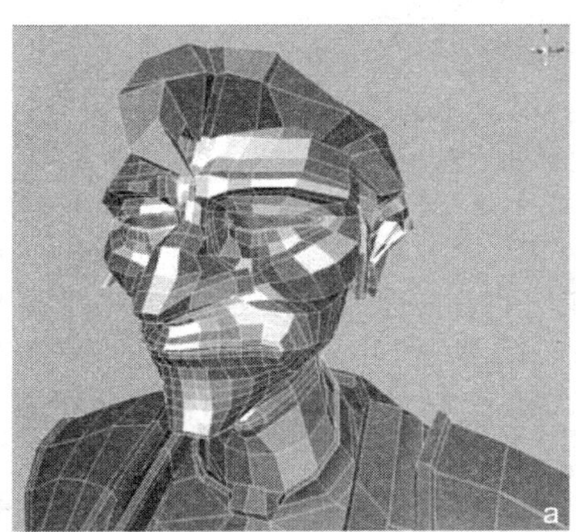

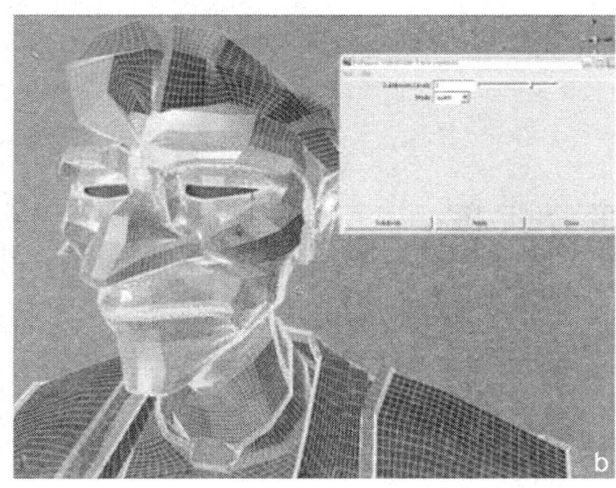

图 6－7 (a) 低网格数的模型；(b) 经过细分的模型由 Will Keetell 制作的模型

图中的模型有了大量的多边形。它们被大量的推拉调整后，构成了现在的模型形体。但是一般情况下，我们不追求更多的多边形面数，而是用更多的面数来赋予模型光滑且更加有机的外观。

正因为如此，Maya 提供了光滑工具（Polygons 模块/Mesh→Smooth）。如果打开命令选项面板，就可以设定细分等级（Subdivision Level）。每一个细分等级都表示 Maya 将模型上的每个多边形细分一次（实际上把它们切割成 4 个——对于四边面来说是这样），然后将这些新的多边形之间的转折角度变小。结果就会得到一个外观光滑的多边形网格模型（如图 6－8 所示）。

这非常有用。它意味着建模师手工建出一个低面数的模型，然后使用光滑工具将其变成一个高模。通过修改一个高面数的模型来获得光滑的网格效果是十分耗费时间的，而这个先低模后光滑的工作方式允许你用最少的多边形数量制作出复杂的模型形体。

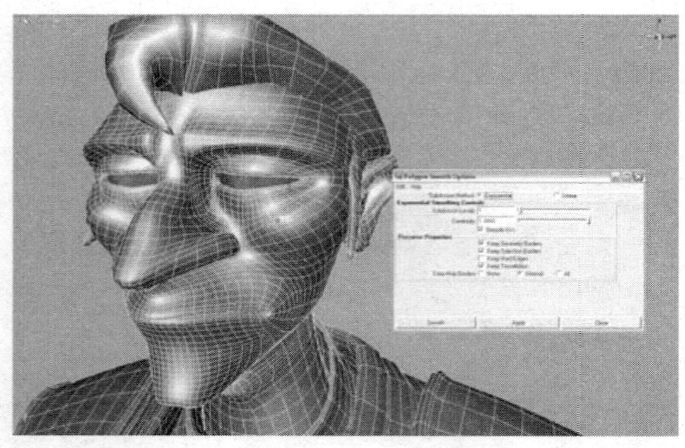

图 6－8　使用光滑命令将一个低模变成一个光滑网格效果的模型该模型。由 Will Keetell 制作

细分代理

甚至还有更好的选择。Maya 有个内在的能力是能够建立出一个高面数模型的交互用低模。你可以把细分代理看作（或称作）操作框（如图 6－9 所示）。它的工作思路是用低模的线框包围高模，当你拉动环绕着的低模网格时，就会带动线框下的高模网格变形。Maya 将这个低模透明度设为 75%，让你能够通过线框看到高模（不过这也是一个可以修改的属性）。

在图 6－9 中，选择了低模的线框（在屏幕上呈绿色显示的部分），你仍然可以看到内部的一个高模版本。

图 6－10 展示了这个工具的作用。为了展示说明，这个低模的线框被移到了旁边，并赋予了一个不透明材质，以便我们更容易看到高、低模两种版本之间的不同之处。请注意，当在右边的低模中选择了一些点并且进行移动时，那么左边的高模立即会更新网格来反映这一变化。

这个工具相当有趣，让我们看一看可以用这个工具为房间增加些什么东西。

在使用 Polygons 模块/Proxy→Subdiv Proxy 命令激活细分代理后，你可以使用“Ctrl + ~”（那是在你键盘左上角的波形按钮）在低模和高模之间进行切换，使用“Shift + ~”可以回到同时显示高模和低模的模式。进一步讲，在同时显示高模和低模的模式下，选择模型并按向上翻页键，将会增加高模细分的数量，按向下翻页键就会减少高模细分的数量。不过，请慎重设置细分值。如果你把细分设得太大的话，电脑将会变得非常慢甚至会死机。

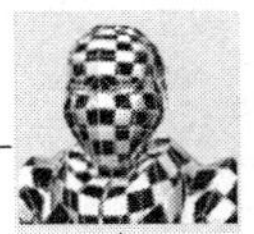

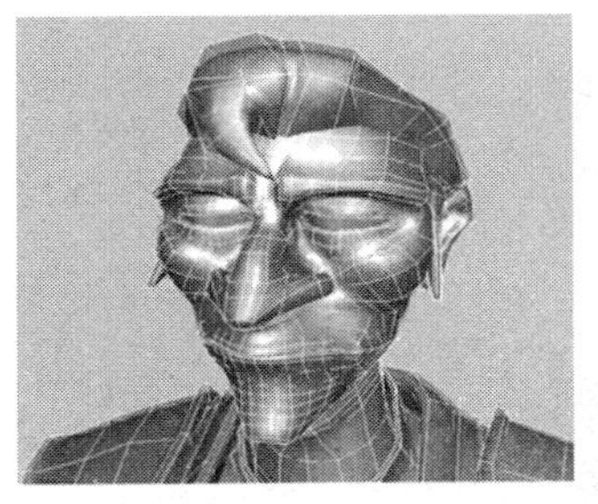

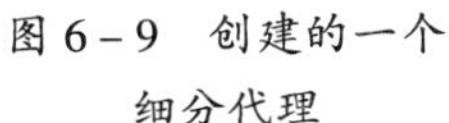

图 6－9　创建的一个细分代理

图 6－10　在操作中的细分代理关系

范例 6.1　使用细分代理创建一个洗手池模型

目标

1. 控制好多边形的组织结构。
   - ·调整原始多边形的细分值
   - ·修改节点中的细分设置
   - ·切割面工具
   - ·分离多边形工具
2. 使用圆滑代理为低模创建更光滑、更加复杂的形体。
3. 使用 Polygons 模块/Proxy→Crease Tool 在光滑后的形体上增加褶皱。

第 1 步： 设置当前工作项目。如果你是从上一章的范例接着做下来而没有中断，那么你或许并不需要做这一步。但是如果你之前从事了其他项目的制作，或别人用过你的电脑，那么你需要设置当前工作项目。打开 File→Project→Set。找到你的 Amazing _ Wooden _ Man 文件夹，并按下 Set 按钮。

第 2 步： 创建一个新的场景文件。使用 File→New 命令。

第 3 步： 将这个场景文件命名为"Sink"并保存。这样该文件应该自动保存到 Amazing _ Wooden _ Man 的场景文件夹（Scenes）中，如果没有这样，请重新设置你的当前项目。

粗加工出形状

第 4 步： 创建基本形体。创建一个 X 轴向为 9 个单位，Y 轴向为 0.5 个单位，Z 轴向为 2.5 个单位的立方体。可以用两种方法来完成立方体的创建。一个是创建一个立方体（打开 Create→Polygon Primitives→Cube 命令的命令设置面板），然后设置宽度、高度和深度（width，height，depth）分别为 9，0.5，2.5。

或者创建一个默认的多边形立方体（即宽度、高度和深度完全相同的立方体），并且在通道盒里把 Scale X、Scale Y 和 Scale Z 的数值分别设置为 9，0.5 和 2.5。

任何一种方法都是可行的。一些人喜欢用第二种方法，因为能在通道栏里很容易看到该物体的尺寸大小（虽然严格来说，这里看到的大小只是相对于刚被创建时的原始尺寸的倍数大小）。因此，就根据自己喜好选择设置方法吧。

第 5 步： 将该立方体重命名为"Sink"（水池）。

第 6 步： 设置洗手池的细分值。选择新的立方体（如果还没有设置好细分值的话）。在通道栏的 INPUTS 节点中，点击 PolyCube1 输入节点，展开该节点的设置面板。设置 Subdivision width 值为 3。

我们要创建的是一个位于洗手台中间的洗手池。通过创建 3 个细分段，我们可以利用在洗手台中部的多边形开始工作。最终这将会更易于操纵和清理几何体。

第 7 步： 将中部的细分段调整得更宽一点。在视图中用鼠标右键点击立方体，并在标记菜单中选择顶点模式(Vertex)。选择细分产生的新顶点。使用缩放工具沿着 X 轴调整它，使中间的多边形变宽（如图 6－11 所示）。

因为通过 INPUTS 输入节点增加了细分数量，但是无法设定每个细分网格有多大。不过调整它们并不难，可以通过构成成分模式来实现每个细分网格的修改，就像第 7 步中做的这样。

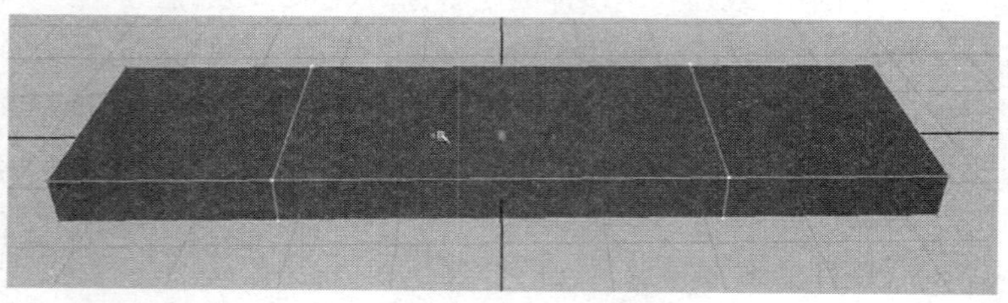

图 6－11　扩宽中心的多边形

第 8 步： 创建一个细分代理。切换到 Object 物体模式（在 Sink 模型上使用鼠标右键点击，从标记菜单中选择 Object Mode）。点击 Polygons 模块/Proxy→Subdiv Proxy 命令后面的小方块，调出命令设置面板（Options）。恢复该命令的默认设置（Edit→Reset Settings）并点击 Smooth 按钮（如图 6－12 所示）。

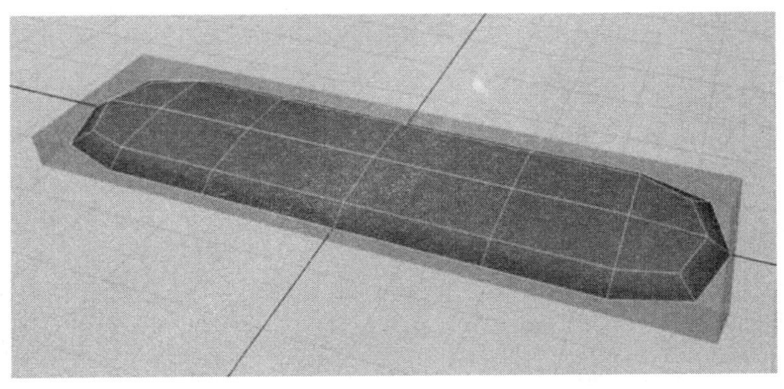

图 6－12 增加细分代理后的水池

为什么要现在就设置细分代理查看光滑后的效果呢？这个问题问得很好。这个水池模型将会执行真正的光滑命令，从而得到我们想要的形体。在建模进程的早期就加入细分代理，就是让你看到对这个低模所做的改变将如何影响最终的高模。当然可以等到对该形状的加工都完成了再做光滑，但是先设置细分代理显示光滑效果，会更加直观地让你看到增加细分是如何改变模型的。

为什么我们在整体上都做光滑？这个问题也问得很好。最终这个水池会成为一个极具流线型的形体。使用基本的多边形工具来创建模型，会一直呈现为一个块状的形体。而细分代理将会呈现出你想要的光滑曲线形体。

确实在此时此刻，它看起来像我们用立方体造出来的一个块状冲浪板，这个样子是不会打动人的。不用担心，当我们进一步增加细分，洗手池的形态会慢慢出现了。

第 9 步：在键盘上按下“Shift + ~”（波状）键。这将在模型的低模和高模版本之间切换。用这个快捷键组合显示出你的原始低模版本。注意模型是呈半透明显示的，这在实际建模过程中很有帮助。

第 10 步：挤出基本的水池形状。选择水池模型 Sink 中心部位的顶面（使用鼠标右键点击，在标记菜单中选择 Face 面模式）。使用挤出工具（Polygons 模块/Edit Mesh→Extrude 命令）来挤出一个新面。

第 11 步：修改新挤出面的大小。在挤出工具仍然处在被激活的状态下，使用缩放操纵手柄（有颜色的立方体）修改面的尺寸大小，而不必移动这个面（如图 6－13 所示）。

如同上面的操作那样，只在缩放上修改挤出面有助于创建出整洁的几何体。注意，在中心这个面的周围围绕了 4 个多边形，但是在外边的其他面没有受到这个操作的影响。

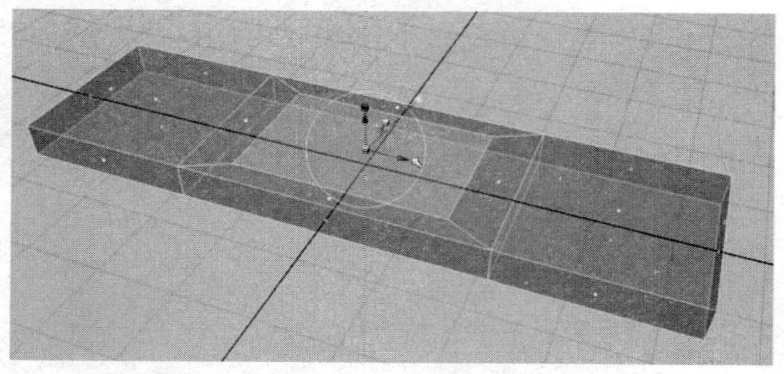

图 6－13　挤出面并调整尺寸大小

第 12 步：再次挤出面并向下移动，创建出盆底。按键盘上的 G 键激活上一次使用的工具(在本范例中，上次使用过的工具是挤出工具)，然后使用移动手柄使挤出面向下移动，创建水池的盆底(如图 6－14 所示)。

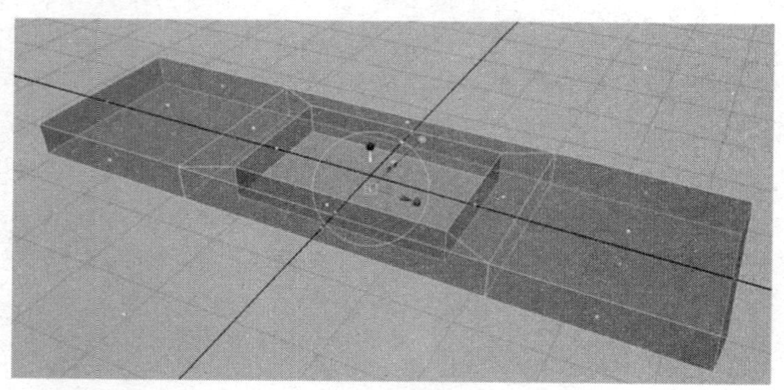

图 6－14　再次挤出面，创建出水池的盆底

第 13 步：按下"Ctrl + ~"键显示出水池的光滑版本。

看起来相当难看是吗？它没有美观的外形，并且真的让你很怀疑这个范例是否优秀。虽然这样，但不必担心。这种情况展示出当细分和挤出都还与最终效果相距甚远时，光滑显示的形状发生了哪些变化。当我们在外形上继续增加并且调整细分时，情况将会好转。

第 14 步：再次按下"Ctrl + ~"键返回到低模版本。

第 15 步：使用 Cut Faces Tool 切割面工具对水池正中心实行切割添加出细分。确保你在 Object 物体模式下，并且选择 Polygons 模块/Edit Mesh→Cut Faces Tool 命令。在顶视图中，在水池的正中心单击并由上向下拖拽（如图 6－15 所示）。

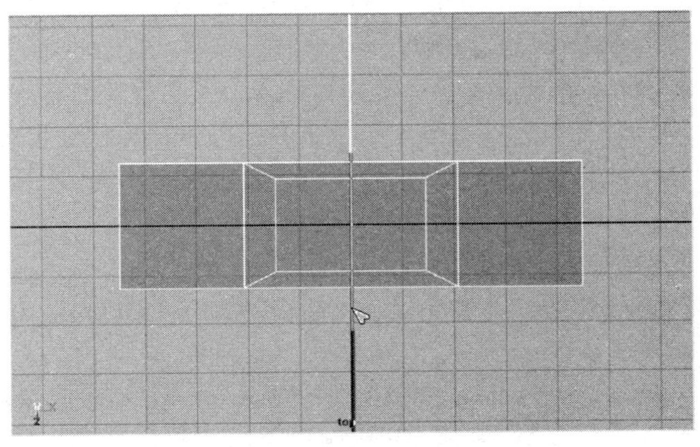

图 6－15　在水池的中心切割出一个细分

使用切割面工具将会做出一次整洁的切割，并切穿物体。这将会在洗手盆的中心位置产生出两组新的顶点，使洗手盆的形体过渡更加圆滑。

第 16 步：重新塑造水池的形状。切换到顶点（Vertex）构成成分模式，并且重新塑造水池的形状，大致看起来像图 6－16 所示那样。注意，可以利用移动顶点或缩放整组顶点来做这些。

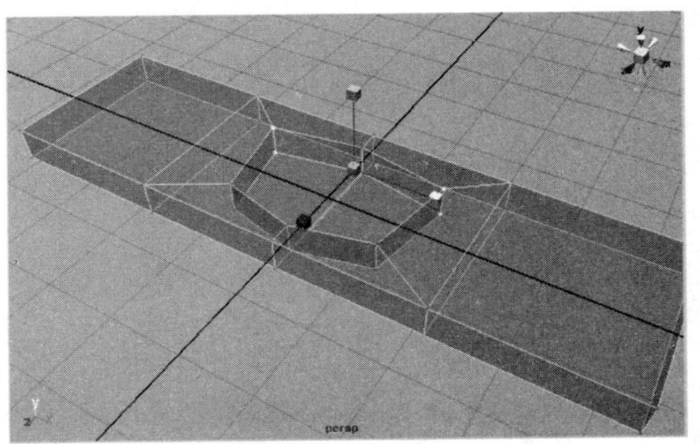

图 6－16　在顶点（Vertex）模式下重新塑造水池的形状

快速浏览，切换到 Object 物体模式下，按下“Ctrl + ~”键查看光滑版本。能够看到通过增加细分和调整顶点，水池的形状开始有了变化。按下“Ctrl + ~”键返回到低模版本。

第 17 步：使用 Offset Edge Loop Tool 偏移圈状边工具增加细分。切换到物体模式（Object mode）并选择 Polygons 模块/Edit Mesh→Offset Edge Loop Tool 工具。鼠标指针将会发生改变，这表明你现在正在使用一个新的工具。在细分中心单击并拖拽鼠标。将会出现两条新的绿色虚线，指示出新的圈状边被推荐放置的位置。当在视图中的操作显示接近于图 6 – 17 时，松开鼠标。

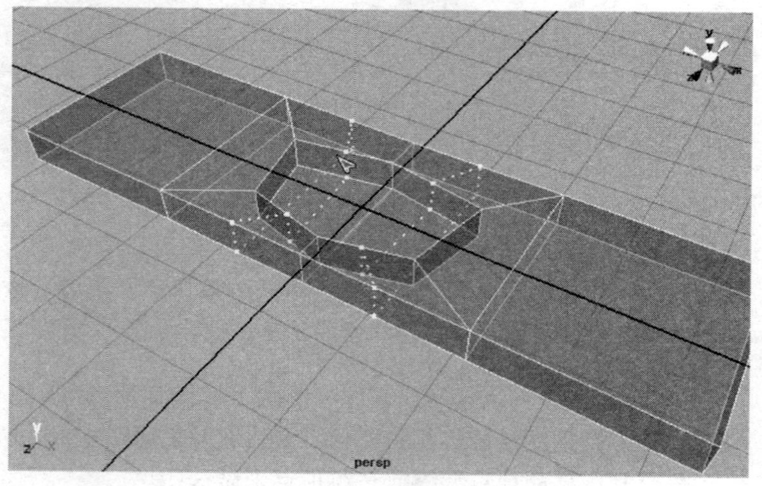

图 6 – 17　使用 Offset Edge Loop Tool 创建出新的环状细分

注意这些新的细分边不像切割面工具切割出的直线条。而是由水池中心位置的圈状边和两边相邻的圈状边之间相互平衡作用的结果。进一步说，请注意你已经在一次操作中创建了两个细分。

这个工具在当前的状态下操作起来会有些笨拙。通常向左右方向移动鼠标时，工具会反应迟钝，这时可以改为上下方向移动鼠标，而新产生的边就会沿着物体表面向内或向外移动进行定位。

第 18 步：修改新的细分，为水池中添加另外的形态。在顶点（Vertex）模式下使用移动和缩放工具进行此操作（如图 6 – 18 所示）。

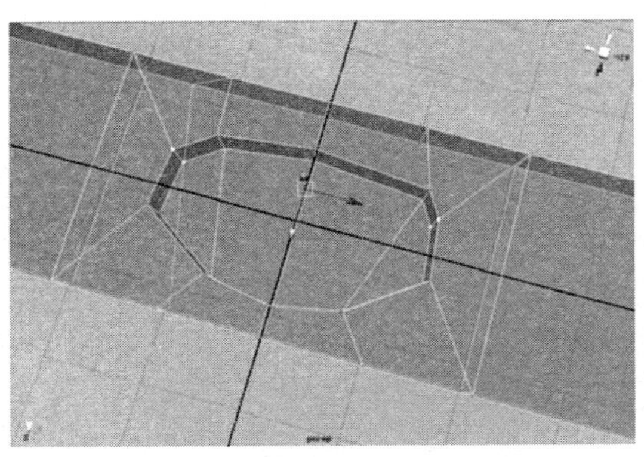

图 6－18　进一步完善水池的形状

调整的结果是否完全符合图 6－18 的形状并不重要，只要大致差不多就行。按照你对水池造型的喜好移动并缩放顶点。重要之处在于你要理解，制作出新细分能够继续增加所需要的额外几何体，而增加细分时产生的顶点也能够继续进行调整，产生出更加复杂精致的形体。

锐化形状

第 19 步：按下"Shift + ～"键，同时显示水池的低模和高模版本。图 6－19 展示了在顶视图中所看到的目前制作的水池。

请注意，在为了创建水池而新细分出的中间区域，形体更加精致，而最左边和右边的洗手池台面那些区域，都被粗略地光滑成为钝圆形的形状。

这种差异的出现基本上是由低模版本中细分网格彼此之间的间距决定的。可以考虑一下，将水池周围的细分网格的间距与水池左边的边及台面最左边的边的间距进行比较，两部分间距的差异是非常大的。

这是十分重要的提示，因为它表明了台面的边缘是如何能够变成转折明确起来。如果创建出的新细分能离外面的边更近些的话，台面末端将会变得更加转折明确，因为末端的边和它紧挨着的边之间离得更近了。

第 20 步：贴近两个末端的边切割出新的细分。使用切割面工具（Polygons 模块/Edit Mesh→Cut Faces Tool）在末端的边附近贯通切割整个模型形体（在低模版本上操作）（如图 6－19 所示）。

注意，当你进行上面的操作，切割这个物体创建出新的细分时，突然台面的边变得转折明确起来。

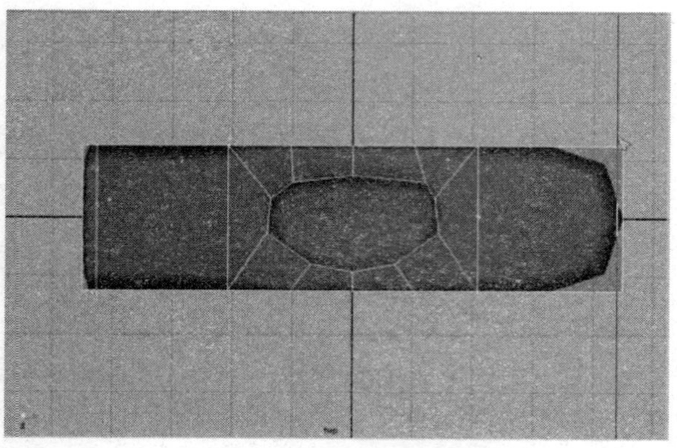

图 6－19　在低模上添加新的细分，以便使光滑模型上的边变得转折明确起来

第 21 步： 通过添加几何结构在水池盆体上添加界线。按下“Ctrl + ～”键，切换到水池的低模版本。选择 Polygons 模型/Edit Mesh→Insert Edge Loop Tool。在水池盆体里面的一条边上单击（如图 6－20 所示）。绿色的虚线表示将被切割出圈状边的位置。松开鼠标，在接近水池顶端的地方创建一条圈状边。

台面的边缘既美观又干净利落（不管怎么说至少很利落），但是另外的区域（像水池盆周围）仍然缺少界线。通过增加的这条新的圈状边，水池盆体将增加新的轮廓。按住“Ctrl + ～”键，通过高模来观看操作的结果。

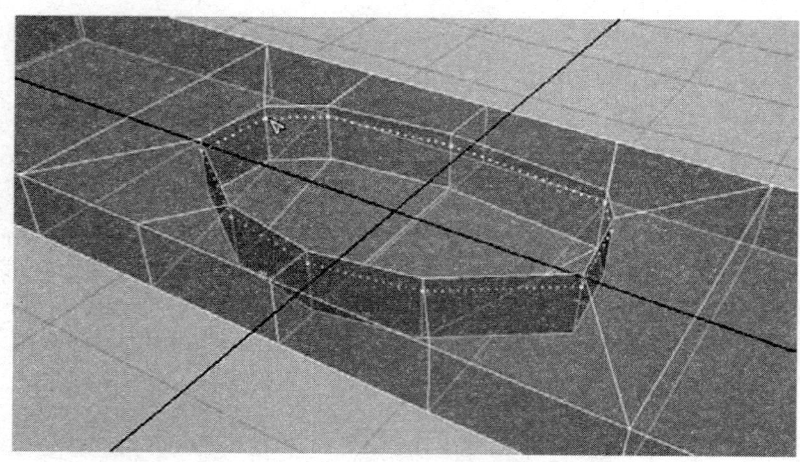

图 6－20　据水池形状使用 Insert Edge Loop Tool 创建新的细分

第 22 步：在水池的盆底重复之前的操作，进一步界定它的形状（如图 6－21 所示）。

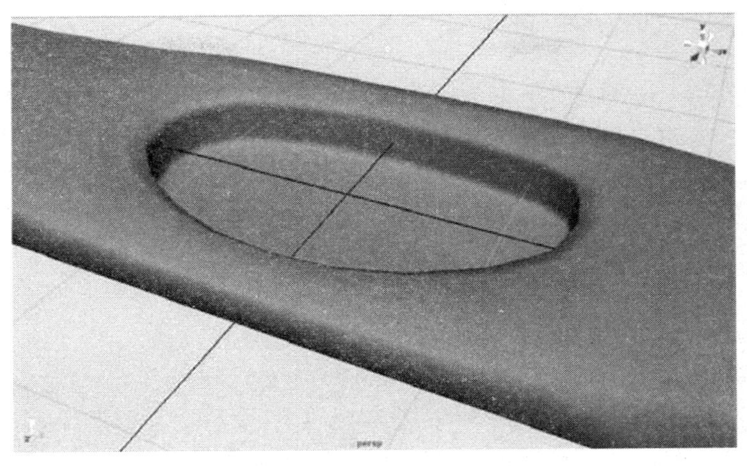

图 6－21　在水池的盆底增添几何结构

第 23 步：选择台面前面的边。按下“Shift + ～”键，同时显示水池的低模和高模版本。选择低模并切换到边（Edge）（使用鼠标右键点击物体并从标记菜单中选择 Edge 边模式）。选择水池前面的两条边（顶部和底部的）（如图 6－22 所示）。

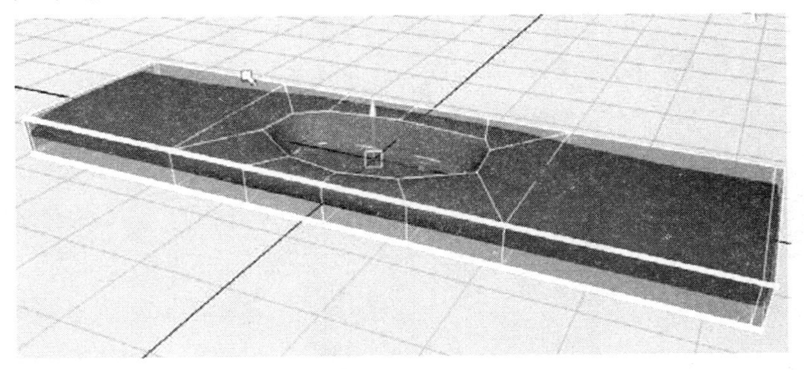

图 6－22　选择台面前部的边（用白色高亮显示以示强调）

从技术上来说，要解决台面前面的边软绵绵缺乏明确转折的问题，也可以通过挤出新面的方式，就像我们在两旁做过的一样。然而，为了进一步探索 Maya 的工具，我们将使用 Crease Tool 来做这个工作。当然，这并不是获得制作结果的唯一方法。

第 24 步：使用 Crease Tool 使低模模型的边转折更尖锐。选择 Polygons/Proxy→Crease Tool 创建褶皱工具。在透视图中使用鼠标中键在左右方向上进行拖拽（如图 6－23 所示）。

请注意，执行了操作的边将会变得更粗大（就是被你选中的，以粉红色显示的线会变粗），但更重要的是，光滑版本中的细分多边形的边将会转折更加尖锐。我们可以把低模比喻是一个有磁性的外框，环绕在由金属材料制成的高模周围，这个操作只给磁性外框前面的线框增加了磁性能量。

图 6－23　使用褶皱工具 Crease Tool 为水池和台面的高模版本添加转折轮廓

第 25 步：使用目前学过的工具调整模型并增添几何体，使其形体大致如图 6－24 所示。

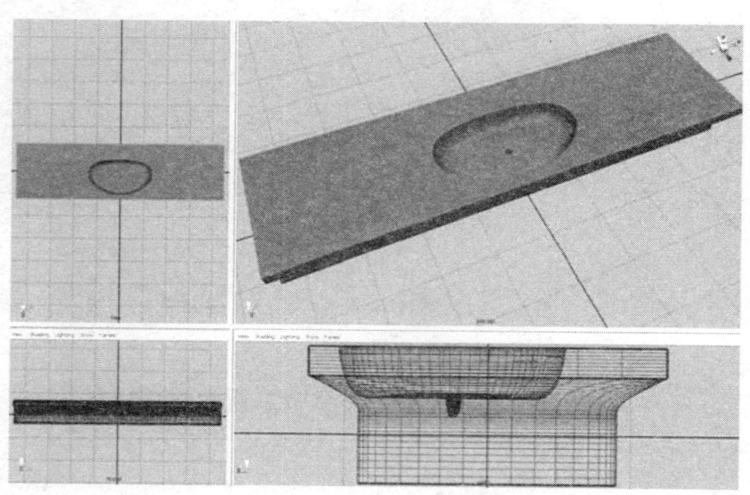

图 6－24　完成的台面形状

按下“Shift + ~”键，同时显示高模版本和低模版本。选择模型，然后按键盘上的向上翻页（Page Up）按钮。这将会增加光滑细分的数量。很快你就会看到模型有了一个明确的形状。

第 26 步：增添其他的几何体，例如水龙头、开关等，使其形成最终的形体（如图 6 – 25 所示）。

第 27 步：保存场景。

第 28 步：打开 Tutorial 5.2。

第 29 步：保存成 Tutorial 6.1。

第 30 步：在 Tutorial 6.1 文件中导入 Sink.mb。（使用 File→Import 导入命令）。

第 31 步：调整整个洗手池的组的大小并把它放进洗手间中（如图 6 – 26 所示）。

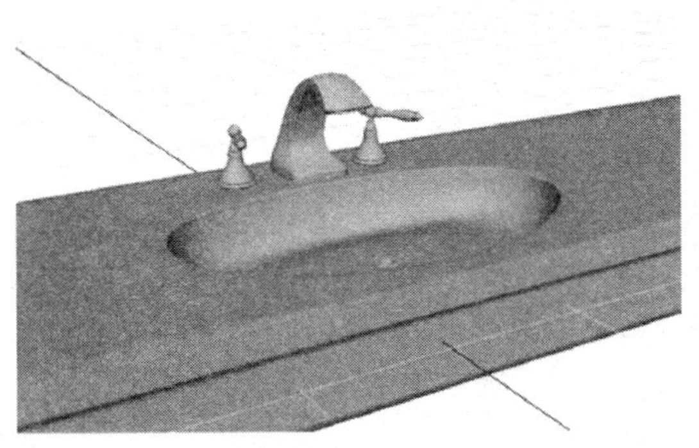

图 6 – 25　添加水龙头（使用标准的挤出工具和一些 NURBS 放样曲面进行建模）

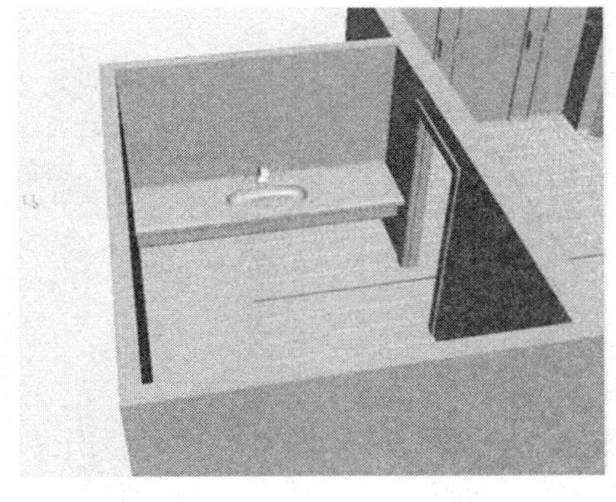

图 6 – 26　放置好完成的洗手池模型

范例总结

似乎这是一个简单的水池，而我却写了很长的教程。不过，其实我们只使用了很少的工具。实际上，这是一个复杂的形体，洗手池模型和它的盆体部分既包含锐利的边，又有柔软平滑的边，使用本节中的这些创建方法，可以创建出各种漂亮而且复杂的形体。仔细观察水龙头，你就能够产生一个工业设计的制作思路，能够快速且容易地制作出模型，并对其进行修改。

当到了有机建模阶段，比如创建人脸和人体角色，Cut Faces Tool、Offset Edge Loop Tool 及 Insert Edge Loop Tool 都变得非常重要。控制添加

新的几何结构的时间，以及将它们放置在什么位置，是高效进行多边形建模的关键。

结论

建模技术就先学习到这里。在我们稍后创建有机模型时，会学习更多的技术，但是学到这里，我们就要开始学习为多边形添加一些视觉效果了。在下一章里，我们将要创建色彩、视觉和触觉特点及照明。充满趣味的学习才刚刚开始。

挑战、练习和课后作业

1. 使用在这一章中讲述的制作方法，制作一个像图 6－27 那样的椅子模型。把它放置在你的房间里。注意，根据你放置进去的家具，你也许得调整房间的大小（让房间内的空间变宽或变窄一些）。
2. 找一些好的研究对象，并使用目前学习过的制作方法，为洗手间创建一个抽水马桶（如图 6－28 所示）。最终你会发现，它实际上是一个相当复杂的形态，所以确保使用一些好的图片来帮助你建模。

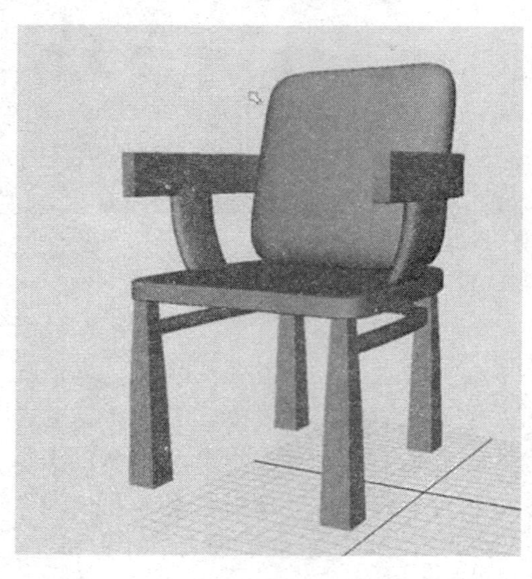

图 6－27　使用细分代理方法创建的椅子模型

图 6－28　使用多边形技术创建的抽水马桶

3. 增添一个淋浴隔间。创建一个淋浴头放在里面。不要创建瓷砖或地板砖之类的模型，也不要创建下水孔盖。我们稍后会使用贴图

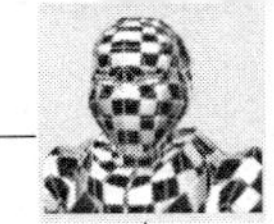

来创建这些东西（如图 6－29 所示）。

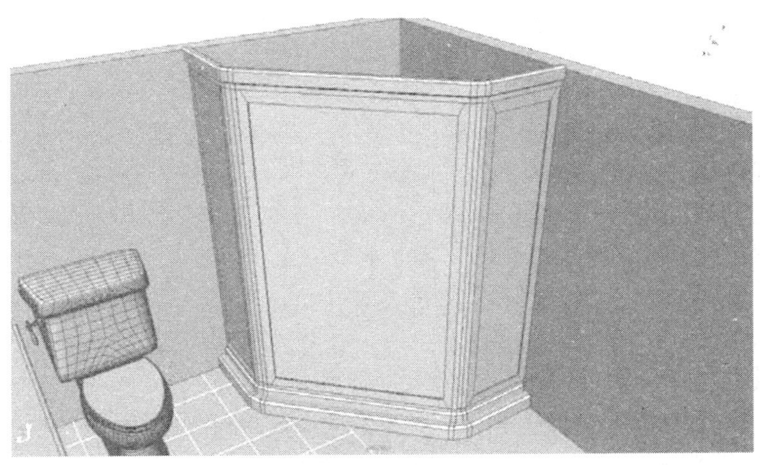

图 6－29 增加淋浴隔间

4. 根据自己的想法为房间增添合适的细节。考虑使用什么技术来创建床、枕头等模型？作为提示，你可以查看光盘中的 Bed Construction.mb 场景文件。增添一些细节，比如灯的开关、架子、工作台面上的一些小道具及前门。

第七章　着色、材质、贴图及基本的NURBS贴图

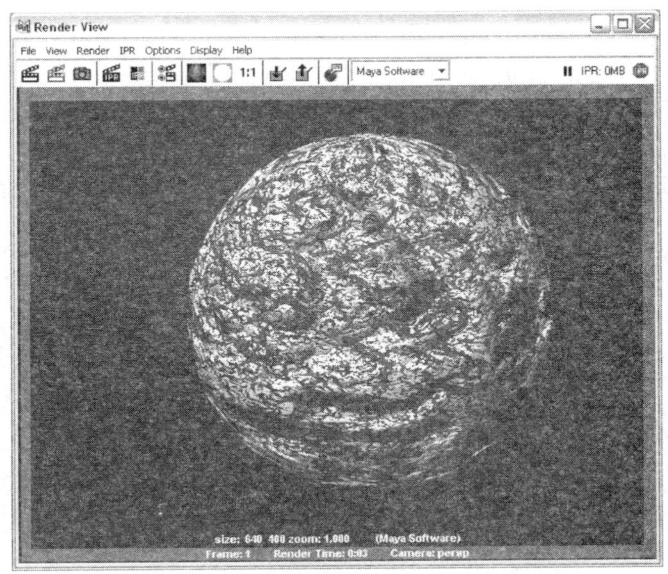

在前六章中我们通过多种建模技术创建了至少一个房间的模型。NURBS 曲面建模和多边形建模是所有三维软件中的核心技术。当然它们不是唯一的建模技术，但不管是基于实用目的或是其他原因而选择了这两种建模技术，它们都会让你获得满意的效果。

现在，我们要花点时间专门讲述一下如何给灰塑料外观的房间增加颜色，实际上这个过程包括两部分：纹理贴图部分和灯光照明部分。我们先将纹理贴图部分作为本章学习的开端。

什么是贴图

举个作者个人的例子吧，在研究生院的时候，我经常去找我的画家朋友玩，他的画室就在门厅下面。在一次去玩的时候，我注意到了一个用钉子钉在墙上的剥去皮的“花生”漫画。下一次再去玩的时候，我看到他把一个剥了皮的香蕉钉在了同一个地方。这次去玩是看到了他将另外一个艺术家寄来的明信片钉在了同样位置。我这次仔细查看了这张明信片，突然意识到了，所有其他东西和这个明信片一样，并不是被钉在那儿的真实物体，它们其实都是我的画家朋友用 trompe l'oiel 手法画在墙上的壁画（trompe l'oiel 是一个法语词条，字面意思是指欺骗眼睛的绘画）。过了几个星期，再去他画室里的时候，我注意到地板上有一个小篮球，但是当我想拿起来玩一下的时候，我才意识到它是一个表面纹理画得像篮球一样的保龄球。

这就是纹理贴图的工作原理。当你用三维软件建模时，场景中的灰色模型所展示的仅仅是没有着色的众多多边形的集合。纹理贴图是一种贴在多边形上面的一种装饰，使多边形看起来就像表面有质感的物体，让你能用眼睛分辨出这是什么材料做的东西。一些纹理对它们所贴上的多边形也做出了实质性的改变（也就是置换贴图），关于这种贴图的更多介绍请看第 8 章。

纹理贴图就是你如何把你的床罩模型制作得像布料，而灯座却制作得看起来像拉丝金属。考虑一下下面的简短图示。图 7 – 1 展示了多个球体。实际上这是从同一个球体复制出了多个模型，只不过每个球体模型所赋给的材质不同而已。

在我们深入学习纹理贴图的细节之前，我们要先理解一些这方面的术语和理论。

材质、着色、贴图……这些概念有什么区别

这些词的意思其实都差不多，它们经常被替换使用，来代表相同的

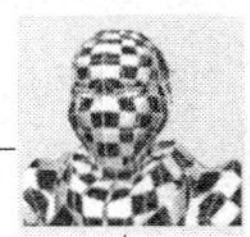

东西。有些人会说他们“正在给模型贴图”，有些人则会说他们“正在着色”或说“正在制作材质”，其实通常所有人说的都是同一个过程，都是在给多边形视觉外观上添加颜色和触觉特征。

图 7-1 用不同的材质就可以制作出差异很大的表面视觉效果

严格来说，这些术语都有区别。阴影着色（Shading）是用来描述当 Maya 对模型进行渲染时，是如何对模型表面进行界定的。材质（Materials）是应用于曲面或多边形表面的节点，该节点用于定义像色彩、凹凸、透明度等特征属性。通常情况下，纹理（Textures）是位图文件，用来进一步定义像色彩和凹凸这样的特征，能表现出比简单的固有色或是程序计算的色彩更复杂的效果。

解释这些术语的目的是让大家能够理解本书所讲术语和理论的含义，我们将要创建材质应用到表面上。为了让这些材质具有更多的细节变化，我们将会导入纹理(也就是图像文件)，使这些材质的某些特征更加明确。

材质的基本属性

在 Maya 中，能定义和调整很多视觉属性（当然任何三维软件都能做到这点）。但是先不操作，而是花一些时间去了解一些材质将会使用的特征属性和一般的术语，这么做是值得的。

色彩（Color）：这不仅仅是指物体的固有色。色彩代表着一个表面的任何色彩信息。它可以来自程序纹理（用数学方式计算出来的）、对物体表面纹理拍摄的照片或是传统照片。色彩或许是在纹理中最明显的特征属性。

凹凸（Bump）：凹凸经常被看作一个存在于表面的触觉特征。那就是，当你用手指抚过一个表面时，这个表面给你手指的触觉是什么？通

常情况下，大多数三维软件都会使用彩色或黑白图像作为凹凸贴图(bump maps)。灰度图像是最直观的，你可以清楚地看到，与贴图中的白色相对应的模型表面会在渲染时凸起，而与黑色相对应的模型表面在渲染时凹陷。

透明度（Transparency）：你能透过物体看到它后面的东西吗？记住物体也可以是半透明（semi - transparent）的（这里的半透明指的是一个物体透明度并不高，仅能透过这个物体模糊地看到它背后的东西）。

半透光度（Translucence）：这个概念与透明度的概念是有区别的。在 Maya 中，透明度代表能看穿一个物体，而半透光属性则负责处理有多少光会穿过这个物体。对于两者的区别我们举个例子来说，透明度就是可以透过玻璃（有非常高的透明度）这样的物体看到它后面的物体。而半透光度则是可以看到光线在一张薄纸或是一个灯罩（有着很高的半透光度）背后穿过这个物体的情况，你无法直接看到光源，但是薄纸或灯罩却变得明亮了。

高光（Specular）：物体表面发出的明亮的光。在实际生活中，高光实际上是物体表面反射光线的结果，但是三维软件允许通过设置高光（Specular）这个属性来模拟出不同物体的高光特点。大部分三维软件都允许设置镜面高光的大小、亮度以及颜色等属性。

反射率（Reflectivity）：非常光滑的表面往往都需要设置一些反射率。有些材质的反射率可以设置得很高（比如镜子这种物体），而有些表面非常粗糙的物体则反射率极低。

Maya 的材质

Maya 使用了包含多种不同类型材质的材质系统，这些不同类型的材质可以分别在不同时间、不同情况下使用。Maya 软件中所使用的基本材质（Maya 渲染器可以渲染的最常见类型）包括各向异性材质（Anisotropic）、布林材质（Blinn）、兰伯特材质（Lambert）、Phong 材质 、Phong E 材质等类型。有时这些材质类型之间的差别只能体现在它的高光（或发光度）数量的不同上［例如兰伯特材质（Lambert）就没有高光属性］，有时，差别在于如何呈现高光（各向异性材质呈现出形状独特的高光），而有时，差别体现在控制反射质量的功能上。

在具体制作中，使用哪种材质的详细细节不在本书的探讨范围之内。通常情况下，除非你现在就使用大量的渲染节点网络，否则一般不会选错材质，因此不要担心这个问题。还应该记住，你可以在任何时候改变材质的类型，甚至已经创建完成并且修改了参数的材质，一样可以改变

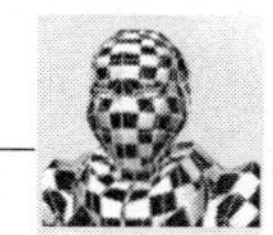

其类型。

超级材质编辑器（Hypershade）

当在 Maya 中观看创建出的材质时，请记住在前面章节中所描述的节点系统。Maya 通过一系列的节点或命令为你提供最终图像。无论是界面视图中的预览还是通过渲染得到的图像，都是材质节点工作的结果。一个将要被你赋给物体的材质的创建工作，也就是对那个材质相关的节点网络进行创建和修改的工作。

为了查看材质和用于创建材质的节点，Maya 使用一个叫做超级材质编辑器（Hypershade）的工具。点击 Window→Rendering Editors→Hypershade 命令，将会打开一个与图 7－2 相似的窗口。

请记住，无论你把鼠标箭头放在 Maya 中的哪一个工具上，在 Maya 界面的左下角的提示栏中，都将会显示那个工具的名字。

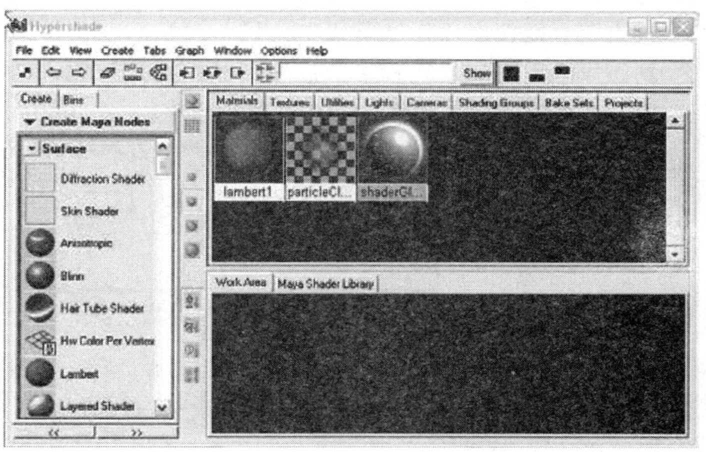

图 7－2　Hypershade 超级材质编辑器

横跨 Hypershade 窗口最顶部的是一长排由具体的材质和 Hypershade 命令汇集而成的下拉菜单。在菜单区的下方是一组图标，它们主要是用来控制工作区工具的。Hypershade 的左边是创建材质栏，该区域可以让你快速创建出新的材质、新的程序节点及其他渲染节点。虽然使用创建图标栏是创建新材质的一个快速方法，但是这里充满了很多高端的节点，这些节点让我们感到难以处理。但是不要被这些节点所迷惑。

在控制工作区的图标右边是一些小按钮，它们是用来控制如何显示材质或着色网格的。

右边是一个分割的屏幕区域。这个区域的顶端叫做顶部标签区，其本质是一个包含了不同节点的工具架或材质节点库。它可以存放准备赋给模型的材质和准备连接到材质上的纹理，以及灯光、摄影机甚至项目等。在这些标签区域中，我们最主要使用的还是位于最前面的材质标签区域。

在顶部标签区域下面，是底部标签区域。取决于你安装的 Maya 版本配置的差异，这个区域或者仅仅包含工作区，或者还包含 Maya 材质库在内的一些其他标签区域。因为你在工作中一般不会使用材质库中的预置材质，所以工作区是你编辑自己想要的材质的最重要的平台。

我们通过下面的操作来看看 Hypershade 里面的这几个区域是如何配合工作的。在创建材质栏中单击 Blinn 材质图标，这将在顶部标签区的材质标签下面创建一个新 Blinn1 材质球。通常情况下，这个材质球将会同时自动出现在工作区，好让你对它进行修改。如果新建的材质球没有出现在工作区，或者你想对另外一个不同材质进行修改，那么你可以将材质球从顶部标签区用鼠标中键拖拽到工作区。与之相类似的操作是把材质向上拖拽保存在材质架中，只不过我们在这里做的是把它们向下拉到工作区里面。最后，单击输入和输出连接按钮（如图 7－3 所示），将 Blinn1 材质的输入和输出节点都展示出来。

图 7－3　输入和输出连接按钮。点击该按钮将会将工作区清理干净并将所选择材质的输入、输出节点展示出来

另一个关于 Hypershade 的重要注意事项是：Hypershade 的工作区允许你进行视图的观察调整操作，像在场景视图中的操作那样。Alt 切换键能起到很大作用。按住 Alt 键＋鼠标中键，在视图中滑动鼠标，可以移动节点在工作区中的位置。按住 Alt 键＋鼠标左键＋鼠标中键，在视图中滑动鼠标，或者按住 Alt 键＋鼠标右键，在视图中滑动鼠标，都可以将工作区中的节点放大或缩小。

属性编辑器（The Attributes Editor）

Hypershade（超级材质编辑器）是用来创建及编辑材质的功能强大的工具，而且当你为场景中的物体赋予材质的时候，就会经常用到它。不过，你还会经常使用属性编辑器来对 Hypershade 中的节点进行编辑，

这样更加易于对其属性进行编辑操作。如果你用鼠标左键双击材质球图标（无论是在材质标签栏中还是在工作区中都可以），材质节点的属性将会出现在场景视图的右边，也就是通常通道栏所在的位置（如图 7－4 所示）。

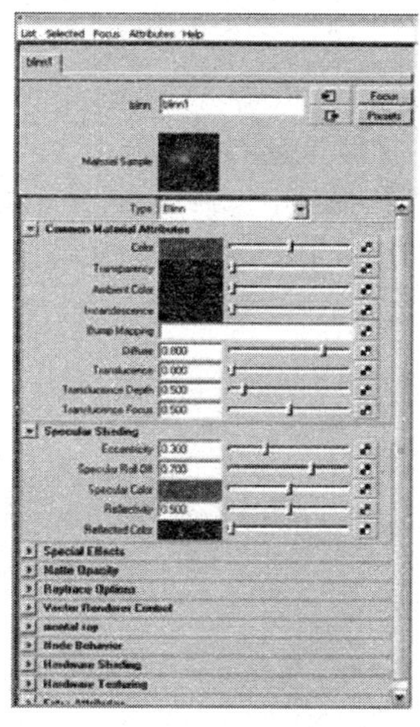

图 7－4　属性编辑器列出材质节点的属性

属性编辑器列出了各种参数栏目，可以通过这些参数栏目对一个已经建立的材质进行编辑。这些参数允许通过样本、滑块和按钮来进行编辑。有的属性允许连接一个材质作为输入节点（例如 Color 色彩属性），但是另外一些属性——例如凹凸贴图属性（Bump Mapping），只允许将纹理作为输入节点，来定义如何渲染出凹凸属性。要了解具体的工作流程，请学习下面的小教程。

范例 7.1　创建一个材质

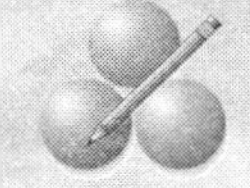

目标

1. 学习如何在 Maya 中创建一个材质并在属性编辑器中对其进行编辑。

2. 探索 Hypershade（超级材质编辑器），了解如何创造出节点并将节点链接在一起。

3. 创建一个程序纹理并将其应用在一个材质中。

第 1 步：创建一个新的场景文件，点击 File→New 命令。

对于这个教程来说，项目的设置并不重要，因为你不会在这个场景中操作，而是要对工具进行更多的探索。

第 2 步：创建一个多边形球体。点击 Create→Polygon Primitives→Sphere 命令进行创建。

第 3 步：在键盘上按下“6”键，在场景视图中显示纹理。

请记住按下“4”键以线框模式显示，按下“5”键就以平滑阴影模式显示，按下“6”键以纹理模式显示，按下“7”键以灯光模式显示。虽然现在当你按下“6”键时，物体外观没有发生改变，但当你确实把纹理赋给物体时，就会看到纹理的效果了。

第 4 步：创建一个新的兰伯特材质（Lambert 材质）。在球体模型上点击鼠标右键，在弹出的下拉菜单中选择 Materials→Assign New Material→Lambert 命令（如图 7－5 所示）。

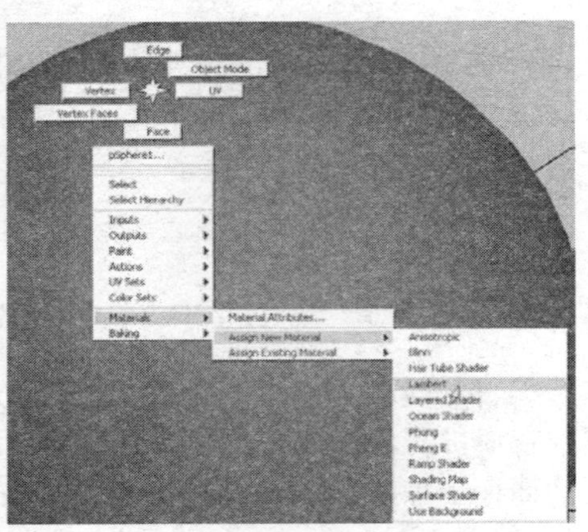

图 7－5　通过在物体上点击鼠标右键创建新的材质（自动将本材质赋给球体）

创建新材质的方法有多种，在物体上点击鼠标右键，再从弹出的下拉菜单中选择赋给物体新的材质就是其中的一种。也可以在 Hypershade 中的材质创建栏中，点击材质类型的图标，创建一个你想要创建的材质。在接下来的教程中，我们会尝试其他的创建方法。

当用第 4 步中的方法创建一个新的材质时，属性编辑器会随着新材质被激活而打开。这使默认的灰色材质（也是一个 Lambert 材质）不再赋给球体，而球体材质被你创建的新材质所代替。

第 5 步：在属性编辑器的 Lambert 名称输入栏中，重新命名 Lambert2 为“Test _ Material”。

当一个新材质被创建出来，Maya 会用该材质所属的材质类型对它进行简单的命名。当你开始有 10 个、20 个甚至 100 个不同的材质时，如果还是用这种命名方式就很难对它们进行管理了。如果想要高效地工作，那么重新给材质命名是绝对必要的。

第 6 步：将材质的色彩改为红色。在属性编辑器中，常用材质属性标签（Common Materials Attributes）下面，你将会看到一个色彩（Color）属性框。在 Color 这个单词的右边是一个灰色的长方形色彩样本。单击这个长方形就会出现拾色器（Color Chooser），在拾色器中更改颜色为红色，并点击确定（Accept）按钮（如图 7－6 所示）。

请注意当你在长方形色彩样本中更改颜色时，长方形色彩样本会随之改变颜色，属性编辑器中的材质球图标也将会改变颜色（Material Sample）。同时场景中的球体也改变了颜色，因为新建的这个 Test-Material 材质已经赋给了球体，你对 Test-Material 这个材质所作出的任何改变都将会出现在这个材质所赋给的物体上。

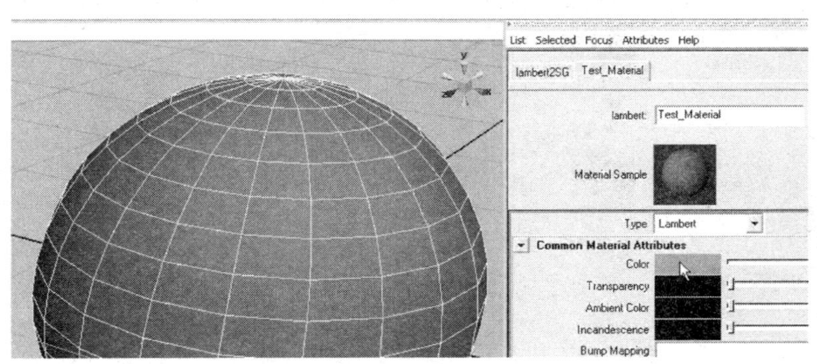

图 7－6　改变材质的颜色

第 7 步：进行测试渲染。Maya 界面的顶部有三个渲染命令的图标（如图 7－7 所示）。点击中间的图标（渲染当前帧命令），可以让你渲染一帧当前激活视图的图像，无论当前是哪个场景视图都可以渲染出来。请单击这个按钮，看看球体上材质的效果。

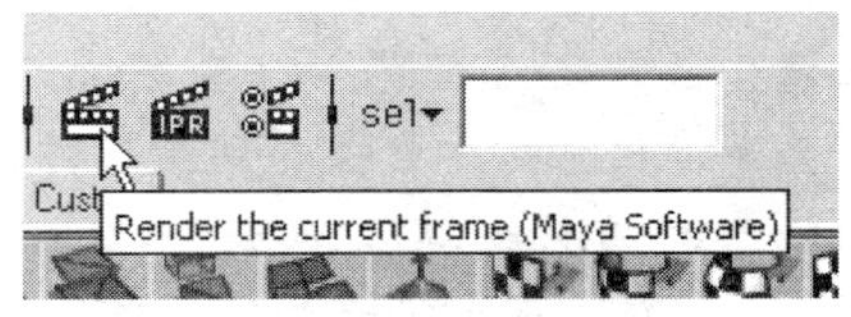

图 7－7　渲染当前帧命令的按钮

如果在界面上看不见这些按钮时，则可点击 Rendering 模块/Render→Render Current Frame…命令，来实现同样的操作。

请注意，我们甚至还没有在这个场景中建立灯光，但是却已经可以将红色的球渲染出来。这是因为 Maya 已经在摄像机上方为场景建立了一盏默认的泛光灯，如果没有在场景中建立灯光，那么这盏默认的灯光就会起作用。

第 8 步：在凹凸贴图属性通道（Bump Mapping）中增加噪波节点（Noise）。在属性编辑器的通用材质属性（Common Material Attributes）中找到凹凸属性通道。在凹凸属性最右边有一个棋盘格按钮图标，点击这个按钮图标意味着你将要使用一个纹理来定义凹凸贴图属性的凹凸效果，这将会打开一个创建渲染节点（Create Render Node）窗口（如图 7－8 所示）。

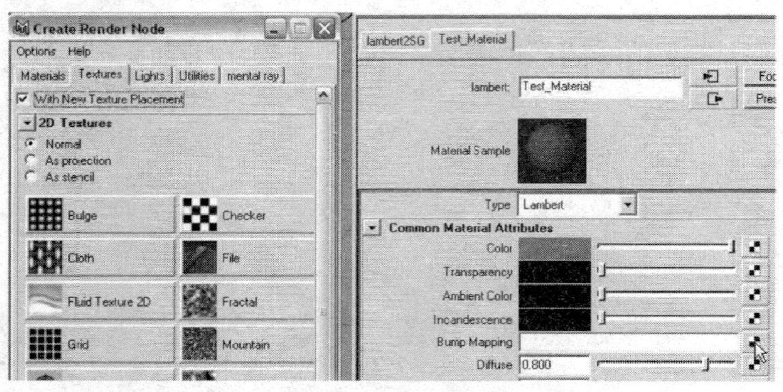

图 7－8　为材质创建一个纹理节点

创建渲染节点窗口是一个有着许多花哨图标的窗口，使用这个窗口来指定这个属性通道所用的纹理。窗口中包括大量的程序纹理（程序纹理是 Maya 以数学方式创造的纹理，而不是基于位图图像的），也可以让你通过文件节点（File）按钮插入位图图像。

第 9 步：创建一个噪波节点来定义凹凸贴图属性。在创建渲染节点窗口中，点击噪波节点按钮。

请注意，操作之后会发生一些事情。首先，属性编辑器发生了改变，它将会显示出对材质效果起到最后作用的节点属性，在本操作中，将显示出一个新的噪波凹凸节点，叫做“bump2d1”。其次，请注意在场景视图中，任何东西都没有改变，球体仍旧是红色的。

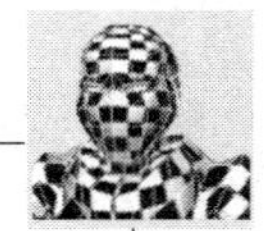

第 10 步： 渲染球体，观看操作的结果（如图 7－9 所示）。

在默认情况下，Maya 仅仅把颜色信息用硬件渲染的方式进行渲染，除非更改设置（我们将会在后面学习如何更改），Maya 仅仅通过显示材质的颜色，在场景中表现出材质的大致效果，这种效果看起来并不真实。不过，可以在渲染后看到操作的成果。

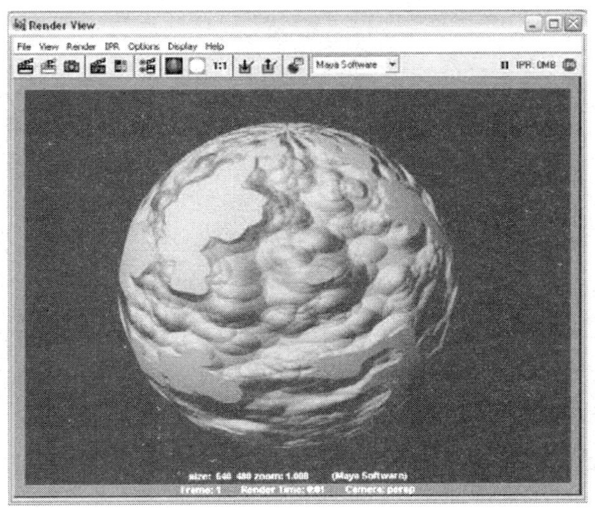

图 7－9 渲染后的球体将会看到凹凸变化

第 11 步： 打开超级材质编辑器（Hypershade），点击 Window→Rendering Editors→Hypershade 命令。

第 12 步： 在材质标签栏中点击 Test-Material 这个材质球。

当在超级材质编辑器中选择一个材质时，属性编辑器中将会显示出该材质的属性。

第 13 步： 用纹理取代材质的红色。在属性编辑器中单击 Color 属性右边的棋盘格按钮，这么做意味着你将用一个纹理来定义该材质的色彩。这将再次打开创建渲染节点窗口。

第 14 步： 点击山脉纹理（Mountain）按钮。

通常情况下，这些内置的程序纹理并不是最好用的。这些程序纹理都有着比较相似的外观，缺乏很大的差别。但是在目前的学习过程中，使用一点普通纹理就足够了。

第 15 步： 渲染（如图 7－10 所示）。

请注意，红色已经消失了。当使用纹理去定义一个属性通道时（在本范例中是定义了 Color 颜色属性），这个纹理就会覆盖曾经做出的任何颜色设置。在场景视图中，也显示出一个与所设置材质外观相似，但是很粗糙的外观效果，而在渲染之前，材质真实的状态和外观是看不出来的。

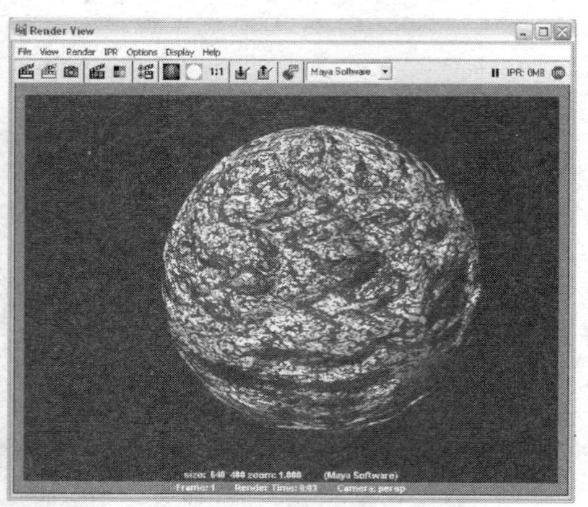

图 7－10　以 mountain（山脉）纹理作为颜色纹理来渲染球体模型

第 16 步：打开超级材质编辑器（Hypershade）。

有时,Maya 的界面显示也会发生一些错误,没有将应有位置上的所有按钮都显示出来,例如 Hypershade 的图标按钮有时会显示不出来。如果你的 Maya 出现了这种错误,那么通常只要重新启动 Maya 就能解决问题了。

第 17 步：使用鼠标中键将 Test _ Material 材质球从材质标签栏拖拽到工作区。

第 18 步：点击 Hypershade 界面顶部的输入、输出连接按钮（如图 7－11所示）。

在工作区中，现在能看见所有与 Test Material 材质相关的节点。注意，在 Test Material 材质球右边的节点是一个叫做“lambert2SG”的东西；这是一个很基础的节点，它定义了所有赋给 Test Material 材质的物体。

位于 Test Material 材质图标左边的所有节点都是 Test Material 材质的输入节点。位于上方的是色彩纹理节点 mountain1（山脉纹理 1），位于下方的是输入给凹凸属性的一系列节点，后面会对它进行更多的讲解。

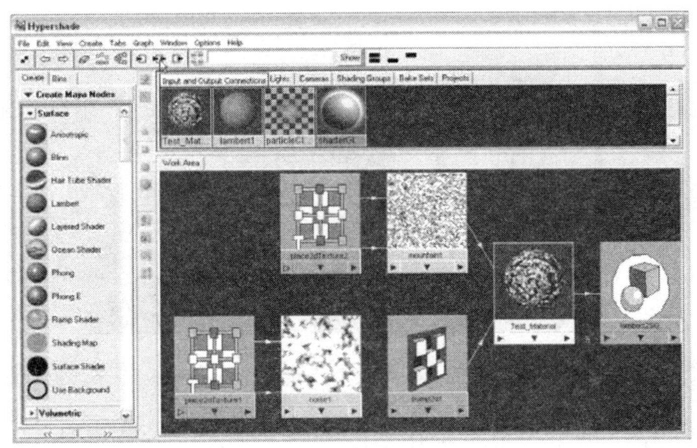

图 7 - 11　Hypershade 展示了 Test Material 渲染节点网络。
请注意鼠标正位于输入、输出连接按钮上

范例总结

相当令人兴奋，是不是？你已经开始 Maya 材质的工作流程的学习了：创建一个新的材质，然后通过拾色器或添加纹理输入节点对相关属性进行定义。

回顾超级材质编辑器

现在我们已经有了一个创造好的材质，让我们再进一步了解 Hypershade 能够做哪些工作。试试下面的操作步骤。

1. 点击 mountain1 节点。在属性编辑器中，你将会看到这个程序纹理的编辑属性。对于这个特殊的程序纹理，你可以将它改变为雪的颜色或是岩石的颜色。如果这是一个位图图像节点，那么这个节点将会允许你更换图像。

2. 单击 place2dTexture2 节点（在 mountain1 纹理的左边）。在属性编辑器中，你会看到这个节点展开的属性。你可以设置 coverage 值（覆盖值，定义一个物体有多少部分被这个节点所覆盖）及这个节点的位移和旋转值（这将会移动或旋转物体表面的色彩）。稍后我们再学习这个节点的其他使用方法。

3. 请将鼠标指针停置在连接 mountain1 节点到 Test Material 节点的绿色箭头上（如图 7 - 12 所示）。注意在 mountain1 节点上方将会弹出一个小白框，说明该节点输出的属性。在本范例中，你将会看到白框中出现“mountain1.outColor”的字样，这表明该节点输出一个色彩属性（Color）

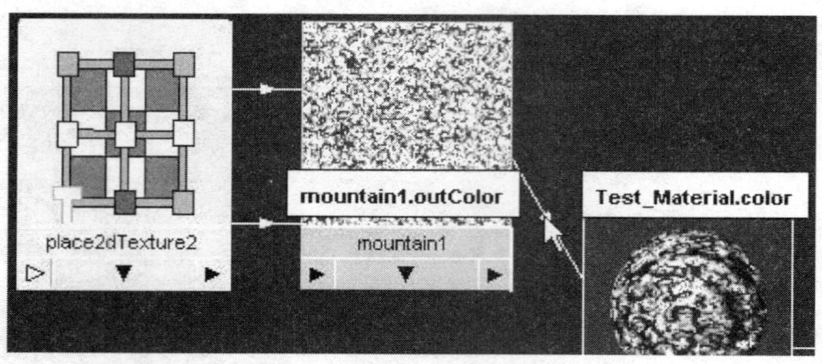

图 7－12　屏幕提示指出了 Hypershade 节点之间的连接关系

给它的下游节点，在本范例中，它的下游节点是 Test Material 节点。在 Test Material 的上方出现一个白色的框，里面写着“Test Material.color”。因此，如果你想要了解一个材质是如何工作的，以及它的节点如何将数据传输到另一个节点上，只需要将你的鼠标指针停留在连接箭头上就能看到了。你可以通过把鼠标指针停留在材质网络的其他箭头上，快速浏览并了解其他节点连接起到了怎样的作用。

如果你想要断开一个连接，你可以选择连接线上的箭头并删除它，或是简单地选择一个节点按下键盘上的 Del（删除）键，这个连接就会断开了。你可以在 Hypershade 中，用手工方式建立节点之间的连接，不过在属性编辑器中给一个材质建立连接更容易一些，点击属性通道右边的棋盘格按钮，就可以为材质建立一个正确的节点连接了。

4. 点击 bump2d1 节点。在属性编辑器中，你将会看到一个叫做 2d Bump Attributes（2d 凹凸属性）的部分。这里面的属性可以让你设置凹凸高的范围。给 Bump Depth 参数设置不同的值，比如先设为 1，然后再设为其他数值，看看材质会出现什么变化。

那么再研究一下，看看这些设置如何用在更多的现实情况中。在下一个范例中，我们将采用一些属性，为前章节中制作的房间加入生活气息。

范例 7.2　为 NURBS 曲面制作的花瓶添加纹理效果

赋给 NURBS 曲面物体材质和赋给多边形物体材质的方法有一点不同。在本章中，我们将先学习给 NURBS 曲面物体添加材质，在房间场景中，我们将学习使用各种给曲面（NURBS 曲面）赋材质的技巧。

目标

1. 使用程序纹理创建自定义材质。
2. 使用位图图像创建自定义材质。
3. 调整材质的凹凸高度/凹凸值。
4. 调整覆盖NURBS曲面的材质位置。

在我们开始学习这个范例之前，在随书光盘中找到sourceimages文件夹（Project Files→Amazing _ Wooden _ Man→sourceimages）。将该文件夹中的内容，复制到你自己硬盘中的项目文件夹下面的sourceimages文件夹里。

sourceimages文件夹是Maya用来放置纹理图像文件的地方。当你尝试在一个材质中添加纹理图像文件时,Maya都会自动定位到这个文件夹。在这个文件夹中保留了你全部的纹理图像,这样Maya在渲染的时候总是知道去哪儿找到它们。或者当你需要在另一台电脑上工作的时候——只要你确保在那台电脑上设置好Maya项目,那么Maya也就总是会将你的纹理图像储存在sourceimages文件夹中。这种安排会在长时间操作中大大减少你的辛劳。

第1步：设置你的当前项目。从开始到现在，我们一直在建造房间场景，这也将是我们继续工作的项目，所以请将Amazing _ Wooden _ Man设置为当前项目（点击File→Project→Set ..命令进行设置）。

第2步：打开最新版本的房间场景文件。在本范例中,你将使用一个名字叫"Tutorial _ 6.1 _ Extra"的文件,或者你也可以使用自己制作的场景文件。

第3步：打开超级材质编辑器（Hypershade）。用Window→Rendering Editors→Hypershade打开。

第4步：清除不想要的材质。在Hypershade中，点击Edit→Delete Unused Nodes命令（删除无用节点）。

当你已经在不同的Maya场景文件中创建了物体，Maya就会建立并导入多个默认材质。在默认情况下，你在一个场景文件中创建的所有物体都会被赋给一个Lambert1（兰伯特）材质。当你从不同的Maya场景文件中导入物体时，就会随之导入这些物体原来赋给的Lambert1材质。虽然这些多余的材质严格来说没有什么坏处，但如果你在调节材质之前清除一下多余材质球，那么将会让材质显示区域保持整洁。

请注意，在你把一个物体从原有场景文件中导入主场景文件之前，你通常已经给这个物体调节好了材质。若你导入之前进行了材质调解的话，请确保你总是细心地创建出新的材质，并且按自己习惯的方式恰当

地命名。这么做将有助于避免节点名称发生冲突。

第 5 步：创建一个新的 Blinn（布林）材质。在 Hypershade 的材质创建栏中的 Create Maya Nodes（创建 Maya 节点）部分，点击 Blinn 图标。这将会产生一个新的材质，在 Hypershade 的材质标签栏中、工作区中及属性编辑器中都会看到这个材质。

为什么要建个 Blinn 呢？因为这个材质将要被赋给一个花瓶，而花瓶的材质应该是有点光亮效果的。有些材质，例如兰伯特材质，就没有光亮效果（这种材质没有高光区），而某些材质（Anisotropic 各向异性材质、Phong 材质以及 Phong E 材质）也和 Blinn 材质一样有光亮效果。Blinn 材质相对来说渲染更快，这是我们到目前为止选择的第一个有高光的材质应用的例子。

第 6 步：将新建立的 Blinn 材质重新命名为"Vase _ Materia"。在属性编辑器中更改材质名称"Blinn1"为"Vase _ Material"。

为什么要在命名时增加 material(材质)这个单词呢？实际上这么做并不是个人喜好问题,而是 Maya 有时会出现多个节点,它们拥有相同的名称。在很多时候,这种情况不会出现问题,但是有时候,当你让 Maya 对一个物体执行一些操作时(例如执行光滑操作),如果有很多节点名字都叫做 Vase(花瓶),Maya 就会感到迷惑,并拒绝执行命令。通过在材质节点命名时加上 material 这个单词,你就可以避免节点名称在将来出现冲突。

第 7 步：将材质的颜色更改为浅奶油色。在属性编辑器中，单击色彩属性的色彩样本块，并在弹出的拾色器中选定一个浅奶油色。

第 8 步：通过 Hypershade 把材质赋给花瓶。在你的场景中选择一个花瓶（通过在视图中或大纲视图中单击鼠标来选择它）并按 F 键将视图缩放到最佳大小。在 Hypershade 中，使用鼠标右键点击 Vase _ Material 材质节点（在材质标签栏或工作区中使用右键点击都可以），并从弹出的标记菜单中选择 Assign Material to Selection 命令，即可将材质赋给花瓶。

第 9 步：请确保在属性编辑器中显示出了 Vase _ Material 材质的属性(如果还没有,请在 Hypershade 的工作区中点击 Vase _ Material 材质节点)。

第 10 步：为材质的 Bump Mapping（凹凸贴图）属性连接一个 Fractal（不规则碎片）纹理节点。在凹凸贴图属性通道中，单击属性右侧的棋盘格按钮，进行纹理节点的连接。在弹出的创建渲染节点窗口（Create Render Node）中点击 Fractal（不规则碎片）节点按钮。

第 11 步： 清理 Hypershade。当你增加了新的节点之后，工作区里面就显得有点乱了。点击输入、输出连接按钮清除工作区。你就能够看到纹理节点等节点，以及它们是怎样和你的 Vase _ Material 材质连接到一起的。对场景进行渲染以便看到当前操作的结果（如图 7－13 所示）。

有点创作的热情了吧，是不是？这个凹凸贴图的凹凸有点高、有点大了。关于这个问题，为什么我们一开始就给花瓶设置上一个凹凸贴图呢？因为几乎所有的物体表面都具有某种触觉质感，就看我们是否能有意识地把它识别出来了。瓷器的表面是这些表面中看起来最平滑的表面，因为它有很高的光泽度，但实际上它有一些凹凸，不过通常这些凹凸是很柔和的。但是有了这么一点凹凸，就会让物体表面避免像塑料的外观效果。请注意，fractal 节点中的白色部分的不规则碎片图像，在渲染后是凸出来的。

图 7－13　带有非常剧烈凹凸的花瓶渲染效果

第 12 步： 减少 Bump Depth（凹凸的深度）值。在 Hypershade 的工作区，单击 Bump2d1 节点（该节点用来定义凹凸的高度是多少）。在属性编辑器中把 Bump Depth（凹凸的深度）值从 1 改为 0.005。

第 13 步： 渲染（如图 7－14 所示）。

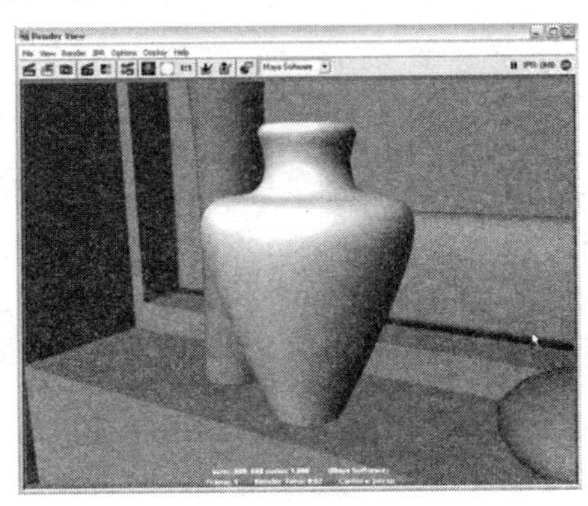

图 7－14　渲染带有轻微凹凸（但还是存在凹凸）的花瓶

第 14 步：选择另一个花瓶。在大纲视图中或场景视图中选择它都可以，然后按下键盘上的 F 键对其进行聚焦显示。

第 15 步：用鼠标右键点击花瓶并选择弹出的标记菜单中的 Materials →Assign New Material→Blinn 命令，赋给该花瓶一个 Blinn（布林）材质。

第 16 步：将新建材质重新命名为“Vase _ Material _ BlueTop”。此时新的 Blinn 材质的属性在属性编辑器中已经打开了，请在属性编辑器中重新命名。

是的，这个名字仅仅是有一点表现出了这个材质的实际特征。如果这个新的 Blinn 材质没有在属性编辑器中显示出来，请在 Hypershade 中的材质标签栏中找到它并点击它，那么它就会在属性编辑器中出现了。

第 17 步：为材质的颜色属性创建一个文件节点。在色彩属性通道中，点击棋盘格按钮来告诉 Maya 你想要使用一个纹理贴图。在弹出的创建渲染节点窗口中，点击 File（文件）按钮。

第 18 步：导入颜色纹理贴图。在点击了 File 按钮之后，属性编辑器的属性显示应该转到了 file1 节点标签中，并出现了一个 File Attributes（文件属性）区域。在 Image Name（图像名称）输入区域，单击文件夹按钮（来告诉 Maya 你想要使用的文件在什么位置）。

如果你的当前项目设置正确，Maya 应该自动打开你的 sourceimages（源图像）文件夹。在那里找到并打开 VaseColor.tif 图像文件。

第 19 步：在 Hypershade 中选择 Vase _ Material _ Bluetop 材质球。这个操作将会使你在属性编辑器中再次打开该材质的属性。

请注意，那个色彩属性通道呈现为黑色色块，但是那个棋盘格按钮图标变成了输入按钮图标，如果你点击这个按钮，属性编辑器将会变成显示出定义材质色彩属性的节点——在本案例中将会出现 file1 节点，在这个节点中将包含 VaseColor.tif 图像文件。不过现在，还是请确保属性编辑器展示出 Vase _ Material _ Bluetop 材质的属性。

第 20 步：导入一张凹凸贴图。在凹凸贴图属性通道中，点击棋盘格按钮。在弹出的创建渲染节点窗口中，点击 File（文件）节点按钮。返回到属性编辑器中，在 Image Name（图像名称）输入区域，点击文件夹按钮。定位到 VaseBump.tif 并且单击打开。进行一次渲染。

现在你有一个图像对色彩属性通道中的颜色进行了定义，并用一个节点对凹凸贴图属性进行了定义。但当你渲染之后，会发现凹凸效果可能仍然太强烈了。

在第 20 步中，在你点击创建渲染节点窗口中的 file（文件）节点后，你会看到在属性编辑器中出现了 bump2dx（译者注：x 代表一个数字，表明该节点是建立的同类型节点中的第几个）节点标签，确定点击 Bump Value 标签，从而展开它，在那里你可以设置凹凸纹理。

第 21 步：展开 Vase _ Material _ Bluetop 的材质节点网络。在材质标签栏中选择该材质球，并点击输入、输出连接按钮。

这么操作将会在工作区显示出该材质的节点网络(如图 7 – 15 所示)。

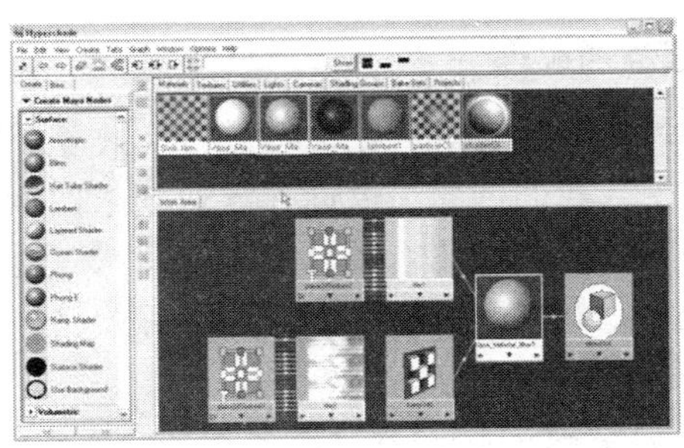

图 7 – 15 Vase _ Material _ Bluetop 材质的节点网络

第 22 步：减少 Bump Depth（凹凸深度）的值。在工作区的 bump2d2 节点上单击。该节点的属性将会在属性编辑器中展示出来。改变 Bump Depth（凹凸深度）的值为 0.05。进行一次渲染（如图 7 – 16所示）。

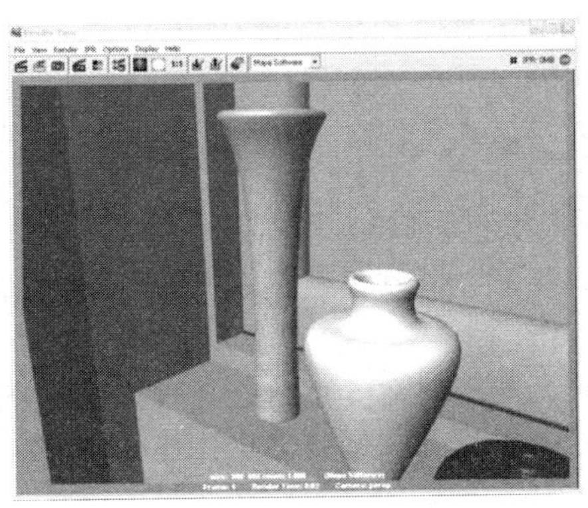

7 – 16 设置完毕的 Vase _ Material _ Bluetop

第 23 步：创建材质赋给场景中的其他花瓶。注意在 sourceimages 文件夹中，还有一些色彩贴图和凹凸纹理贴图。你可以使用这些贴图制作材质或创作出你自己的纹理贴图来制作材质。

虽然我们将要谈到更多关于创建纹理贴图的问题，但现在只需注意到一个非压缩的图像格式——TIFF（.tif）格式。对于从零开始创作一个纹理贴图来说，它是一个最好的格式。

第 24 步：保存场景。

本范例的最终操作结果已经在随书光盘上面保存为“Tutorial _ 7 _ 2.mb”。

范例 7.3 为床罩添加纹理

在本范例的学习中你将对 Maya 纹理系统有更深入的了解。在上一个范例中，我们创建了纹理并放置到了曲面上。但现在，我们将学习这个纹理系统中更强大和更灵活的功能。我们要对场景中的其他 NURBS 曲面做一些额外的纹理贴图，并学习如何进一步操控该系统。

目标

1. 调整 placetexture 节点的参数来实现纹理的重复和调整。

2. 独立使用凹凸和色彩纹理贴图，在同样的材质中创建不同尺寸的纹理。

第 1 步：设置你的当前项目。

第 2 步：打开房间场景文件的最新版本。用于本范例的场景文件版本是 Tutorial _ 7 _ 2.mb。

第 3 步：创建一个新的 Lambert（兰伯特）材质。在超级材质编辑器（Hypershade）中，在创建栏单击 Lambert 按钮。这会将一个新的材质放置在材质标签区和工作区，并在属性编辑器中打开这个材质的属性。

Lambert（兰伯特）材质是一种不光滑的材质。这种材质没有镜面高光（发出光泽）特征，也不具有任何形式的反射特性，往往用在类似布料的物体上。

记住，对于材质类型的选择使用绝不是固定不变的。当你选择了一个材质之后，在属性编辑器中，你可以改变这种材质的类型。

第 4 步：将新建的材质重新命名为“Bedspread _ Material”。在属性编辑器中执行本操作。

第 5 步：将 BedspreadColor. tif 这个图像文件定义为 Color（色彩）纹理贴图。在属性编辑器中，单击 Color（色彩）属性的棋盘格按钮，然后在弹出的创建渲染节点窗口中点击 File（文件）按钮。在属性编辑器

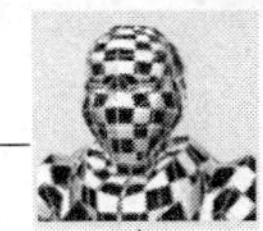

中（在 file 节点面板中）点击 Image Name（图像名称）的文件夹按钮，并从 sourceimages（源图像）文件夹中选择 BedspreadColor.tif 图像文件。

第 6 步：将 Bedspread _ Material 材质赋给场景中的床罩。你可以使用先前讲过的方法来操作，或者在视图中使用鼠标右键点击床罩物体，从弹出的标记菜单中选择 Materials→Assign Existing Material→Bedspread Material 命令，就可以将该材质赋给床罩了。

第 7 步：渲染场景（如图 7 – 17 所示）。

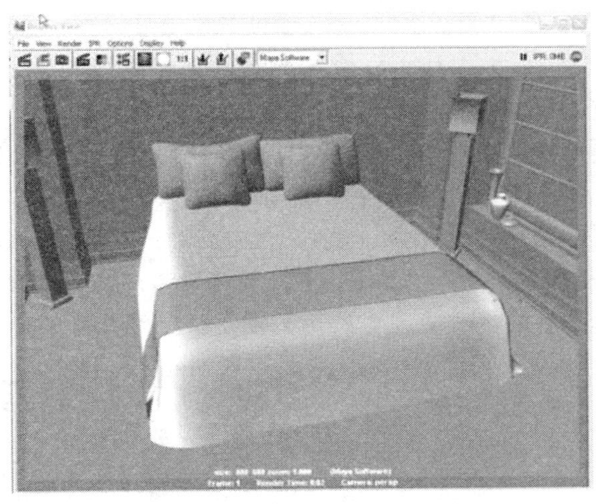

图 7 – 17　使用默认尺寸的色彩纹理渲染床罩

是把床罩做得漂亮点还是破旧点呢？为了得到一个更好的构思，在 Photoshop 软件中（或其他图像编辑软件中）打开 BedspreadColor.tif 图像文件。请注意它实质上是一个白底上布满绿色条纹的图像。不仅如此，它还是一个体积很小的文件。

这点很不错，Maya 和其他的三维程序一样，能够将一个给定的纹理重复平铺到物体上，直到它填满整个物体。将纹理图像重复平铺在物体表面上的功能，可以允许纹理图片的体积更小，并且在 Maya 载入图像数据时和最终渲染时，花费更少的时间。因此对于像带条纹的床罩这样的具有重复纹理的物体表面，用一个像 BedspreadColor.tif 图像一样体积小一点的纹理图像，就是理想的解决方案。我们只需让 Maya 平铺纹理图像，就能取得不错的效果了。

第 8 步：在 Hypershade 中选择 Bedspread _ Material 材质球，并点击输入、输出按钮。

第 9 步：点击 place2dTexture 节点。

在 place2dTexture 节点中定义了纹理文件是如何在材质中使用的。在本范例中，我们想让 Maya 将纹理图像文件导入并在整个材质中重复几次（这个操作使纹理图像铺满整个床罩）。

第 10 步：将纹理在物体表面重复 6 次。在属性编辑器中，找到 2D Texture Placement Attributes（二维纹理放置属性）部分和 Repeat UV（重复 UV）属性输入栏。第一个值是 U，第二个值是 V。在第一个输入栏中输入 6。

UV 是一种将纹理包裹到物体表面的方法。你可以把 U 作为纬线，把 V 作为经线。UV 是纹理贴图系统中的一大部分，后面章节中我们将相当多地用它来工作。不过在本范例中，我们只需要将纹理沿着 U 方向重复 6 次。

在这一过程中，首先你会看到纹理被复制或平铺，并且你能在 Hypershade 的 file（文件）节点图标中看到这种变化。其次，任何赋给这种材质的物体都将随之展示出重复纹理的效果（如图 7－18 所示）。

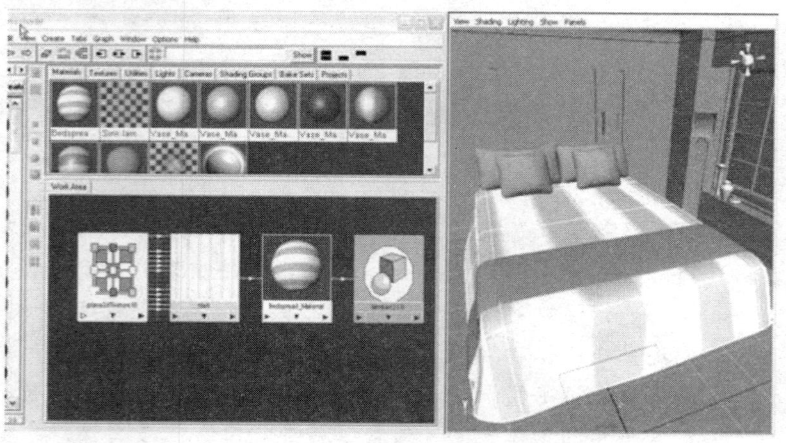

图 7－18　增加 Repeat UV（重复 UV）值的结果

第 11 步：在 Rotate Frame（旋转框架）属性的输入栏中输入 90。

Rotate Frame（旋转框架）功能是指将实际的纹理文件在以物体的 UVs 为依据应用之前，将其旋转。通过设置 Rotate Frame 的值为 90，你实际上就将 BedspreadColor.tif 图像文件旋转了 90°。当然这个工作也可以在 Photoshop 软件中完成，但是在 Maya 中进行动态改变或旋转纹理的功能，能够省去大量在不同软件中切换的时间（如图 7－19 所示）。

第 12 步：在 Hypershade 中选择 Bedspread _ Material 材质节点。

第 13 步：给 Bump Mapping（凹凸贴图）属性通道增加一个新的节点。在属性编辑器中点击 Bump Mapping 属性的棋盘格按钮。

第 14 步：增加一个布料纹理渲染节点。在弹出的创建渲染节点窗口中，点击 Cloth（布料）按钮。

第 15 步：在 Hypershade 中选择 Bedspread _ Material 材质节点，并点击输入、输出连接按钮。

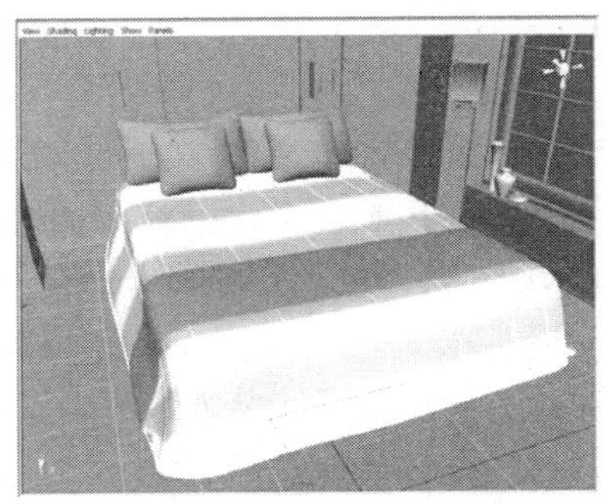

图 7－19　旋转框架后的效果

清理工作区并展开当前节点，可以让你真正理解节点网络是如何构成的。

第 16 步：在场景视图中显示凹凸贴图效果。在属性编辑器中展开 Hardware Texturing（硬件纹理）标签栏。将 Textured channel（纹理通道）输入栏改成 Bump Map（凹凸贴图）。

请注意，Textured channel（纹理通道）的默认设置是 Color Map（色彩贴图），但是当你调整成某一特定的纹理贴图时——本范例中是凹凸纹理贴图，那么这将会使你感觉场景视图中的色彩有点不好看。通过显示 Bump Map（凹凸贴图），你可以获得改变纹理的更好的想法，并且能够看到它们是如何影响最终渲染后的效果的（如图 7－20 所示）。

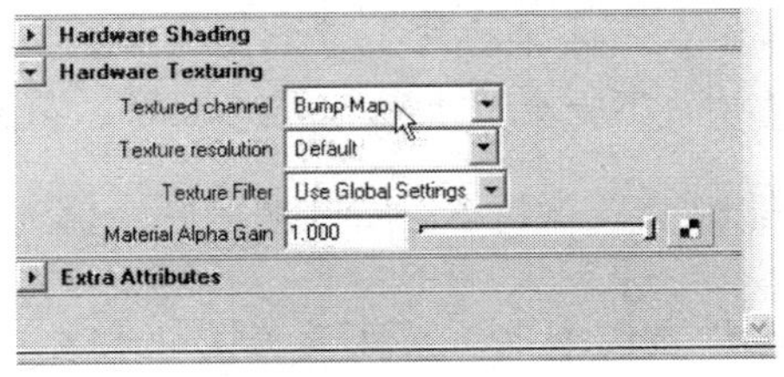

图 7－20　在硬件纹理面板中，将纹理通道的设置改为 Bump Map

这么做会使你的场景视图看上去有点奇怪。请记住，你在先前的操作步骤中并没有丢失色彩纹理，Maya 只是不再将色彩纹理在场景视图中显示出来。如果你进行渲染，将会看到你的颜色贴图依然正常（当然现在对凹凸贴图的设置太大了，渲染出来效果太强烈）。不过，当对凹凸贴图所连接的 place2dTexture 节点属性进行改变后，在场景视图中就能够看到凹凸有致的变化了。

第 17 步：在 Hardware Texturing（硬件纹理）中，将 Texture resolution（纹理分辨率）属性的输入区的数值改变为“Highest（256×256）”。

为了使界面显示保持流畅，Maya 将大部分的纹理显示保持在一个合理的低值范围内。然而，当设置纹理的尺寸和位置时，有时，有选择地将分辨率调高一点，能让你更细致地看清纹理，就像在最后的渲染结果中一样（如图 7－21 所示）。如果你的电脑安装了一个高配置的显卡，你可以保留这些高的分辨率；如果没有，在对纹理进行移动和缩放到正确位置之后，确保再调低分辨率。

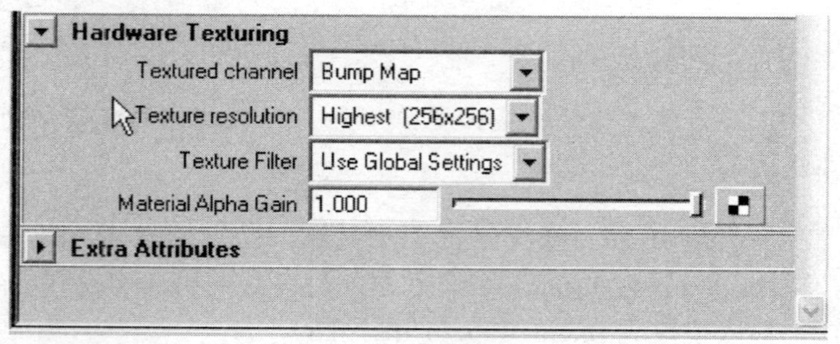

图 7－21　更改硬件纹理通道来显示凹凸效果并增加显示的分辨率

第 18 步：在 Hypershade 中，选择 place2dTexture 节点。

请记住，在这个材质中有两个 place2dTexture 节点。一个对色彩纹理贴图的位置进行了定义，另一个则对凹凸纹理贴图的位置进行了定义。请确保你点击选择的这个节点是连接到 cloth1（布料）节点上的，并且它所连接的下一个节点是 bump2d node 节点。

第 19 步：设置 Repeat UV 的两个值为 200 和 200。

请注意这个值的默认设置是 4 和 4。不过默认值仍然显得太大了。这个材质中的凹凸应该将会非常小并且非常细微的，只要稍微设置点凹

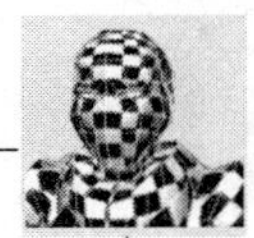

凸，让这个床罩看上去有点触感就够了。而 UV 的重复值为 200 确实会让凹凸变得非常小。

请注意当你开始把这些值改到非常小的时候，场景显示的分辨率就难以跟上非常小的重复值了。因此，在这种情况下，当 Repeat UV（重复 UV）值变得越来越高，使纹理显得越来越小时，请记住此时应渲染一下场景。

第 20 步： 渲染（如图 7－22 所示）。

图 7－22　渲染带有目前创建调整好的材质的床罩

第 21 步： 减少 Bump Depth（凹凸深度）的值。在 Hypershade 中选择 bump2d 节点。在属性编辑器中将 Bump Depth（凹凸深度）的值改为 0.01。

第 22 步： 渲染当前场景。

第 23 步： 保存场景文件。本教程的操作结果文件在随书光盘上，名为 Tutorial _ 7 _ 3.mb。

你或许想要将材质的纹理显示通道改回到 Color（颜色）上（在属性编辑器中的 Bedspread Material 节点的 Hardware Texturing 部分）。这一步操作并不必要，不过这么做能使场景看起来更像渲染后的样子。

范例总结

到目前为止，你已经创建了多种材质，并把它们应用在 NURBS 曲面物体上。在范例 7.3 中我们学习了如何使用两个不同的 place2dTexture 节点去控制材质的色彩纹理贴图和凹凸纹理贴图的尺寸和旋转。不过，我们现在只是刚刚开始。在下一章中，我们要看看如何为材质创建自定义纹理，以及如何完全实现让纹理贴图将整个多边形物体包裹起来。

挑战、练习和课后作业

1. 在床尾部分，有一条覆盖了一段床面的折叠起来的毯子，需要贴上材质。在本项目的 sourceimages 文件夹里有一个 AfghanColor.tif 文件。创建一个新的材质，命名为“Afghan _ Material”。并使用这张色彩贴图文件制作出与图 7 – 23 相似的效果。将 cloth 纹理节点作为凹凸贴图来使用，从而制作出触感。

图 7 – 23　完成后的毛毯效果

2. 给这个房间场景中的床罩或花瓶创建自定义色彩纹理。创建使用这些自定义纹理的新材质，并将材质应用到物体上。时常渲染一下来看看最终效果。

第八章 多边形贴图和UV编辑器

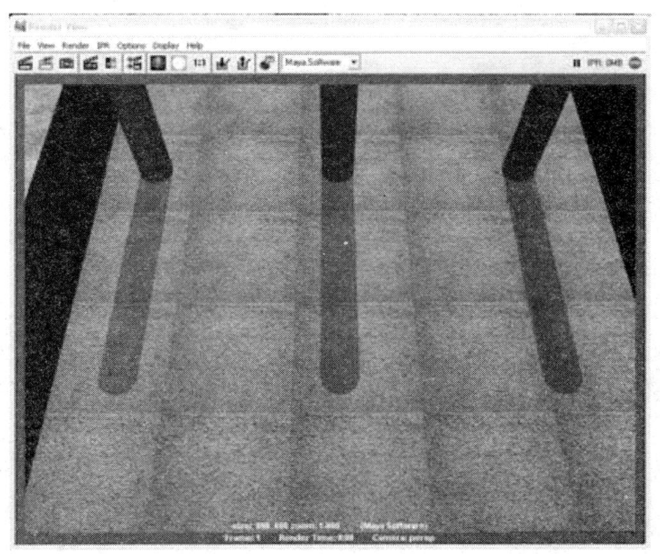

在第七章中我们已经解决从零开始创建材质的问题。你已经导入过程序纹理和图片文件。这些材质被放在 NURBS 曲面的上面，而且色彩纹理和凹凸纹理的大小都已被单独编辑过。

在本章中，我们会继续用这种方式给多边形贴图。具体地说，我们要看看如何在多边形表面创建好用的材质，以及如何把一个材质慢慢移动并粘贴到一个多边形物体上。

但首先在你自己的作品中，要避免使用预置纹理（无论是伴随你的 Maya 安装到电脑上的，还是通过下载获得的），毕竟，谁会聘用一位只会简单地把其他人的作品合并到一起作为自己作品的人呢？因此，在这章中，我们将会从零开始学习一些基本的创建纹理贴图的技巧。那样，你就会创造出各种独特的、生动的、令人印象深刻的材质。

平铺纹理

图 8－1 展示了一些沥青材料的图片。图 8－2 展示了把这张图片作为颜色和凹凸通道贴图的效果。

图 8－1　沥青材料的图片

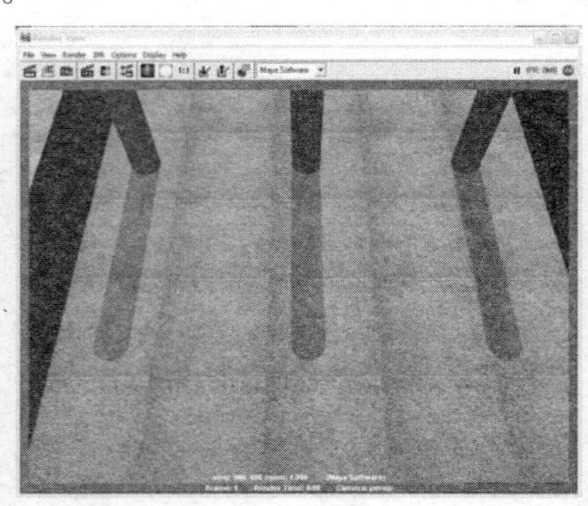

图 8－2　使用一个图片作为平铺纹理的效果

注意，当平铺时，效果令人有点不太满意。平铺是可以看见的，而且整体看起来这个表面非常不真实。当你能够看到一个图片与下一个图片的衔接出现明显结合处的时候，它就没效果了。

对于这个问题，解决方法就是简单地用一个图片覆盖整个平面，这个方法确实有很多优点，因为在表面上有许多真实存在的瑕疵和不完美的细节。不过这么做也有很大的问题，例如，你要是制作一些面积足够大的图片作为一条 18 米长的路面的贴图，那么制作这些图片就很困难，而且它们的体积会变得过于庞大。

一个更好的解决方法是使用一个更小的块状纹理图片，但要想办法让纹理无缝衔接，这样，你就无法看出纹理图片是在哪里衔接的。

图 8－3 展示了通过衔接方式拼合的相同图片，而图 8－4 展示了这种纹理的效果。

图 8－3　无缝纹理

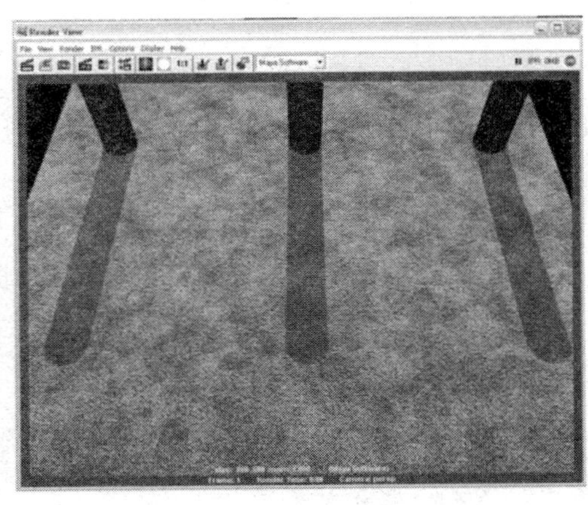

图 8－4　无缝纹理的效果

范例 8.1　创建无缝纹理

目标

1. 使用一个表面纹理的图片去创建用在 Maya 中的无缝纹理。
2. 研究一下 Photoshop 中的位移滤镜。
3. 在 Photoshop 中，简单地使用橡皮图章工具处理图像的接缝处。

本范例中使用 Photoshop。虽然一些制作细节是针对 Photoshop 这个软件的，但是这里所讲的许多技巧都能被用到其他各种图像处理软件当中。所以，如果你不使用 Photoshop 软件，也要看看这章中的一些基本技巧。

第 1 步： 打开 Photoshop。

第 2 步： 选择 File→Open，并从随书光盘中选择 Asphalt. tif 文件。它在 Project Files 文件夹中的 Chapter08 folder 的下面。

如果你喜欢，你也可以使用自己的图片。或者，你可以从一些素材网站下载一些未处理过的纹理图片来使用（为避免版权纠纷，寻找免费的素材和纹理图片）。

注意，光盘上的这个图像很大（像素数量很多），因为这样，你可以很清楚地看到所有发生在范例中的事情。

不过，如果你的电脑处理这个大图像很困难，继续并减小图像的尺寸（使用“Image→Image Size”这个命令）。

第 3 步：裁剪这张图片，切掉如左下角那些特征太过明显的地方。（如图 8－5 所示）。

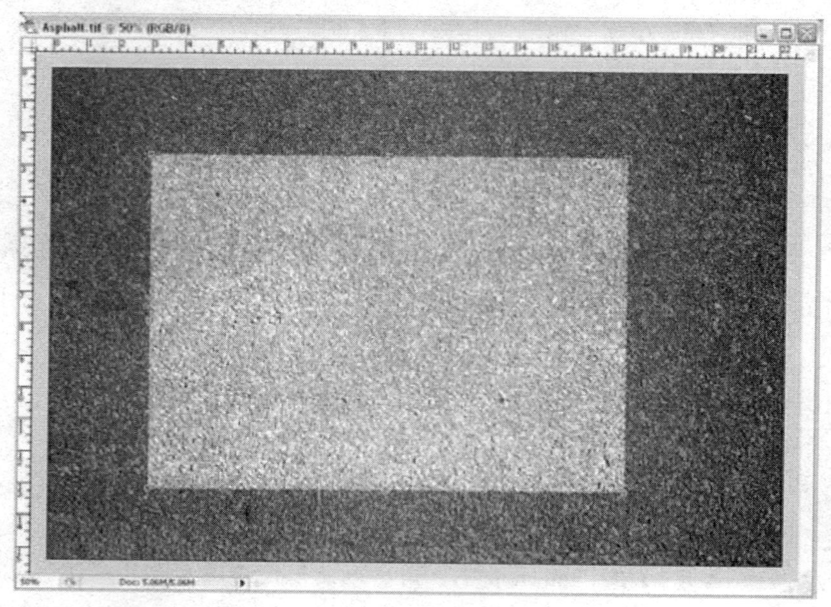

图 8－5 通过较为严谨地裁切源图像来挑出一个平铺用的纹理

虽然像灰尘、折痕和裂纹这样的东西能够给表面增加一些真实性，但当从一个平铺纹理源图像中制作我们所需要的表面纹理时，这些细节的取舍却让人头疼。图片在平铺的时候，会让相同的折痕在同一个方向上隔着相同的距离一次又一次重复出现，这是一件让人疯狂的事情。因此裁切操作去除了贯穿图像底部的折痕和裂纹。

也要注意这种裁切操作剪掉了图像四角的大部分。很大程度上，这么操作是由这张照片的自身局限性所决定的。这张照片是在中午刺眼的阳光下拍摄的，所以在照片的中间明显有一个高光部分，在高光四周还带有浅蓝色痕迹。这个颜色变化很难解决，所以，通过裁切保留下颜色更加均衡的区域，给我们提供一个更便于工作的文件。

第 4 步：选择 Filter→Other→Offset。在弹出的位移滤镜对话框中，它的数值设置基本上是随意的。只要改变它们，图像的接缝就会出现在图像的中间位置（如图 8－6 所示）。

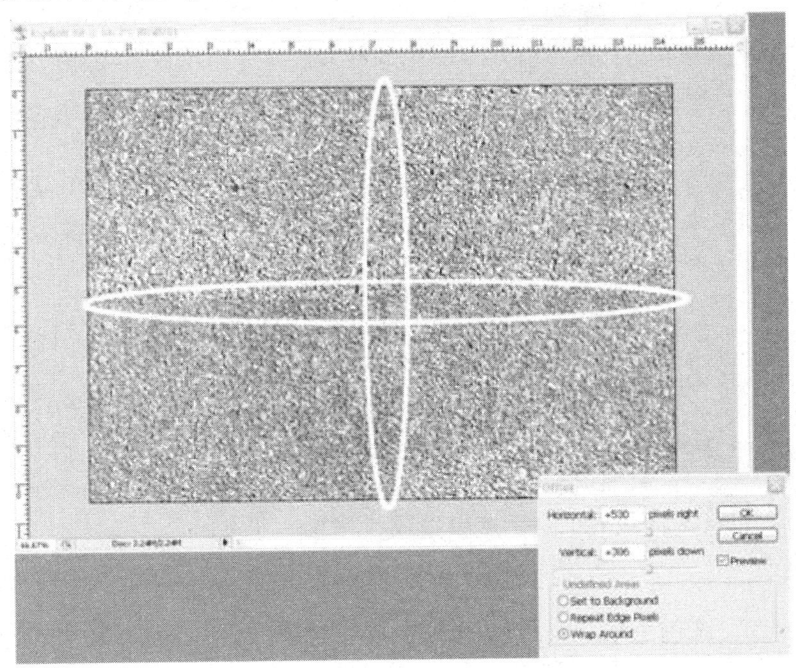

图 8－6　位移滤镜。在此图中接缝就很突出

接缝纹理的问题是一个平铺纹理的边与下一个平铺纹理的边不匹配。位移滤镜会向左右及上下移动所有的像素，并且把通过面板滑动条操作中移出的像素重新放回图片的另一边。这样做是为了确保图像的右边与左边、顶边与底边完美地匹配。

这里的接缝依然很清楚，但是已经移到了图像中间，你可以找到并消除这些接缝。

第 5 步：使用橡皮图章工具涂抹接缝。假如你从未用过这个工具，你可以先按住 Alt 键来获取一个图像来源区域，然后在图像的另一个区域单击并拖拽鼠标，来自来源区域的像素便会被复制到新位置。

利用在接缝上复制的部分图像，你可以擦除掉图像中间的硬边。你要确保使用不同大小的笔刷，并且经常重新获取要进行复制的区域，因为只用一个小块的来源区域的像素进行复制，这不会得到你想要的结果。

第 6 步： 当你看不到纹理中间有接缝的时候，再次使用位移滤镜（Filter→Other→Offset），检查是否有剩下的接缝。

有时当你进行涂抹旧接缝的操作时，有可能会在无意中制作出新的接缝。多次运行位移滤镜可以让你检查出是否有遗漏的接缝。

第 7 步： 将文件命名为 AsphaltColor.tif 进行保存，保存位置不重要。

因为你可能将来不会再用这个项目，所以放在像桌面这样简单的地方，可以让你在 Maya 中应用它，而且你也不必再设置一个新项目或者类似的项目。

第 8 步： 出于兴趣，你可以在 Maya 中打开一个新的文件（使用 File→New 命令）。创建一个平面。

第 9 步： 创建一个新材质（lambert 材质就很好了），并把 AsphaltColor.tif 导入 Color（色彩）通道。

第 10 步： 在 Hypershade 中，选择 place2dTexture 节点并增加 Repeat UV 的设置值，例如设置成 5 和 5。

第 11 步： 渲染。

范例总结

看明白了吗？无论你在表面上将纹理重复多少次，你也看不到重复出现的纹理是在哪里衔接的。事实上，当这个纹理重复了很多次之后，你就能明白它的重复模式，而且还有其他方法，就是在一个 Diffuse（漫反射）通道中（漫反射通道实际上起到了一个尘土层的作用）添加一个像 Fractal（不规则碎片）节点之类的东西来清除它。但是这种使用 Diffuse 的方式无法清除纹理接缝产生的硬边。

在以下范例里，或是在你自己的工作中，你或许会为某张照片消除接缝。这会花费一点时间，但是结果往往是值得的。

UVs

知道了什么是 UV 那又怎么样呢？UV 是什么东西并不重要，重要的是它在哪儿。UVs 是坐标，它们能够确定材质被放置在物体上的位置。通常 UVs 在一个物体的位置是与顶点相同的。当你创建像原始多边形这样的物体时，你就同时确定了 UV 的位置。

然而，随着你的模型变得更加复杂，你可能创建了许多新点（通过多边形的挤出操作），这些新点所在的位置通常不会被分配 UV。

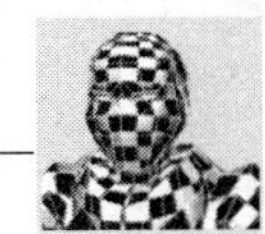

此外，即使那些点所在的位置被分配 UV，那并不意味着你就能把纹理赋在物体的正确位置上。

控制你的 UV 以及 UV 的位置、它们的旋转和它们与其他 UV 的相对位置，是控制纹理的核心。

在学习 UV 纹理编辑器的时候，你可能会用到随书光盘上的文件。在 Project Files 文件夹下面的 Chapter08 文件夹下有个 CheckeredBall.mb 文件。该文件中有一个带有轻微改变了的棋盘格纹理的球体。通过对这个文件进行操作，我们可以知道各种 UV 贴图工具的使用。

UV 纹理编辑器

Maya 控制 UVs 的方法是通过 UV 纹理编辑器（Window→UV Texture Editor ...），如图 8－7 所示。图 8－7 实际上是展示了已打开的 UV 纹理编辑器，它与已选中球面原始多边形相邻，该球体已经赋给了一个简单的材质。

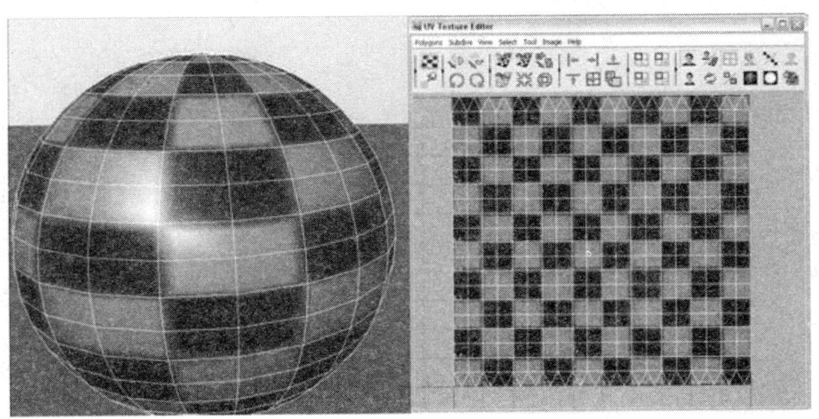

图 8－7　已选中的球体和打开的 UV 编辑纹理器。请注意在 UV 纹理编辑器中放置的多边形没有发生重叠

在左边，你可以看到球体和构成这一球面的多边形。在右边（在 UV 纹理编辑器中），你能够在背景中看到灰色棋盘纹理，在棋盘格纹理上面是白线，这些白线表示球面的多边形。因此，你可以看到每一个黑色方格图案包含了 4 个多边形（这种情况可以在 UV 纹理编辑器和球体自身看到）。

UV 纹理编辑器所使用的导航方式与视图及超级材质编辑器中的导航方式一样。

Alt 加鼠标中键用于在各个方向上移动 UVs 的视图，而 Alt 加左键和中键或者 Alt 加右键，是允许你缩放视图。

在 UV 纹理视图的顶端有很多按钮，它们代表了下拉菜单中的工具。因为我们是来学习这些概念的，而不仅仅是知道工具的图标。我们将会通过它们的名字以及它们在下拉菜单中的位置，来掌握大部分的 UV 纹理编辑工具。不过在实际操作时，你或许会发现，通过点击按钮可以大大加快工作流程。

在 UV 纹理编辑器中，另外一个与视图相似的操作方式是用鼠标右键点击，弹出一个标记菜单，允许你选择想选的多边形构成元素。

接下来，我们看一下怎样编辑 UVs。在 UV 纹理编辑器中，使用右键点击并从标记菜单中选择 UVs，然后框选球体上所有 UV（虽然你也能在场景视图中选择，但还是要在 UV 纹理编辑器中选择）。选择之后，UVs 就呈现高亮显示了（如图 8－8 所示）。

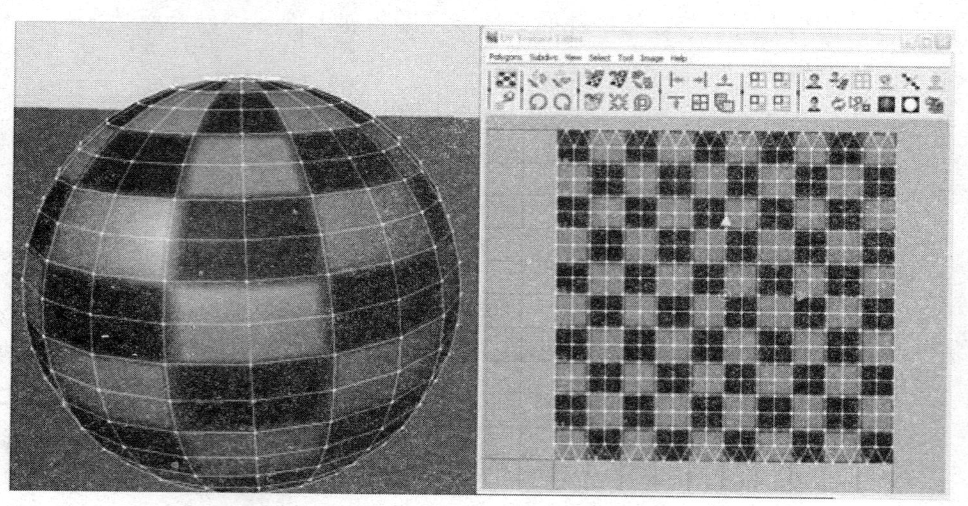

图 8－8　在 UV 纹理编辑器中选择 UVs

按下 r 键（缩放工具的快捷键），UV 纹理编辑器中就会出现一个二维缩放工具操纵器。然后在手柄中心点击并拖拽，将这些 UVs 缩小（如图 8－9 所示）或变大（如图 8－10 所示）。注意当 UV 超越了纹理所在的象限，该纹理就会出现平铺重复的现象。

按下 e 键（旋转工具的快捷键），UV 纹理编辑器就会为你提供操纵手柄，这样你就可以旋转纹理的 UVs（如图 8－11 所示）。

注意，你无法对纹理自身进行调整大小、移动或旋转操作，但是 UVs 可以对物体表面的纹理进行这些操作。纹理的空间是被限定死的，

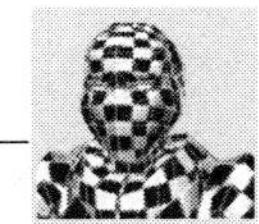

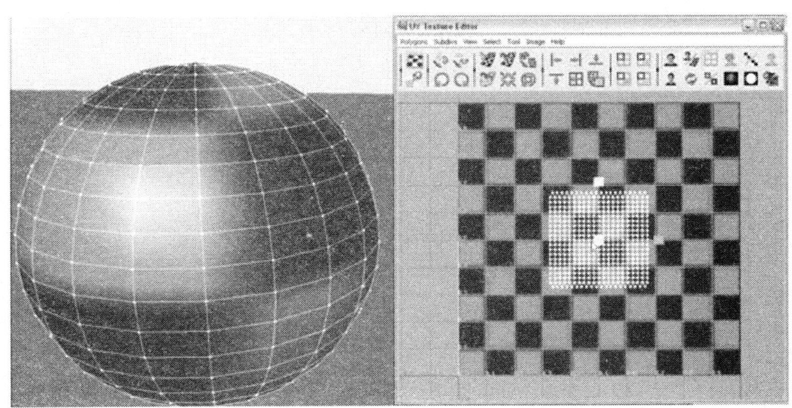

图 8－9 在 UV 纹理编辑器中缩小 UVs，就会使物体表面的纹理变大

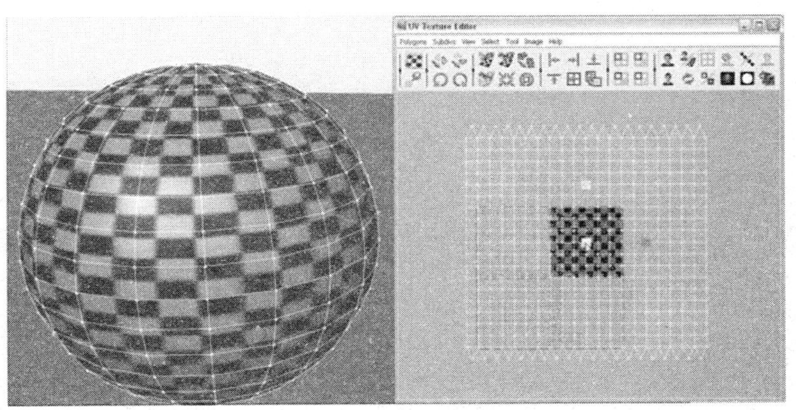

图 8－10 在 UV 纹理编辑器中增大 UVs，就会使物体表面的纹理缩小

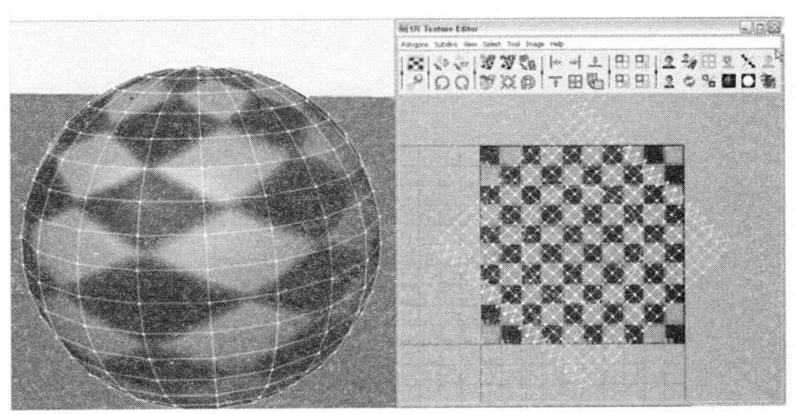

图 8－11 被旋转的 UVs

且保持固定不变，但是我们可以在纹理空间内对 UVs 进行任意调整。

分配及投射纹理/UVs

当 UVs 的分配不适合当前项目的需要时，将会发生什么呢？当你创建了一个自定义的模型（像我们房间中的大部分物体），而该多边形的形体却丢失了 UVs 或是根本就没有 UVs 时，将会发生什么呢？分配或是重新分配 UV 的能力是确定一个纹理位置的关键。

在 Maya 中，分配 UV 的核心工具在 Polygons 模块的 Create UVs 和 Edit UVs 两个菜单中。这两菜单中的许多命令也可以在 UV 纹理编辑器中找到。

基本的操作原理是，创建一个与纹理/材质球相匹配的物体的 UVs，或者将一个材质球分配或投射到一个物体上。

图 8－12 是一个原始球体的默认 UV 投射。

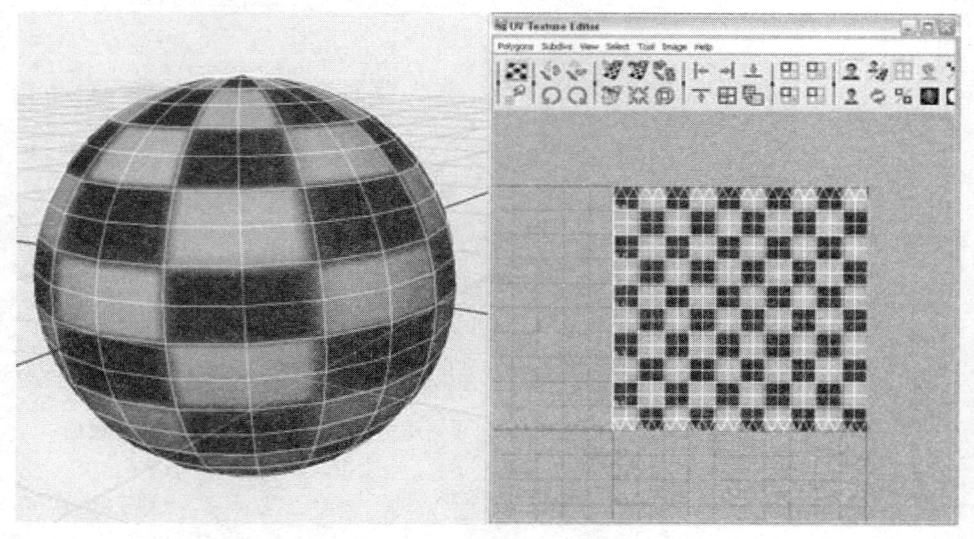

图 8－12　默认的 UV 投射

平面贴图

通过选择球体（在物体模式下）和选择 Polygons 模块/Create UVs→Planar Mapping 命令，我们得到了如图 8－13 所示的效果。注意，一个平面投射的工作原理，就像是使用了一个投影仪向物体投射图片。在与投影方向相垂直的物体表面上，被投射的图片（本案例中是棋盘格纹理）看起来很好。不过，当你看看球体周围的多边形时，你会发现边缘部分的纹理模糊不清。

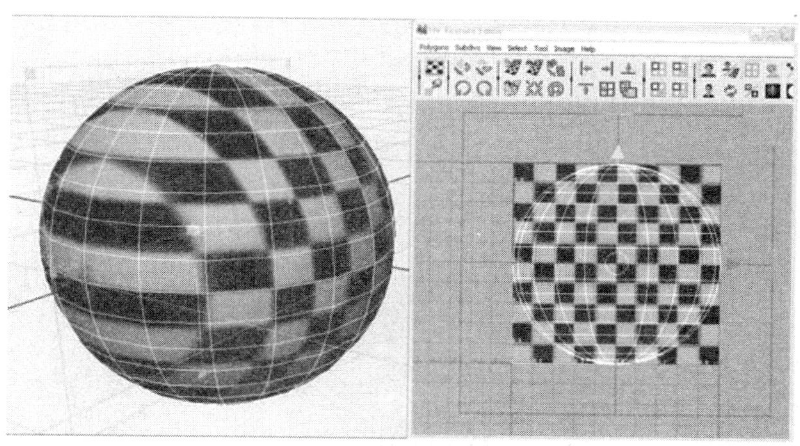

图 8－13 平面绘图

你马上就会注意到，创建一个平面贴图后，在场景视图中的物体周围出现了一些新操纵器。通过点击拖拽这些蓝色、绿色或红色正方形，你就可以调整贴图的大小(随后，纹理空间中的 UV 大小也会发生变化)。

圆柱形贴图

这是一种将贴图卷起来的技术，圆柱形贴图(点击 Polygons 模块/Create UVs→Cylindrical Mapping 命令)就是尝试着将纹理像一个玉米卷饼那样包裹到物体周围。你可以把场景视图中的操纵器看作一种像是半个管子的东西。你还要注意，在 UV 纹理编辑器中，默认状态下的贴图只能包上一半物体，也就是说，UVs 是纹理宽度的 2 倍(如图 8－14 所示)。

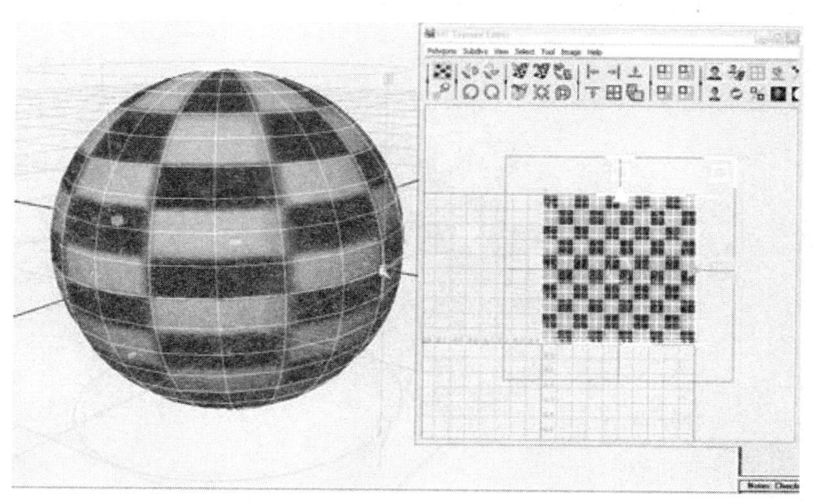

图 8－14 圆柱形贴图

就像平面贴图一样，当你使用圆柱贴图时，贴图节点的操纵器在场景视图中是一个可见的编辑器。你可以用这个红色手柄进一步将贴图包裹到物体周围。当你进行这个操作（如图 8－15 所示），使贴图把物体完全包裹的时候，你将会看到，在 UV 纹理编辑器中，UVs 在压缩，直到 UVs 和纹理一样大。

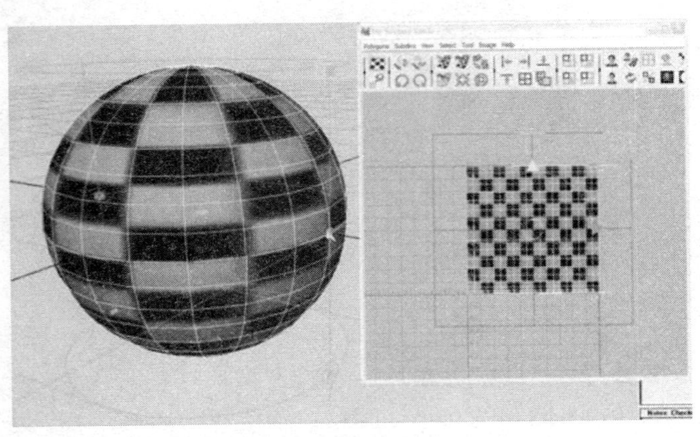

图 8－15　使用圆柱形贴图操纵器增加贴图的覆盖范围，从而压缩 UVs 使其大小更接近纹理空间的大小

球形贴图

下面是我个人对这种贴图方式的解释。这种贴图类型试图以球状的方式将纹理包裹到物体周围。它通常会在靠近轴线的周围产生一点聚集变形。记住，你可以使用场景视图中的节点操纵器，来进一步将贴图包裹到物体周围，使 UVs 更加适合纹理空间，从而避免纹理的重复平铺（如图 8－16 所示）。

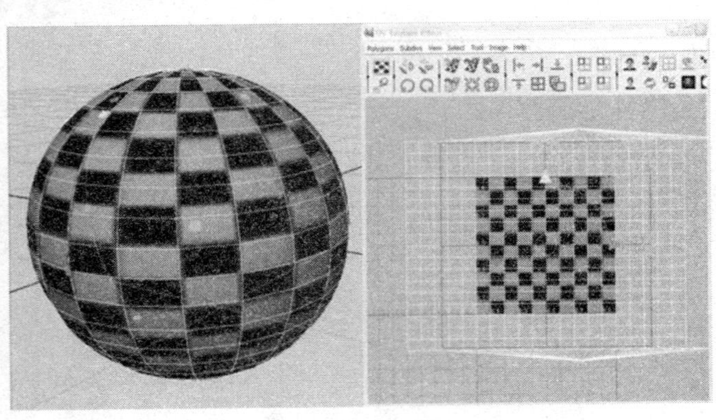

图 8－16　球形贴图

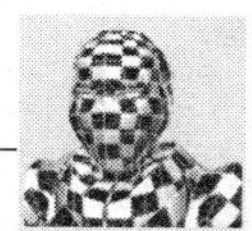

自动贴图

当学生们第一次看见这个标题时，他们往往会非常兴奋。他们会说："自动的！那就简单多了！"然而不幸的是，自动贴图实际上是很少用的贴图方式。这种贴图方式就是在一个物体上创建多个平面贴图（在3到12之间，具体数量取决于你在自动贴图命令设置窗口中的数量设置）。在图8－17中看到的效果是一整个UVs分裂成了许多小块。这种操作结果在多数情况下，都不是你真正想要的结果（如图8－18所示）。

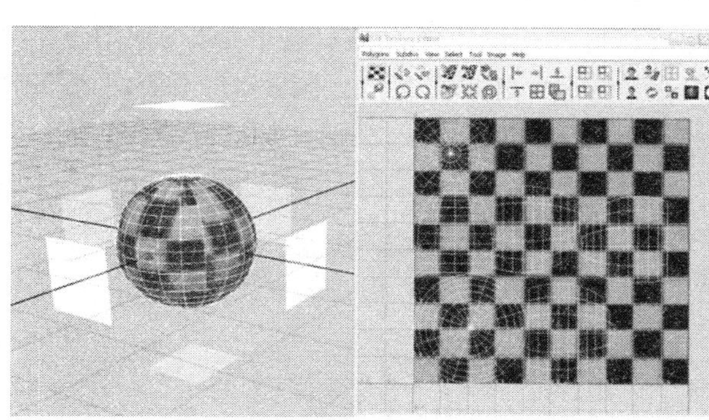

图8－17 自动贴图的结果

图8－18 把UVs分裂成多个小块的问题

在具体操作自动贴图时的确会出现一些情况，不过这种操作代表了一种简单的操作方式。不要被一些看似简单的、自动的东西所迷惑。

解决这些问题

目前所说的或许看上去仍然不够具体、有些抽象和理论化。不过，我们将在接下来的范例中进行细致分解，请记住这些案例。虽然在这个房间制作中UV问题好像不算什么问题，但当我们处理有机体模型的时候，这会是一个很大的难题。

范例8.2 为淋浴间贴图

目标

1．创建一些简单的带有反射的无贴图材质。

2．看一下在Maya软件渲染和Maya光线跟踪之间的不同之处。

3．创建一个新的平铺纹理并通过有效的UV操纵调整它的位置。

第 1 步：设置你的项目。我们应该继续在 Amazing _ Wooden _ Man 项目上进行操作。

第 2 步：打开你的房间场景的最新版本。

如果你想按照下面的步骤准确地操作，你可以使用 Tutorial _ 7 _ 3.mb 这个场景文件。不过，你也可以根据你的房间场景的版本来调整这些操作步骤，或者用一个完全不同的房间场景进行操作。

第 3 步：将该场景文件保存为 Tutorial _ 8 _ 1。

第 4 步：找到淋浴间模型并在视图中重点显示这个部分。

第 5 步：选择所有的非平铺部分并隐藏它们。图 8 – 19 展示了被选择的非平铺部分（基本都是些地板上面的东西）。按 Ctrl 加 h 键隐藏它们。

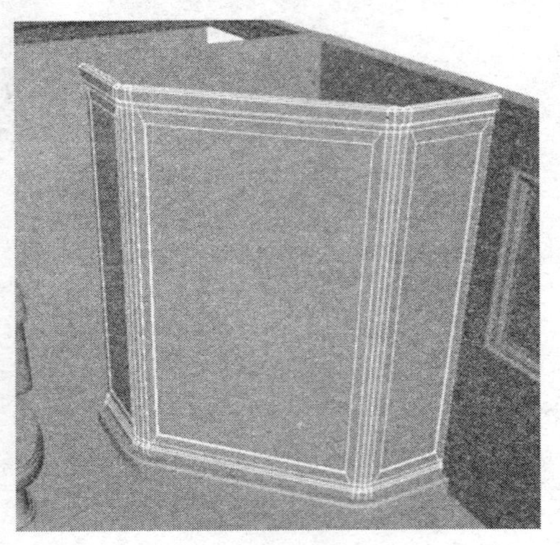

图 8 – 19　隐藏这些淋浴间地面上的部分

按 Ctrl 加 h 键隐藏一个选中的物体。按 Shift、Ctrl 加 h 键显示上一个被隐藏的物体。

第 6 步：打开超级 Hypershade。使用 Window→Rendering Editors→Hypershade 命令打开。

第 7 步：创建一个新的 Blinn 材质。在 Hypershade 中，在创建栏中点击创建 Maya 节点部分的 Blinn 按钮。

Blinn 是一种具有反射高光的材质。因为我们将会把这个材质作为瓷砖平铺在淋浴间的地面上，所以我们需要用一种有着瓷砖光泽的材质。

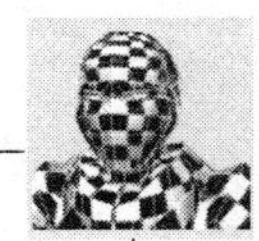

第 8 步：把这种材质重命名为 ShowerTile _ Material。在属性编辑器上改名。

在创建 Blinn 材质球时，若属性编辑器无法自动弹出来，请在 Hypershade 中点击这个材质球，属性编辑器就会弹出来了。

第 9 步：用 TileColor.tif 纹理定义 Color 色彩属性。在属性编辑器上点击棋盘格按钮，从 Create Render Node（创建渲染节点）窗口中选择 File 节点。在 File 节点中点击文件夹按钮（还是在属性编辑器中），在 sourceimages（源图像）文件夹中找到 TileColor.tif。

第 10 步：用 TileBump.tif 纹理定义 Bump（凹凸）属性。在 Hypershade 中选中 ShowerTile _ Material 材质节点，并将它在属性编辑器中打开。点击 Bump 属性的棋盘格按钮，并在创建渲染节点窗口中点击 File 按钮。在 File 节点中点击文件夹按钮（还是在属性编辑器中），在 sourceimages 文件夹中找到 TileBump.tif。

连接纹理放置节点

第 11 步：在 Hypershade 中，按输入和输出节点连接按钮。你的材质网络就会如图 8－20 那样显示出来。

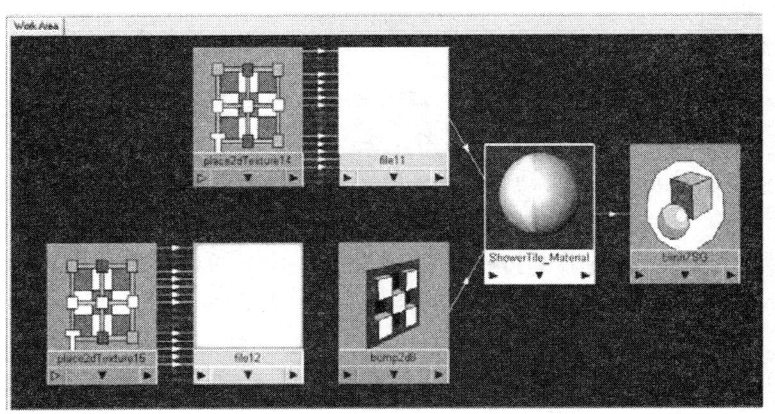

图 8－20　ShowerTile _ Material 的材质网络

第 12 步：删除连接色彩文件的 place2dTexture 节点。在 Hypershade 中的 ShowerTile _ Material 材质网络中，找那些用来定义色彩的节点（通常在材质网络的顶部）。选择 place2dTexture 节点并将它删除。

当前的材质网络中有两个 place2dTexture 节点，该节点用来定义一个纹理在材质中会重复平铺多少次。这两个 place2dTexture 节点，一个是用来定义色彩属性的，一个是用来定义凹凸属性的。这意味着，如果我们想要改变平铺纹理的尺寸大小，我们就不得不进行两次操作。在接下来的步骤中，我们将要把色彩和凹凸两个属性与一个 place2dTexture 节点相连接。所以现在要先删掉一个。

第 13 步：把属于凹凸属性的 place2dTexture 节点连接到色彩属性上。按下 Ctrl 键，同时用鼠标中键在 place2dTexture node 的输出小三角图标上(在图 8－21a 的右下角)进行拖拽操作，拖到色彩文件节点的输入小三角图标上(图 8－21b 的左下角)。对这个材质网络的操作结果如图 8－21c 所示。

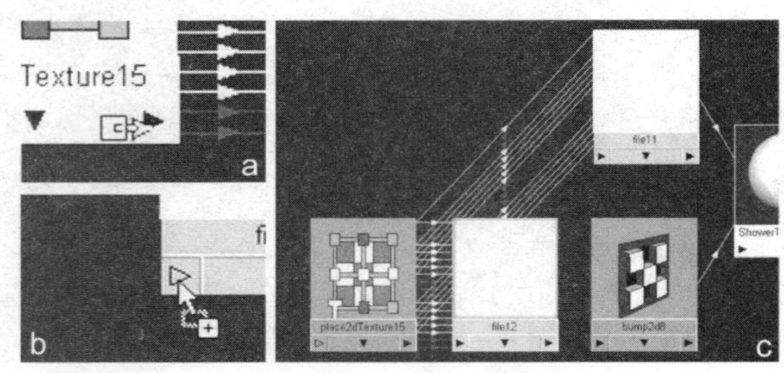

图 8－21　把属于凹凸属性的 place2dTexture 节点连接到色彩文件节点上

这个操作较难理解而且不是很直观。实际上，在 Hypershade 中有连接节点的多种方法。不过在本范例中，按下 Ctrl 键，同时用鼠标中键进行拖拽的方法是比较合适的。请记住在多数情况下，都可以在 Hypershade 中用这个方法进行连接节点，即把一个节点(该节点右下角的小三角形)的输出连接到另一个节点(该节点左下角的小三角形)的输入上面。

使用一个 place2dTexture 节点代替两个节点是有很多好处的。现在，在 place2dTexture 节点上的任何改变都会影响材质网络中的色彩和凹凸两个方面。实际上它同时控制了两个纹理的大小。

第 14 步：在 Hypershade 中，选择 place2DTexture 节点。

第 15 步：在属性编辑器中，把 Repeat UV（UV 的重复次数）的值改为 12 和 12。

该纹理文件是一个平铺纹理。当我们把这种材质赋给这个物体表面时，我们想要在该表面上出现重复平铺的效果。

第16步：把ShowerTile _ Material应用到淋浴间的地板上。在场景视图中，找到淋浴间地板。使用鼠标右键点击它，并从标记菜单中选择Materials→Assign Existing Material→ShowerTile _ Material。操作结果如图8－22所示。

图8－22 应用材质

如果将材质赋给表面后却没有在视图中看到材质效果，请按下6键。请记住，必须用6键查看所导入的贴图效果——默认状态下，该操作用来显示色彩贴图。

看起来不太妥当，是吧？这与创建物体形状时的操作有关。随着这个多边形被拉伸、弯曲和挤压，曾经很整齐规则的UV发生了变形。为了修复这一点，我们需要重新给物体进行贴图投射。

贴图

第17步：使用平面贴图投射重新进行纹理贴图。选择淋浴间地板，并选择Polygons模块/Create UVs→Planar Mapping命令后面的小方块，调出命令设置面板。在Mapping Direction（投射方向）部分选择Y轴，单击Project按钮（如图8－23所示）。

可以利用平面贴图投射的命令设置窗口决定纹理将会沿着哪个轴进行投射。我们想将材质向下投射到地板上，而不是沿着表面的走向进行投射。窗口中的Mapping Direction部分就是用来定义投射轴向的。

第18步：选择淋浴间地板的面（如图8－24所示）。记住在你选择面之前，你需要用鼠标右键点击地板并从标记菜单中选择Face层级。

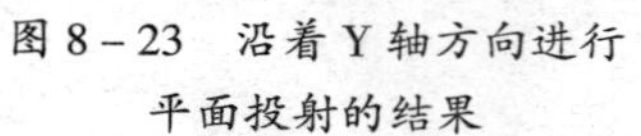
图 8－23　沿着 Y 轴方向进行平面投射的结果

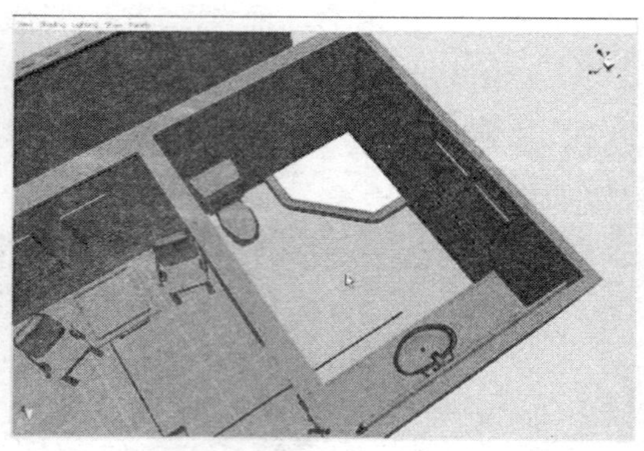

图 8－24　选择淋浴间的地板

Maya 允许将材质分配给每一个多边形面。在本范例中，我们将要在淋浴间的地板上添加相同的瓷砖纹理。我们也可以将地板贴上别的纹理，让它成为完全不同的物体，但把目前这个瓷砖材质赋给地板，制作起来会更容易一些。

第 19 步：在 Hypershade 中，用鼠标右键点击 ShowerTile _ Material，并从标记菜单中选择 Assign Material to Selection。

也可以使用鼠标右键点击要赋给材质的多边形面（在视图控制板中），并选择 Materials→Assign Existing Material→ShowerTile _ Material 命令，将材质赋给物体。

如果地面完全变成白色，只需转换一下观察角度。Maya 正在显示一个具有反射高光的纹理，而该纹理赋给了一个大而平坦的表面，这就容易出现整个表面变成白色的现象。旋转并改变一下观察角度，就应该能够看到地面了。

第 20 步：重新使用 Planar Mapping 命令贴图。仍然要选择淋浴间地板的多边形面，选择 Polygons 模块/Create UVs→Planar Mapping 命令后面的小方块，调出命令设置面板。再次确保用 y 轴作为投射方向。

第 21 步：重新调整贴图的大小，以确保正方形瓷砖没有发生变形。一旦使用平面贴图投射，操纵器就立刻在场景视图中显示出来（如图 8－25所示）。点击并拖拽绿色和红色手柄，以使正方形瓷砖显示为正方形。你可以使用操纵器一角的蓝色手柄去重新调整贴图的大小。

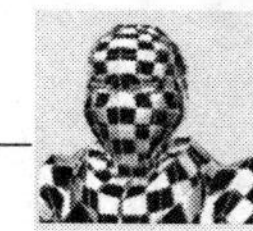

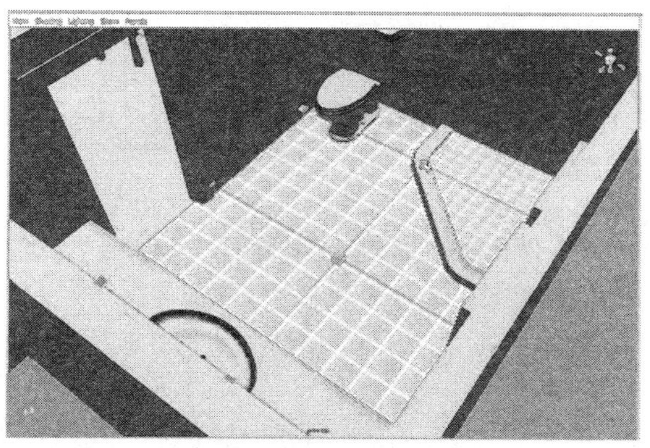

图 8-25 使用贴图操纵器调整贴图

这些贴图操纵器使用相当方便。但如果你点击了场景中别的东西，手柄就会消失。怎样才能让它们再次出现呢?

一种方法是重新投射。不过，这个平面贴图映射实际上是一个附加在物体上的节点。如果你选择了一个物体，这个物体的节点将会出现在通道栏下面的 INPUTS 部分。对于这个地板，如果你单击它，你就会看到 polyPlanarProj2 节点（如图 8-26 所示)。在你激活操纵器工具（在迷你工具箱中的最后一个工具）后，当你选择 polyPlanarProj2 节点时，就会再次弹出贴图投射操纵器，可随时调整贴图投射。

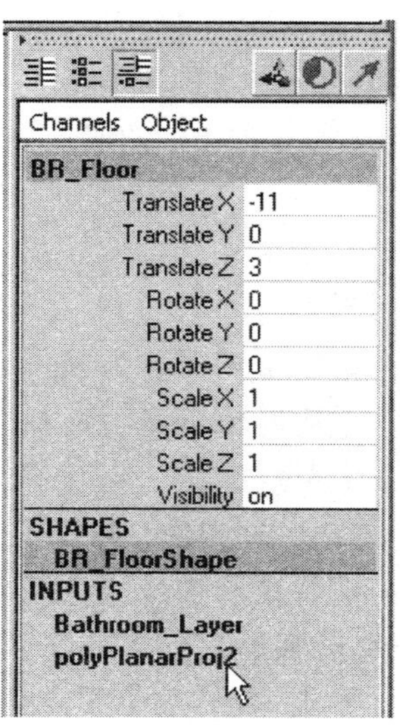

图 8-26 通过选择通道栏中的贴图投射节点，恢复操纵器手柄

第 22 步： 快速渲染（如图 8 - 27 所示）。

第 23 步： 减少凹凸。选择 ShowerTile _ Material 材质的 bump2d 节点（在 Hypershade 中进行操作），把 Bump Depth（凹凸深度）降低到 0.1。再次渲染测试效果。

如果你已经在通道栏中进行了操作，你需要双击 bump2d 节点，使它的属性展现在属性编辑器中。

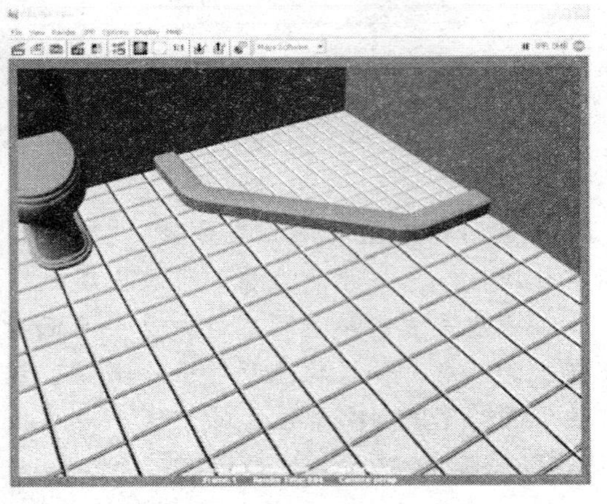

图 8 - 27　渲染结果

第 24 步： 显示淋浴间的其他部分。按下 Shift 加 Ctrl 和 h 键，使上一次隐藏的物体显示出来。你也可以在大纲视图中选择淋浴间中的物体，然后在通道栏中将 Visibility 的值从 off 改为 on。

玻璃材质

第 25 步： 创建一个新的 Phong 材质。

第 26 步： 把它重新命名为 ShowerGlass _ Material。

第 27 步： 在属性编辑器中打开它。

第 28 步： 把色彩调整为灰蓝色。在 Color 通道中点击色彩样本，然后在拾色器中挑选一种颜色。这个文件使用的 HSV 值为 198，25，7。

第 29 步： 把材质制作成半透明状。在 Transparency（透明度）通道中，把滑动条移动到约二分之一处（如图 8 - 28 所示）。

第 30 步： 导入一个 Noise 节点，制作出凹凸效果。在 Bump Mapping 属性通道中，单击棋盘格按钮，并从 Create Render Node（创建渲染节点）对话框中选择 Noise 节点。

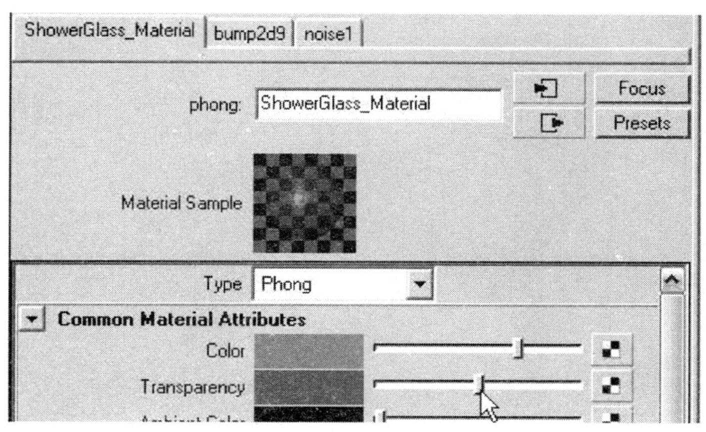

图 8－28　制作半透明的 ShowerGlass _ Material 材质

第 31 步： 在属性编辑器中，在 Hardware Texturing 部分，把 Textured Channel 的值修改成 Bump Map。

使用完全透明的材质，在视图中就看不到了。让 Maya 在场景中显示凹凸贴图，你就可以预览到关于材质最终效果的更多信息。

第 32 步： 将 Texture resolution（纹理分辨率）提到最高（256 × 256）。

因为你正在使用程序纹理（Noise 就是一个程序纹理），使用较低的纹理分辨率，在视图中就很难看到正确的结果。提高纹理分辨率则会看得更清楚。

第 33 步： 依据个人喜好调整 Noise 节点。在 Hypershade 中，选择 ShowerGlass _ Material，并点击输入和输出连接按钮。在工作区中选择 Noise 节点，这将会在属性编辑器中打开 Noise 的属性。调整参数设置来取得想要的视觉效果（如图 8－29 所示）。

第 34 步： 渲染（如图 8－30 所示）。

效果还不算非常动人。别担心这个场景看起来太单调，一部分原因是它们还没有被灯光照亮。目前起到照明作用的是处在照相机顶部的一个无阴影的聚光灯，这是 Maya 默认的灯光。

另一个原因是 Maya 软件渲染器（一个渲染引擎）的默认渲染质量设置非常低，所以效果很差。这个渲染引擎的局限是无法渲染反射。我们可以在以后的操作中解决这个问题。

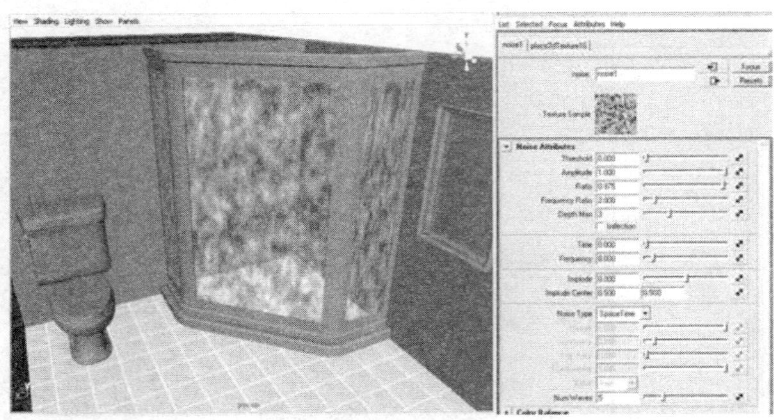

图 8－29　用调整过的 Noise 节点作为凹凸属性的玻璃材质

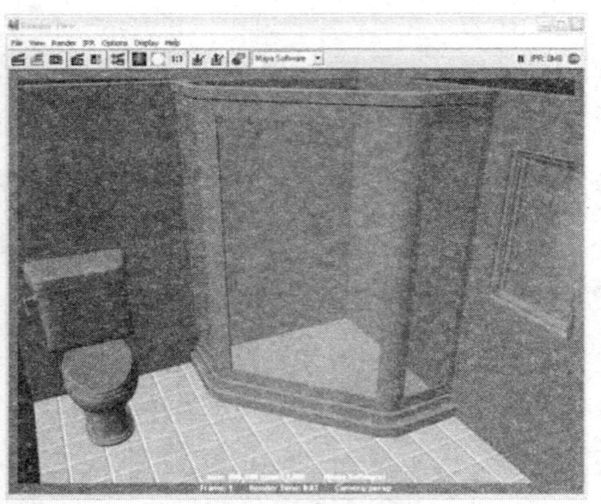

图 8－30　带有玻璃的场景渲染效果

渲染设置

第 35 步：打开渲染设置窗口。在工具架的顶端，在两个渲染当前帧按钮右边的就是渲染设置按钮。你也可以用 Window→Rendering Editors→Render Settings 命令打开渲染设置窗口。

在渲染设置窗口可以修改所有的渲染参数，例如从渲染的大小（在 Common tab 标签下的 Image Size 部分）到渲染输出的通道（RGB、Alpha 通道、Depth 通道）。此外，你也可以修改所激活的渲染器的参数设置。

第 36 步：点击 Maya Software（Maya 软件渲染标签）标签。

第 37 步：打开 Raytracing Quality（光线追踪质量）部分。勾选 Raytracing 选项（如图 8－31 所示）。

在默认情况下，Maya 使用 Maya 软件渲染器进行渲染。请注意 Maya Software 标签（在 Common 标签旁边）。在 Maya Software 标签中，你可以改变 Maya Software 的工作方式，包括它是否计算反射。反射是通过光线跟踪来计算的。因为光线跟踪计算起来比较慢（渲染一个房间的反射，意味着对这个房间进行两次渲染——一次是从照相机的视点渲染，另一次是从被反射的物体的视点渲染），Maya 的默认设置是关闭光线追踪。打开它虽然会降低渲染速度，但是却会得到更精细的渲染效果。

第 38 步：渲染（如图 8－32 所示）。

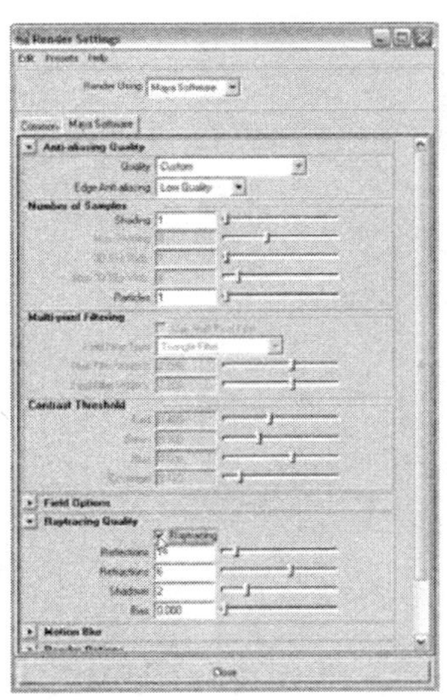

图 8－31　打开光线跟踪后的处理设置

图 8－32　使用了光线跟踪的渲染。注意淋浴间玻璃中的反射是来自地板的

当然，现在你可以看出场景中的问题了（例如，没有淋浴头——需要增加一个），但是缺少东西也让空间显得更大、更加好看一些。

铬黄色材质

第 39 步：创建一个新的 Phong 材质球并命名为 Chrome _ Material。

第 40 步：在属性编辑器中（通过 Hypershade 点击该材质球调出属性编辑器）打开铬黄色材质的属性设置。

第 41 步：将色彩通道关闭。将 Color 色彩滑块向左移动，一直到头。

真正的反射材质是它能反射出任何色彩，而它们自己本身却没有颜色。

第 42 步：在属性编辑器的 Specular Shading 部分，把 Reflectivity（反射率）调到 1。

第 43 步：把 Chrome _ Material 赋给淋浴间的铬黄部分。选择淋浴间的金属部分，并且在 Hypershade 中，用鼠标右键点击 Chrome _ Material，并从标记菜单中选择 Assign Material to Selection。

第 44 步：渲染（如图 8 – 33 所示）。

图 8 – 33　在淋浴间增加铬黄色材质后的渲染效果

在这个铬黄色金属材质中有一些黑色污点，或在反射中出现了一些怪异的东西。这是因为你仍然使用默认灯光的缘故。场景中的摄像机顶部有一盏默认的聚光灯，它照亮了摄像机前面的物体。然而，根本没有光线照在摄像机后面的东西上。因此当淋浴间金属部分的表面反射了房间剩下的部分，一些物体将会在反射中完全变成黑色。

瓷器

第 45 步：创建一个新的 phong E 材质，并把它重命名为 Porcelain _ Material。

第 46 步：把颜色改成纯白色（在属性编辑器中，将 Color 的滑块向右滑到头）。

第47步：在Specular Shading部分，把Highlight Size（高光大小）调为0。

第48步：在Specular Shading部分，把Reflectivity(反射率)调到0.2。

瓷器的表面具有很强的反光性，它相当有光泽，不过这个光泽实际上是对场景中光源的反射。为了正确地看到反光效果，我们关闭这个材质的反射属性（通过把Highlight Size的大小调为0），但是开启Reflectivity（反射率）就能给我们一个可信的瓷器表面效果。

第49步：渲染（如图8－34所示）。

图8－34　渲染后的瓷器

范例总结

我们上面的操作只是将纹理赋给了几个东西，就花费了大量的步骤。幸运的是，你现在已经懂得了基本的操作步骤，我们可以很快就学会其他领域的知识。现在我们可以从零开始创建材质并使用纹理贴图（而且你也掌握了如何创建纹理贴图）。更重要的是，你可以完全控制住如何让材质在一个多边形物体表面上穿透、环绕或是延伸。

范例8.3　为主要的房间贴图

目标

1. 在房间中的物体上添加材质。
2. 给不同的表面添加不同的材质细节。
3. 精确地创建以一定间隔排列的材质。

第 1 步：设置项目。

第 2 步：打开你最近保存的房间场景。这个范例用 Tutorial _ 8 _ 1.mb 的结果来操作。

相框

第 3 步：在房间中找一个带框的图像,并将其在视图中重点显示出来。

对于 Tutorial _ 8 _ 1.mb 中的相框，要注意的事情是：实际上在那儿有两个物体，相框和一个多边形平面。这点很重要，因为添加纹理后的多边形平面实际上是用来展示绘画或照片的。

第 4 步：创建一个新的 Phong，并命名为 FrameLacquer _ Material。

第 5 步：将颜色更改为深红色。

第 6 步：把 Reflectivity（反射率）调到很低的值（0.1），Reflectivity 属性位于该材质在属性编辑器中的 Specular Shading 部分。

我们希望这个涂过漆的相框表面光泽度很高,但是别像金属表面过于强烈的反射。降低反射率是保留一点反射率,而不是完全没有反射。

第 7 步：把材质赋给相框。

第 8 步：创建一个新的材质(Lambert 材质),并且命名为 KatiePhoto _ Material。

第 9 步：在 Color 通道中导入一个纹理。例如，从 sourceimages 文件夹中选择 KatiePhoto.tif 这个图片文件。

如果你愿意，可以在这儿使用你自己的照片。不过，要确保将你想用的照片复制到项目的 sourceimages 文件夹中，并从那儿把它加载到你的纹理中。

第 10 步：把 KatiePhoto _ Material 应用到相框后面的平面上（如图 8 – 35 所示)。

桌子

第 11 步：找到并重点显示桌子。

第 12 步：创建一个新的 Phong E 材质，并命名为 TableLacquer _ Material。

第 13 步：改变颜色，使其接近于黑色。

第 14 步：在 Bump Mapping 通道中添加一个 Noise 节点。

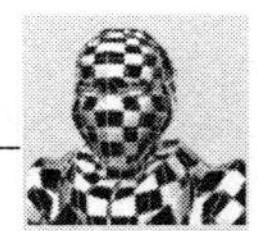

第 15 步：把 Bump Depth（凹凸深度）减少到 0.010。

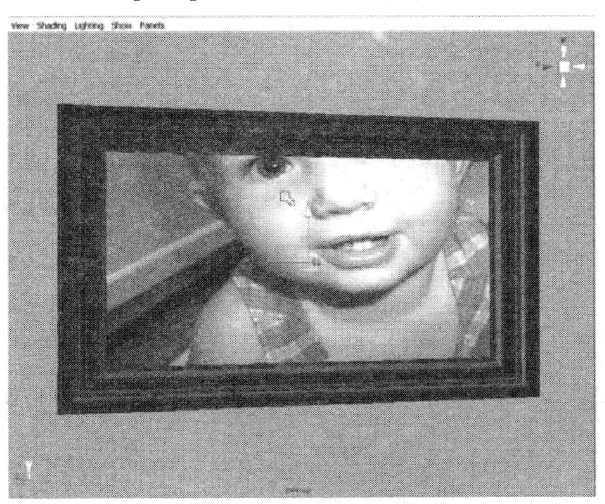

图 8－35　使用一幅照片来作为多边形平面的贴图

极少有物体是完全光滑的。尤其是像桌面这样大的表面，应该有一些凹凸不平。不过，当你把手指掠过桌面的时候，这种凹凸应该不会伤到你的手指。因此用一个非常小的值来设置一个普通的凹凸效果（例如 Noise 节点），就能够添加上足够的凹凸变化，从而使表面更真实。

第 16 步：把 Reflectivity 减少到 0.2。

相框的漆面应该是反光的，但不要太强烈。把反射率的值减小到 0.2，这基本上是我个人的经验。在场景中打上灯光之后，或许你会发现一部分纹理还需要调整，而且反射率的高低也需要调整。其他物体的反射特征往往也是需要多次调整的。

第 17 步：把 TableLacquer _ Material 赋给桌子（包括桌面和底座）。

第 18 步：复制 TableLacquer _ Material 材质。通过在 Hypershade 中选择材质来操作这一步。然后选择 Edit→Duplicate→Shader Network。这个操作将会创建一个叫做 TableLacquer _ Material1 的新材质。在材质标签栏中，这个新材质会出现在原来材质的右边。

为什么要复制？因为材质的色彩相同，只是最终效果稍有不同。但是通过复制材质网络，可以确保两个材质具有相同的色彩和相同的凹凸值。这么操作也节省了时间。

第 19 步：把材质的类型修改为 Lambert。在 TableInset _ Material 的属性编辑器中，顶部是材质类型下拉菜单，把 Type（材质类型）由 Phong E 改为 Lambert。

第 20 步：重命名 TableInset _ Material。

第 21 步：把 Bump Depth（凹凸深度）改为 0.020。

第 22 步：选择桌面上中间部分的表面（如图 8 – 36 所示）。

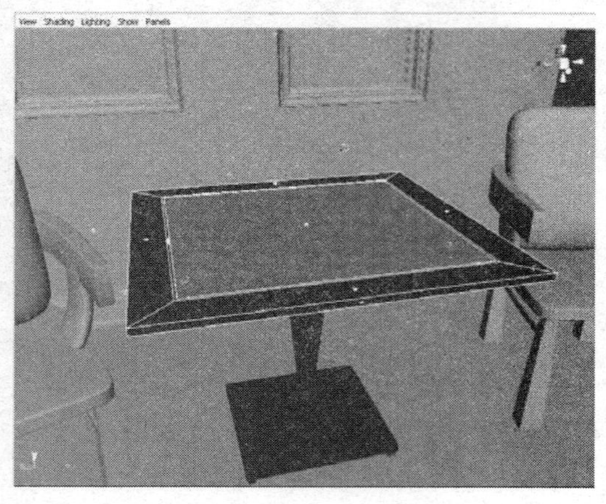

图 8 – 36　选择中间部分的表面

第 23 步：在 Hypershade 中，使用鼠标右键点击 TableInset _ Material 材质节点，并且选择 Assign Material to selection 命令。

地板

第 24 步：创建一个新的 Phong 材质,并命名为 WoodFloor _ Material。

第 25 步：在色彩通道中导入 WoodFloorColor.tif。

这个文件位于 sourceimages 中。在一些像 Photoshop 这样的软件中，观察一下这个纹理，你会注意到它的确是一小块真实的地板。在这种情况下，这么做往往就是正确的。凹凸纹理将会起到主要的作用，而色彩贴图仅需要提供一些表面的色彩变化。因此可以把这一小块地板颜色拉伸覆盖到整个地板上。

第 26 步：用 FloorBump.tif 作为凹凸贴图纹理，并把 Bump Depth（凹凸深度）设置为 0.1。

第 27 步：让 Maya 采用硬件纹理显示的方式来显示凹凸贴图。要操作此步，首先选择材质。然后，在属性编辑器中的 Hardware Texturing

（硬件纹理）区域，把 Textured Channel 输入栏从 Color Map 修改为 Bump Map。

第 28 步： 选择地板。

第 29 步： 选择构成主卧室的多边形面（如图 8－37 所示）。

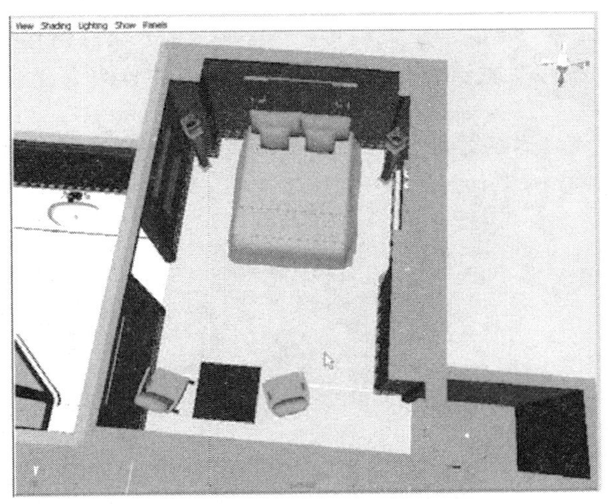

图 8－37　只选择构成主卧室的多边形

第 30 步： 把 WoodFloor _ Material 赋给这些面（如图 8－38 所示）。

第 31 步： 确保这些面都是所选择的木地板，并点击 Polygons 模块/Create UVs→Planar Mapping 后面的小方块，调出命令设置面板。

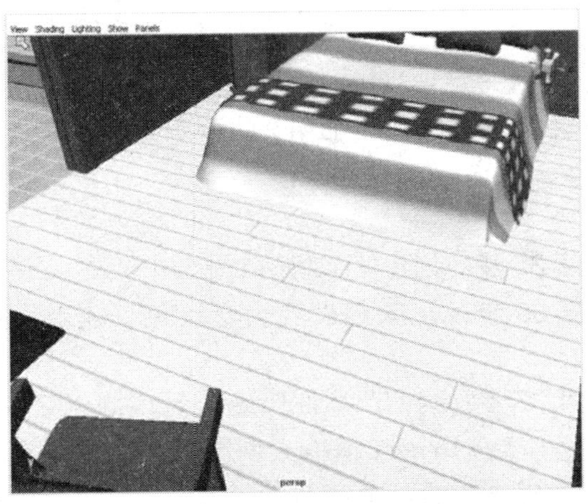

图 8－38　把材质赋给地板上。请注意在添加凹凸贴图的时候，我们有一个更好的主意来修改它的大小

你应该旋转这个地板的板条图案，并让它们朝向另一个方向。实际上有两种方法可以完成这项工作，一个是通过连接到该材质色彩和凹凸通道上的 place2dTexture 节点进行调整，另一种方法是通过控制该材质的贴图映射方式来调整。

第 32 步：在多边形平面投射命令设置窗口中，确保贴图投射方向设置为 Y 轴，并且把 Image Rotation 部分改为 90。

这么操作相当直观。你只要告诉 Maya 沿着 Y 轴向下投射材质并旋转 90°。操作的效果见图 8－39。

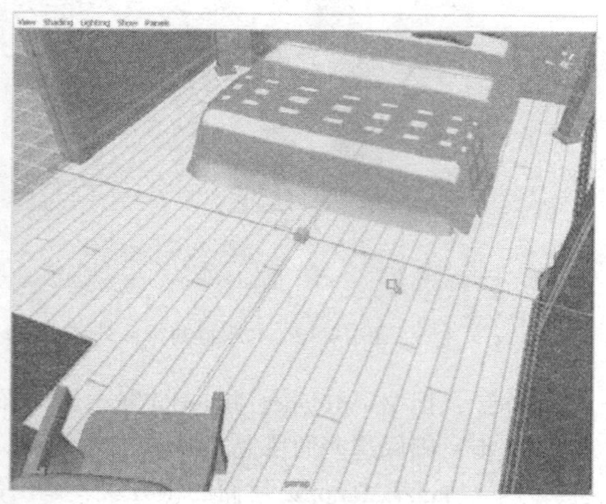

图 8－39　新投射材质的效果

第 33 步：把材质的 Reflectivity（反射率）调整为 0.1。

第 34 步：渲染（如图 8－40 所示）。

墙纸

第 35 步：创建一个新的 Lambert 材质，并命名为 Wall _ Material。

第 36 步：把颜色设置为金黄色（或者设置为你想要的其他任何颜色）。

第 37 步：为凹凸属性连接一个 Grid 网格纹理节点，这个 Grid 节点存在于 Create Render Node（创建渲染节点）窗口。

第 38 步：在 Hypershade 中，双击工作区中的 Wall _ Material 节点（可能你需要按下输入和输出连接按钮，在工作区展开 Wall _ Material 节点）。

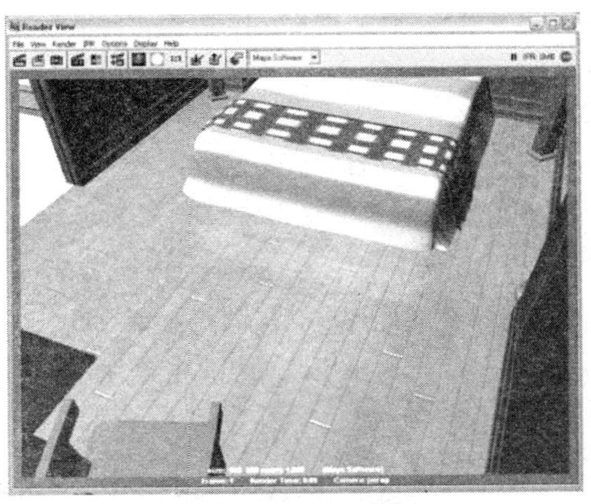

图 8-40　渲染地板材质

我们将调整这个 Grid 节点，使其在我们的墙纸上创建条纹状凹凸。通过在 Hypershade 中双击它，这个节点将会在属性编辑器中打开，在那里我们可以设置它的属性。

第 39 步： 修改设置如下：U Width ＝0.5，V Width＝1，并且，在 Effects 区域中，把 Filter Offset 值改为 0.250。这将会产生一个细条纹的图案（如图 8-41 所示）。

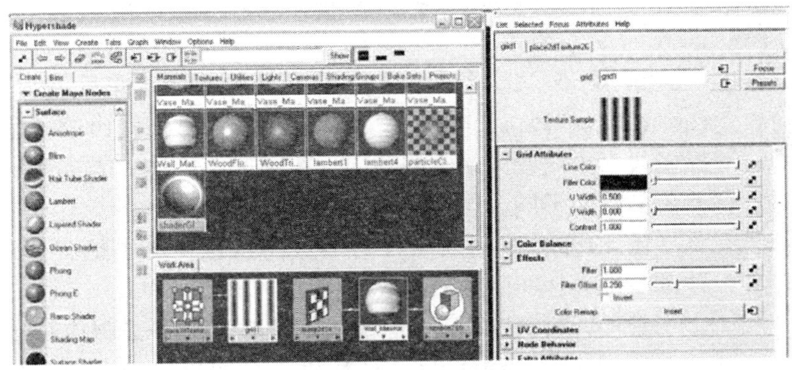

图 8-41　Wall _ Material 的材质网络和应用于材质凹凸属性中的 Grid1 节点的编辑属性

第 40 步： 把 Textured Channel 改为 Bump Map。记住要在 Wall _ Material 的属性编辑器中操作这一步。Textured Channel 的下拉菜单位于 Hardware Texturing 部分。

当这个材质应用于墙面时，我们需要调整每一个表面，从而使凹凸贴图在物体表面是统一协调的。如果你只是把材质放置在墙上，而不调整，那么，你在 Grid1 节点上看到的那四个相同的条纹将会在长的墙面上出现拉伸，而在短的墙面上出现收缩。但是，如果不能在场景视图中看见凹凸贴图（这个网格图案现在变成了条纹图案），你就不能对凹凸贴图做一些必要的调整。

第 41 步：随便选择一面墙（和洗手间相连的墙除外），并且把Wall _ Material 材质赋给这面墙（如图 8 – 42 所示）。

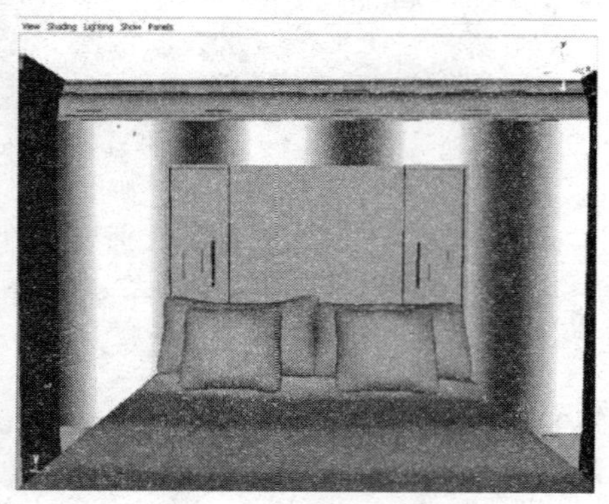

图 8 – 42　运用到墙上的 Wall _ Material 纹理，请注意四个条纹在所有方向的墙面上都出现了拉伸

第 42 步：选择你刚才应用了材质的墙，并且点击 Polygons 模块/Create UVs→Planar Mapping 后面的小方块，在弹出的命令设置面板中把贴图投射方向改为正确的轴向（在图 8 – 42 中，方向是 z 轴方向，也许和你的方向不同，这取决于你选择的墙）。

第 43 步：使用贴图投射节点的红色操纵手柄去修改材质的大小，使其与图 8 – 43 所展示的效果相似。

第 44 步：选择下一面墙并将 Wall _ Material 材质赋给它。

第 45 步：投射贴图。使用平面贴图投射操纵器来调整贴图，使其与第一面墙上的贴图效果相匹配。

如果下一面墙可以看到两个表面（就像图 8 – 44 所示的那样），确定你选择一个表面，用 Polygons 模块/Create UVs→Planar Mapping 命令，并在命令设置面板中调整贴图投射的轴向。将投射方向与这个平面相匹配，然后在另一个表面上重复相同的操作。

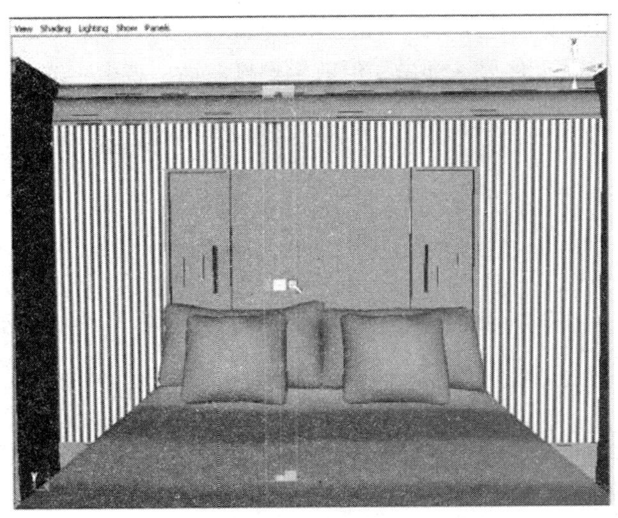

图 8-43 调整平面贴图投射来修改墙面上的凹凸效果

第 46 步：在完成所有的墙面调整之前，你要不断地在房间中重复上面的操作。唯一值得注意的是 West Walls 西墙（与洗手间共用的墙面）。因为你要在那面墙的洗手间一边使用不同的材质，确保你把

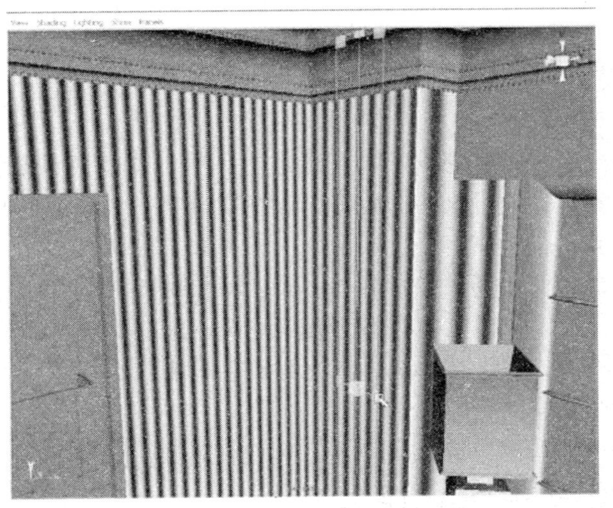

图 8-44 调整投射方向以符合个别的平面

Wall _ Material 材质只赋给了房间内的多边形面上（选择多边形面然后赋给材质）。图 8-45 展示了它应该呈现的样子。

第 47 步： 把 Wall _ Material 的 Textured Channel（纹理通道）改回到 Color（如果这样做了但效果不好的话，就把它改为成 Combined Textures）。

图 8－45　已经赋给物体并调整过的 Wall _ Material

最终，色彩对于房间的整体外观所起的作用要多于凹凸的作用。所以回顾一下色彩，将会为作品最终效果提供一个更好的构思。你也可以用这种方法去调整地板材质。

范例总结

这就算完成了吗？还远远不够。你仍然需要创建和应用很多材质。不过，通过这些材质，你现在知道如何创建新的材质，如何把它们应用到一个物体上去，以及如何投射并控制那些材质的贴图。藉此，你应该能够完成场景中所有的地板、墙和物体的纹理。

渲染出的效果将会有点单调，这主要是因为场景中还没有设置灯光。不过，在下一章中，你就有机会对场景进行进一步的操作，使其更像一个真实的空间。

挑战、练习和课后作业

1. 在 sourceimages 文件夹中，你会发现一个叫做 FurnitureWood-Color.tif 的文件。制作一个新的 Blinn 材质，在它的色彩通道中连接这个图片文件。把这个材质应用到房间中其他的装饰物和家具上面。

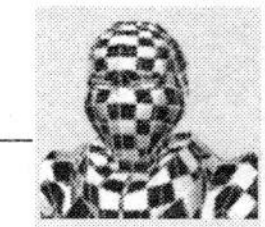

2. 图 8 - 46 展示了房间中的一个吸音板材质。琢磨一下它是如何创建的,并把它制作出来放到房间中的面板和床头板上(如果你被难住了,就看一下随书光盘中 Tutorial _ 8 _ 2.mb 文件中的 Panel _ Material 材质节点)。

3. 为洗手间的墙创建一种新材质（任你选择）。应用并调整贴图，使所有墙上的材质都均匀分布。

图 8 - 46　应用了 Panel _ Material 材质的面板

(请注意这是一个用来观察凹凸效果的渲染图)

4. 核对图 8 - 47。这是装饰好的淋浴间。你打算如何创建墙壁上的玻璃窗?（提示：在这儿用 Cut Faces Tool 切割面工具，在墙上切割出一个新面，然后把玻璃材质赋给这个面)。

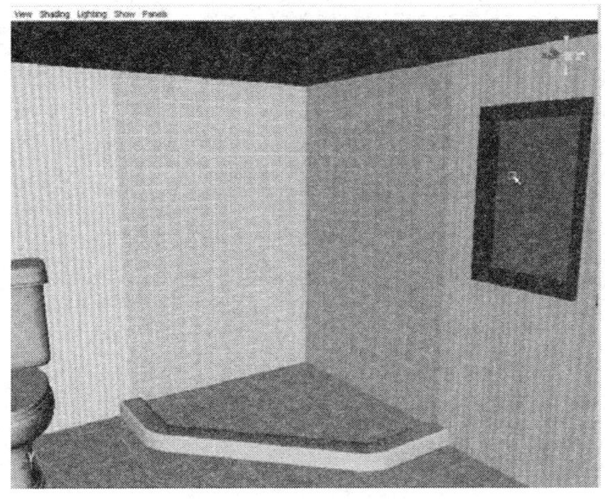

图 8 - 47　装饰好的淋浴间

5. 玻璃窗的材质看起来是什么样的呢？创建一个，并把它分配到窗口的玻璃面板上。

6. 图 8-48 展示了门上的数字，它们带有铜或金的材质。看一下这张图片的彩图，并看一下这种材质是怎样构成的。创建你自己的材质并把它用到你的数字上。

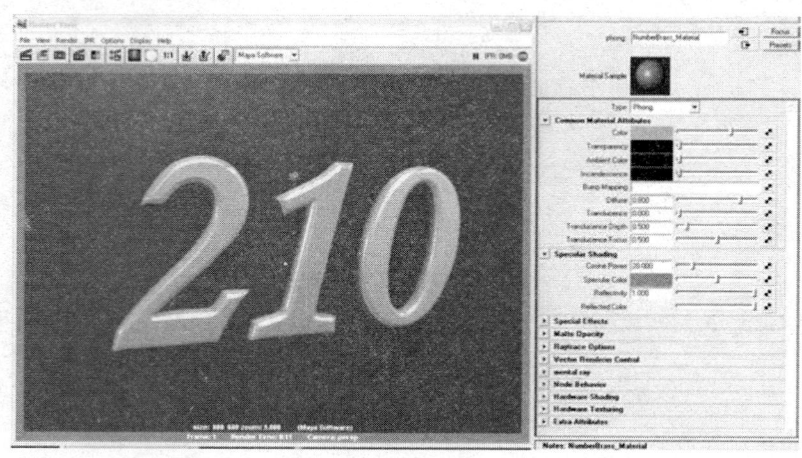

图 8-48　黄金/黄铜材质

7. 完成房间纹理并体会一下效果。

第九章　灯光和渲染

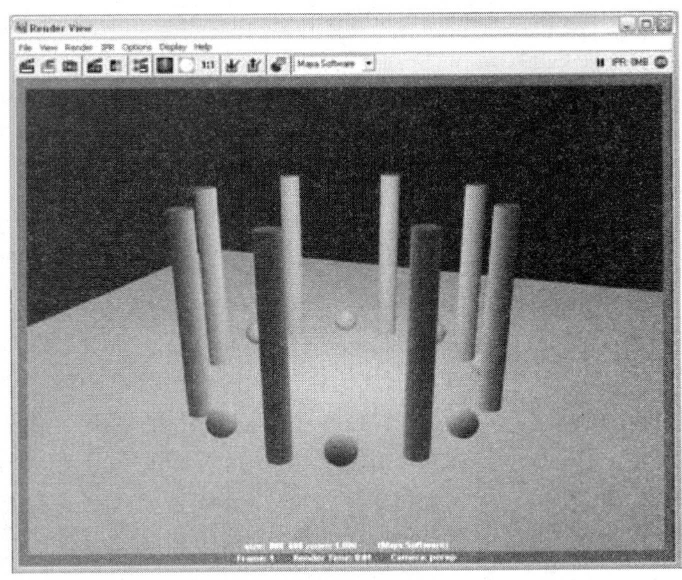
Render View
File View Render IPR Options Display Help
Maya Software

在前面的范例中，我们已经使用 NURBS 曲面和多边形构造出了房间的模型，也使用内置程序纹理和自定义位图图像创建了材质。我们也把这些材质应用到 NURBS 曲面和房间里的多边形物体上，并控制这些材质如何在表面分布。实际上，关于建模和赋予纹理，我们需要学习的技巧还有很多，但是这些技巧在有机模型上才能得到最好的运用。因此，在下几章中我们将会学习有机体建模和赋予纹理。

现在，应该再给我们的场景增加点真实感。是的，我们已经给材质添加了凹凸贴图，有些材质甚至使用了漫反射通道。但是渲染后的效果依然显得单调、空洞、不自然。

同意我这样说的人一定不会忽视灯光的设置。成功的三维电影、电视节目、商业广告和游戏全都巧妙地使用了灯光设置技术和工具。不过，当人们初学三维设计的时候，灯光往往被放在后面学习。有的学生有许多不错的作品都经过了仔细的设计、精心的策划、专业的建模和赋予纹理，但由于他只是简单地把一些灯光叠加在一起，而没有考虑实际效果，这些作品无法达到理想的效果。

本章我们将会仔细学习 Maya 提供的许多灯光设置工具。就像这本书的大部分内容一样，我们既没有空间也没有时间面面俱到地讲解所有 Maya 的灯光设置，但是，我们会学习所有的灯光类型和在阴影设置中用到的一些重要工具。

与灯光设置同样重要的渲染，也会在本章涉及。正是通过渲染，电脑才将你创建和定义的这个世界逼真地绘制出来。虽然有时候电脑是一个相当准确的艺术家，但在默认状态下的电脑相当迟钝而且缺乏创意。你不得不经常帮它，告诉它一些特定的细节，让它绘制出你想要的效果。在本章中我们将要探讨一些与电脑的沟通方法。

关于 Maya 中不同灯光类型和照明，有几点注意事项：一旦在 Maya 中放置一个灯，默认灯光设置就不起作用的了，也就是说，当你渲染场景的时候，原来连接到摄像机上的默认的泛光灯就关掉了。另外，所有的操作都完成以后，可以按键盘上的数字键 7 来预览（在场景视图中）你设置的灯光效果。

注意，无论如何，这只是预览。当按下数字键 7 时，你会看到一些关于一般亮度和颜色的属性显示，但看不到阴影和衰减（光线如何通过距离减弱）的详细情况——你需要经过渲染才能看到这些信息。但是，当你开始设置你的灯光时，一定要按下数字键 7 来预览一下你的灯光设置可能产生的效果。

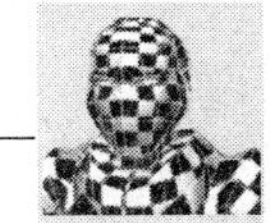

灯光类型

在研究 Maya 中的灯光设置之前，先来看看 Maya 允许我们在场景中使用的灯光类型。为了更好地了解这些灯光类型，我们将会使用如图 9－1 所示的 Maya 文件。这个文件（未设置灯光）可以在随书光盘的 ProjectFiles→Chapter09 文件夹中找到，是一个名为 LightingSetup.mb 的场景文件。如果你觉得边操作边看书比光看书学得更好的话，就打开文件夹，按下面的要求进行操作。

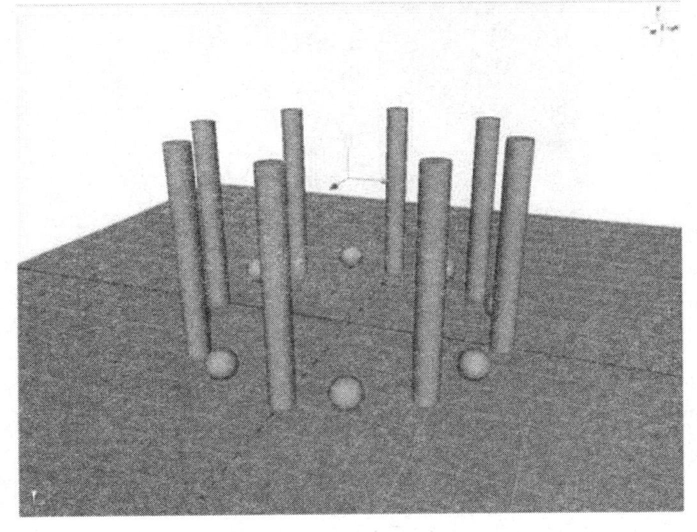

图 9－1　未设置灯光的场景

在创建下拉菜单里创建灯光。在 Create→Lights 菜单下面有一个包含不同灯光类型的子菜单。在这个子菜单中有每种灯光的示例和一些允许你设置的属性。

研究灯光设置时不可能不涉及渲染引擎的使用。下面是 Maya 软件渲染引擎渲染过的各种灯光示例。虽然也有其他广泛使用的渲染工具 (Mental ray，renderman 等等)，但是大多数 Maya 用户仍然主要使用 Maya 软件渲染引擎。因此，虽然我们稍后会简单了解一些 mental ray 选项，但现在仍然选择使用 Maya 软件渲染引擎。

环境光

很难准确地描述，环境光没有明确的发射源，但是却能把整个场景都均匀照亮。图 9 – 2 展示了一个环境光照射的效果。该灯光的位置正好在物体中间的圆圈上，即使是使用默认的灯光设置，场景中也有了足够的光。问题是灯光照亮了所有的地方，没有照不到的地方，效果太均匀了。

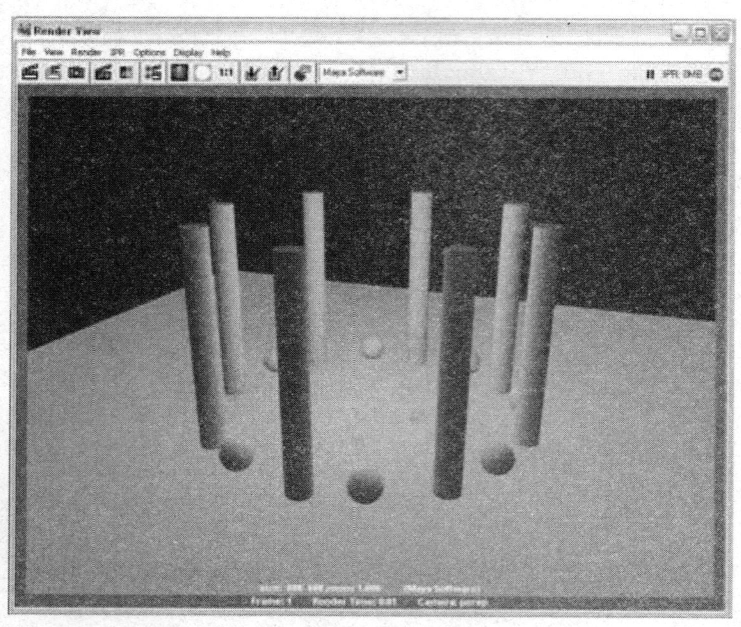

图 9 – 2　在物体中心设置环境光后的效果

使用环境光所遇到的第一个问题是物体上没有哪个面是完全黑暗的，物体的背面虽然会稍暗些，但仍会有一些亮光。同样，物体上也没有阴影，如果我们没有使用光线追踪阴影（一种即时生成阴影的精确计算方法，稍后我们会做详细介绍）的话，这种灯光就不会投射出阴影。

一般来说，我们要尽量避免使用这种灯光类型。对于许多学生来说，当他们感到场景太暗了，首先想到的解决方法就是在场景中运用环境光。这会使整个场景变得单调并让他们费力创建的模型变得平庸。所以，不要使用环境光。

直射光（平行光）

在所有灯光类型中直射光的效果最像日光。它来源于无穷远处并射向无穷远处。此外，光线全部平行射入场景——光线不会分散开。

直射光（如图 9 – 3 所示）由两部分组成：光线本身和一个虚拟目标。所有的光线（绿色箭头所示）都投射到一个虚拟目标上。现在你可

以使用旋转工具像旋转其他物体一样来旋转直射光，但是如果你已经选择了直射光（或者在 Maya 中的其他类型的灯光）并激活了操纵器工具(同样如图 9-3 所示)，那么你就可以使用两个移动手柄，分别调整光线和虚拟目标。当你移动虚拟目标时，光线会一直指向该目标。

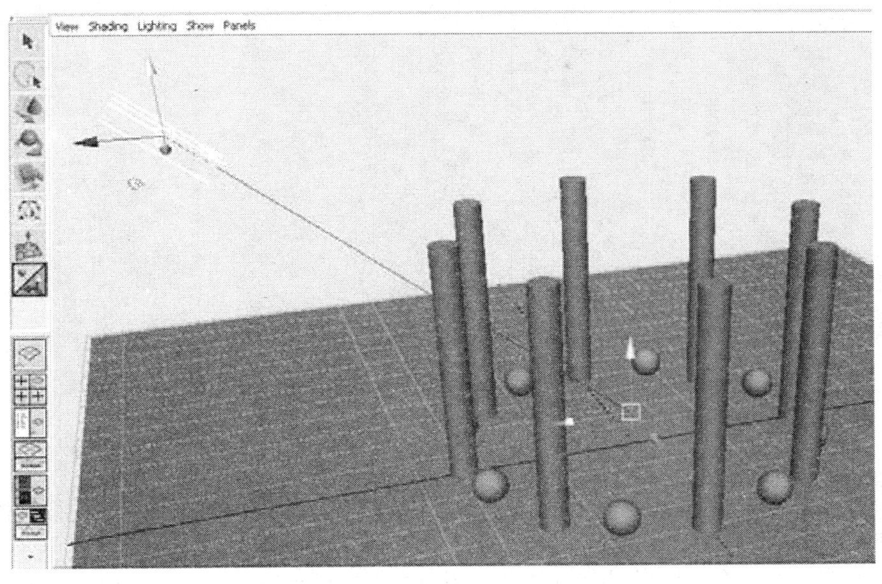

图 9-3　直射光和激活操纵器工具后显示出来的虚拟目标

图 9-4 展示了默认状态下直射光的效果。可以确定，光线来自于同一个方向，但它并不像环境光那样，在直射光下物体有真正的阴暗面。不过，在这种默认状态下效果仍然不是特别好，因为物体没有立体感和阴影。

像 Maya 中的大部分物体一样，灯光的属性通过属性编辑器来控制。在大纲视图中双击灯光，或在视图中选中它，那么在界面的右边的属性编辑器中便会展示出可编辑的属性。图 9-5 展示的是图 9-4 中直射光的属性编辑器。

注意灯光的属性按照功能被放在不同部分。在第一个区域，我们可以改变直射光属性中灯光类型、色彩和强度。改变色彩是很好理解的，而改变强度就是调节灯光的亮度。

接下来是阴影部分。默认情况下，Maya 的灯光不能投射阴影（尽管你可以在创建时在命令设置窗口中进行更改)。实际上有两种不同的阴影可供使用，一种叫做深度贴图阴影，另一种叫做光线追踪阴影。我们通常会选择深度贴图阴影工具，因为它要比后者渲染得更快些。

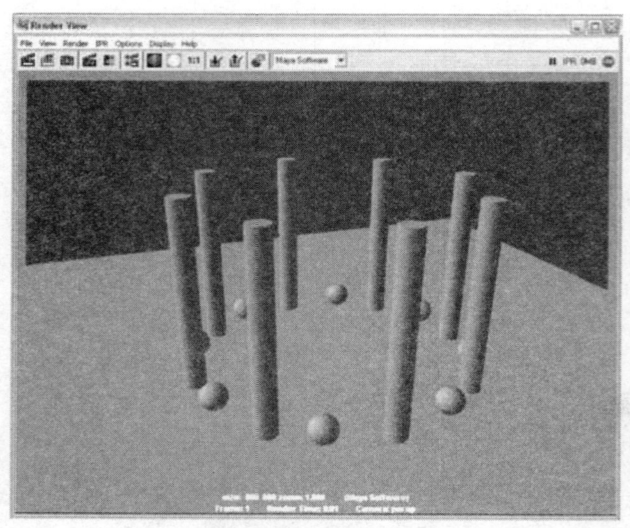

图 9-4　使用默认的直射光设置的场景的渲染效果

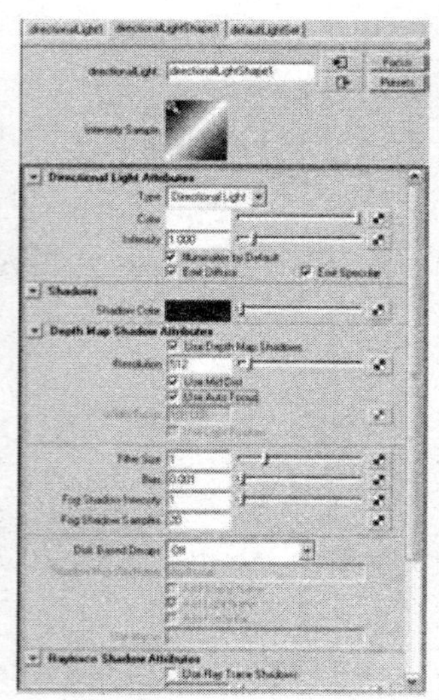

图 9-5　直射光的属性编辑器

深度贴图阴影

深度贴图实际上是用图像表明物体距离摄像机有多远或物体距离灯光有多远。深度贴图阴影其实是一个图像（在 Maya 中以 .iff 的形式暂时保存），这个图像是从灯光的角度进行渲染的结果。深度贴图可以判别出哪些物体应该在阴影中。

在属性编辑器中的 Depth Map Shadow Attributes（深度贴图阴影属性）部分，勾选 Use Depth Map Shadows。请注意第一个选项是 Resolution 分辨率（毕竟你是正在创建一个图像）。分辨率越低，深度贴图就会越小，并且通常阴影会很粗糙。

图 9-6 展示的是强度为 3,默认分辨率为 512 的情况下,激活深度贴图阴影的直射光的渲染结果。请注意深度贴图细节和你能实际看到的像素。

直射光的深度贴图阴影分辨率问题显得尤为突出，因为直射光的光源面积很大，所以深度贴图必须和整个场景一样大（而不像其他灯光一样有一个有限的尺寸）。

为了修复深度贴图阴影的阴暗不均，你可以提高分辨率。图 9-7 展示了把分辨率提高到 3500 的渲染结果。

当然,当你增加了分辨率设置,渲染时间也会增加,因为 Maya 必须为深度贴图阴影创建大的图像。另一种选择是(如图 9-8 所示)调整滤镜尺寸的设置。Filter Size 是对于深度贴图的模糊处理,Filter Size 参数越高,深度贴图就会越模糊。这么操作的结果是会得到一个边缘更柔和的阴影。

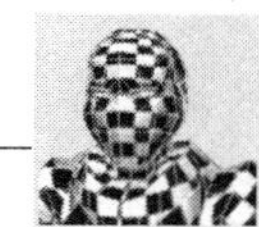

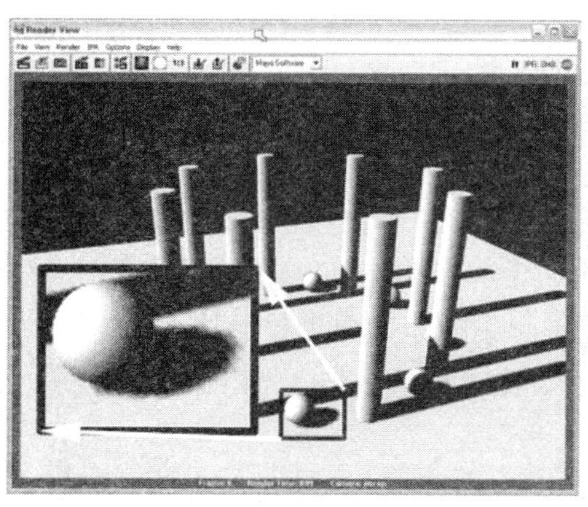

图 9－6 使用默认分辨率的直射光

图 9－7 分辨率为 3500 的深度贴图阴影，请注意阴影变得更清晰

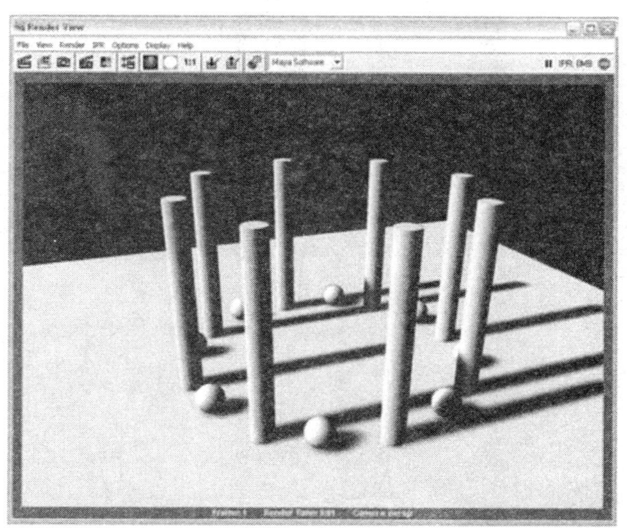

图 9－8 分辨率为 512，滤镜尺寸为 4 的直射光渲染效果

这些方法（提高分辨率和滤镜尺寸大小）都可以消除阴暗不均的阴影，但效果上有很大差异。通常当使用直射光时，你想获得的是阳光的效果，而阳光通常投射出的是非常清晰的阴影，因此在这种情况下，提高分辨率设置是最好的选择。

光线追踪阴影

注意在属性编辑器中 Depth Map Shadow Attributes（深度贴图阴影属

性）下有一个叫做 Raytrace Shadow Attributes（光线追踪阴影属性）的区域。勾选 Use Ray Trace Shadows 选项，将会自动取消 Use Depth Map Shadows 的勾选，关闭深度贴图阴影。

虽然光线追踪阴影比深度贴图阴影更加精确，而且能产生一个非常好的效果（如图 9－9 所示）：阴影在紧挨物体时很清晰，随着不断地延伸拉长而逐渐变得柔和（就像现实中的阴影一样）。但要注意在图 9－9 所示的屏幕截图中，用光线追踪阴影花费了 46 秒的渲染时间，而如果用深度贴图阴影只需 1～3 秒。

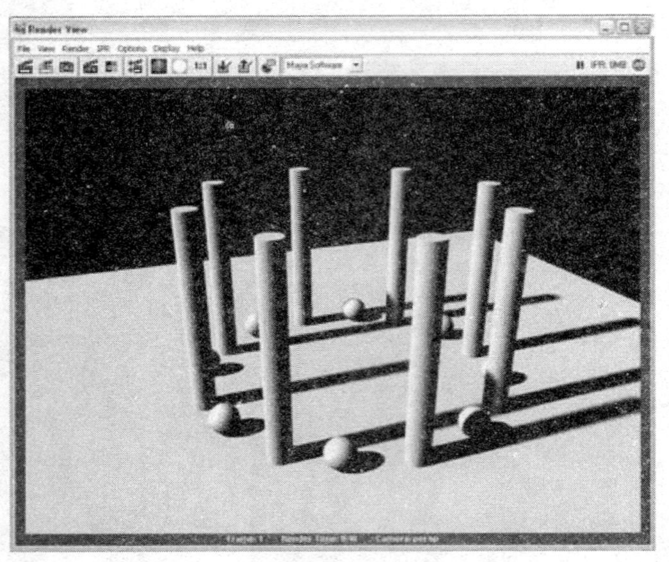

图 9－9　光线追踪阴影的效果

虽然效果很漂亮，但用增加渲染时间作为代价，依然得不偿失。随着你的灯光方案变得越来越复杂，深度贴图阴影和光线追踪阴影之间的差异也会变得越来越小。所以总的来说，用耗费时间的光线追踪阴影并不值得。

关于直射光的说明

图 9－10a 展示了一个放置在物体的圆圈之中的直射光。图 9－10b 展示了渲染的效果。请注意：即使直射光的图标放在了物体的内部，但物体外部仍然会被照亮。这是因为直射光实际上是从无限远的地方发出的，与你将直射光的图标放在什么位置无关。虽然这有点不直观，但这点很重要。这就是直射光有时会比其他类型的灯光更难控制的原因。

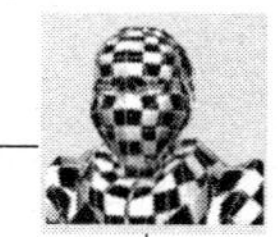

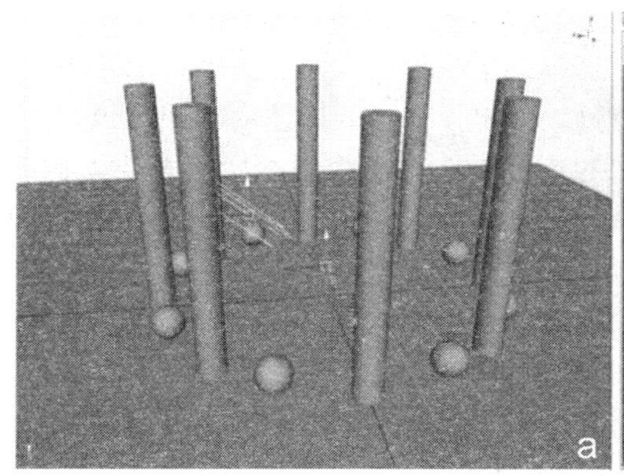

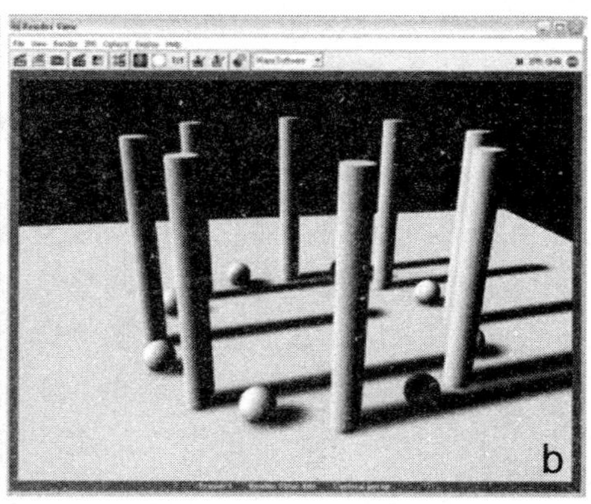

图 9－10　直射光被放置在物体内部（a），但是物体外面的部分仍然被照亮了（b）

点光源

点光源实际上很像灯泡。来自于点光源的光线从空间中的某点发出，射向四面八方（如图 9－11 所示）。注意在默认状态下，点光源不投射阴影。同样需要注意的是，在属性编辑器中的 Point Light Attributes（点光源属性）中，你可以看到一个新属性——Decay Rate（衰减率）。

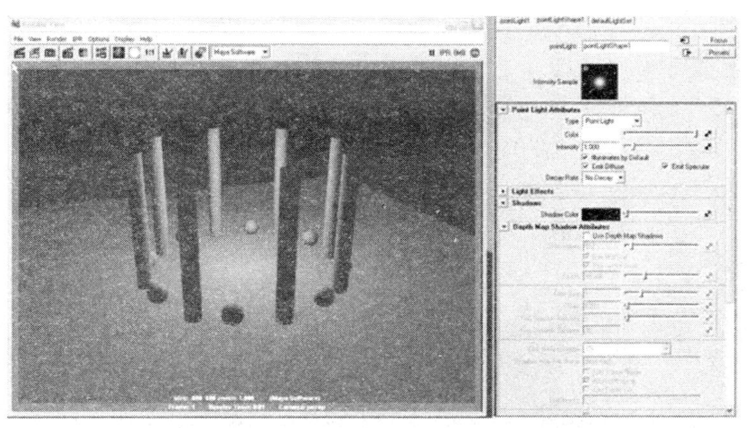

图 9－11　默认的点光源设置和它的效果

衰减率

衰减率在三维场景中是相当重要的。如果使用默认衰减数值的话，理论上三维场景中灯光会把光线射向无穷远处。也就是说，无论投射得多远，光线既不会减少，也不会变暗。

实际上，处理像点光源这样的灯光是很困难的。对于点光源，你可以把它照亮的区域想象成一个球体。离点光源越近，这个球体就会越小

(体积越小因而球体内的光线也就越少)。当逐渐远离点光源时，球体就会变大，体积也随之变大，球体内的光也就会随之增多。于是就出现了这样一种情况：离点光源越远，光源投射出的球体内的光线越多。

当然这与光线在现实中的传播方式一点也不相同。若要模仿现实中光线的传播，使用光线衰减或许是一个好主意。是的，接下来我们就通过设置光线衰减来调整灯光，因为无法在视图中精确地看出衰减的情况，而且通常需要使用多个灯光来达到最终的灯光效果，因此这个过程会花费一些时间。但是如果能让角落保持黑暗（如果你希望这么设置），并且使灯光附近的聚光区比较明亮（如果你希望这么设置）的话，灯光设置效果就会显得更加真实可信。

可用的衰减类型有：线性衰减、二次方衰减和三次方衰减（Linear、Quadratic、Cubic)。这些主要是作为参考，让你大体知道图像在经过一段距离的衰减之后会变成什么样子。本质上，二次方衰减是最接近真实世界中的光线衰减规律的，不过，它有点难控制。三次方衰减要比真实世界中的光线衰减更快，并且操作起来很难。在多数情况下，我会选用线性衰减，它既能很好地模仿真实的光线衰减，又能提供给我们易于修改和易于预测的衰减率。

在使用了衰减的情况下，要求有衰减灯光的强度值必须要比无衰减灯光的强度值高。因此如果强度为 1 的无衰减灯光能照亮整个场景时，那么一个呈线性衰减的灯光强度就需要是 2、3，甚至比前者高 10 倍(具体数值取决于场景大小)，这样才能达到相同的效果。

图 9－12 展示了一个与图 9－11 中灯光设置相同的场景，点光源也在物体中间（地面以上)。但因为它的灯光呈线性衰减，所以，它的灯光

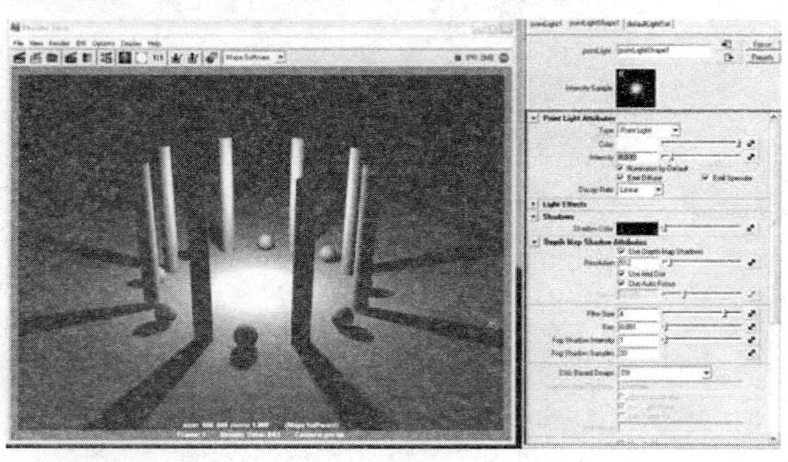

图 9－12　设置了衰减的点光源

强度（为 6）比图 9－11 的强度值要高。我们同样会注意到该灯光打开了深度贴图阴影。

聚光灯

聚光灯中使用了很多在设置直射光和点光源时用过的技巧和工具。同样，聚光灯的属性（可以在属性编辑器中编辑）也有色彩、强度、衰减和深度贴图阴影。请注意：在聚光灯的属性中还有锥角、半影角、线变形（Cone Angle、Penumbra Angle 和 Dropoff）。

聚光灯从空间中的某一点（把它看作是一个灯泡）发散出光线，并且以圆锥状向外投射。锥角是圆锥的大小，增大锥角，光线便会照射到一个更广泛的区域。半影角与灯光的焦点（舞台布置术语）有关。该属性为 0 的灯光效果有明显的焦点和边缘，非零值的半影角设置会使灯光焦点和边缘变得柔和。Dropoff 是用来定义光线从中心聚光区到边缘递减变化的。

图 9－13 进一步阐明了这些属性。它所展示的是一个默认设置的聚光灯（已打开深度贴图阴影）。注意，在这个场景中有两个控制器，一个控制聚光灯（左上角的绿色锥形），另一个控制虚拟目标（聚光灯所指的点）。衰减率设置为线性，因此强度提高为 12。

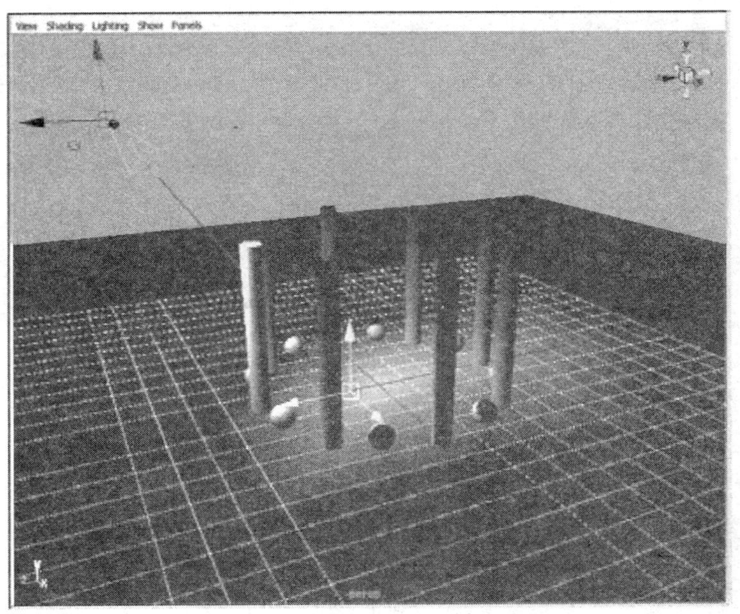

图 9－13　聚光灯设置

图 9－14a 展示了该设置的渲染效果。图 9－14b 展示的是锥角(Cone Angle)从默认的 40 增加到 60 的渲染效果。注意照明的区域更大了。

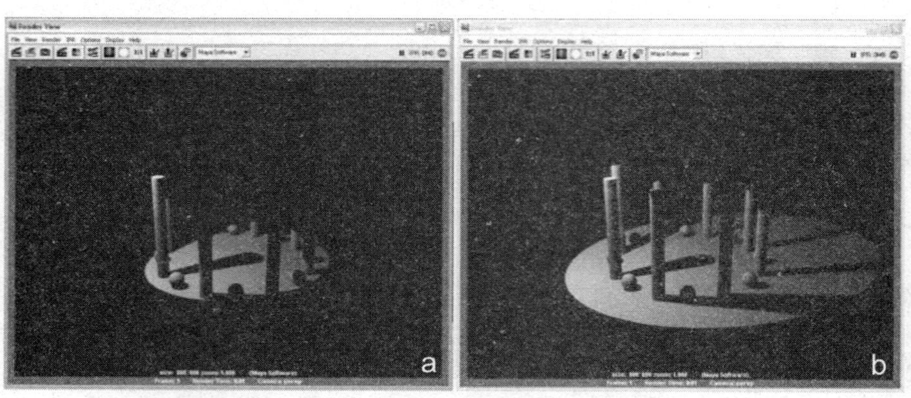

图 9－14 锥角设置的差异（a 设置为 40°，而 b 设置为 60°）

图 9－15a 展示了半影角（Penumbra Angle）为 10 的设置。图9－15b 展示了半影角为－10 的设置。注意在每个渲染图中灯光边缘的柔和程度。

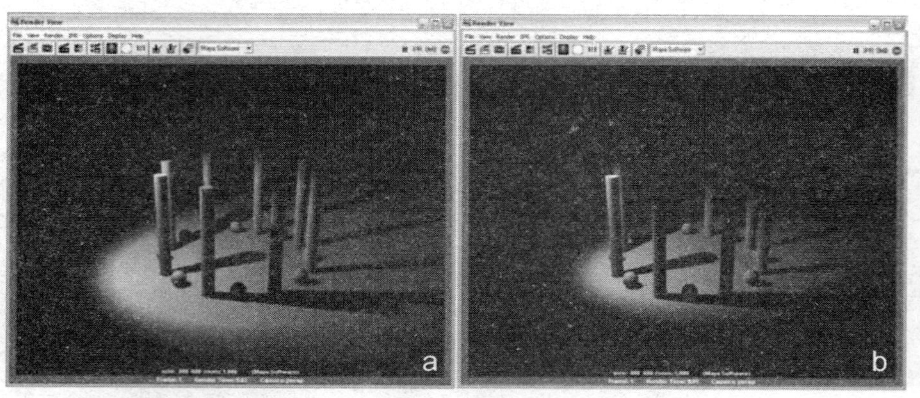

图 9－15 不同的半影角设置（图 a 设置为 10，图 b 设置为－10）

聚光灯的投射方向

既然聚光灯有这样一个特定的光照区域，那么我们就有必要再说一下如何使灯光照射在我们想照亮的区域。第一个方法是使用工具盒中的“显示操控器”工具，但是我们还有一个好用的小窍门，就是使用场景视图。

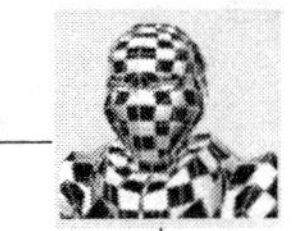

选择聚光灯(或任何灯光甚至所有物体都可以用这个方式),选择 Panels→Look Through Selected 命令(在视图的下拉菜单中)。呈现在你面前的将是与图 9－16 相似的视图,你能以灯光的视角进行观察、定位及移动场景。在这种模式下,如果改变视图,光线的照射方向也会随之改变。这是一个相当直观的方法,可以确保聚光灯照射在场景中恰当的位置。

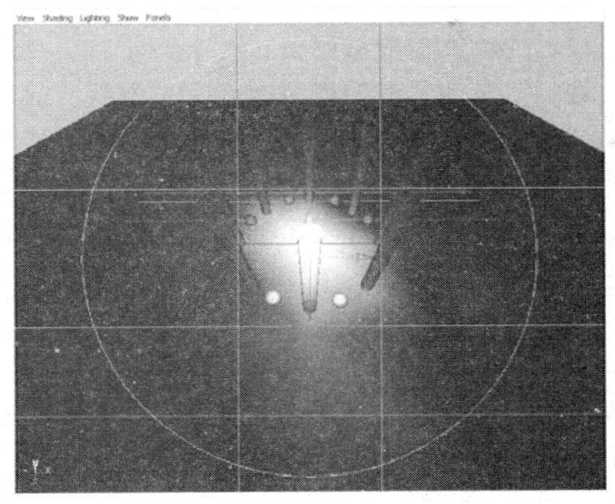

图 9－16 选中并使用了 Look Through Selected 命令的聚光灯

面光源

面光源确实能够增强灯光设计的感性效果。与真实世界中的发光原理最类似的是灯箱——能发射出柔和光线的灯箱。图 9－17 展示了简单的面光源设置和渲染效果。

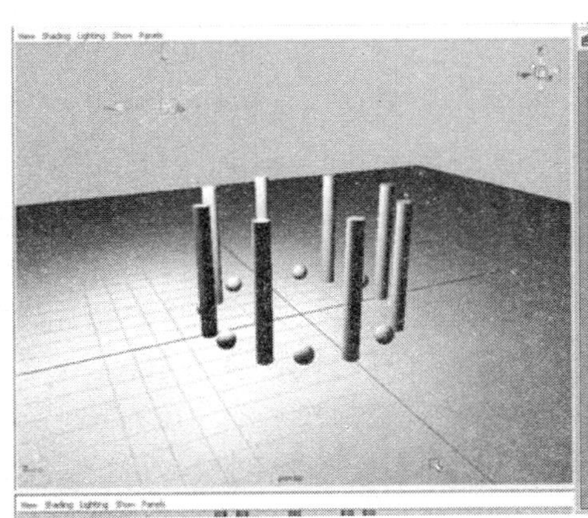

图 9－17 设置中的面光源

使用直射光和聚光灯时，可以通过旋转灯光图标来调整灯光的方向，而旋转灯光图标是用操纵器来实现的。你可以用缩放工具来改变面光源图标的大小。面光源的图标越大，照射的面积也就越大。

关于面光源的一些提示：由面光源发射出的灯光向四周扩展，而不是以带状射出的。当我们开始给房间设置灯光的时候，你就会明白这一点的重要性，但是从本质上来说，关键就是位于面光源一侧（并稍微靠前一点）的物体也能被照亮。

在一些其他的三维程序中，面光源所发射出的光是均匀分布的。在 Maya 中面光源不是这样的，面光源有一个聚光区——通常是围绕在它的照明中心周围的。这个聚光区可能是一个操作中的难点，通常它的消失方式看起来很像聚光灯发出的光。正因如此，要想真正用好面光源，使用它的时候通常要比使用其他许多光源更加小心翼翼。

但面光源实际上有很多的优点。光线追踪或者 Maya 软件渲染都没有计算光粒子的反射——就是说当 Maya 在渲染过程中发现光线碰到物体表面时，光线就会立即停在那里，而不会像真实生活中的光线从表面反射，并继续照亮其他物体。虽然 Mental Ray 提供了一些能够进行此类运算的光能传递渲染程序，但是这些程序运行起来很慢（真的很慢），而且通常对于三维初学者和制作动画来说并不实用。

但是,你可以在 Maya 软件中模仿真实光线的属性。在能模仿现实中光的反射的各种方式中,面光源是我最喜欢的方式之一。需要一面墙去反射从对面窗口射进来的阳光吗？把面光源放置在一面朝向房间的墙上就可以实现。需要从木地板上反射光线吗？把面光源放置在正对地板的地方就可以了。我们将会在接下来的范例中看到这项技术的操作过程。

体积灯

体积灯（如图 9－18 所示）的工作原理是：体积灯发出的光在它周围呈立体状分布。默认情况下的体积灯的形状是球体，但它的形状也可以是立方体、圆柱或圆锥。体积灯的重要特点是光只存在于立体形态内部，立体形态之外的物体（像在图 9－18 中）不会被它照射。

体积灯的优点是它提供了一个非常直观的方式，让我们能看清楚光线到底投射了多远，不需要我们去猜想（有时候，使用 Maya 的其他灯光需要猜想）。此外，你可以创造出一种现实中根本不存在的光。你可以在一个非常小的区域内投射一束非常亮的光，但是它根本投射不了太远。在某些情况下（正如你将会在接下来的章节中学到的），体积灯是一个很值得一试的选择。

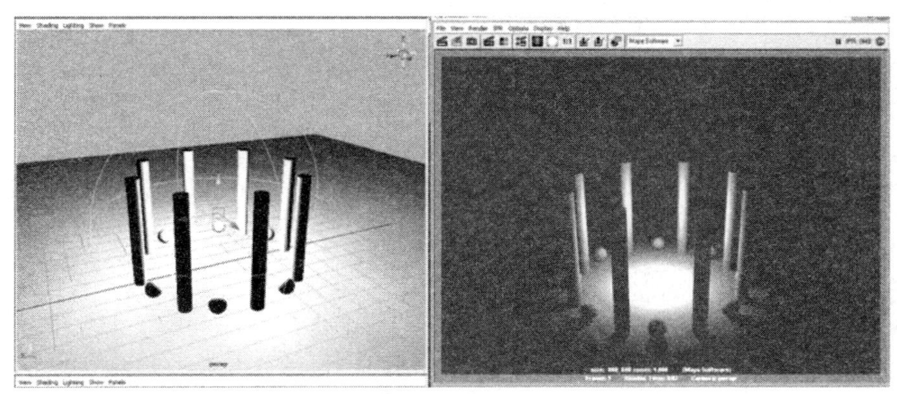

图 9－18　体积灯

理论应用于实践

我们已经学习了 Maya 中照亮场景的工具。现在我们可以开始使用这些工具并进行一些漂亮的渲染。

对于初学三维的学生来说，灯光的制作过程可能会令人产生挫败感，因为你最终渲染出来的结果往往不是你在场景视图中所看到的。正因为这样，经常进行渲染以观察渲染效果显得尤为重要。此外，大多数灯光的默认设置（没有阴影，不会减弱），并不能得到一个漂亮的渲染结果。有时，在属性编辑器中，灯光各种属性的开启或关闭，都能够影响到最终的场景是一团糟还是精美漂亮。

所以坚持下去，在对场景进行完善润色的时候多一点耐心，不要放弃！记住如果场景的灯光效果还没有做好，那么这个场景就没什么可看的。

具有讽刺意味的是，晚间的灯光设置实际上比白天的灯光设置更容易。这主要是因为夜晚场景的灯光设置，主要模拟的是人工照明，这在三维环境中是比较容易控制的。因此在范例 9.1 中我们将要介绍为夜晚的场景设置灯光，然后紧接着在范例 9.2 中介绍为白天的场景设置灯光。

范例 9.1　夜晚场景的灯光设置

目标

1. 创建点光源、体积光、聚光灯和面光源。
2. 控制灯光的衰减、强度和色彩。
3. 创建一个具有真实感的灯光场景。

第 1 步：设置项目。

第 2 步：打开上次保存的房间场景版本。在这个范例中，我们将使用 Tutorial _ 8 _ 2.mb 作为基本的场景。但是如果你想要把你的想法运用在自己的场景之中，那就用你自己制作的场景。

第 3 步：创建一个点光源。点击 Create→Lights→Point Light 命令。

首先，我们将在天花板上放置嵌入式灯光。这种灯光将会在天花板向下方突出的凹形区域内设置一个灯泡。这实质上是一个照向四面八方的灯光，所以点光源是最好的选择。

第 4 步：将它重命名为“PotLight”。在大纲视图中，双击点光源物体并更改名称。注意这也将会在属性编辑器中打开灯光属性。

在我们完成所有步骤前，整个场景中将会有很多灯光。在需要对灯光进行调整，或选择用特定的灯光照射特定的物体表面时，将它们进行重命名将会起到很大的作用。在用任何三维软件的时候，最好将创建的所有物体都进行命名。

第 5 步：在键盘上按下数字键 7。

记住按下键 7 后，你会大致看到所设置的灯光照明效果。现在按下键 7，整个场景看起来可能会非常暗淡，这是因为你所创建的灯光目前还放在房间地板的中间。

第 6 步：把灯放在天花板的下面。如果看不到天花板，就把 Ceiling（天花板）这个层设置为可见。使用移动工具沿着 Y 轴向上移动 PotLight，这样使它离天花板很近，但不要穿透天花板，也不要放在天花板的里面或上面（如图 9 – 19 所示）。

是的，我们可以穿透天花板并在天花板上凿洞，在 PotLight 的位置创建出真实存在的金属灯罩。但因为我们设置该灯光的前提是，实际的灯泡是突出于天花板的，所以我们就可以简单地把灯放置在天花板的下面。这将会节省大量的建模时间，更快地进行设置。

第 7 步：渲染。

渲染后也不大好看，是不是？因为照亮整个场景的点光源使用的是默认设置，没有衰减，也没有阴影，所以效果看起来会非常单调。

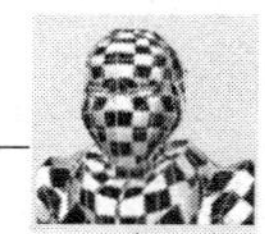

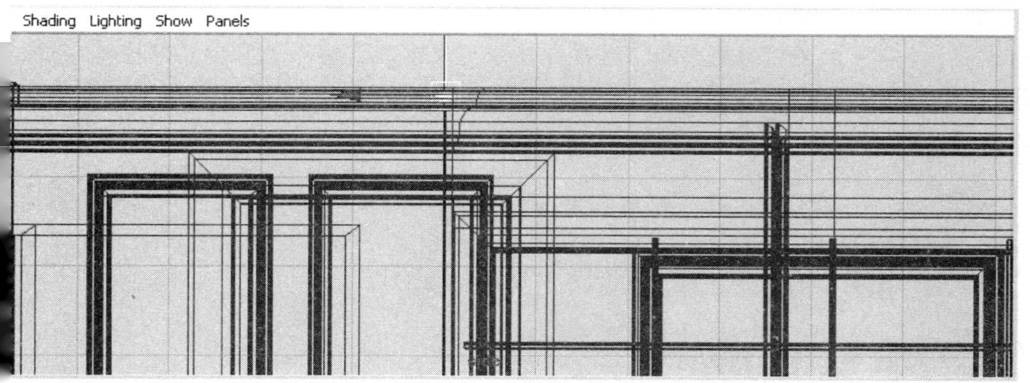

图 9－19　PotLight 的定位

第 8 步：把 PotLight 的 Intensity（强度）设置为 7，将它的 Decay Rate（衰减率）设置为 Linear（线性），并添加阴影。如果你在属性编辑器中找不到 PotLight 属性，就在大纲视图中双击 PotLight，这样就可以找到了。然后在点光源的属性中将强度设置为 7（可以直接在输入栏中输入数字，也可以使用滑动条）。将衰减率改为线性，打开阴影部分并使用深度贴图阴影。在 Filter Size（滤镜尺寸）的输入栏中键入 4（如图 9－20 所示）。

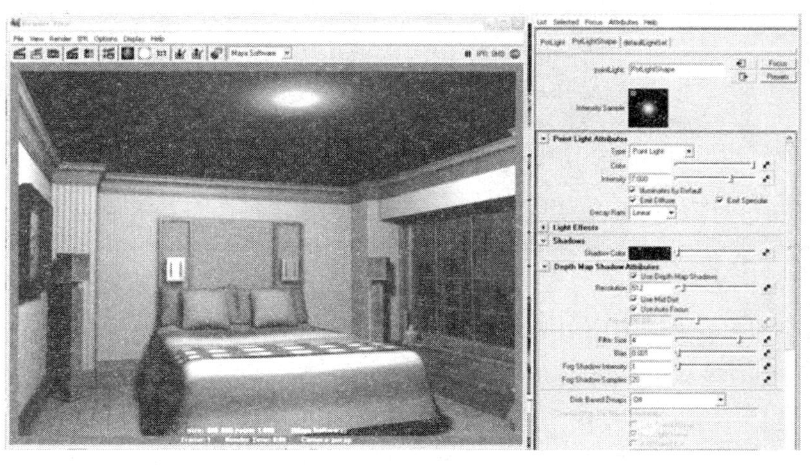

图 9－20　更改 PotLight 的默认设置，使设置更为合理

你可能会觉得直接将强度设为 7 太快了，但是记住，一旦开启任何衰减，灯光射出的光线就会大大减少，房间里就不会太亮了。所以开启衰减后，一般都要相应地增加强度。

不论制作什么样的影子都需要激活深度贴图阴影。把 Filter Size 调到 4 可以使阴影更柔和，这样即使分辨率不高，阴影也不会显得粗糙。

第 9 步：渲染。

我们马上就可以看到当前进行了灯光设置的场景效果，但是看起来仍然有些光秃秃的。部分原因是场景中只使用了一盏灯光，而产生了完全黑暗的阴影。继续，这个问题很快会解决。

代表灯光的几何体

第 10 步：创建一个几何体来表示灯光。依据个人喜好选择几何体的类型，图 9－21 使用了一个球体（稍扁）和一个圆环（都在 Create→Polygon Primitives 菜单下面）。将球体命名为“Bulb”。

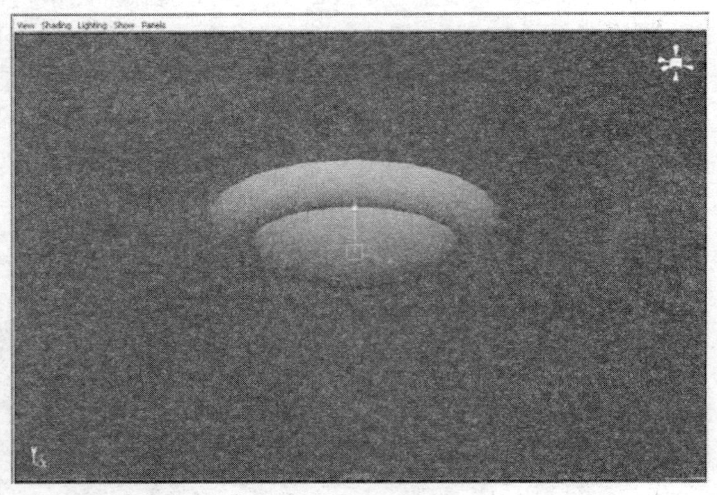

图 9－21　创建几何体代表灯

图 9－20 中的一个错误地方是，你可以看到灯光的照明效果，却看不见灯本身。房间被照亮了，却看不到照明工具。创建几何体来代表灯对提升场景的可信度很重要。这种方法不仅使灯光看起来合适，也使它有道理。

注意实际的 PotLight 是在球体的里面。

第 11 步：渲染。

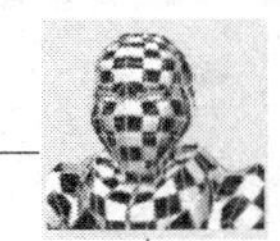

将 PotLight 放置在球体（Bulb）的里面，场景会突然显得非常非常暗，这是因为球体挡住了 PotLight 射出的所有光线。球体内部被照得非常亮，但是房间里却没有一点光线。

第 12 步：使灯泡不投射阴影。在大纲视图中选择 Bulb，你会在属性编辑器中看到 Bulb 的属性。确切地说，你需要找到形状节点（这个形状节点叫做 BulbShape）。在这里面有一个叫做 Render Stats（渲染状态）的部分，将它展开并点击关闭 Casts Shadows（投射阴影）选项。

很有意思的是，你可以指定一个物体投射阴影或者不投射阴影。让这个球体不投射阴影，就可以让光线穿透球体。这就意味着球体里面的灯光 PotLight 能够照亮房间。

第 13 步：渲染。

虽然现在房间被照亮了，但表示灯的几何体却成了房间里最暗的。因此我们必须创建一些新的材质来解决这个问题。

第 14 步：创建一个新的材质来提升球体的亮度。创建一个新的 Lambert（用鼠标右键点击灯泡并选择 Materials→Create New Material→Lambert，或通过 Hypershade 中的创建栏来创建）。将这个材质命名为 Light _ Bulb _ Material。

第 15 步：将该材质的 Color 和 Ambient Color（环境色）调至最大。你可以将颜色调为浅黄色。

第 16 步：打开材质的 Special Effects（特效）部分，并把 Glow Intensity 调为 0.1。

Glow Intensity 是我们还没学过的一个材质属性。原理很简单，就是给材质增加光，使赋给该材质的物体看起来像是在发光。

做一点说明：记住这是一个后期添加的渲染效果。那意味着 Maya 渲染了场景以后，再返回去增加光效。如果场景中有反射表面，那么它会将带有这个材质的物体反射出来，但是这个光效不会出现在这个反射表面上。这就是为什么你需要打开 Ambient Color，因为它会被反射。一个设置了 Ambient Color 的材质，可以减少材质本身和材质被反射后的效果之间的差异。

第 17 步：渲染（如图 9－22 所示）。

图 9－22　带有不投射阴影，并赋给了光效材质的灯泡的渲染效果

第 18 步：在表示灯的几何体上，创建并应用其他材质。

第 19 步：把 PotLight、Bulb 和天花板上这个灯光的其他几何体组合到一起。

第 20 步：将该组轴心居中并重命名为 Overhead _ Light。

复制和调整

第 21 步：将该组灯复制并移动，这样在房间中就有 6 个灯了（如图 9－23 所示）。

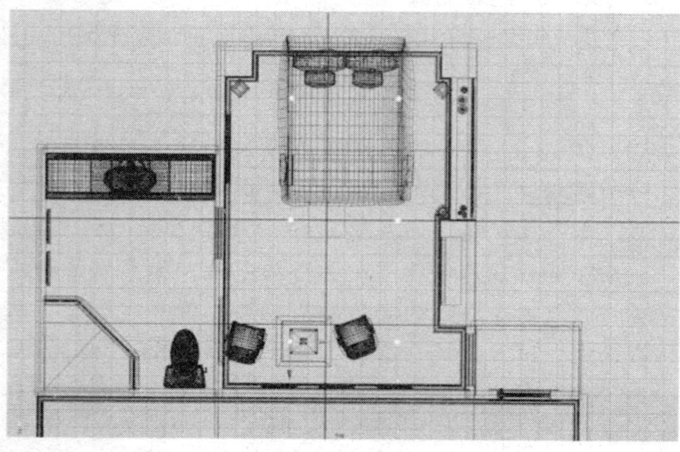

图 9－23　放置 Overhead _ Lights

像这样在房间中放置多个灯源有几个好处。首先它在天花板上创建了视觉兴趣点。其次，这些放置的每一个灯都可以使其他灯光投射的阴影变得柔和圆润。

第 22 步： 降低所有灯光的强度。在大纲视图中，展开每个 Overhead-Lights 组。按住 Ctrl 键选择每个组中的 PotLights。通过点击“显示通道栏/层编辑器”按钮（在界面的右上角）显示出通道栏（就在当前属性编辑器所在的位置）。在通道栏中的 SHAPES 区域下的 PotLightShape Node 中，将 Intensity（强度）由 7 改为 1。

现在，在你的房间中有 6 盏灯，所以每盏灯光的强度不需要太高。降低强度可以使场景看起来更加精致。

注意：由通道栏而不是属性编辑器改变强度，因为即使你选择了很多灯，如果你改变的是属性编辑器中的属性，那么 Maya 只会更改你最后选择的那盏灯的相关属性。不过，如果你在通道栏中更改一个节点属性，那么就会更改所有已选择的物体（包括灯光）属性。

第 23 步： 渲染（如图 9－24 所示）。

这时候的场景可能会显得有点暗。别担心，一般来说，使用多盏低强度的灯比使用少数几盏高强度的灯要好。既然还要放置很多灯，早期渲染的时候场景有点暗也不要紧。

图 9－24　使用多个强度为 1 的灯光来渲染房间

第 24 步：在浴室里、窗口、座位上方、入口处以及其他任何你觉得适合的地方，复制并放置一些 Overhead _ Lights 这样的灯光。

这个操作并不会使场景看起来有很大改观（虽然像入口处、大厅和浴室这样的区域将会从黑暗变得明亮些），但是既然在这个场景的很多地方都需要放置相同的 Overhead _ Light 灯光，现在是把它们放到位的一个好时机。

第 25 步：组织灯光。把房间中的灯组合到一起，并创建一个新层。把所有的灯添加到这个层中。

随着创建的灯光数量不断增加，如果你想在场景中增加东西或制作动画，那就会有些困难。如果把所有的灯都放在一个层里，那你就可以轻松地将这个层隐藏。

体积灯

第 26 步：新建一个点光源。

我们先创建一个点光源，来看看为什么在这里最好使用体积灯。

第 27 步：把它放在床头板的灯罩里。

第 28 步：打开灯光阴影（深度贴图阴影）；打开衰减（线性），把灯光强度改为 5。

第 29 步：将点光源复制并放置在另一个灯罩里。

蒂 30 步：渲染（如图 9 – 25 所示）。

效果不好，天花板上出现了不协调的灯光。但问题是，如果你降低灯光的强度来避免这种不协调的灯光效果，就会使灯罩里面的灯光变得太暗——暗得好像没有放置任何灯光一样。

实质上，这里的解决方法是用照明区域非常小，而且不会照到整个房间的灯光，还能保证灯罩里的灯光仍然很亮。体积灯便是首选。

第 31 步：把床头板上的这些灯都改为体积灯。选中灯光，在属性编辑器中的 Volume Light Attributes（体积灯属性）部分，把 Type（类型）从点光源改为体积灯。其他设置（强度为 5，使用深度贴图阴影）保持不变。

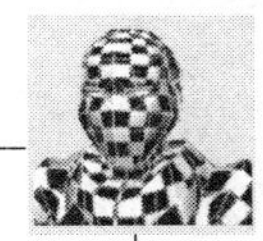

图 9 - 25　在灯罩中使用点光源的效果，注意天花板上不协调的灯光

第 32 步： 调整每一个灯的大小，使它们大致接近图 9 - 26 所示的大小。该体积灯的灯光范围正好能够接触到天花板。将灯重命名为 Headboard _ Light 和 Headboard _ Light2。

第 33 步： 渲染。

在灯罩里突然出现一个强光。但是阴影（和灯光）并没有扩展至整个房间。效果是在天花板上有一些光线，但是没有产生奇怪的白色光栏。

图 9 - 26　放置并调整大小后的 Headboard _ Light

第 34 步： 对灯光进行组织。把这些床头灯组合在一起，并把它们添加到你的灯光层中。

设置半透明属性

第 35 步：创建一个点光源并把它重命名为 Lamp _ Light。

第 36 步：把它放置在床边的灯里面。

第 37 步：更改设置使 Intensity = 1.5，Decay Rate = Linear，使用深度贴图阴影。

第 38 步：使灯罩物体不投射阴影。记住操作步骤为选择灯罩物体，然后在属性编辑器中找到灯罩的形状节点。在 Render Stats 部分点击关闭 Casts Shadows（投射阴影）。

第 39 步：渲染（如图 9 – 27 所示）。

图 9 – 27　对不投射阴影的灯罩的渲染。
可是，有一些东西仍然是错误的

可以肯定的是，像以前所见到的一样，不投射阴影的灯罩使它里面的光线可以照射出来了。不过，外观上仍然是错的。这主要是因为灯罩的外面——我们看到的一面——是光照的阴面。因此本应该发光的灯罩看起来很暗。

有趣的是，这个问题的解决方法不是一个灯光问题，而是一个材质问题。一种解决方法是打开灯罩的 Incandescence（自发光）属性或 Ambient Color（环境色）属性。这会使表面看起来被照亮了，不过，这不是周围的灯对它影响的结果。如果你关闭所有的灯，或者将场景设置为光线从窗口照入的白天光照效果，那你就得回来重新编辑材质。

不过，Maya 提供了一种叫做 Translucency（半透明）的属性。半透明材料的原理是光线可以穿透，但是它不同于全透明（我们在淋浴间已经见到过），而是半透明。

例如米纸、纸张或树叶，光线可以穿透，但是你却不能看透它们。在灯罩中使用半透明材质非常合适。

第 40 步：创建一个新的 Lambert 材质。并将其重命名为 Lamp _ Shade _ Material。

第 41 步：把颜色改为黄褐色。把 Translucency（半透明）值改成 0.5，Translucence Depth（半透明深度）改成 5，而将 Translucence Focus（半透明焦点）设置为 0（如图 9－28 所示）。

第 42 步：把这个材质应用到灯罩中的需要半透明的那些多边形面上。

整个灯罩可能不都是半透明的。如果是的话，把这种材质直接应用到整个物体上。但是场景中，在灯罩的顶端和底部带有金属部分，所以我们只选择中间部分的面，只使这些部分具有半透明的光效。

第 43 步：渲染（如图 9－28 所示）。

图 9－28　对添加半透明材质的灯罩渲染后的效果

第 44 步：复制 Lamp _ Light 灯，并放置在床的另一边。你可以删除第二个灯罩，并直接把第一个复制过去（如图 9－29 所示）。

再略作说明：如果你打算使用半透明材质，那么灯罩的多边形构造（拓扑结构）就会变得很重要。例如，这里的灯罩里外都有多边形结构。这些双层多边形会使半透明效果很难控制——表面经常会出现不自然的痕迹（亮线）。解决这个问题只需要删除里面的多边形，这样就只剩下了一套需要设置成半透明的多边形，效果也就更容易控制了。

图 9－29　完成的灯

第 45 步：将灯座和新的灯光、灯罩组合到一起。把这些也放置到灯光层（Light Layer）中。

使用聚光灯照亮艺术品

第 46 步：创建一个新的聚光灯。选择 Create→Lights→Spot Light 命令创建聚光灯。

第 47 步：把灯光放置于悬挂在房间里的所有装饰画的上面或前面（如图 9－30 所示）。在激活显示操纵器工具后，使用移动工具让聚光灯照向装饰画。

图 9－30　定位聚光灯，使它照亮墙上悬挂装饰画的效果

当你需要明确控制光线的照射距离和照亮范围时，聚光灯是一个不错的选择。在这里，聚光灯可以提供给我们装饰画应有的小区域照明。

当你定位灯光时，使用旋转还是移动工具是一个个人喜好问题。激活显示操纵器工具并使用移动工具是最简单的方法。当你制作动画时，这种方法也非常有用，所以最好现在就开始习惯使用这种方法。

第 48 步： 调整聚光灯的属性。更改聚光灯的属性，使 Intensity（强度）= 5，the Decay Rate（衰减率）= Linear，the Cone Angle（锥角）= 60，以及 Penumbra Angle（半影角）= -10，并激活 Use Depth Map Shadows（深度贴图阴影）。

这些数值是经过不断探索得出的。就是说，我们猜测着设置一组数值、渲染、再更改设置、再渲染……不断重复。灯光渲染就是这么一个过程，这些数据值已经给出，并不意味着它们是不费吹灰之力就轻易得来的。调整设置来达到你想要的效果。

第 49 步： 渲染（如图 9-31 所示）。

第 50 步： 创建几何体来表示光源。这包括创建实际的灯泡物体（一个不投射阴影的简单扁球体），如图 9-32 所示。

图 9-31 使用了聚光灯的渲染效果

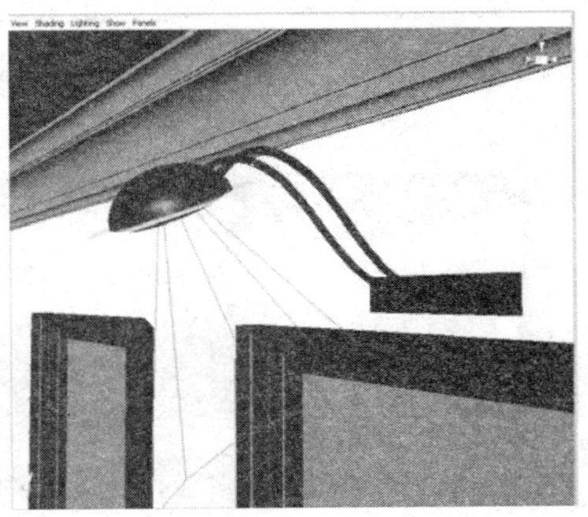

图 9-32 表示灯光的几何体

第 51 步： 把几何体和聚光灯组合到一起，并命名为 Picture _ Light。

第 52 步： 复制 Picture _ Light 并把它放在场景中的其他装饰画上。

第 53 步： 保存文件。

第 54 步： 渲染直到满意为止。

范例总结

还可以再做一些进一步的工作。在场景中太暗的地方放置一些灯光。你可以增加一些新的装饰画灯光，也可以再在天花板上设一些灯光。记住，与数量少但强度高的灯相比，数量多但强度低的灯能使场景更加栩栩如生。要不断调整直到满意为止。

图 9 - 33 和图 9 - 34 是用另外一些方案为夜晚的场景设置灯光的渲染效果图。仔细观察一下放在光盘上的这些图像的色彩。这个范例的效果图保存在随书光盘中的 Tutorial _ 9 _ 1.mb 文件下。

图 9 - 33　夜晚场景的渲染效果

图 9 - 34　对夜晚场景进一步渲染的效果

范例 9.2　白天的灯光设置

有趣的是，白天的灯光设置要比夜晚场景的灯光设置困难一些，这主要是因为白天的光源较少，但白天房间内的场景仍然比夜晚房间内的场景亮得多。如果渲染引擎能计算出以任何速率反射的光线，这个问题也不会那么难以解决，但是渲染引擎做不到这点，因此我们需要模仿光线的反射。

目标

1. 用直射光模仿阳光。
2. 用面光源模仿从墙上、地板上和镜子上反射的以及从窗口射进来的光。

第 1 步：设置项目。

第 2 步：以一个未设置灯光的场景为开始。你可以删除在 Tutorial _ 9 _ 1.mb 场景中的灯光，或打开 Tutorial _ 8 _ 2.mb。

如果你使用 Tutorial _ 9 _ 1.mb，记住不仅要删除灯光（你也可以把它们的强度值调到 0），也要调整材质。特别是，当你使用某种材质去创建发光的灯泡时，确保你关闭了环境光或自发光属性，并取消了材质上的光效设置。

第 3 步：创建太阳。用直射光来实现这个操作（使用 Create→Lights→Directional Light 命令来创建直射光）。

第 4 步：将直射光重命名为 Sunlight（阳光）。

第 5 步：定位并旋转 Sunlight，如图 9 – 35 所示。实际上，场景中就有了从一个窗户射进来的光。请注意图 9 – 35 是前视图。

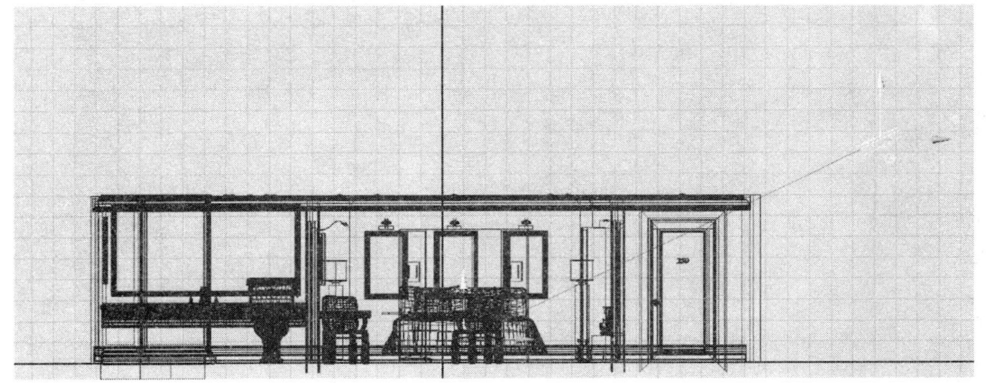

图 9 – 35　已定位的 Sunlight

当我们选择 Sunlight 时，我们看到画面中会出现两个控制 Sunlight 的操纵器。这实际上是方向操纵器（和聚光灯相似），这是给直射光定向的一个简单方法。把第二个操纵器放置在房间正中间，确保阳光能够朝向房间内部。

第 6 步： 为 Sunlight 设置深度贴图阴影。

第 7 步： 渲染。

渲染后，场景也许都变成黑色了。这是因为窗户上有一个用来作为窗玻璃的平面，它会挡住光线。

第 8 步： 选择窗玻璃平面，关闭 Casts Shadows（投射阴影）。记住，这一步是在该平面的形状节点中的 Render Stats 部分中操作的。

第 9 步： 渲染（如图 9－36 所示）。

光线追踪及 Maya 软件渲染引擎不能计算光粒子的反射。这束阳光（即使没有衰减）通过窗口射进来，当它一接触到地板、墙或床时，它就停止了。光线一点也没反射，所以这个房间一片漆黑。

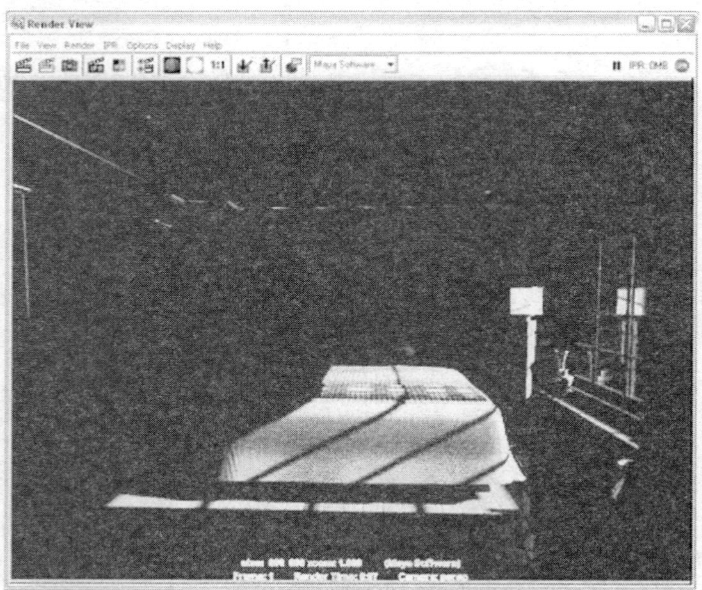

图 9－36　渲染后，场景显示日光正从窗户射入，但是房间里仍然一片漆黑

第 10 步： 把 Sunlight 的 Intensity（强度）增加到 6，再次渲染。

给阳光赋一个很高的值会使光线直接照射到的物体表面变得细节更少，但这不是一件坏事。这样，画面会显得更加逼真。有目的地去掉某些地方的细节往往会收到很好的效果。

第 11 步：创建从窗户射入的光线。首先，创建面光源（使用 Create→Lights→Area Light 命令）并将它放置在窗户里面。为确保光能直接射入房间，你可以在通道栏里输入 Rotate X = 90 和 Rotate Z = 0，或者通过操纵器转动面光源。然后，把这个面光源重命名为 WindowWash。

我们已经有了直射光（名为 Sunlight）来代表太阳了，为什么还要创建新的光，并让它射进窗户呢？直射光确实能很好地代表刺眼的太阳光——你可以在带有阴影效果的图 9 – 36 中看到。但是当你研究了一些现实中的窗户后，你就会发现除了直射光外，还有很多其他光涌入房间，各种角度的光都有。这主要是因为房间外有各种各样的反射光。新创建的面光源能够提供射入房间的普通光线。

第 12 步：将 Decay（衰减率）属性改为 Linear（线性）衰减，将 Intensity（强度）改为 5。

第 13 步：使用深度贴图阴影。将分辨率改为 32，将 Filter Size（滤镜大小）增加到 4。

使用低分辨率、高滤镜值的深度贴层阴影能够创建出非常柔和的阴影。这种射到房间的普通光应该产生出非常柔和的阴影。

第 14 步：渲染（如图 9 – 37 所示）。

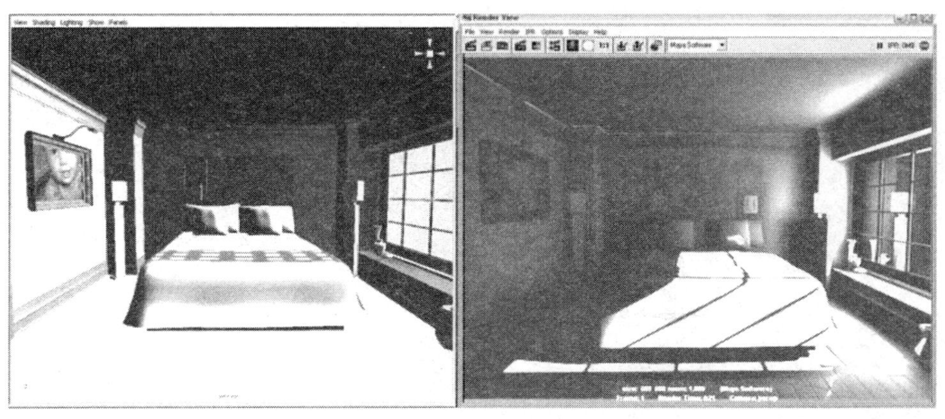

图 9 – 37　对 Sunlight 和 WindowWash 渲染后的效果

虽然仍没有设置到位，但我们可以注意到，在窗口周围有着不错的光线效果。请注意你一旦增加了某些东西，你的灯光设计在视图下显示的画面就会显得很奇怪——这就是不要借助视图中的灯光效果来对渲染光照效果进行预测的原因。

因为如此，从现在起，屏幕截图只用来按下数字键 6 时的视图。这样能显示出色彩和纹理，但不能用来估计灯光效果。

第 15 步：创建从地板反射的光。用面光源完成该步骤操作（选择 Create→Lights→Area Light 命令创建面光源）。

面光源能够用来表现出很好的漫反射光线。另外，你可以逼真地模仿被阳光撞击的地板表面。也就是说，你可以调整面光源的大小，使它能与反射光线的实际表面大小相匹配。

第 16 步：将这个面光源命名为 FloorBounce，将它设置为线性衰减，将灯光强度调整到 0.5。

怎么没有阴影呢？虽然从精确的角度来说，从地板反射出的光确实产生了阴影，不过我们使用这种灯光的目的是为了提供柔和的光。通过去除阴影，我们能够更容易地用光照亮整个房间。

第 17 步：将面光源沿 X 轴旋转 90°。你可以通过使用旋转工具或在通道栏的 Rotate X 输入 90 来完成本步骤的操作。

第 18 步：调整并定位 FloorBounce，使它大致与图 9 – 36 所示的地板聚光区相似。像使用移动工具和缩放工具调整其他物体一样，来缩放和移动这盏灯光。

这盏面光源的使用思路是用它发射的光来模仿从地板反射出的光线。通过快速浏览图 9 – 36 所示的渲染效果，你可以看到聚光区的位置——阳光在哪撞击地板以及在哪儿反射。

确保将 FloorBounce 正好移出地板表面。如果它在地板的下方或位于地板上，你在渲染过程中会看到地板上有一些奇怪的东西。

第 19 步：渲染（如图 9 – 38 所示）。

这时会出现一些奇怪的现象。例如，枕头的下面不应该像现在这样发光。另外，左边的墙上不该有聚光区，因为床挡住了很多本应射向那里的光线。不过，这里的总体想法是将层次柔和的光线添加到场景中。

场景中也发生了一些好的事情，包括稍低的墙面上出现了柔和的光线，并且天花板上也有了一些光线。

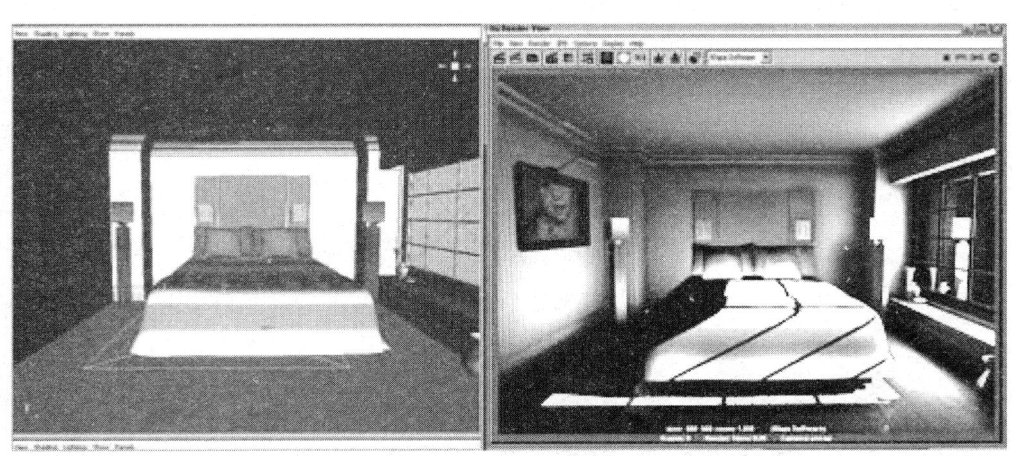

图 9-38　地板上的 FloorBounce 面光源的渲染和设置（朝向上方）

第 20 步： 复制 FloorBounce。把它重命名为 CeilingBounce，强度改为 0.35。

因为天花板没有得到很多直射太阳光，它将要反射出的光线是被其他表面反射过来的光线。因此，它的光线强度更低。

第 21 步： 将 CeilingBounce 旋转，定位并调整大小，使它比天花板小一些，且位于天花板的下面（如图 9-39 所示）。

图 9-39　添加 Ceiling Bounce 的效果

CeilingBounce 灯光的面积要比天花板小一些。原因是面光源发出的光是散布开的。稍小一点的面光源可以在墙壁和天花板结合处，照射出一种效果，如果 CeilingBounce 与天花板大小相同，那么它就照射不出这种效果了。

第 22 步：复制 FloorBounce。重命名为 BigFloorBounce，将强度减少为 0.2。

第 23 步：调整它的大小，使其适合整个房间（如图 9 - 40 所示）。

创建一盏代表地板反射光的额外灯光，基本上，你可以参考天花板反射的光线来创建这盏灯光。新建的反射光强度会更低，但会在尺寸上会更宽一些。是的，在地板上有两个面光源，但是每一个都代表了不同的反射光线。

图 9 - 40　在操作中大的地板反射

第 24 步：创建一个新的面光源。重命名为 WestWallBounce。

第 25 步：把 Decay Rate（衰减率）设为 Linear（线性），把 Intensity（强度）改为 0.2。

第 26 步：旋转、定位并调整大小，使它与西墙相配（窗户对面的那面墙）。

来自窗户的光线将会在所有的墙面上反射，但是与窗户相对的墙面（西墙）会反射得最多。因此在这里需要放置一个面光源。

同样需要注意，面光源要比墙的反射区域稍小些，也要确保灯光靠墙近些，但不能在墙里面。

第 27 步：渲染（如图 9 - 41 所示）。

第 28 步：创建一个强度为 0.2 的反射灯光，并将其添加给北墙

（命名为 NorthWallBounce）。

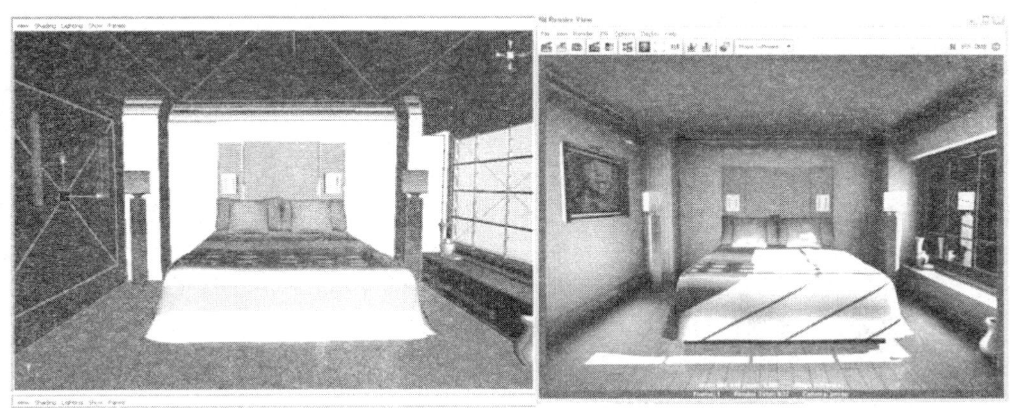

图 9-41　添加 WestWallBounce

第 29 步： 创建另外一个强度为 0.1 的反射灯光，并将其添加给南墙（命名为 SouthWallBounce）。

北墙（在床后面的墙）将会接收并反射一些光线，因此强度为 0.2 刚刚好。南墙或许是房间中最暗的部分，因此它上面的反射灯光的强度应该更低一些。

第 30 步： 渲染（如图 9-42 所示）。

第 31 步： 调整。当你看到渲染设置，你或许会发现场景可能太暗了，也可能太亮了。这种房间太暗或太亮的感觉是由于灯光的强度设置不合适导致的，你需要将过高的灯光强度降低，或将过低的灯光强度提高。

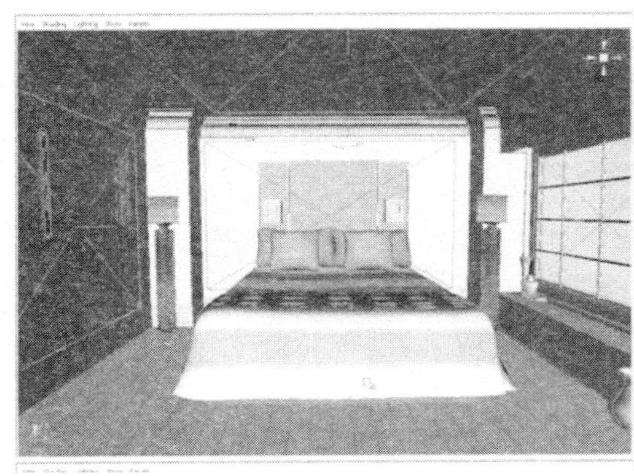

图 9-42　将代表不同的墙面反射光的面光源渲染出来

调整灯光和测试渲染会带给我们乐趣。你所做的灯光测试主要依赖于你的显示器类型和显示设置，以及你用的电脑是苹果还是 PC 机等因素。渲染范例中的场景总会有一点点困难，因为你的显示效果，未必会与本书作者显示器上显示的效果完全一致。所以根据你的个人喜好对灯光进行合理的调整。

关系编辑器——灯光链接

第 32 步： 选择 Window→Relationships Editor→Light Linkings→Light Centric 命令，打开灯光链接编辑器。

因为在设计照明方案时，我们走了一些捷径，使反射光线没有投射阴影。这就引起了一些问题，一些像床上的枕头底部那样的地方，就被 FloorBounce 这盏灯照得很亮——这些地方本来是不应该被照亮的。

Maya 允许我们定义哪些物体将会从哪些灯光那里接收到光。当我们创建了灯光，每个灯光在属性编辑器中都有一个 Illuminates by Default（默认照明）的选项，所有灯光都是打开这个选项的。但现在，我们需要回去设置灯光的属性，像 FloorBounce 这样的灯不应该照到床上。

图 9－43 展示了关系编辑器中的灯光链接。左边是场景中的灯，右边是场景中的全部物体。当你在左边选择了一盏灯时，右边被它照亮的物体就会呈现为突出显示状态。目前，你在左边所选择的任何一盏灯光都会照亮右边所有物体。

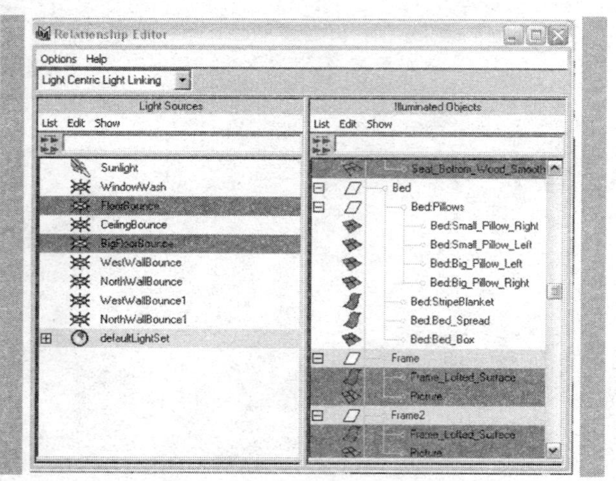

图 9－43　设置关系编辑器，使灯光不再照亮某些物体

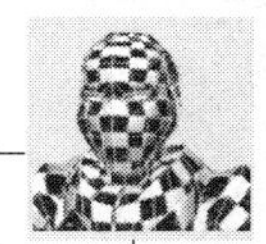

第 33 步：在光源栏（左边的 Light Sources 一栏）中选择 FloorBounce，并按下 Ctrl 键加选 BigFloorBounce。

第 34 步：在被照亮物体栏（右边的 Illuminated Objects 一栏）中找到场景中的床。

第 35 步：在床这个组中的每个物体上单击。这么操作将会取消对床上物体的选择（如图 9－43 所示）。

通过取消对床上物体的选择，我们在告诉 Maya 不要用 FloorBounce 或 BigFloorBounce 照亮床上任何物体。

第 36 步：现在打开 FloorBounce 和 BigFloorBounce 的阴影（如图 9－44 所示）。

现在地板上的这两盏灯光的光线不会被床挡住，它们可以继续传播并投射出一些阴影。这样做会让你的场景多一些立体感。

场景现在开始有日光照进房间的感觉了。不过，一个很大的问题完全破坏了这种感觉——那就是窗外的景色。

图 9－44　开启 FloorBounce 和 BigFloorBounce 的阴影

Cycs

Cycs 是 cyclorama（大风景画幕）的简称。Cycs 是一个古老的剧场布置技巧，是指通过绘制的背景来模拟出事实上并不存在的深度和空间。在三维创作中我们也可以这样做来帮助填补视觉设计上的漏洞，从而达到像在白天朝窗外看去那样的效果。

第 37 步： 在顶视图中创建一个与图 9－45 相似的曲线。用 CV 曲线工具完成该操作步骤。

这儿的构思是创建一个曲线，而当把曲线制作成一面曲线状的墙时，从房间中的任何角度看出去，都会看到好看的风景。从窗口中，你不应该看到 Cyc 的边缘，这就是为何要使用圆滑曲线的原因，而曲线比平面更加合适。

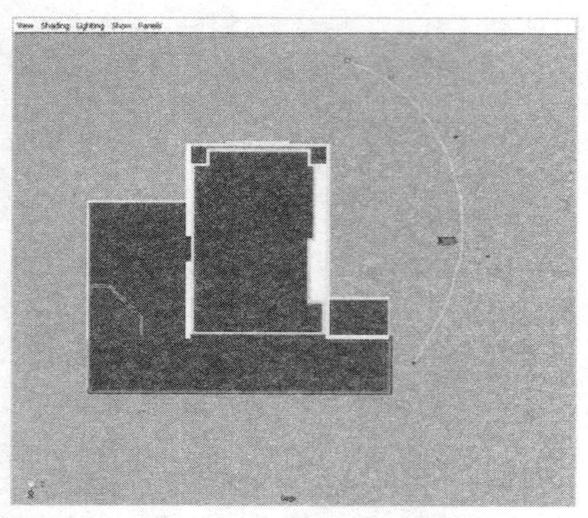

图 9－45　制作 Cyc 曲线

第 38 步： 复制曲线并将它在空间中向上移（如图 9－46 所示）。

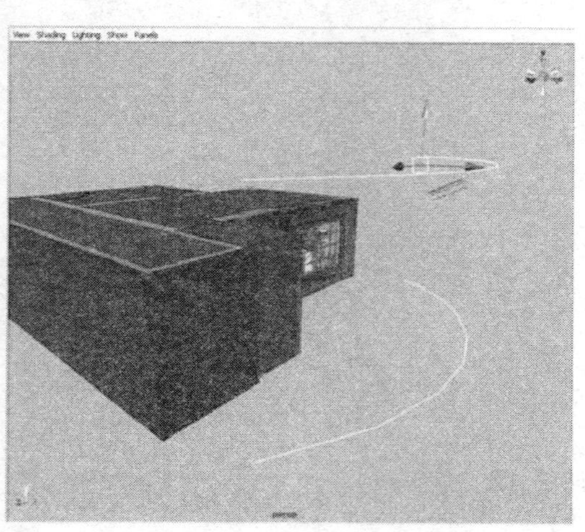

图 9－46　放样曲面所需要的第二根曲线

第 39 步： 选择这两根曲线并点击 Surfaces 模块/Surfaces→Loft（放

样）命令后面的小方块，调出命令设置面板。确保恢复该命令的默认设置，然后点击 Loft 按钮（如图 9 – 47 所示）。

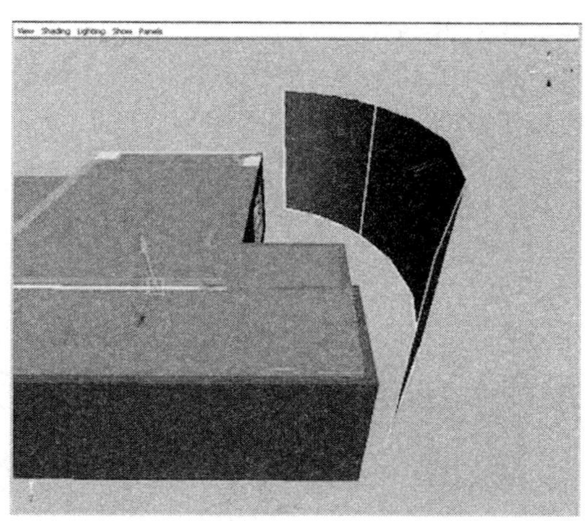

图 9 – 47 放样后的 cyc

第 40 步： 将该放样曲面重命名为 Cyc，并删除历史记录和放样用的两根曲线。

第 41 步： 创建一个新的 Lambert 材质，命名为 Cyc _ Material。

第 42 步： 将 Cyc.tif 图片导入到 Color（色彩）和 Incandescence（自发光）属性通道中（在随书光盘中 Amazing _ Wooden _ Man 项目文件夹下的 sourceimages 文件夹中）。

这只是把我家后院的照片拼合到一起后的一张图像。你可以使用任何你想用在此处的图像。不过这张后院的图像已经包含在随书光盘中，并且很可能你已经把它复制到你的硬盘上面了。

为什么要把它同时导入 Color（色彩）和 Incandescence（自发光）中呢？这个材质实际上没有被灯光照亮。它不必被场景中的任何灯光照亮，也不必投射或接收阴影。Ambient Color（环境色）可以让这个材质在没有灯光照射的情况下，仍然呈现出被灯光完全照亮的效果。

第 43 步： 把 Cyc _ Material 材质赋给 Cyc 曲面（如图 9 – 48 所示）。

第 44 步： 设置 Cyc 的属性，使它既不投射也不接收阴影。双击 Cyc，在属性编辑器中打开它的属性。找到 CycShape 的形状节点，并展开 Render Stats 部分。关闭 Casts Shadows 和 Receive Shadows 两个选项（投射阴影和接收阴影）。

如果开启 Casts Shadows 选项，这个 Cyc 就会挡住来自于直射光（名为 Sunlight）的光线。记住直射光来源于一个无穷远处。

如果开启 Receive Shadows 选项，这个曲面上就可能出现房间中的灯光所投射出的阴影。这将会形成一个奇怪的景象，例如我们可能会看到窗户的影子投射在屋外的树上。

图 9-48　应用材质后的 Cyc

第 45 步：使用关系编辑器使 Cyc 这个物体不被任何灯光照射到。先在左边灯光栏中选择所有的灯光（包括 defaultLightSet），然后在物体栏中取消 Cyc 的选择。

因为这个物体带有激活了自发光属性的材质，它有自己内置的灯光，所以不需要 Maya 为这个物体提供灯光照明。

第 46 步：渲染（如图 9-49 所示）。

图 9-49　Cyc 的渲染效果

当你在房间里移动摄像机时，你应该能够看到放置在窗外的 Cyc。如果你很容易地就看到了边缘（顶部或底部或一侧的边缘），那么你就需要调整 Cyc 的大小。

同样需要注意的是，当你渲染时，窗户上或许会反射出整个房间的图像（这是由于放置在场景中的所有灯光的亮度造成的）。如果发生这种情况，只要选择窗玻璃的材质并调小反射设置就可以了。

范例总结

总而言之，具有讽刺意味的是，光线越多的灯光设计实际上使用的灯越少。不过，这为白天场景中使用的每一种灯光都提供了一种常见的光线。

在利用多盏灯光和普通反射光来进行照明的思路，经常是处理拥有一个强烈主光源场景的最好方法。因为 mental ray 的渲染时间太长了（并且确实超出了本书的讨论范围），所以这种仿造的反射光线提供了在某种程度上可以接受的效果。

在这些范例中，我们介绍了几乎所有类型的 Maya 灯光。你调整了它们的投射方向，阴影的投射方式以及它们的衰减率。你不仅创建了标准的白色灯光，也调整了它的色彩和强度。最重要的是，你给乏味而单调的场景添加了一种气氛感觉。

灯光设置几乎可以作为静止图片或动画制作中的一个重要特色。花些时间去对一个物体进行灯光设计将会有很好的收获。在你的项目制作进展中，不要想着通过草草地设置灯光来偷工减料或降低设计成本。

挑战、练习和课后作业

1. 为白天的场景设置灯光，要求设计一种正午的光（灯光很明亮，接近白色），为日出的场景设置灯光（提示：太阳的角度和颜色都会不同）。

2. 为日落的场景设置灯光。

3. 为浴室——尤其在镜子周围，能设计哪种有趣的灯光设置方案？

4. 为门厅添加气氛，怎样设置灯光才显得像高档公寓，怎样设置灯光才能像破旧的房屋呢？

5. 为你自己的场景设置灯光（如果你已经创建了一个模型）。试着分别为它设置为白天、夜晚、日出和日落时的场景。

6. 怎样改变这些场景的灯光设置以营造一个浪漫的夜晚？点上蜡烛吗？烛光的颜色如何改变，投射距离有多远呢？

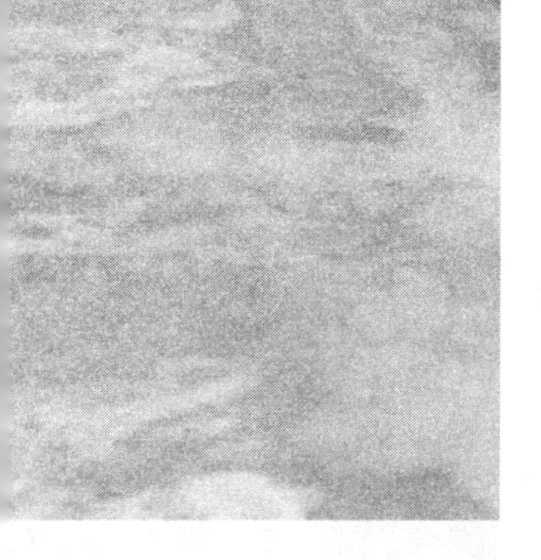

第十章　　角色建模

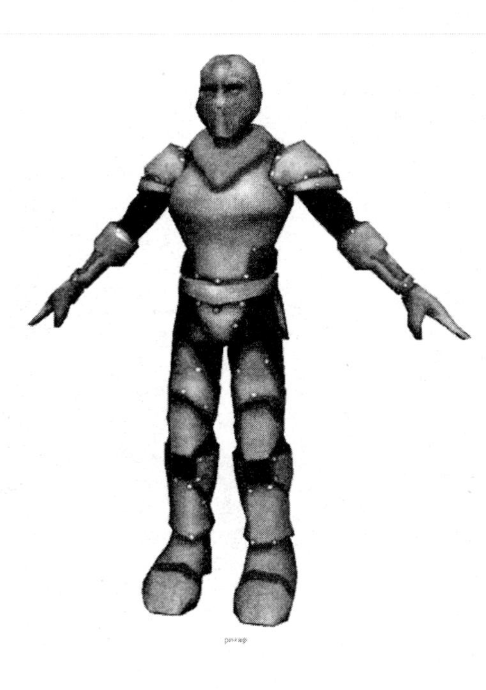

到目前为止我们已经学到了很多。我们从草图开始，用 NURBS 曲面和多边形等建模技巧创建了一个房间。学会了创建自定义材质并应用到这个房间中。也学会了如何有效地展开 UV，通过展开 UV 可以更好地使用这些材质。而后又使用 Maya 的灯光照明工具来给房间添加一点生气并带给它空间深度和视觉感官上的美感。在这个过程中充满了趣味性，但是当你开始处理并非人工制作的物体时，真正的挑战开始了。

对有机体进行建模、贴图和动画所使用的很多工具都是我们在前几章学习过的。然而在有机体建模过程中，需要处理的多边形的数量和对多边形优化的次数出现了激增。

在本章中，我们要创建两个模型。每个模型都会变得更加复杂并需要更多的调整次数。首先，我们一起来创建令人惊奇的木头人（Amazing Wooden Man）这个角色（如图 10－1 所示）。虽然从其模型的组成特点来看，应该用一个个独立的多边形网格制作角色身体的每个零部件，然后把这些多边形网格组合成一个模型整体。但是为了说明有机体制作流程（并且为了以后的绑定），我们用一个多边形网格来制作整个角色模型。

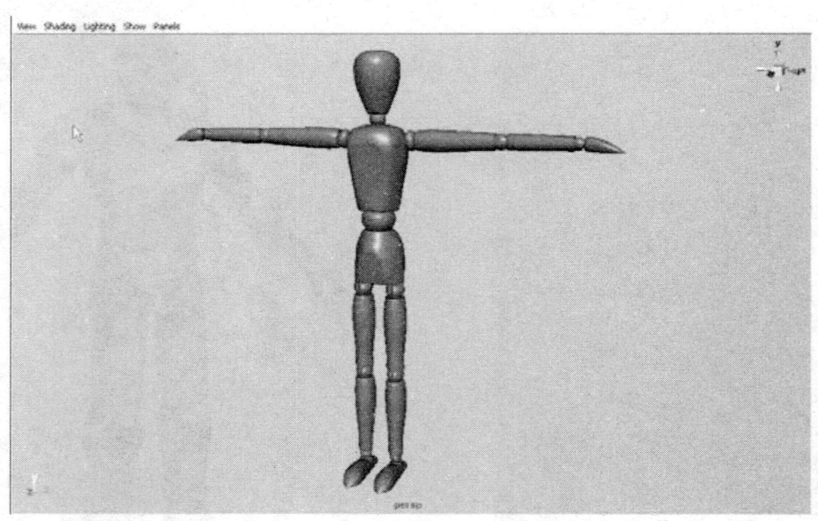

图 10－1　完成后的 Amazing Wooden Man（令人惊奇的木头人）

在第二个范例中，我们制作一个游戏角色模型（如图 10－2 所示）。学习游戏角色模型是因为游戏模型有面数上的限制。在游戏过程中，计算机必须实时渲染多边形网格（角色和贴图映射）。因为这个原因，将多边形面数控制在一定范围内就变得极其重要。当你用心制作出一个游戏模型之后，即使以后制作更加复杂的模型，那么也会感觉得心应手。

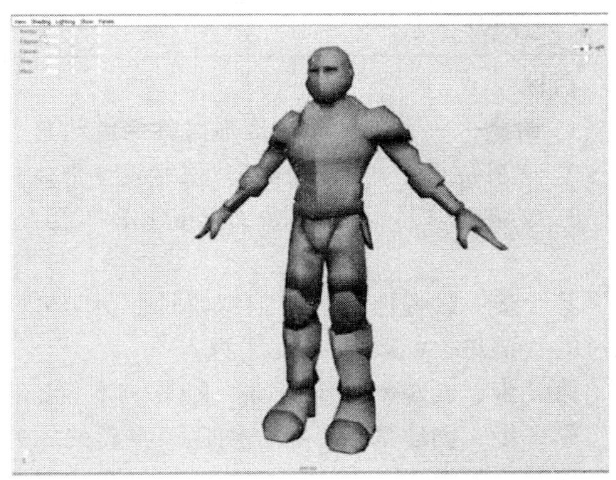

图 10－2 完成后的游戏角色模型

最终，我们将在下一章中为这些模型添加纹理贴图，图 10－3 就是完成了贴图的游戏角色模型。我们将展开 UV 和绘制贴图，通过贴图可以为这些单调的多边形模型添加上丰富的视觉效果。

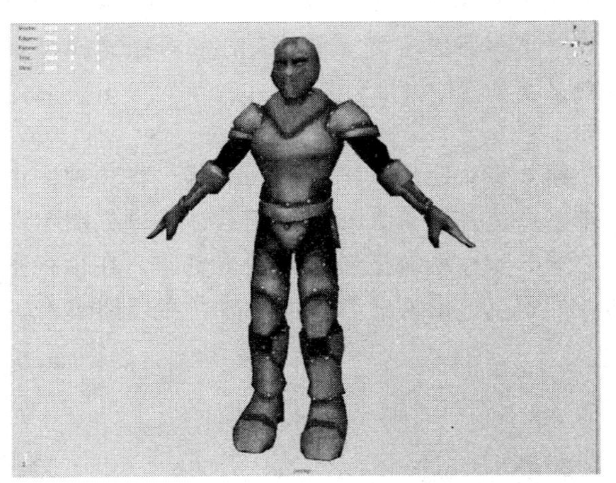

图 10－3 添加纹理贴图后的游戏角色模型

这些范例都不简单。创建人体模型是比较复杂的——它需要很高的技巧、大量的时间、耐心和很好的造型能力。你必须清楚，人体建模不能随意地凭空想象，你必须通过不断练习来获取经验。如果人体建模那么简单的话，那任何人都可以制作了，你就不需要学习这本书了。给自己一些时间，相信每一次尝试和每一个制作项目都会比前一个更好，坚持下去，那么不久你就会制作出最好的作品。

范例 10.1 木头人建模

目标

1. 创建由一个单独的多边形网格构成的角色。
2. 使用挤出工具（Extrude）创建模型形体。
3. 掌握镜像复制（Mirror Geometry）工具。

第 1 步：设置你的当前工作项目。很明显，我们可以继续使用前面用过的 Amazing Wooden Man 工程。

第 2 步：创建一个新的场景文件。以“Man”为名称保存它。

第 3 步：创建基本形状。创建一个新的原始多边形立方体，将细分值参数做如下设置：Subdivision Width = 2，Subdivision Depth = 2。［点击 Create→Polygon Primitives→Cube 命令后面的小方块，调出命令设置面板（Options）进行设置］。

虽然后面我们还要对这个模型执行光滑处理，但多边形立方体默认细分值只有 1 是远远不够的。而细分值设置为 2 的多边形立方体能够被制作得更加圆滑。更重要的是，在每条边上多出来的顶点，可以给模型增加更多细节。

第 4 步：把形状调整得圆一些。在顶视图中，选择水平排列的中间一排顶点，并沿着 X 轴方向缩放，实现如图 10－4 的结果。

第 5 步：继续把形状调整得更圆。在顶视图中，选择竖直排列的中间一列顶点，沿着 Z 轴方向缩放，实现如图 10－5 的结果。

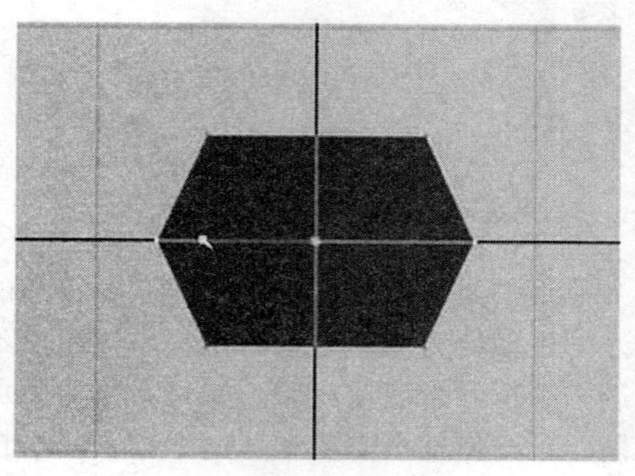

图 10－4 缩放水平排列的中间一排顶点使形状更圆些

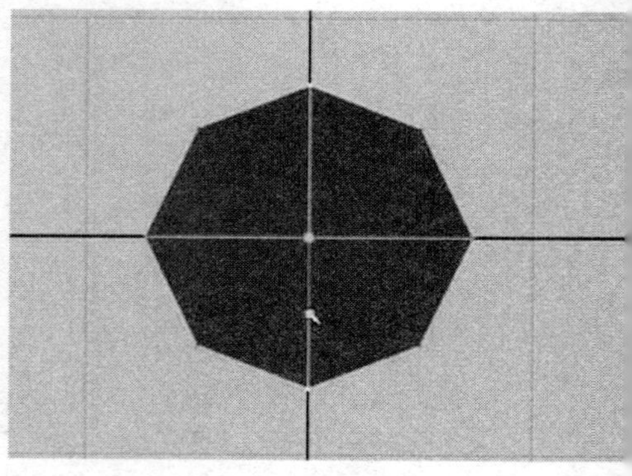

图 10－5 缩放竖直排列的中间一列顶点

你可以看到，我们很快就做出了一个较为圆滑的物体。当然，通过创建一个圆柱体（cylinder）也可以得到这个效果，但是圆柱的顶面和底面是由三角面组成，而不是我们现在所创建的四边面。也许这时你会很想使用光滑工具光滑一下模型，但是这样做会产生圆滑的底面和顶面。而现在这样平整的底面和顶面，会让制作身体时更加容易一些。

第 6 步： 沿着 Y 轴缩放整个物体，使物体更平一些。

第 7 步： 挤出角色头部的顶面。选择顶部的面，对其进行挤出。调整挤出面的大小，形成头顶部分（如图 10－6 所示）。

请注意，如果你安装的 Maya 软件已经用过一段时间了，或者别人曾使用过你电脑上的 Maya 软件，那么为了保险起见，最好是确认一下 Polygons 模块 | Edit Mesh→Keep Faces Together 是被勾选的。这样当你同时挤出多个面的时候，这些面是保持结合在一起的。

第 8 步： 完成头部的形状。选择模型底部的面，挤出面，调整大小，如图 10－7 所示。

第 9 步： 创建一个细分代理。在物体状态下（Object mode），执行 Polygons→Subdiv Proxy 命令。

因为最终要使用光滑工具对这个模型进行光滑，而你又不希望等很长时间才看到这个光滑的版本，于是就使用 Subdiv Proxy 工具来显示光滑效果。在创建了这个光滑的版本之后，就需要对模型进行频繁的调整了。

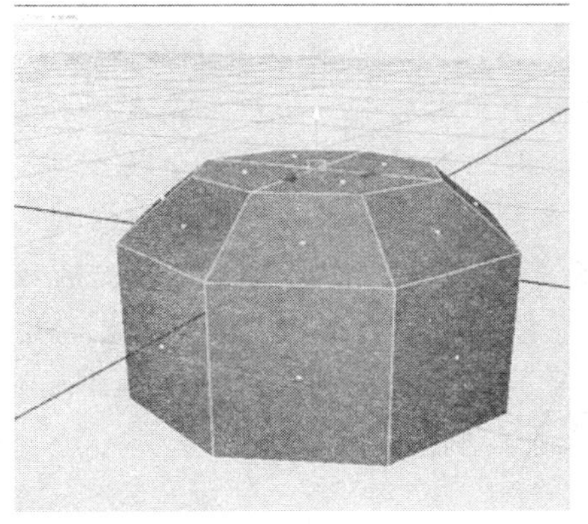

图 10－6 挤出面已经被修改好大小，制作出了头的顶部

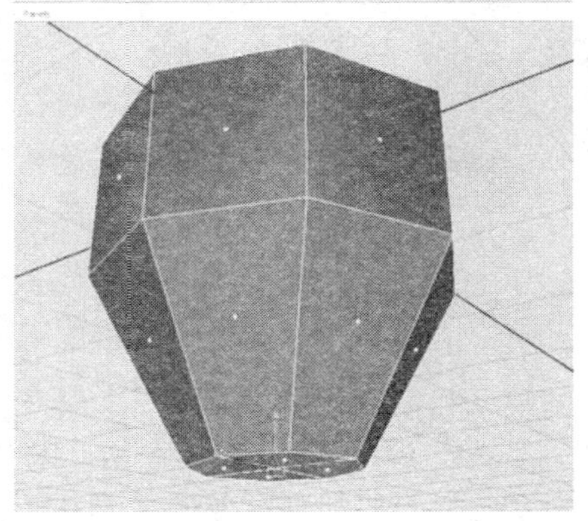

图 10－7 在头的底部挤出面，以完善头部的造型

请注意，如果你最近没有使用过 Subdiv Proxy 工具，或者是在另一个项目中曾经使用过这个工具，或是其他人使用过你电脑上的 Maya 软件，那么在使用 Subdiv Proxy 工具之前，一定要将该工具的设置恢复到默认状态。

第 10 步： 对项目进行归类命名。在大纲视图（Outliner）中，将会出现一个叫 pCube1SmoothProxyGroup 的组。这个组的子物体中将包括模型的高模版本和低模版本两个物体。将它们分别命名为“HiPolyMan”和“LowPolyMan”。

第 11 步： 将高模放入一个用于参考的显示层中。在图层编辑器中，创建一个新显示层，命名为“Smooth”。用鼠标点击该层图标上的第二个选项栏，直到出现字母 R，R 代表此图层是参考图层（Reference）。在大纲视图中选择高模版本的模型（HiPolyMan），在 Smooth 图层上点击鼠标右键，在弹出菜单中选择 Add Selected Objects 菜单命令。

当我们操作的时候，我们的编辑对象始终是低模，当你在使用 Subdiv Proxy 工具的时候，一定不要在编辑高模和低模之间来回切换。因为 Maya 节点结构是流水线式的，来回切换编辑会导致数据混乱。在本范例中，要确保编辑对象一直是低模。

因为两个模型是交错在一起的，很容易误选到高模。把高模放入一个独立的图层中，并将这个图层定义成参考图层（该图层上的物体不允许选择），就可以避免误选到不想选择的模型或模型上的构成成分。

第 12 步： 通过顶点调整形体。选择并调整一些顶点或成组的顶点，来完善形体（如图 10－8 所示）。

请注意，顶点的位置实际上同时控制着低模和高模。如果你在物体模式下选择低模并进行缩放，那么高模版本不会随之发生变化。但是如果你选择了低模上所有的顶点，然后进行整体缩放的话，高模会随之变大或者是变小（选择的方法是用右键点击低模，在弹出的菜单中选择 Vertex 顶点模式，然后框选所有顶点）。在创建了细分代理（Subdiv Proxy）之后，在编辑模型的时候就要始终对构成成分进行编辑，而不再对物体进行操作。

头部到颈部的过渡

第 13 步： 选择头底部的多边形面。

第 14 步： 对选择的面执行挤出操作，但是不要让它们离开原始的位

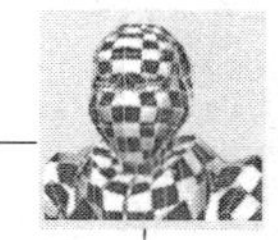

置太远。选择 Polygons 模块/Edit Mesh→ Extrude 命令，但是不要拖拽控制手柄去移动新挤出面远离原始位置（如图 10－9 所示）。

为什么挤出新面但又不拉远？因为在高模上的一个转角是圆滑还是尖锐，是由低模上这个位置的边与邻近边之间的距离远近决定的。通过在原有的多边形面上创建一个挤出面，且新的挤出面与原来的面距离很近，这样的结果就会在头的底部形成平整的面。

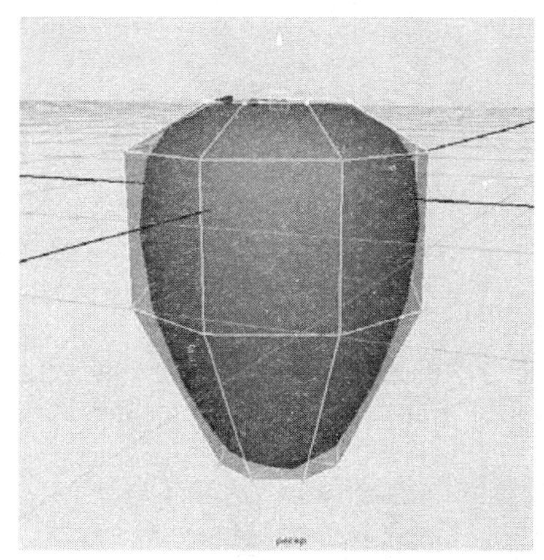

图 10－8 通过缩放和移动顶点调整过的低模

图 10－9 挤出面且不远离原始位置，形成一个转折角尖锐的底部

第 15 步：再次挤出面。你可以通过按键盘上的 G 键，激活最近一次使用过的工具。同样，不要移动得太远。

第 16 步：切换到缩放工具,将挤出的面缩小一点(如图 10－10 所示)。

为什么要切换到缩放工具呢？主要是为了操作方便。如果你使用挤出工具的缩放手柄来缩放的话，默认情况下，每次只能沿着一个方向缩放，而且还不能沿着物体的中心进行缩放。当然，你可以点击挤出工具控制手柄上的小蓝点，从局部坐标切换到全局坐标，来实现沿物体中心缩放。但还是不如按键盘上的 R 键（切换到缩放工具）快。当然，选择什么样的操作方式还是随个人喜好而定。

第 17 步：执行挤出操作，两次移动缩放挤出的新面，创建颈部。可以按下 G 键再次激活挤出工具，执行挤出操作。按下 R 键切换到缩放工具，向外放大挤出面，使它们比头的底部略小一些。按下 G 键再次激活挤出工具，沿 Y 轴向下移动新的挤出面（如图 10－11 所示）。

图 10－10　挤出新面并缩放，注意挤出的新面并不移开，保持在原位置上缩放

图 10－11　通过两个新的挤出操作形成颈部，(a) 第一次挤出仍然要位于头底部的面上，(b) 第二次挤出位于同样的平面上，但是要大一些

第 18 步：创建另一个清晰分明的连接。再次挤出面并缩放（图10－12a），然后再挤出面并缩放，形成肩膀的顶部（图 10－12b）。

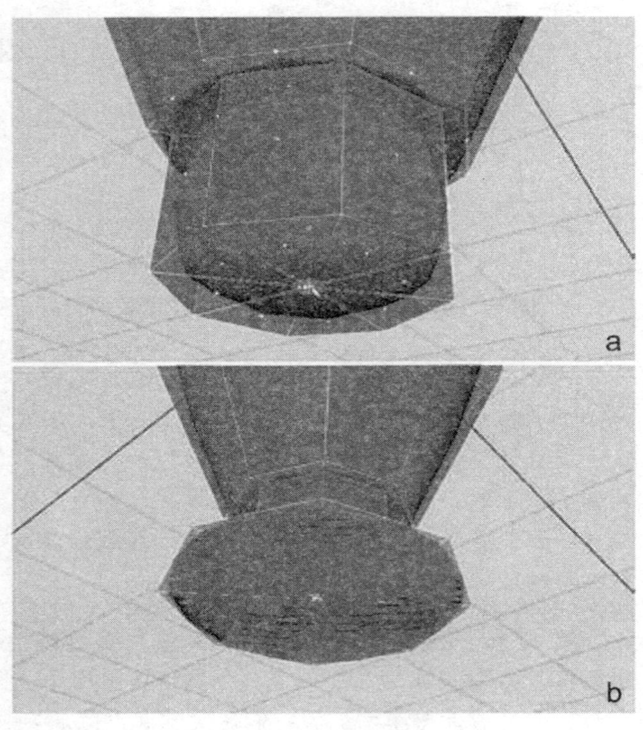

图 10－12　从颈部的底部到肩部的连接（a 和 b）

身体

第 19 步： 向下挤出面创建身体。请注意，这里一共进行了 5 次挤出操作。如图 10－13 所示，每一次操作都是简单地挤出面，然后向下移动和缩放挤出的面，从而创建出身体。

使用 5 次挤出操作是完全有道理的。还记得我们曾经很细心地在宽度和深度上（depth 和 width）设置 2 个细分（subdivisions）来制作头部的结构吗？这里使用 5 次挤出也是相同的原因。因为你需要在身体上部使用两次挤出形成的位置来产生胳膊，而且为了能够在形体上有更多的细节，你将会创建一条有 8 排点的胳膊。

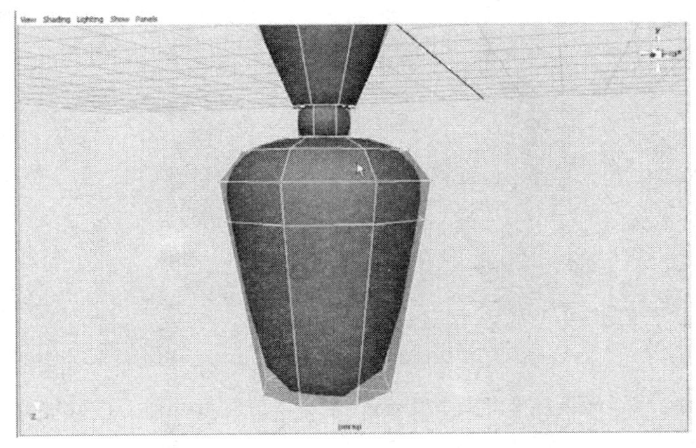

图 10－13　进行挤出操作创建身体

手臂

第 20 步： 选择将要用于制作手臂的多边形面。在身体的左侧或右侧上选择如图 10－14 所示的四个多边形面。

在后面的步骤中，我们将删除掉模型的一半，然后对操作过的那一半进行镜像复制。因为这个原因，只在角色身体的一侧创建手臂就可以满足需要了。

请注意，为了使创建的手臂上有 8 排点，我们需要选择四个多边形面进行挤出，不要只选择一个面进行挤出。

第 21 步： 执行挤出命令并缩放新挤出的面。执行 Polygons 模块/Edit Mesh→Extrude 命令。立刻切换到缩放工具（快捷键 R），如图 10－15 所示缩放新挤出的面。

当挤出这些面之后，你可能很难看到它们，因为它们好像都淹没在高模的形体中了。如果需要，你可以使用移动工具临时将它们拉出来，这样就可以清楚地观察这些面，并能够缩放成想要的形状。但是当修改成想要的形状后，一定将它们移动并旋转回到原来的位置上。

请记住，一定要让这些面是平整的、四四方方的。为了达到这样的效果，你可能不单单要在 Y 轴和 Z 轴上进行缩放，也需要在 X 轴上进行缩放。

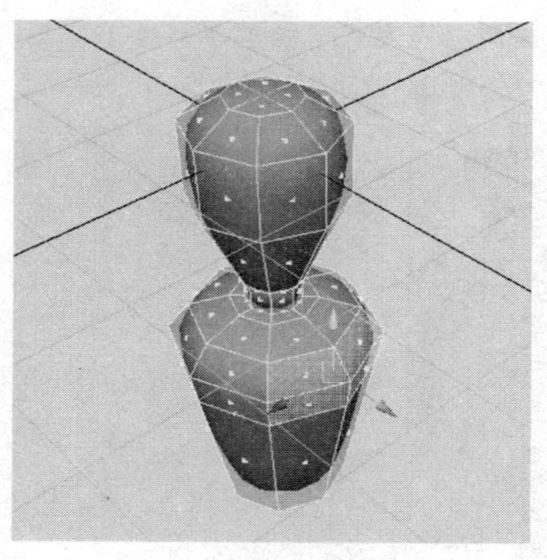

图 10－14　选择将要变成手臂的面

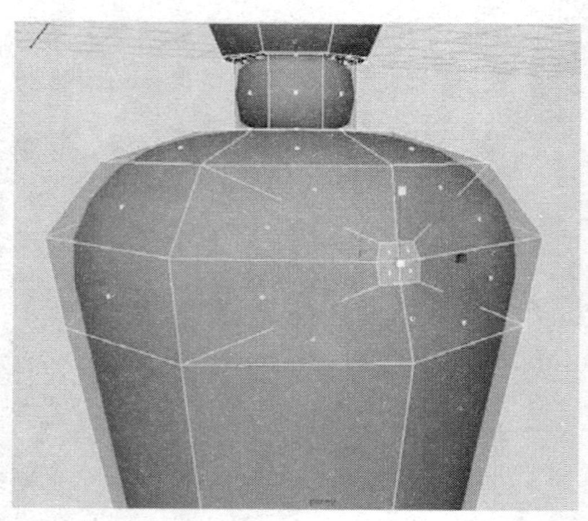

图 10－15　挤出和缩放将要变成手臂的面

第 22 步：调整顶点使新挤出面成为一个圆形。切换到顶点模式(Vertex)，调整顶点。可以一次调整一个顶点（通过移动工具），也可以一次调整一组顶点（通过缩放工具）。调整的结果如图 10－16 所示。

是的，你可以在之后的操作中，再把手臂弄得圆润一些。但是，现在就把该面调整成圆形可以确保你从现在挤出面到最后做完整个手臂，所得到的形体都是圆形的。

第 23 步：挤出新面来创建肩关节球。选择四个面，使用挤出工具创建肩膀与上臂结合处的关节球。请注意这不同于颈部，这里使用了三次挤出操作，第一次挤出只比原来四个面大一些（如图 10－17a 所示），第二次挤出使挤出的部分圆滑一些（如图 10－17b 所示），第三次挤出完成关节球的形状（如图 10－17c 所示）。不用担心你得到的球的形状是否精确。

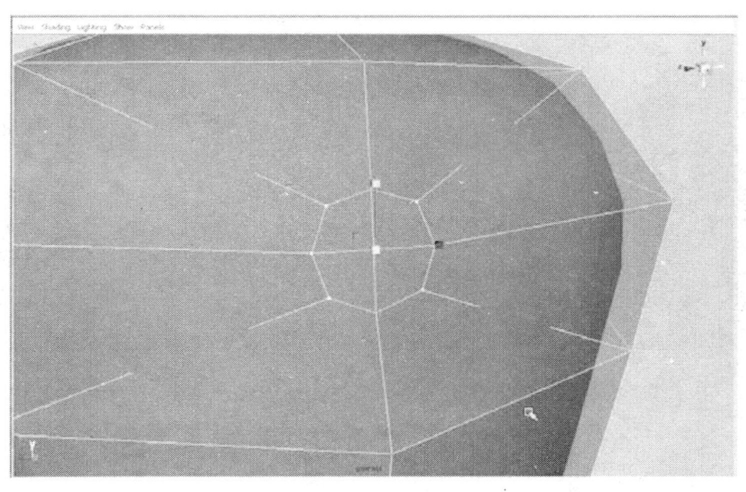

图 10－16　圆形胳膊的开始处

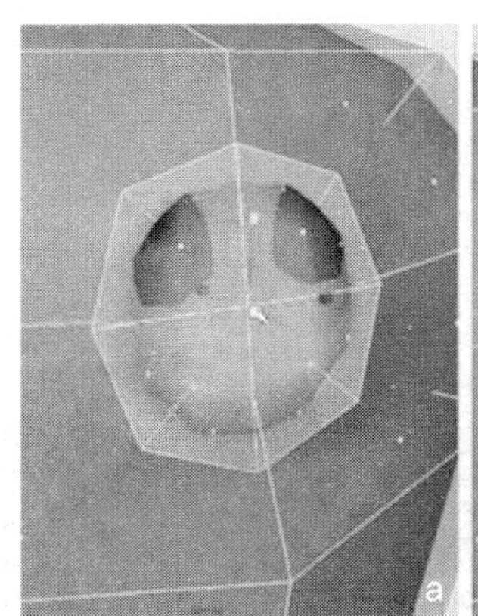

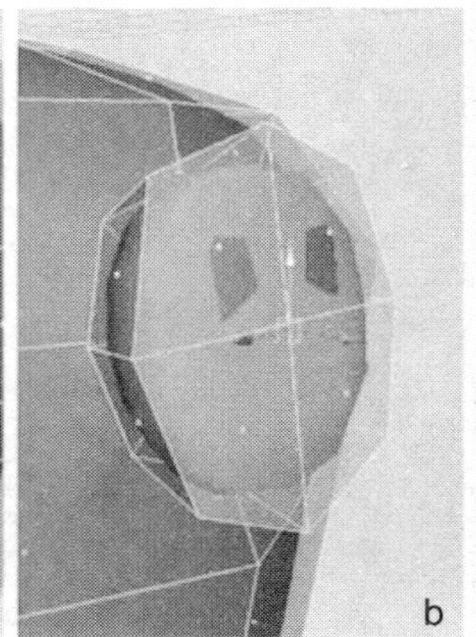

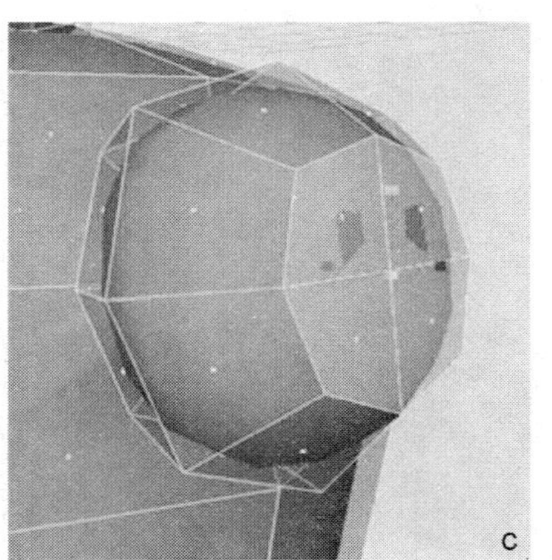

图 10－17　(a) 创建明显的连接；(b) 使手臂更圆滑；(c) 完成形体的创建

第 24 步：为手臂创建一个重叠处。挤出一系列的面来实现这个操作，可以看到，第一次挤出实际上是向外拉伸（如图 10－18a 所示），第二次挤出是向肩关节球的方向拉回（如图 10－18b 所示），接着再向外拉伸（如图 10－18c 所示）。

第 25 步：挤出到肘部（如图 10－19a 所示）。再另外创建一个挤出面，来实现干脆利落的肘部末端（如图 10－19b 所示）。

第 26 步：重复执行第 24 步所进行的操作。进行挤出和缩放操作(如图 10－20a 所示)。进行挤出操作并将挤出面推进上臂之中(如图 10－20b 所示)。再向外进行挤出,创建出肘部关节球(如图 10－20c 所示)。

第 27 步：挤出面直到手腕部位。

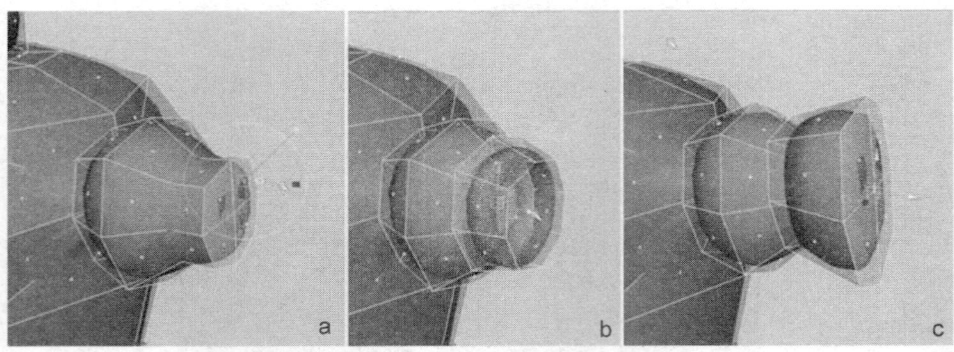

图 10 – 18　创建上臂的重叠部分。(a) 挤出面并向外拉伸一点；(b) 第二次挤出向肩膀方向拉伸；(c) 第三次挤出向外拉伸，拉伸到手臂的初始位置

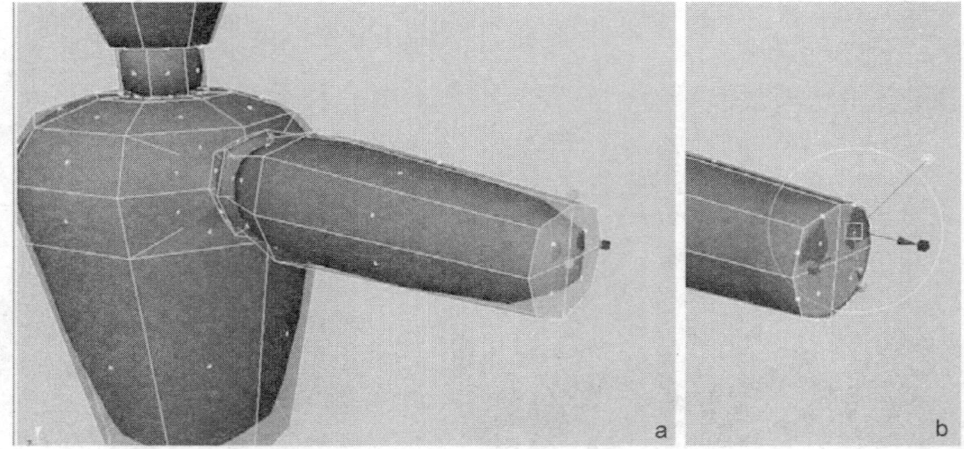

图 10 – 19　挤出到肘关节处

图 10 – 20　继续进行挤出面操作，创建肘关节

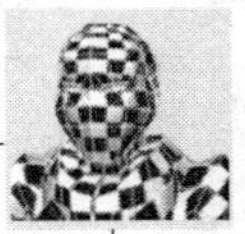

第 28 步：创建手腕和手（手的形状看起来就像一个热狗），如图 10－21 所示。

第 29 步：选择手上的成圈的顶点，把它们大致缩放成图 10－22 所示的样子。

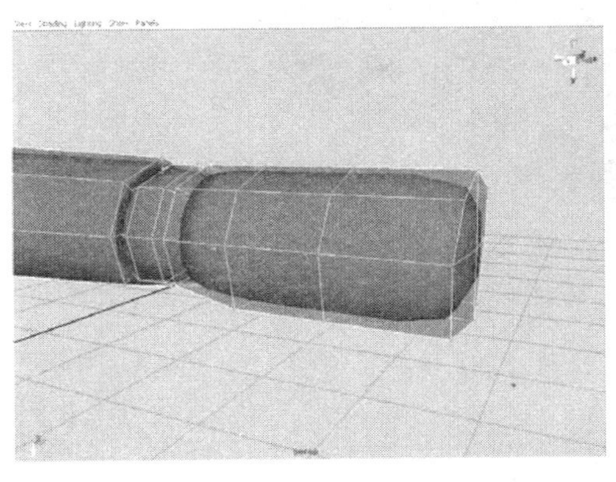

图 10－21　粗糙的手模型

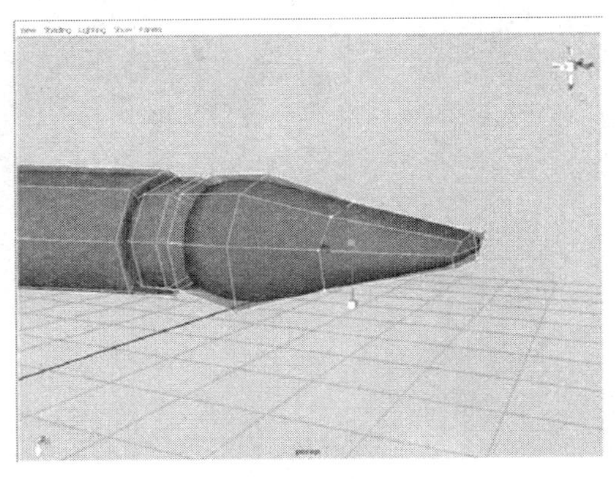

图 10－22　开始塑造手的形状

其实有很多种方式可以创建出我们这里看到的手的形状。但为了以后制作动画的要求，我们将多边形（顶点和边）按照环形进行排列是非常重要的。如果不是环状的，当对模型进行动画变形的时候，关节处就会发生问题。所以用三次挤出操作来创建手的三个环状细分，可以方便我们以后进行绑定，能够让手做出弯曲动画。

同样应该注意到在这个步骤中，对环状顶点的缩放只是沿着 Y 轴进行的。

第 30 步：选择将要用来制作手掌部分的顶点。这些顶点就是在手部底面上的所有点（如图 10－23 所示）。

第 31 步：将顶点吸附到网格，而不使用保持构成成分间隔功能（Retain Component Spacing）。双击移动工具图标，打开移动工具的属性编辑器，去掉 Retain Component Spacing 选项的勾选。按住 x 键，沿着 Y 轴方向移动顶点。它们会全部吸附到同一个平面上。

第 32 步：完善手部形体。将顶点向下移动一点（不用使用吸附功能了，现在它们已经都在一个平面上了）。现在按照图 10－25 所示，调整其他顶点的位置。

第 33 步：使手掌变得平整。选择组成手掌的多边形面（如图 10－26 所示），再次使用挤出工具挤出面（但不移动它们）。

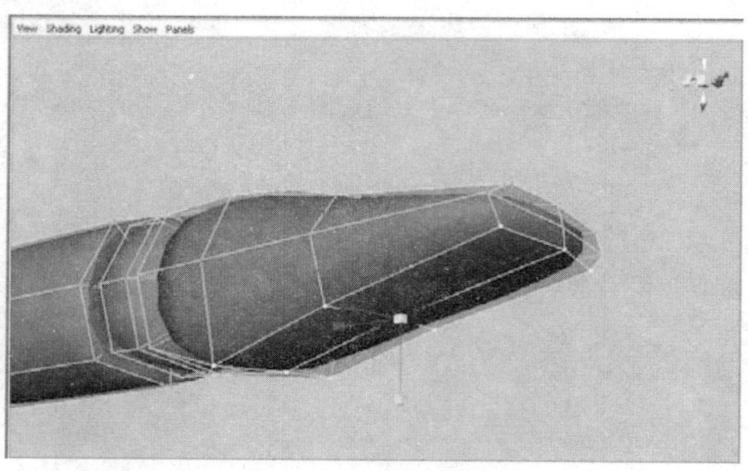

图 10－23　选择手掌部的顶点

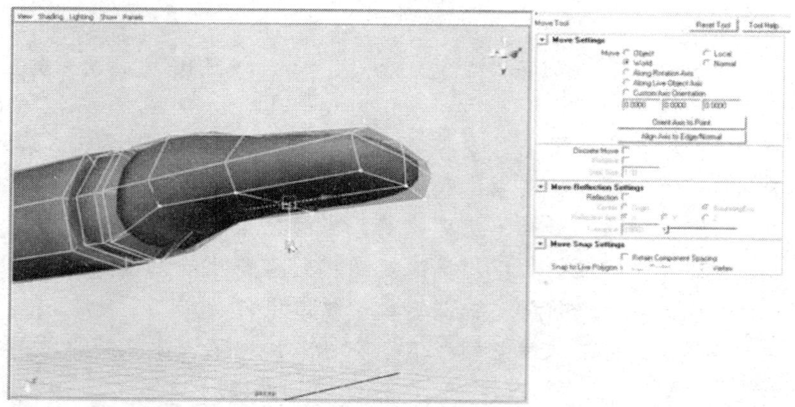

图 10－24　沿 Y 轴将手掌部的顶点吸附到相同的平面上

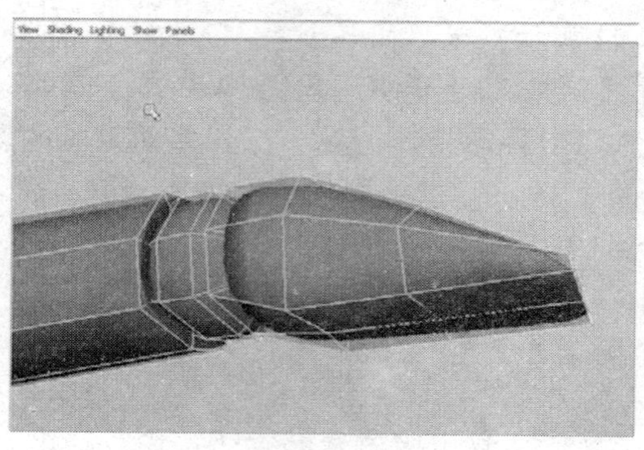

图 10－25　完善到一定程度的手的雏形

图 10－26　平整的手掌

请注意，为了得到想要的手的形状，你可以对手进行各种修改。只需要修改就可以，低模中的多边形几何体（面、边、顶点）的数量已经足够你制作出自己想要的形状了。

同样请注意，你可能一直想看没有低模线框环绕的高模是什么样子的。请记住，转换高模与低模显示的快捷键是“Ctrl + ~”键。在物体模式（Object mode）下，选择低模，按“Ctrl + ~”键后，低模就被隐藏了。再次按下后，就会隐藏高模，显示低模。按“Shift + ~”键，高模和低模都会被显示出来。

躯干

第 34 步： 挤出腹部和躯干。使用和前面相同的技术，创建不同部位之间衔接处的硬边（如图 10－27 所示）。

确保在躯干的底部再进行一次挤出，来获得硬边。请记住，如果你忘记进行这个操作，你可以使用切割面（Cut Faces）工具来做出这个效果。可以在靠近底部边缘的位置切割出一条新线，这样能得到同样的效果。

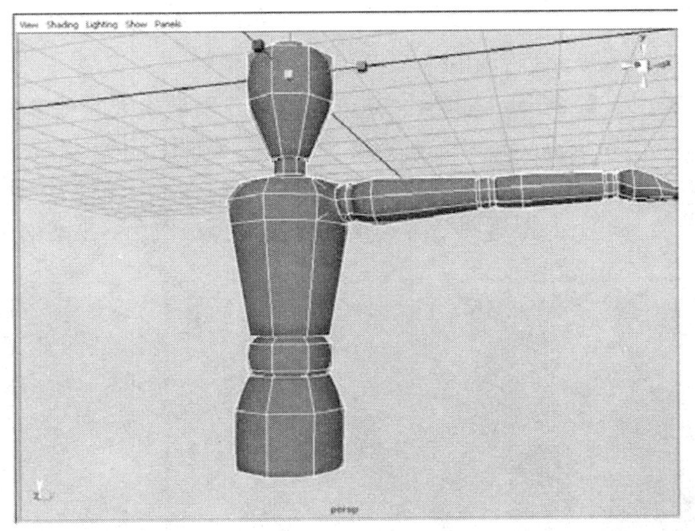

图 10－27 完成后的腹部和躯干

腿部

第 35 步： 选择躯干底部与手臂同侧的两个多变形面（如图 10－28 所示）。

记住，我们只是在半个角色模型上面进行工作，如果你选择躯干底部的四个多边形面进行挤出（如同我们下一步那样），那么得到的将是一个大的关节，而不是两个臂部的关节。

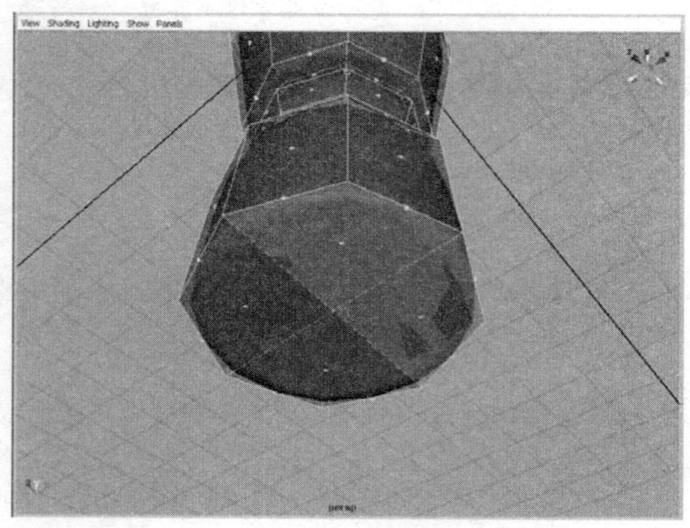

图 10－28　选择将要变成腿的面

第 36 步：挤出面并进行调整，以做出大腿根部。执行 Polygons 模块/Edit Polygons→Extrude 命令，然后参照图 10－29a，在同一平面上调整多边形的大小（不要沿着 Y 轴上下移动），然后切换到顶点模式（Vertex）下，把这两个多边形的外形调整成圆形，如图 10－29b 所示。

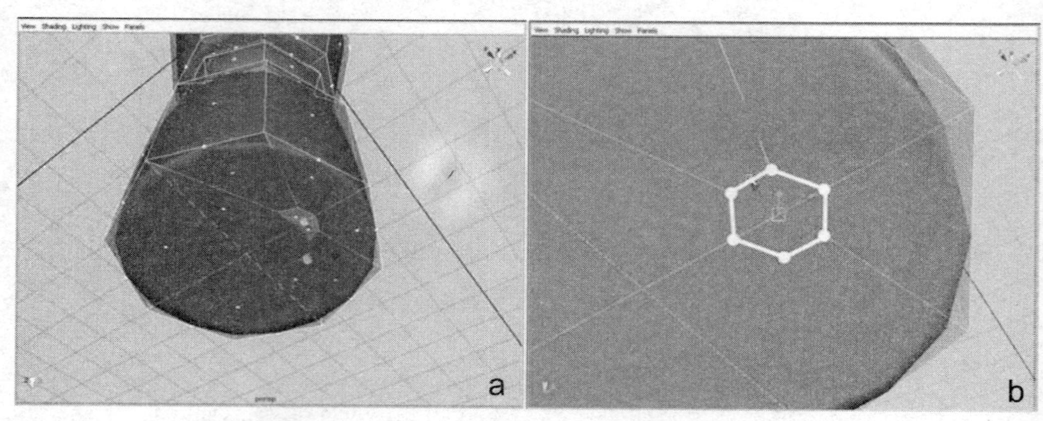

图 10－29　(a) 挤出并缩放形成腿部的面；(b) 将用来创建腿的多边形调整成圆形

正如先前所讲过的，现在把顶点调整成圆形，可以避免将来对整个腿上所有顶点进行一列一列的调整，以使腿变成圆形。

注意，这次我们制作出的是六边形，而不是在制作上半身使用的八边形。这个不用太在意，使用六边形也可以调整成不错的圆形。

第 37 步： 挤出面来创建大腿、膝盖、小腿和脚踝，如图 10－30 所示。

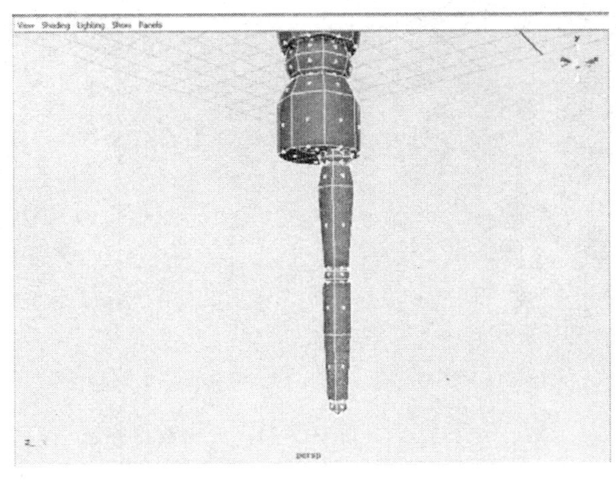

图 10－30　挤出的腿部

脚

第 38 步： 选择形成脚踝最底部的面，挤出并沿着宽度方向缩放（在本范例中是沿着 X 轴）。根据你对脚宽度的估计调整多边形的宽度。（如图 10－31a 所示）。

第 39 步： 选择外围的顶点进行移动，创建出一个严谨的外形（如图 10－31b 所示）。

重新整理这个表面上的顶点，将会给我们提供一个整洁的多边形网格来创建脚的形状。这么做也有助于提示出脚踝关节球的边缘轮廓有多么清晰，你可以根据需要做出灵活的调整。

第 40 步： 对当前形体底部的两个面进行两次挤出操作。确保每次对新挤出面的移动都是沿着 Y 轴进行的。

看上去这么创建脚有点奇怪，是吧？我们的打算是，先挤出前面的部分来创建脚和脚趾，再挤出后面的部分来创建脚跟。我们不必一直沿着一个方向进行直线的创建，有的时候，从中间开始向两边创建也是一种恰当的技巧。

看起来两次挤出操作使我们添加了没必要的几何结构，但实际上，增加的几何结构正是创建正确的形体所需要的。确保这个表面已经增加了必要的几何结构，这样就能够避免以后要重新进行劈线和切割操作。

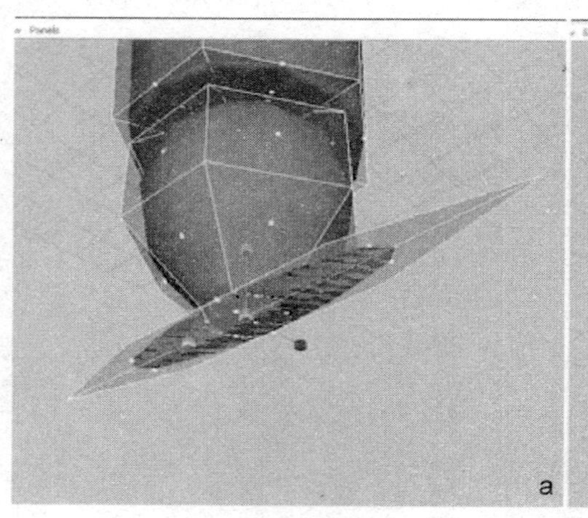

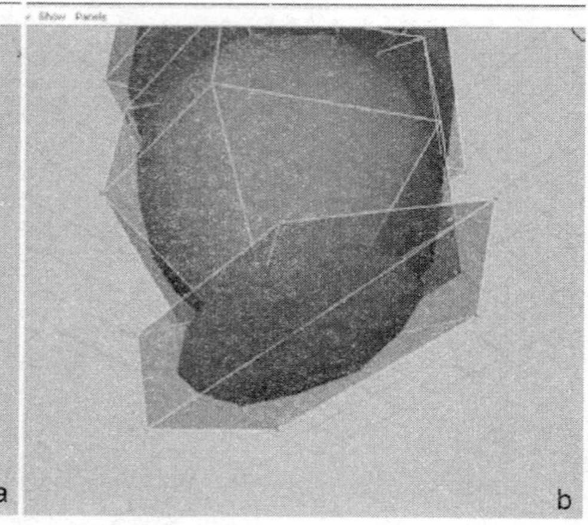

图 10－31　开始创建脚

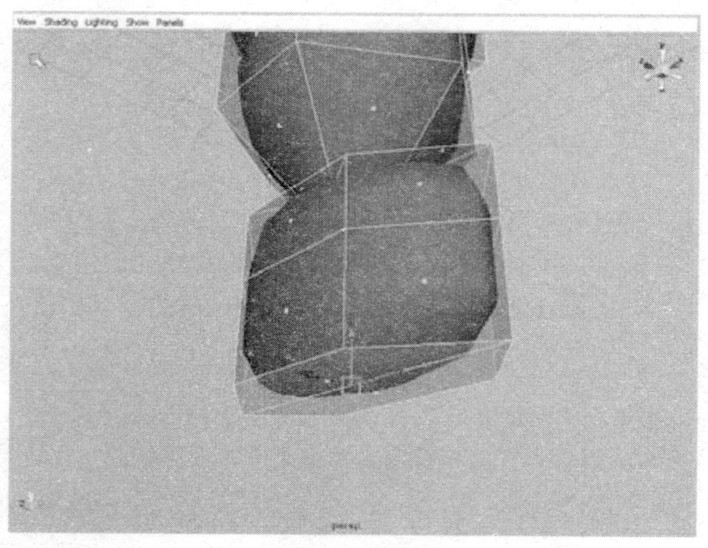

图 10－32　脚的开端。请注意进行了两次挤出操作

第 41 步：选择脚前面的 6 个多边形面，并执行三次挤出操作。调整大小并移动，从而得到脚部的大致形状（如图 10－33 所示）。

请注意，在每一个截屏画面中，一直是用移动工具来向外移动挤出的面。这些操作画面中所用的工作流程是：先执行 Polygons 模块/Edit Mesh→Extrude 命令，然后立刻按键盘上的 w 键切换到移动工具。使用这种方式，新挤出的面总是沿着一个轴向移动（本范例中是沿着 Z 轴），而不是沿着法线方向进行扩张。而默认情况下，使用挤出工具的操作手柄移动挤出面时，是沿着法线方向移动的。

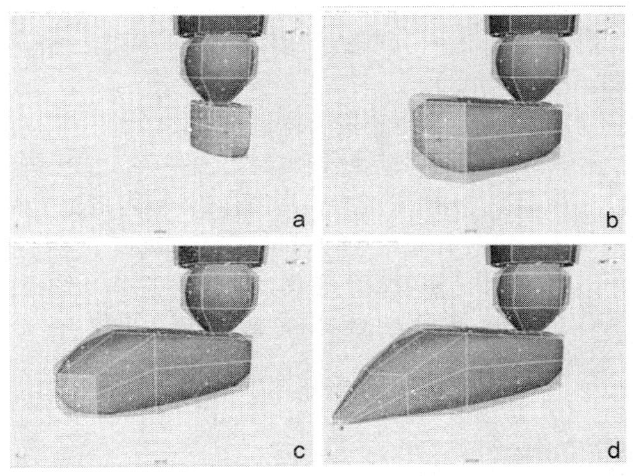

图 10－33　刚开始时的脚形状

第 42 步：调整顶点，将脚部调整成你想要的形状（如图 10－34 所示）。

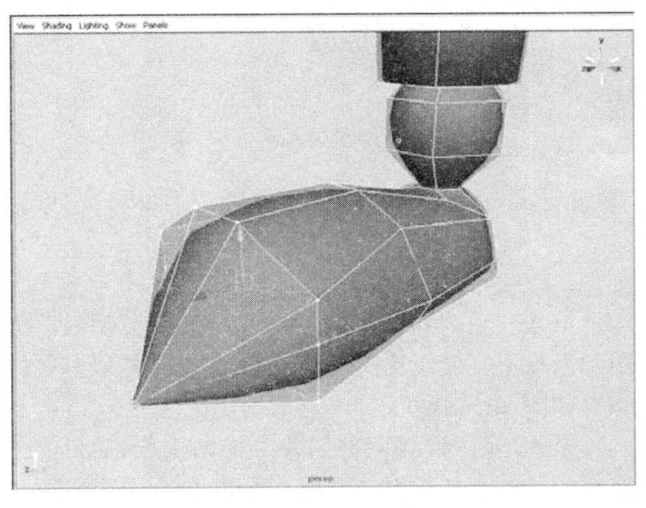

图 10－34　调整脚的形状，请注意没有脚后跟

当阅读范例教程时，看到“继续进行调整，直到看起来变得正确”这样的文字时，一点都不好笑。当真正创建有机体模型的时候，迟早都能遇到这样的情况。只能是勤劳地数百次重复“选择这个点，移动到左边，再选择这个点移动到上面，等等”。请记住，学习的目标是理解工具的使用技巧，而不是制作出一个和图片或 CD 中的模型一样的模型。根据你的理解和喜好调整模型就可以了，不必太过死板。

第 43 步：对当前脚的形体后方的面进行挤出，创建出脚后跟（如图 10－35 所示）。

第 44 步：根据你的喜好调整形体。

第 45 步：将脚后跟调整得更加平整。选择脚后跟后面的所有顶点，使用移动工具(打开移动工具属性编辑器,取消 Retain Component Spacing 的勾选),将所有的点吸附到同一平面上(按下 x 键吸附到网格上)。

第 46 步：创建真正平整的脚后跟边缘。选择组成脚后跟的所有面，执行 Polygons 模块/Edit Mesh→Extrude 命令，但是不要移动新挤出的面(如图 10－36 所示)。

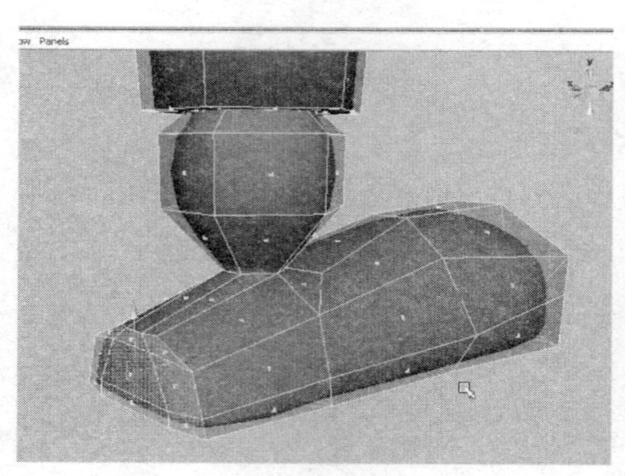

图 10－35　脚的后部

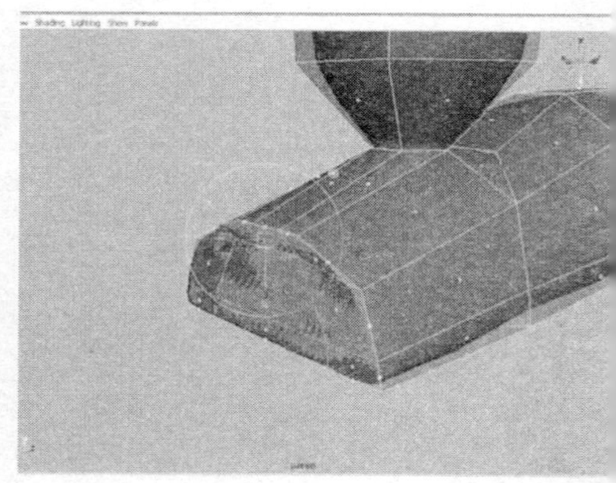

图 10－36　通过添加挤出的面创建平整的脚后跟

第 47 步：将脚底调整平整。选择组成脚底的所有顶点，将它们吸附到网格上（使用移动工具）。然后选择构成脚底的所有面，执行挤出操作（如图 10－37 所示）。

第 48 步：进行调整。因为你的操作很难向上返回，所以，要确保所有的比例都是正确的。现在花些时间对模型进行整体上的调整。

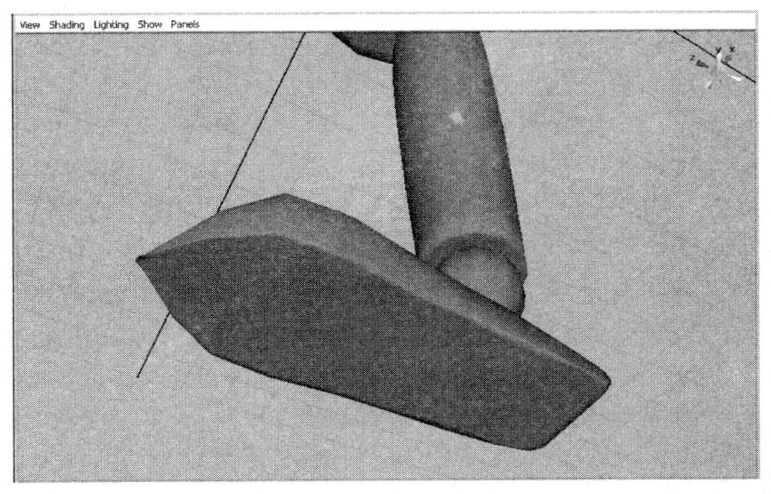

图 10－37　平整后的脚底。注意这个图片为了展示得更明确所以使用了高模

模型进行镜像

第 49 步：在前视图中，切换到面模式（Faces），选择模型上没有创建手臂和腿的一侧上所有的面（如图 10－38 所示），执行删除。

第 50 步：确定所有模型中间的顶点位于场景中心轴线上。切换到顶点模式（Vertex）。选择位于镜像平面上的所有的顶点，镜像平面是指你想用来镜像模型的那个平面，如图 10－39 所示。

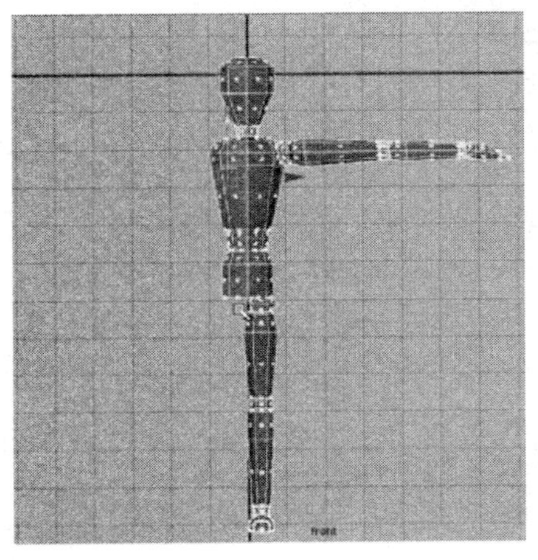

图 10－38　选择一半的模型

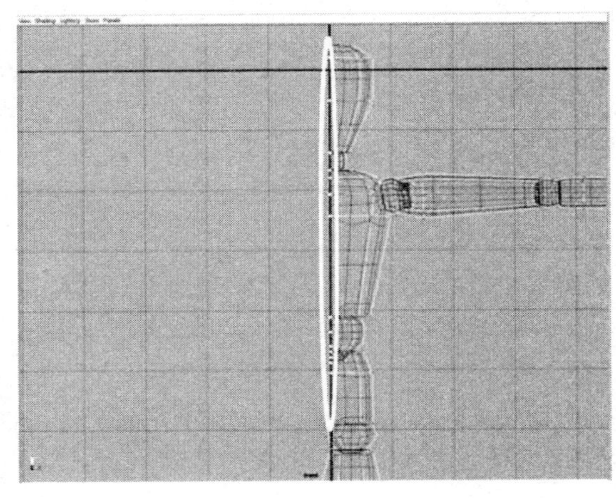

图 10－39　选择位于镜像平面上的所有顶点

在一步或者两步之内，我们就将会对制作完成的半个模型进行镜像。为了获得一个整洁的几何体镜像，模型的中间接缝必须是一条整洁的结合线。你可能确实已经将中间的顶点放在了中间位置上，但是在建模过程中，顶点可能会被不小心移动过。如果中间的顶点没有位于中间位置上的话，最终模型就会在镜像平面位置上出现缝隙或折叠。所以这是使中间位置顶点整洁的工作流程的起点。

第 51 步：将选中的顶点吸附到中间位置（本范例中是 X 轴）。双击移动工具图标，关闭属性编辑器中的 Retain Component Spacing 属性。按下 x 键，移动 x 方向的控制手柄。这样可能会让顶点吸附到其他位置上，但是继续按着 x 键，将它们吸附到 X 轴上。

我们只是在身体上进行这样的操作，腿部不要这么做。在本书的模型中（如图 10 – 39 所示），腿部还存在着一些问题，稍后我们会解决。你只需确保只将中间接缝处的顶点吸附到了中心轴上。腿部是分开的，你需要确认腿上的顶点没有位于中间位置上。

第 52 步：调整那些不应该位于镜像轴心上的顶点或顶点的集合。如果模型的腿部所有的顶点只位于镜像平面一侧的话，那么就不必做这个调整了。但是在本书这个模型上还是需要调整的。选择需要调整的顶点，沿 X 轴移动，使这些顶点都回到镜像平面一侧（如图10 – 40所示）。

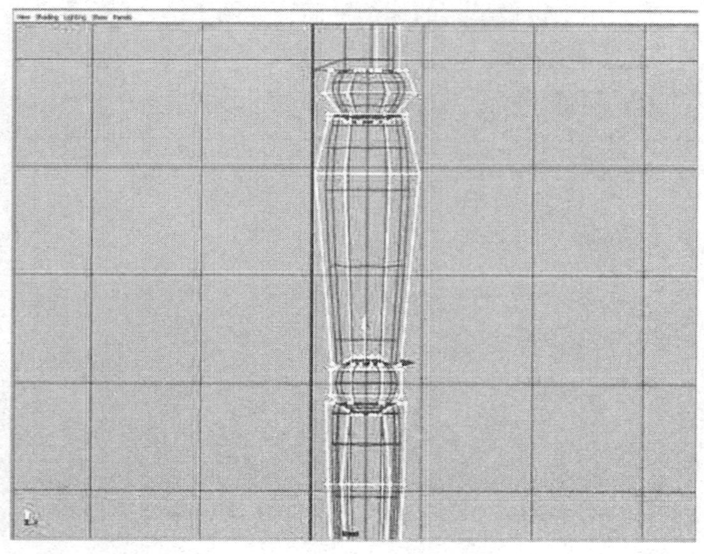

图 10 – 40　进一步为镜像做准备。确保没有顶点跨越镜像轴心

第 53 步：镜像模型。在物体模式（Object mode）下，选择模型，打开 Polygons 模块/Mesh→Mirror Geometry 命令后面的小方块，调出命令设置面板（Options）。如果你是第一次使用这个工具或是别人曾用过你的 Maya，那么执行一下该命令中的 Edit→Reset Settings。然后在命令设置面板中选择镜像方向为 – X，点击镜像(Mirror)按钮(如图 10 – 41 所示)。

镜像几何体工具中的这一组镜像方向（Mirror Direction）设置选项很有用。默认的镜像方向是 + X（即沿着 X 轴的正方向进行镜像）。我们是在 + X 轴上创建的，所以将选项设置为 – X，这样就会沿着 X 轴的负方向进行镜像。请注意，根据模型的实际情况，可以将镜像方向设置为你想要的任何方向。

还要注意在默认情况下，Merge with the Original 选项是打开的。同样，Merge Vertices（合并顶点）这个选项也是打开的。如果我们希望最后得到一个结合成为一个整体的模型，那么打开这两个选项正是我们所需要的。这样的设置能让我们创建出一个无缝的模型。

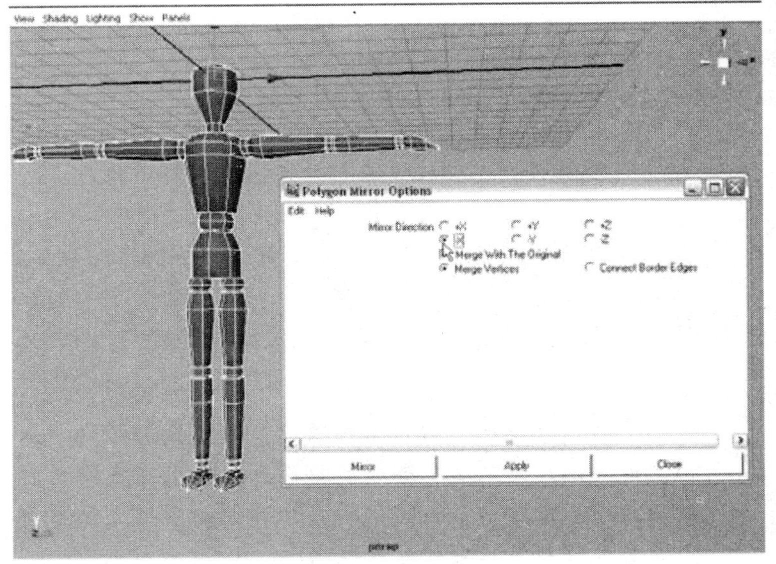

图 10 – 41　镜像角色模型

第 54 步：根据喜好适当调整模型。

当模型镜像之后，之前你认为是正确的地方会突然间看上去不顺眼了，这几乎是必然的。当镜像后，最好是花点时间调整一下，让模型达到你想要的效果。

第 55 步：删除历史记录。选择低模（LowPolyMan），执行 Edit→Delete by Type→Delete History 命令。

删除历史记录之前，Maya 一直通过对模型添加新节点来记录着所有操作：每一次调整、切割、移动。一旦你对操作的结果满意了，删除掉与物体相关联的历史记录，可以让模型数据保持整洁。

范例总结

这个范例创建了一个由单个网格构成的角色模型。一个角色是由一个连续的多边形集合构成的。确实，我们可以使用很多不同的方法来完成这个形状（比如用一堆多边形球体组合在一起，或是使用一些放样曲面）。但是，本范例所采用的工作流程是和创建游戏角色模型或者是更复杂的高模一样的。

范例 10.2 游戏角色建模

目标

1. 创建一个网格游戏角色模型。
2. 使用图像参考平面创建正确的模型比例。
3. 继续使用挤出工具来创建适当的拓扑结构。

第 1 步：定义一个新项目。点击 File→Project→New…命令。给项目命名为“Game _ Model”，选择一个保存位置。点击 Use Defaults（使用默认）按钮，然后点击 Accept（接受）按钮（如图 10 - 42 所示）。

为什么创建一个新的工程项目？因为我们将要创建一个新模型并使用新的贴图，而且这个游戏模型不会被应用到我们之前创建的其他相关的场景中。创建一个新的项目会让其他的项目文件更有条理，也会使这个工程能够按照正确的方式组织。

如果这个模型将要被导入我们前面建立的房间场景中，那么把它放到房间所在的工程目录里面就会更合理。但是作为一个独立的场景，还是使用单独的一个项目文件夹更好一些。

第一步中包含了创建一个工程项目的所有细节。如果你想知道关于创建项目的更详细的内容，可以查阅前面章节中关于工程项目建立和设置的内容。

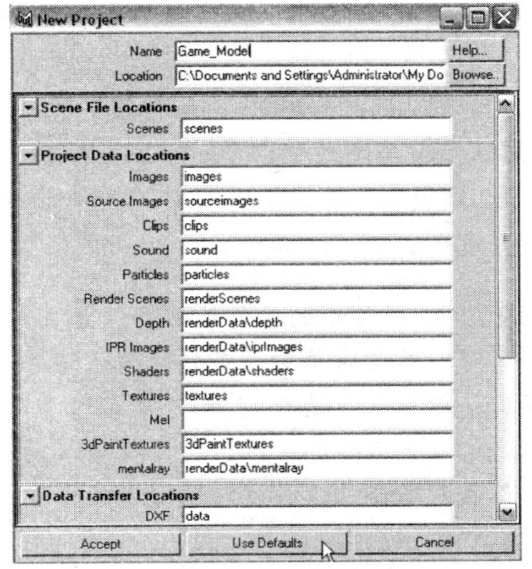

图 10－42 定义一个新项目

第 2 步： 将文件命名为“Character”，并使用 File→Save 命令保存文件。在保存时，Maya 会将该文件自动保存到 Game _ Model 工程项目文件夹下的 scenes（场景）文件夹之中。如果没有保存在这个文件夹中，你需要在进行后面操作之前重新进行项目的设置。在 File name 输入栏中写上“Character”，点击 Save（保存）按钮。

第 3 步： 从随书光盘中将 sourceimages 文件夹中的内容复制到该项目的 sourceimages 文件夹中。打开随书光盘中的目录 ProjectFiles→Chapter10→Game _ Model→sourceimages。选择该文件中的内容，复制到你当前的项目文件夹中的 sourceimages 文件夹之中（确保复制到的新位置 sourceimages 文件夹，就是你刚建立的 Game _ Model 工程项目之中的 sourceimages 文件夹）。

在 sourceiamgs 文件夹中有很多重要的文件。请记住，在这个文件夹中保存着场景需要的贴图文件（在本范例中，这个文件夹中保存着给角色模型绘制完成的贴图）。本范例我们使用的是 Will Keetell 设计的游戏角色，同时我们还要使用他绘制的角色草图来确定我们要创建的多边形的位置。

请将这些文件复制到你自己的 sourceimage 文件夹中，这么做是为了在 Maya 中工作时，很容易查找和定位图片。

第 4 步： 将图片文件 GameCharacterFront.tif 导入前视图中。按空格

键切换到四视图显示。在前视图中打开 View→Image Plane→Import Image ...命令。打开你的 Game _ Model 项目文件夹下的 sourceimages 文件夹，选择 GameCharacterFront.tif 图片，按下 Import（导入）按钮。

第 5 步：将图片文件 GameCharacterSide.tif 导入到侧视图中。在侧视图中，重复第 4 步操作（使用 View→Image Plane→Import Image ...命令），并选择 GameCharacterSide.tif 导入。

图 10－43 所展示的操作结果显示出很多重要的信息。首先，你有了创建模型可以参考的草图，而且草图已经导入了建模最常用的两个视图中。其次，你可以在透视视图中观察到参考图像平面（Image Planes），并可以通过双击选择和修改，使左视图和前视图的参考图像平面可以匹配。虽然我们不会让这种方式保持很久。

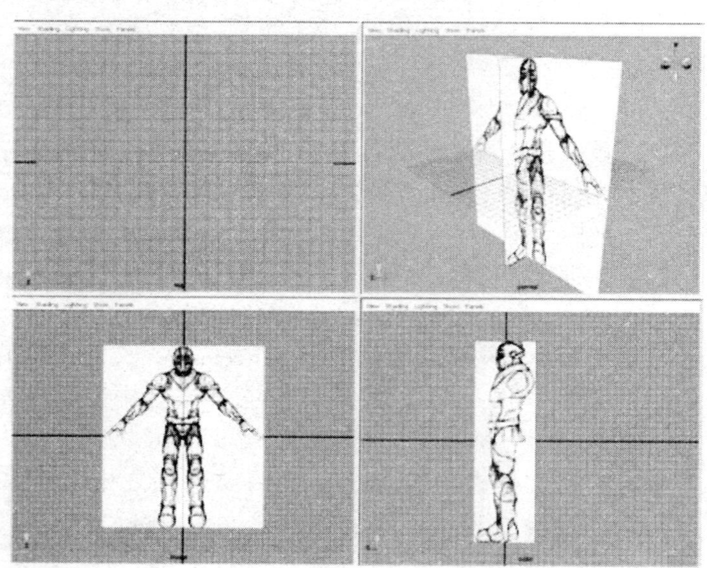

图 10－43　导入的参考图像平面

第 6 步：在透视图中隐藏图像平面。在前视图中选择 View→Image plane Attributes→imageplane1，在属性编辑器中的 Image Plane Attributes 部分，点击“look through camera”。在侧面图中重复该操作。

一旦你准备好开始建模了，在透视空间中存在着这些巨大的参考图像平面会令人分心。通常，这些图是以正交投影的方式绘制的，而且在前视图和侧视图中的作用最大。因此让参考图像平面只存在于前视图和侧视图中是最好不过了。

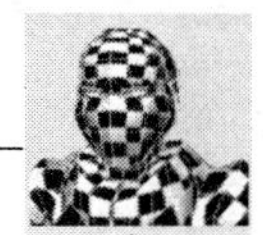

顺便提一下，在为建模准备参考图像的时候，有些十分重要的小提示。请仔细察看附录 B 中的内容。

第 7 步：在视图中显示多边形数量。点击 Display→Heads Up Display→Poly Count 命令。这个提示将会给你更多场景中的信息(如图 10－44 所示)。

图 10－44　Heads Up Display 菜单下包括了 poly count 多边形数量的显示信息

为什么要在界面上显示这么多似乎是没有用的信息呢？一般情况下，你不用额外注意这些信息。但是，这是一个游戏模型，所以多边形的数量是非常重要的。尽管显卡的实时渲染能力和三维游戏中的多边形面数一直不断增加，但是游戏建模时，依然需要关注多边形数量。Heads Up Display 这个功能允许你对建模时实时显示的信息进行设定。而 Poly Count (多边形数量)可以实时显示当前建造的模型的多边形数量。

请注意，图 10－44 中实际上有三列数据，第一列提示场景中总共有多少顶点、边、多边形面、三角面、UV（Verts，Edges，Faces，Tris，UVs)；第二列提示选中的模型中有多少这些构成成分；第三列提示有多少构成成分已经被选择。

让我们来假设本范例的目的，是为了创建一个著名三维游戏虚幻竞技场(Unreal Tournament)中的角色模型。由于这个要求，我们创建模型的多边形数量必须控制在 3000 个三角面之内。请记住，当使用 Maya 渲染场景时，它会对所有多边形进行镶嵌细分(tessellate)，也就是说，会将所有多边形都转换成三角面。大多数游戏引擎只能识别多边形三角面(tris)。所以，三角面的数量是一直要密切关注的。尽管我们平时都是使用四边面的多边形进行建模，但是三角面的数量必须保持在 3000 个以下。

第 8 步： 创建一个新的多边形立方体。点击 Create→Polygon Primitives→Cube 命令后面的小方块（Options），打开命令设置面板设定宽度和深度上的细分值为 2（Width divisions = 2，Depth divisions = 2）。

记住宽度和深度上的细分值为 2，这容易创建出比较圆的形状。有些艺术家喜欢一开始就设定高细分值，而另外一些艺术家则喜欢从更低的细分值开始制作。细分值为 2 的设置是一个不错的中间设置。虽然我们在完成模型前，确实需要在宽度和深度上具有更高的细分值，但是一开始设置为 2，可以让我们尽可能在长时间内保持比较低的面数，方便制作。

第 9 步： 将这个多边形立方体重命名为“Character”。

头部

第 10 步： 移动这个头部。这个立方体是在坐标原点（0，0，0）上创建的，但是角色的头部要远远高于这个高度。使用移动工具将立方体移动到头部大概的位置上。确保移动模型的时候，只沿着 Y 轴移动（使用绿色的控制手柄）。

第 11 步： 在顶视图中缩放成列的顶点，使头部形状变成圆形（如图 10－45 所示）。

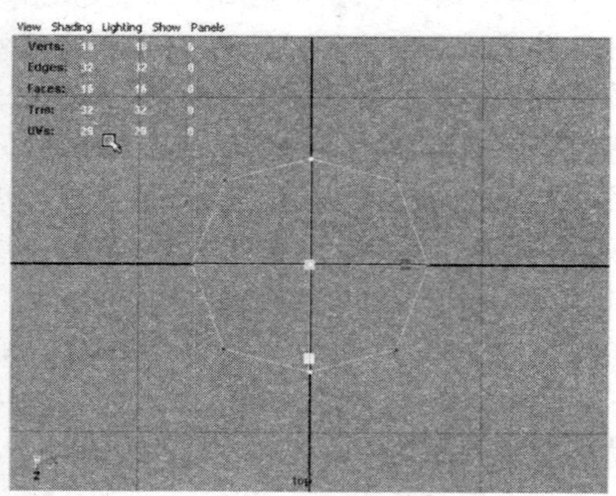

图 10－45 使头部形状变成图形

从长远来看，当多边形数量少的时候就将模型调整成圆形，可以节省很多时间。尽管在本范例中，几乎每一个顶点都需要被调整，但是，如果一开始制作就将模型调整到接近最终想要的效果的话，那么你会更加容易观察和处理模型的外形。

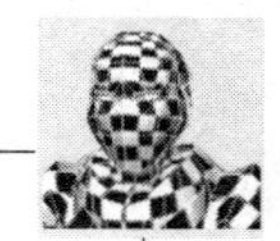

第 12 步：使用 X 射线的显示模式可以更好地观察形状。在前视图和侧视图中进行如下操作：把鼠标移到需要更改显示模式的视图上，点击，在键盘上按下数字 5 键，激活实体阴影显示模式。然后在每一个视图菜单中选择 Shading→X－Ray（如图 10－46 所示）。

我们正在使用的图像参考平面画面上的对比度很高——它的线条颜色很深。这样绘制，在建模过程中通常会有很大的帮助，但是，如果你只用线框显示模式来建模的话，绘制成深线条的参考图片有时就会导致观察困难。然而，如果你使用实体阴影显示模式建模，那么模型又会遮挡住你导入的参考图片。使用 X 射线显示模式通常是一个好的折中办法，因为它能让你更好地观察模型形状，也让你看到模型后方的参考图片。

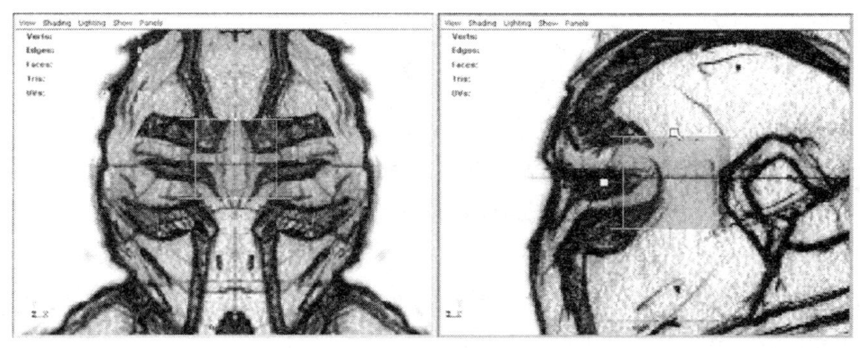

图 10－46 在前视图和侧视图中激活 X 射线显示模式

第 13 步：将前视图中的图像平面向后移。点击 View→Image Plane Attributes→imageplane1。在 imageplane1 的属性编辑器中，向下滚动窗口，展开 Placement Extras 卷帘窗。在 Center 值后面的输入区的第三列中输入－30（Z 轴方向）。

在图 10－46 中，原来，你只能够看到调整为圆形之后的立方体的前一半，后一半被参考图片遮住了，而现在正发生着变化。你应该还记得原来图像参考平面的设置为 Z＝0，而立方体一半处在 Z 轴 0 点之前，一半处在 Z 轴 0 点之后，你只能看到前面那一半。通过调整 Center 值输入区的第三列，你将图像平面沿着 Z 轴负方向（－Z 方向）向场景后方移动了 30 个单元格。结果是，你现在可以看到整个立方体。

第 14 步：将侧视图中的图像平面向外移。在侧视图中重复上一步操作，在 Center 值输入区的第一列中（X 轴方向）输入－30，得到一个如图 10－47 的操作结果。

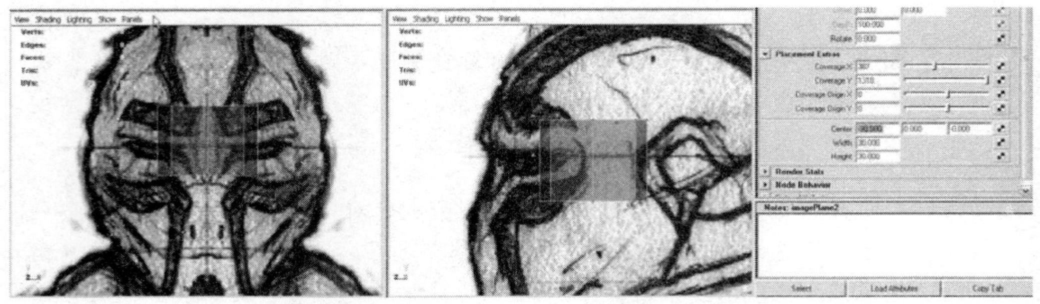

图 10－47 调整图像平面

第 15 步：在物体模式下，将角色进行旋转、缩放，调整结果如图 10－48 所示。

不幸的是，在这个范例里面，不可避免地会出现"调整顶点到你想要的效果"这样的操作步骤。这些步骤确实无法描述得更加清晰，这些步骤的操作能否达到满意的效果，取决于你的操作和你对造型的理解。第一次制作人物模型会显得尤其困难，所以如果你不是很熟悉人体解剖结构的话，就只需要在第一次制作中，尽力做到你最好的水准就行了。当你做到第二个、第三个、第四个角色的时候，你会看到你制作的形体更加精确。

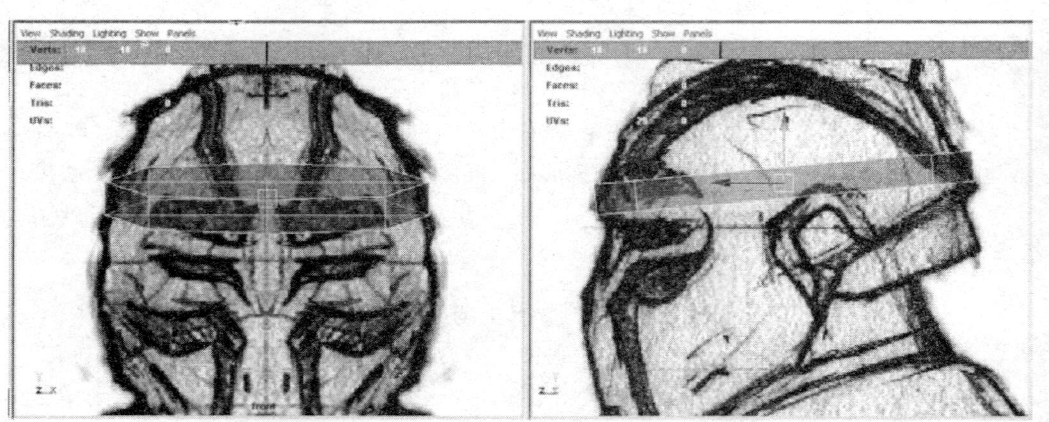

图 10－48 缩放并旋转立方体，设置好模型结构

第 16 步：在顶点模式（Vertex）下，调整顶点位置来逼近形状。在物体上点击鼠标右键，在标记菜单中选择顶点模式（Vertex）。在前视图和侧视图中选择和移动顶点，使之初次形成大概的环形多边形（如图 10－49 所示）。

如何创建一个模型主要取决于个人的喜好。你会发现可以使用不同的方式制作不同的模型。这个角色模型在脸部有很多明显的线条，这是由于角色戴着线条奇怪的头盔，所以本范例使用挤出工具来进行工作是最合适的。

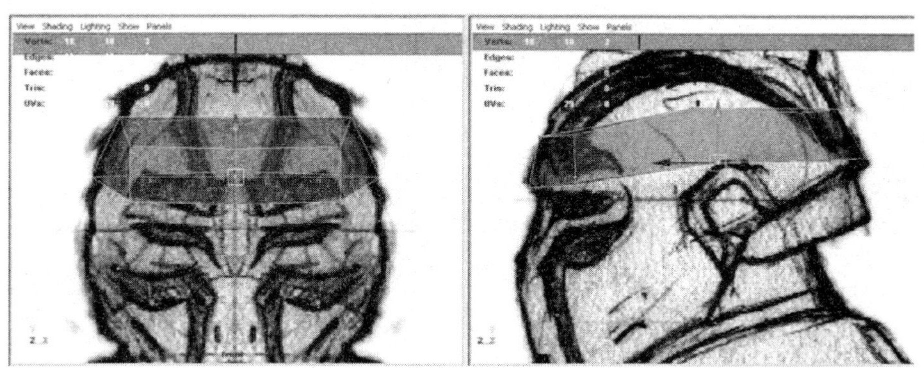

图 10－49 第一阶段制作出轮廓

第 17 步： 选择并挤出头顶部的面。切换到面模式（在物体上点击鼠标右键，在标记菜单中选择 Faces），选择形体顶部的面。确保 Polygons 模块/Edit Mesh→Keep Faces Together 选项被勾选。执行 Polygons 模块/Edit Mesh→Extrude 命令。使用控制手柄将挤出的新面向上拉出来（如图 10－50 所示）。

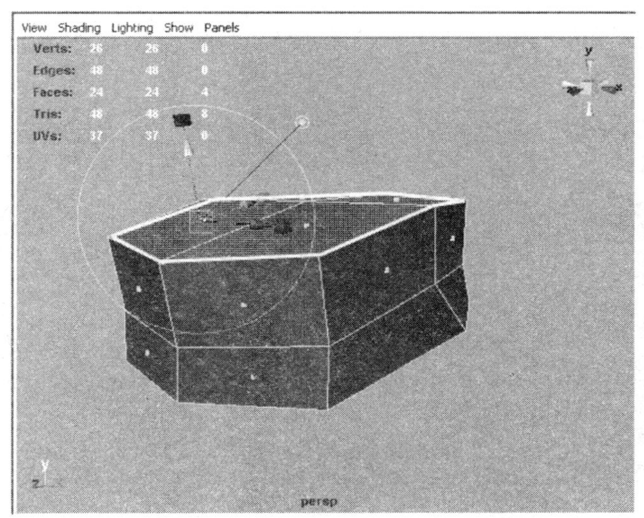

图 10－50 挤出头的顶部

第 18 步：调整顶点位置，使之与参考图像相匹配（如图 10－51 所示）。请记住切换到顶点模式（Vertex）下调整。

本范例进行挤出操作时，不用担心挤出的初始形状是否正确，可以通过调整顶点来弥补。记住，你现在仍然是在制作一个基础的形状，应该关注的是在保持多边形面数的情况下，找到最好的形状。为了找到外轮廓，在前视图（与透视图中的观察相配合）中仔细观察来确定每组顶点的宽度。

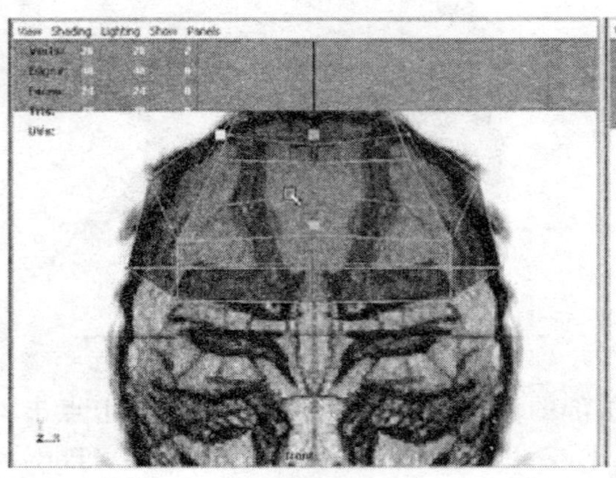

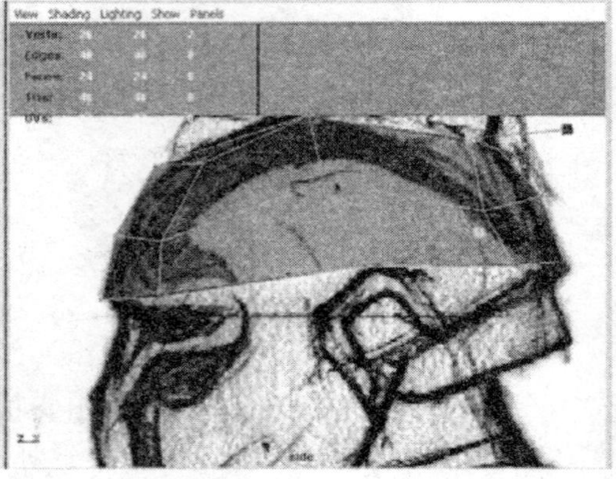

图 10－51 调整过的顶点

第 19 步：向下挤出头底部的面。切换到面模式（Faces），选择头底部的四个面，挤出并向下移动一点（如图 10－52 所示）。

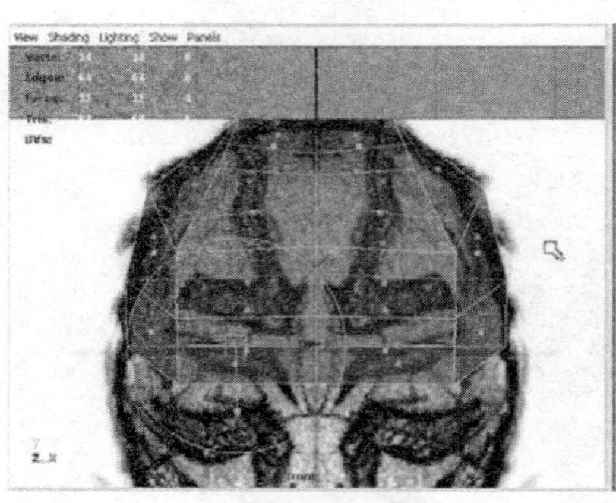

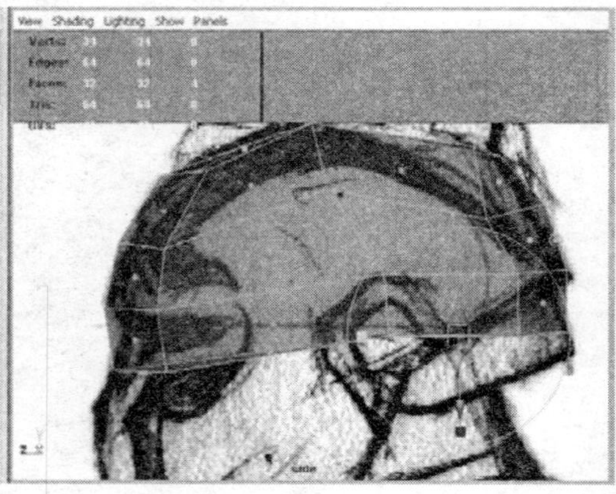

图 10－52 向下挤出面使头部造型变得丰满

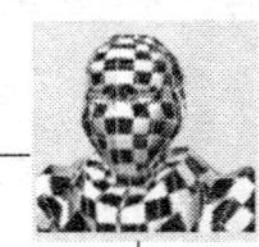

第 20 步：调整顶点来匹配头的形状。请注意，后面的顶点要匹配到头盔的第一个凸起，而最前面的顶点则界定出鼻梁的开始位置（如图 10－53 所示）。

现在出现了一些问题。请注意，在侧视图中从眼睛中间位置到耳罩后面的距离非常长。尽管不必调整布线，但是一个布线很好的模型应该同时兼顾到造型和动画两部分。如果两排点之间的距离过长，就很难制作出造型所需的细节。

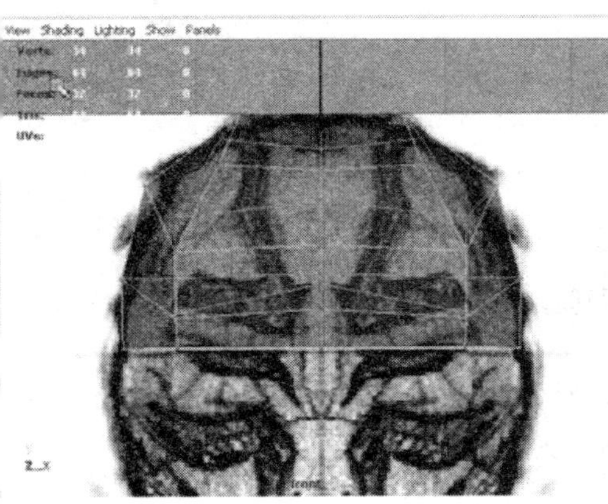

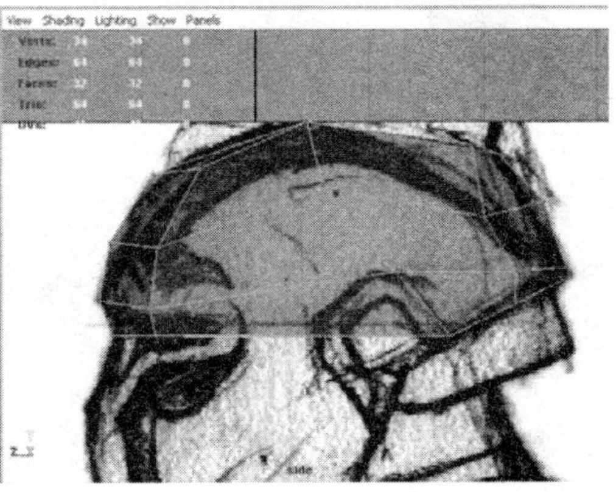

图 10－53　调整顶点的位置，使之匹配头盔的后凸起和鼻梁

第 21 步：使用 Insert Edge Loop Tool 工具创建新的细分。执行 Polygons 模块/Edit Mesh→Insert Edge Loop Tool。点击并拖拽来创建出一圈新的边（如图 10－54 所示）。调整新的顶点位置。

请注意，新的圈状边所在的位置大致是在耳朵的前端。这将会提供制作耳罩所需的多边形，同时也增加了用来创建头部曲线的多边形。

第 22 步：选择头底部的前面四个面。不包括头盔后方凸起下面的两个面（如图 10－55 所示）。

由于增加了一圈新的边，就有了新的面可以继续向头下部挤出，而且不会影响到头盔后部的形状。现在主要是制作出头部的大体形状，先不做处理，之后我们会处理这部分。

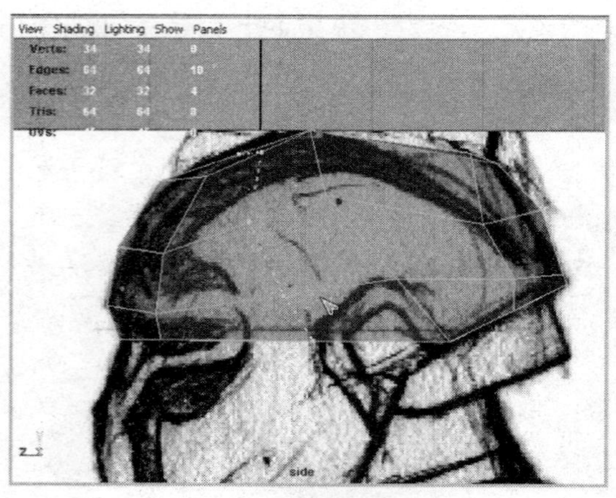

图 10－54　添加一圈新边

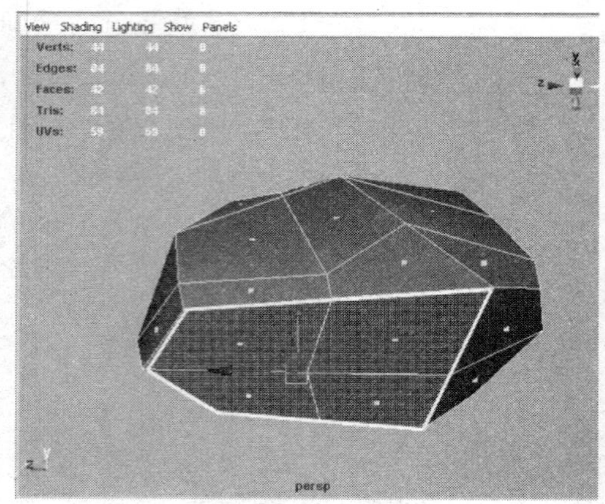

图 10－55　选择前面的面（不是头盔的后面）

第 23 步：挤出面并调整，创建出鼻子的形状（如图 10－56 所示）。

Why?　请注意，在侧视图中，在通过眼睛中间的一圈边和耳朵前面的一圈边之间，又出现了一个很宽的跨度。

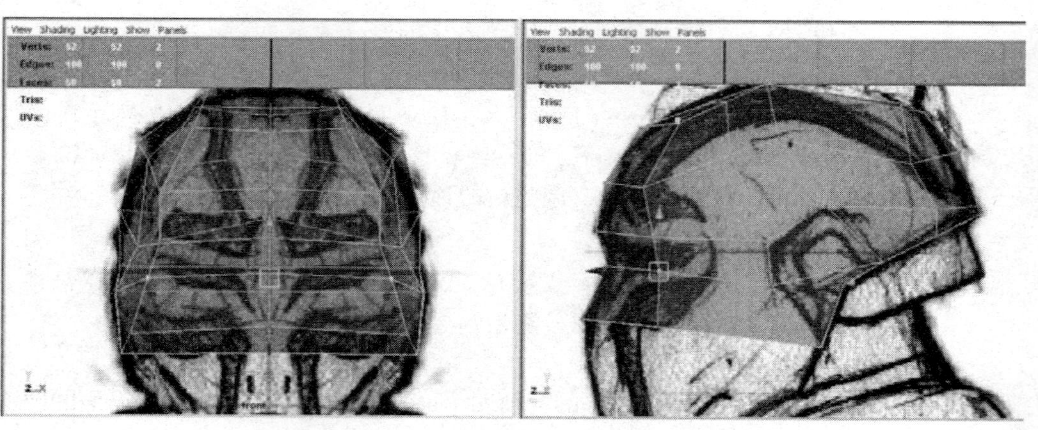

图 10－56　调整新挤出的面

第 24 步：使用 Insert Edge Loop Tool 工具（Polygons 模块/Edit Mesh→Insert Edge Loop Tool）创建一圈新的边（如图 10－57 所示）。调整成合适的形状。

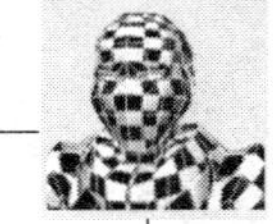

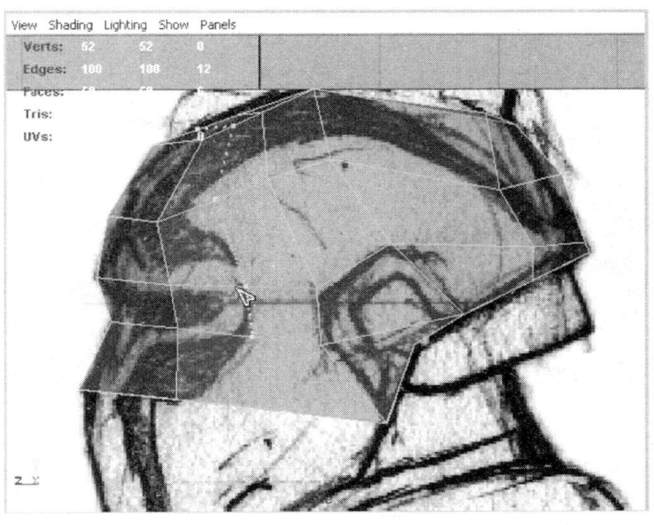

图 10－57　新的圈状边

第 25 步：向下挤出面，完成面部区域。请记住，在每次挤出后都调整形状（如图 10－58 所示）。

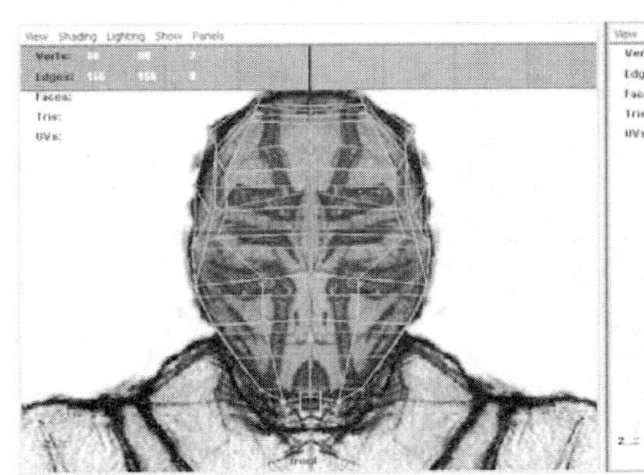

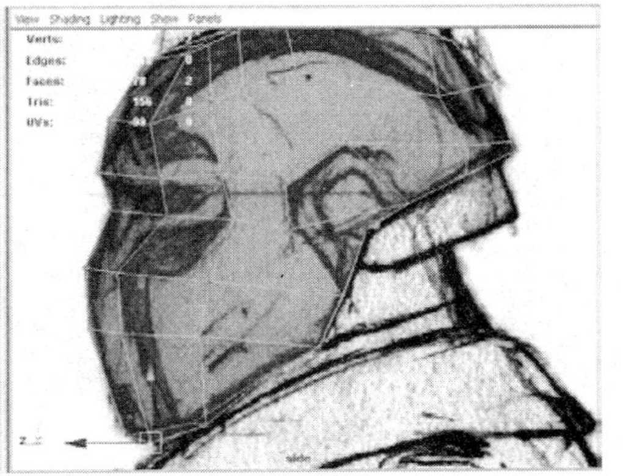

图 10－58　挤出并调整头部

第 26 步：选择头盔后部凸起部分的多边形（如图 10－59 所示）。

第 27 步：挤出面，但是不移动，只缩放。选择 Polygons 模块/Edit Mesh→Extrude，不使用操作手柄拉出面，而是使用缩放手柄将面稍微缩小一点，创建出头盔的凸起部分（如图 10－60 所示）。

第 28 步：挤出面。向下移动，创建凸缘（如图 10－61 所示）。

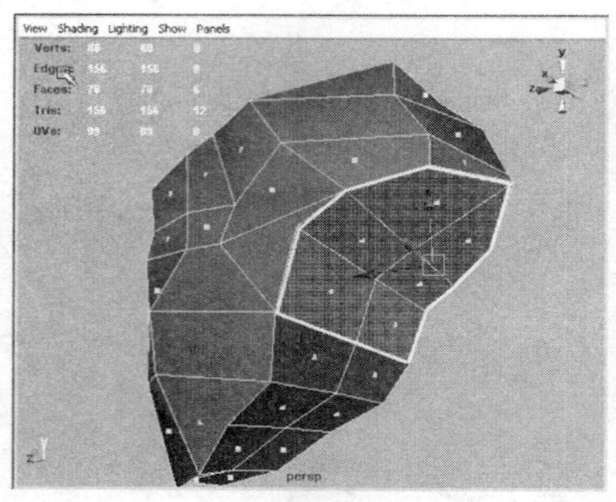

图 10－59　选择头盔后部凸起部分的多边形面

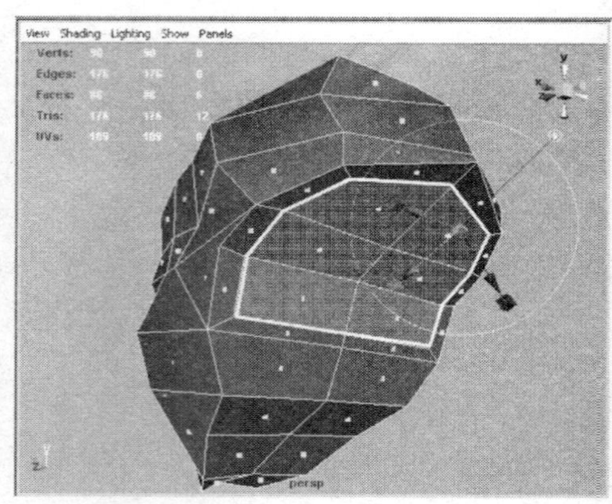

图 10－60　使用挤出工具的缩放控制手柄创建头盔后部凸起部分的多边形

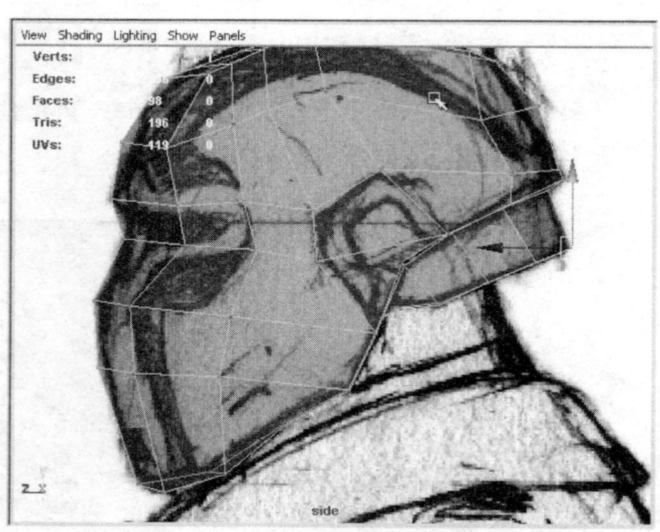

图 10－61　完成头盔后部凸起部分的创建

颈部

第 29 步：选择用来产生颈部的头底部的一大群面（如图 10－62 所示）。

为什么选择这么多面？是的，这些面将向下挤出生成颈部，同时也和挤出生成身体的面数是相同的。只有合理的多边形面数才能创建出圆润的形体。

同时，我们假设这个身着铠甲的角色身体相当健硕，所以颈部才如此粗壮。

第 30 步：挤出面并将面缩小得比以前的面小一些。创建头盔的第二个凸起部分（如图 10－63 所示）。

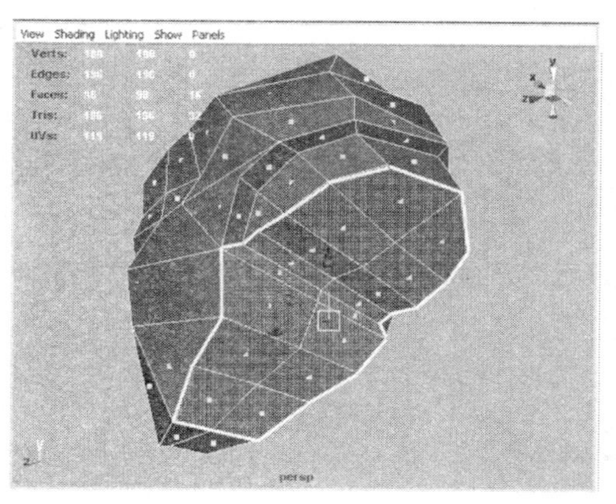

图 10－62　选择用来产生颈部的面

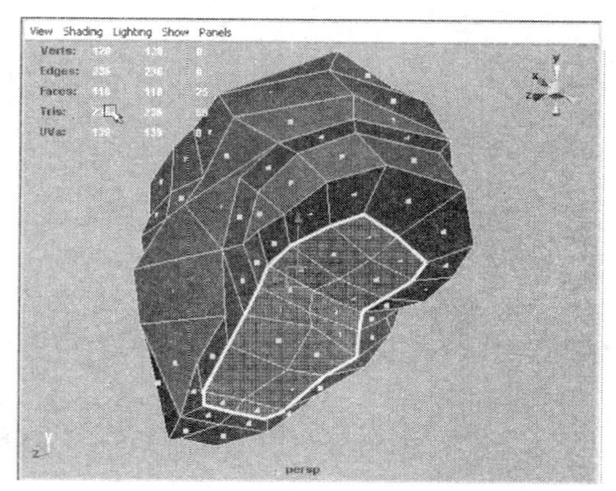

图 10－63　挤出面并进行缩放（使用挤出工具的缩放手柄）

第 31 步：再次挤出面，将面向下移动产生颈部（如图 10－64 所示）。

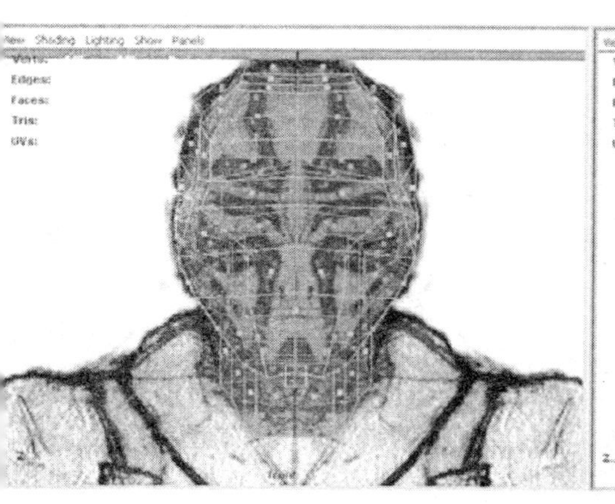

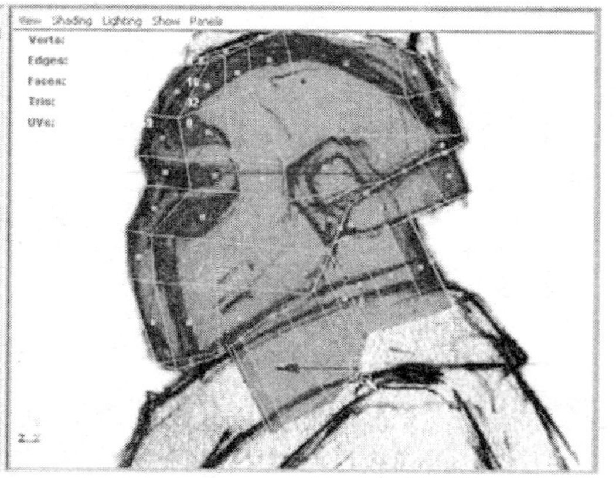

图 10－64　挤出的颈部

虽然这里会有大量的调整，但是，如果新顶点是从其他密集的多边形集合挤出来的话，那么对这些新顶点的调整还是容易一些的。如图 10－64 所示的向下拉只是为了更容易选择。

第 32 步： 调整最底部的一圈顶点，来形成颈部与衣领相交的位置。记住，模型中衣领与颈部接触的位置要稍微低于图片中衣领的位置（如图 10－65 所示）。

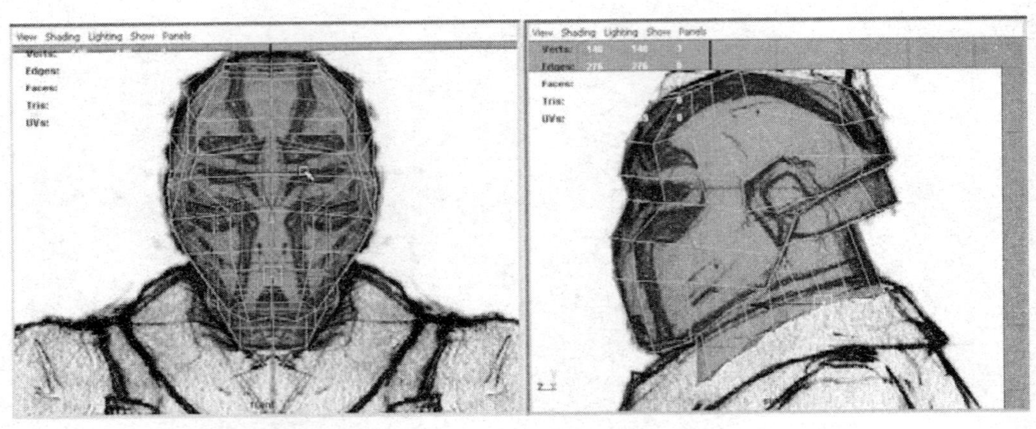

图 10－65　调整颈部

衣领

第 33 步： 选择、挤出脖子底部的面并调整，创建衣领的高处（如图 10－66 所示）。然后再次挤出和调整，创建衣领的底部的边缘。

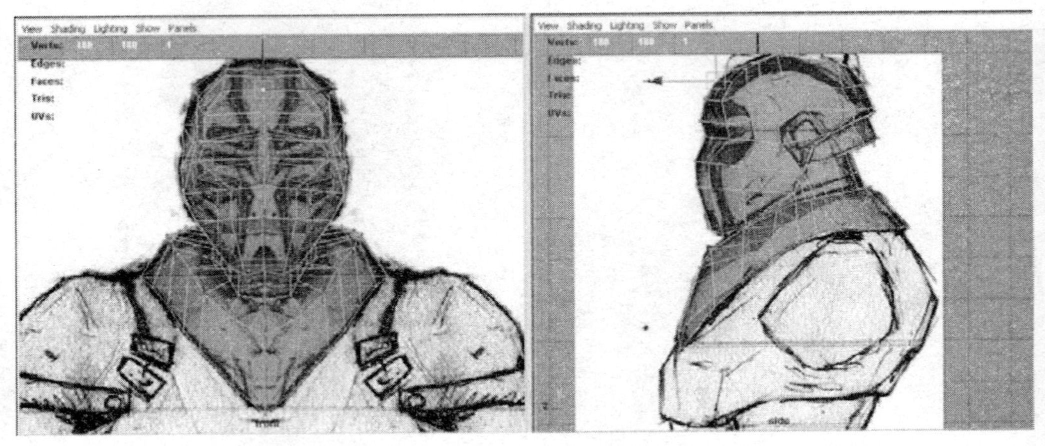

图 10－66　衣领的高点创建来自脖子底部挤出的面，之后再次挤出创建衣领边缘

简单调整

第 34 步：删除底部的面。选择角色模型底部的面（刚完成创建领子的角色），执行删除。

第 35 步：删除角色的右半部分（你的左边）。在前视图中，选择角色右半部分的面，进行删除（如图 10 – 67 所示）。

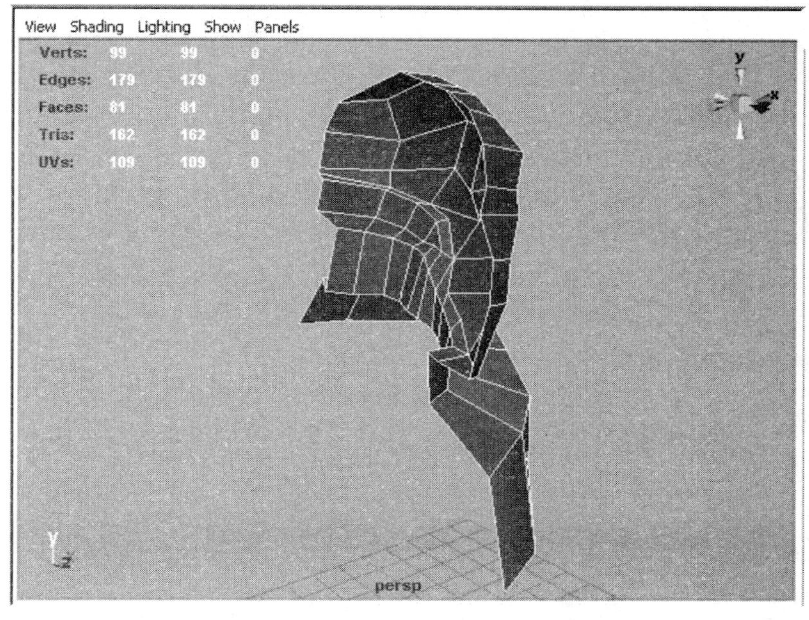

图 10 – 67　删除了底部和右半边的多边形面之后的角色模型

删除了这些我们一直操作的多边形，这有点奇怪吧？是有一点奇怪，但这么做是有原因的。当我们对头部操作的时候，一般都是成双成对地对顶点进行调整（从侧视图选择）。然而，接下来我们要操作的是胸部和肩膀，我们只能编辑身体的一半，然后对身体的另外一半进行重复操作。这样做的工作量远远大于制作一个对称的角色。

删除掉一半角色模型之后，我们只需要对剩下的一半身体进行操作。之后我们将会看到，用现存的一半身体复制出另外一半，就会展现出一个完整的角色模型。

当我们开始创建手臂时，每次都选择底部所有的面，十分费劲。现在底部只有一圈边，我们可以使用显示边界边命令（Border Edge）和选择圈状边工具（Select Edge Loop Tool）等，然后再使用挤出工具（Extrude）进行挤出。

躯干

第 36 步：选择底部的一圈边。你既可以切换到边模式（Edge），一段一段选择，也可以使用 Select→Select Border Edge Tool 工具。

Select Border Edge Tool 是 Maya 中很好的工具。激活该工具，双击模型最底部的一条边，Maya 会自动选择最底部的一圈边。

第 37 步：挤出肩膀。使用 Polygons 模块/Edit Mesh→Extrude 命令，向四周挤出边。

随着模型变得越来越复杂，面之间的角度就越来越混乱，使用挤出面和挤出边工具的结果也变得乱起来。当你对这些已经变得混乱的边执行挤出命令后，如果使用挤出工具的控制手柄的话，要么就没有任何反应，要么产生某些边向上走、某些边向下走的现象。

这种情况很容易避免。当使用了挤出工具后，马上切换到移动工具或者缩放工具，向外移动或缩放这些新挤出的面。当你需要单独调节某一个面的时候，它们可以被你向任何方向进行移动或缩放。

第 38 步：将顶点调整到一个地方（如图 10－68 所示）。请注意这些顶点应该被调整到肩垫的边缘位置。

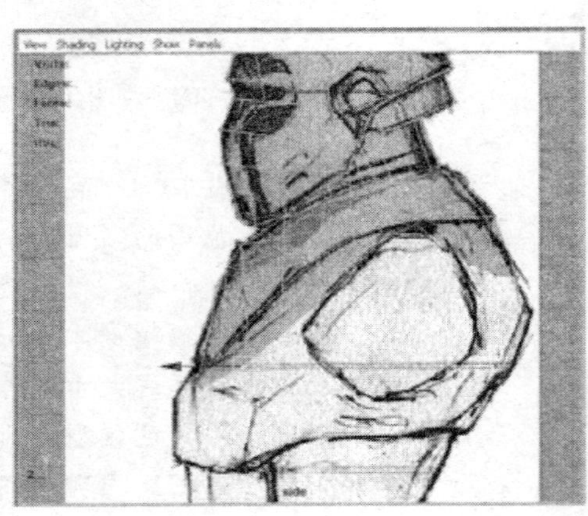

图 10－68　开始胸部建模，注意不要挤出肩垫

第 39 步：选择不属于手臂关节的那部分边（就是那些所有不会扩展到肩垫部分的边）。一定要观察一下图 10－69 中高亮显示的那些面。

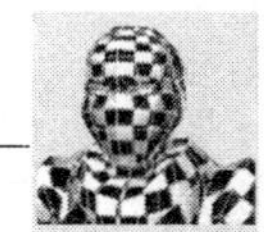

接下来操作的指导思想是，将生长出手臂的位置封起来，同时向下创建胸部和后背。我们现在要做的是，让一些面向下围绕到腋窝的位置，并连接起来。我们这么做，并不是想创建手臂，所以选择哪些具体的边很关键。

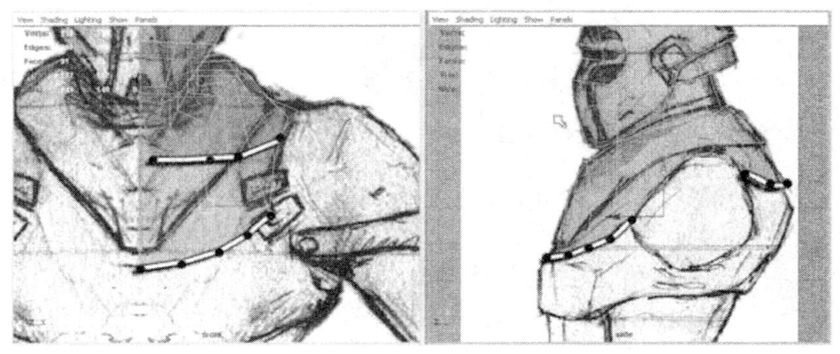

图 10－69 选择不需要用来定义臂关节的边

第 40 步： 如图 10－70 所示，向下挤出边。使用 Polygons 模块/Edit Mesh→Extrude 命令。你可以使用挤出工具的操作手柄，沿着 Y 轴将所有的边向下和向外移动。

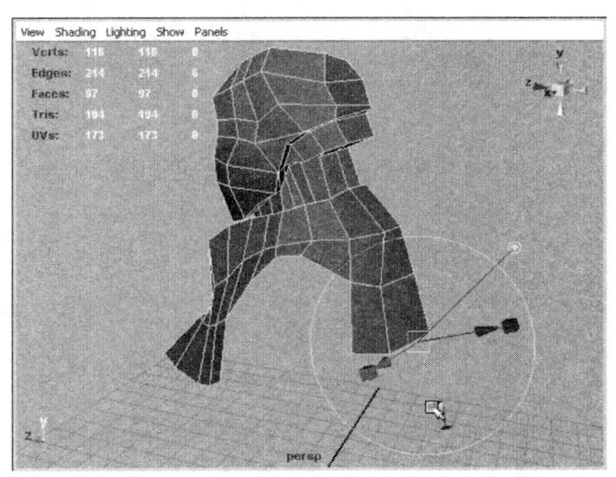

图 10－70 挤出边

第 41 步： 调整顶点（如图 10－71 所示）。移动这些顶点到胸肌部分和背部最深的部分所在的位置。对前面和背面的顶点都进行调整，使其环绕着臂关节。

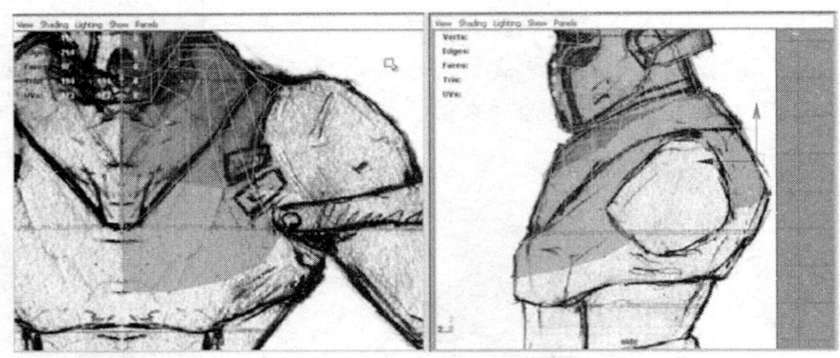

图 10－71　调整顶点位置，使其开始环绕臂关节

第 42 步：重复挤出操作，选择不用来创建手臂的边，挤出边，调整位置。现在，前后伸向腋窝位置的点基本上重合了（如图 10－72 所示）。

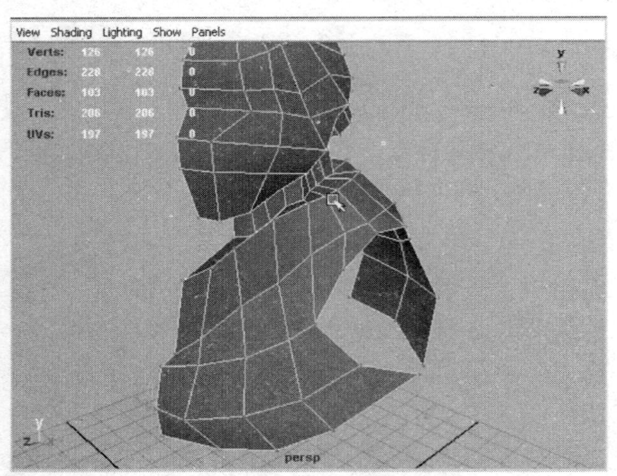

图 10－72　第二次挤出和调整的结果

第 43 步：封闭腋窝。选择在腋窝下面靠得最近的两个顶点，执行使用 Polygons 模块/Edit Mesh→Merge 命令后面的小方块（Options），调出命令设置面板，将 Distance 参数设置得更高些（10 或更高的数值），点击 Merge 按钮（如图 10－73 所示）。

合并顶点会封闭出一个用于创建手臂的洞，洞的周边就是一圈连续的边，这一圈边可以用来挤出和调整以形成手臂。合并顶点使身体的底部形成封闭的一圈边，我们可以用这一圈边继续向下挤出创建躯干的余下部分。

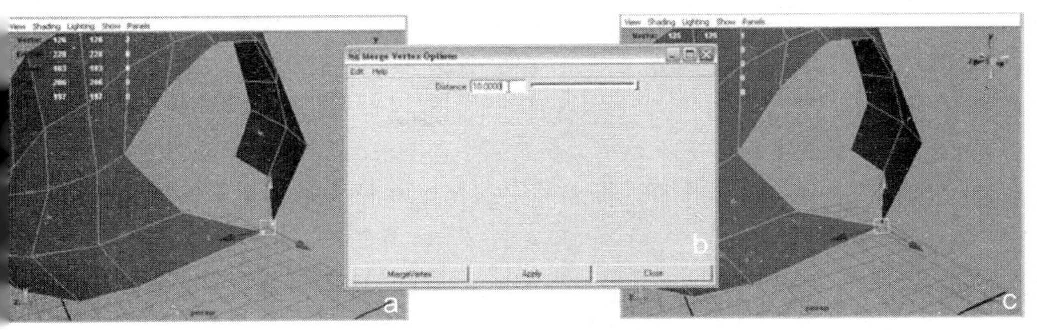

图 10－73 (a) 选择腋窝位置的顶点；(b) 设置合并工具（Merge）；(c) 合并顶点之后的效果

第 44 步：继续向下挤出，完成腰带以上的躯干。选择底部的一圈边重复相同的步骤，向下挤出边并调整顶点。追求基本形状的正确，而不必担心模型的每一条线是否与参考图像相匹配（许多肌肉和其他配件的效果通过贴图来实现）。向下挤出至腰带位置（如图 10－74 所示）。

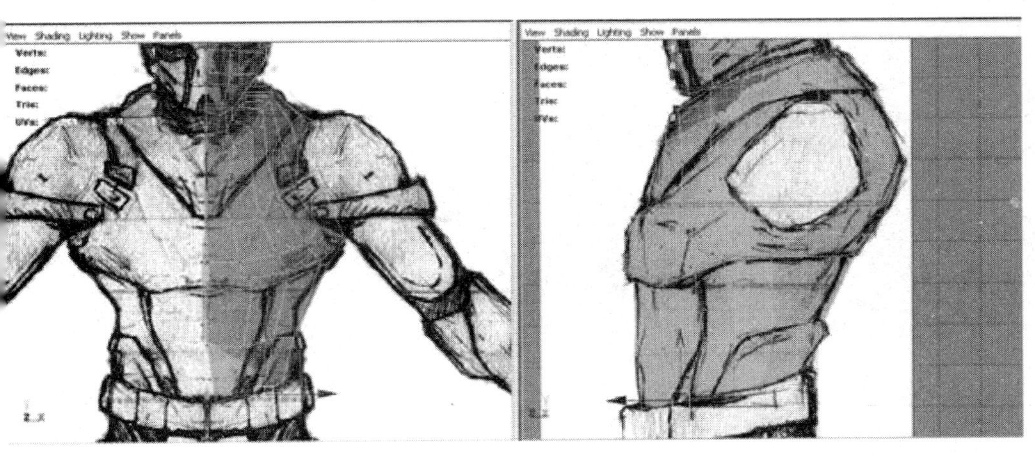

图 10－74 完成基本的躯干形体

在有面数约束的情况下建模时，决定哪些细节需要制作，哪些细节不需要制作，是一个难题。一般情况下，最好的策略就是先制作出整体造型。有些东西，例如位于身体后面的护腰板就先暂时忽略（还比如耳罩和眼眶），留待做完整体造型后进行制作。我们创建完角色的大概形状之后，可能会发现多边形面数的限制还没有被超出，模型还有添加多边形的数量空间，到时就再返回来增加细节。此时，在 Tris 的第三列中显示参数是 278 个三角面，也就是说，目前把左侧和右侧身体合并后的模型总共有 565 个三角面。从我们目前创建的模型来看，我们将会节省一些多边形面数，并且能够返回来添加像鼻子、眼睛以及某些防护装备等细节。毕竟，添加细节要比删除必须忽略的细节容易得多，也更加有趣。

最基本的一条原则是，如果某个面明显地改变了角色的外观，那么就保留它；如果没有，那么先忽略它，也许使用贴图就可以完成它的效果。

第 45 步：创建腰带。可以使用三次挤出操作来完成腰带。第一次挤出是向外的，创建出腰带顶部；第二次制作出腰带的宽度；第三次挤出腰带底部的边。图 10 – 75 展示了整个过程。

制作腰带时，你可能会注意到从正面和侧面观察有一些差异。最好的情况是，前视图和侧视图的效果总保持一致，但是实际操作的时候往往不一致。如果发生了这种情况，最好从透视图仔细观察，这样你就能了解到 3D 空间中的情况，然后作出一些判断，从而确保你制作出的腰带围绕身体一圈的宽度和厚度都是一致的。

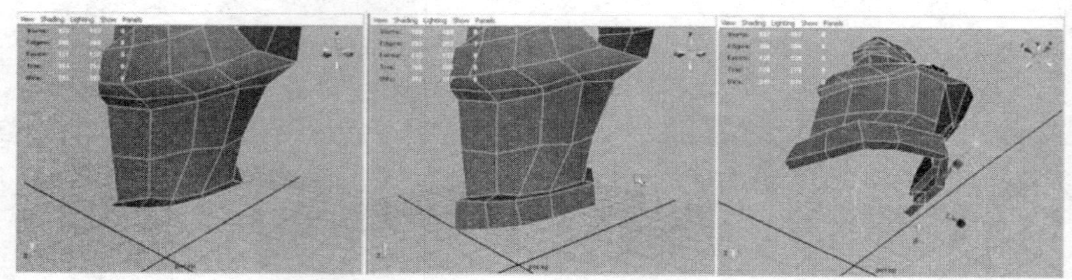

图 10 – 75　创建腰带的过程

裆部和臀部

第 46 步：向下挤出，创建裆部。这里需要使用几步挤出就可以了。但是要注意该处的拓扑结构（多边形的组织结构），请按照图 10 – 76 进行挤出。

多边形的组织结构（布线）对动画来说非常重要。尽管直接向下挤出最为容易，但是如何在多边形网格中确定骨骼关节的位置，是由人体臀部的解剖结构所决定的。如果多边形布线不合理，骨骼带动模型变形的时候就会出现很多问题。

请注意在图 10 – 76 中，裤裆处没有封闭，还有一个口子。有两种封

闭此处的方法，一种是通过前面刚用过的合并（Merge）的方法；另外一种是创建一个完全的新面在缺口处架桥。

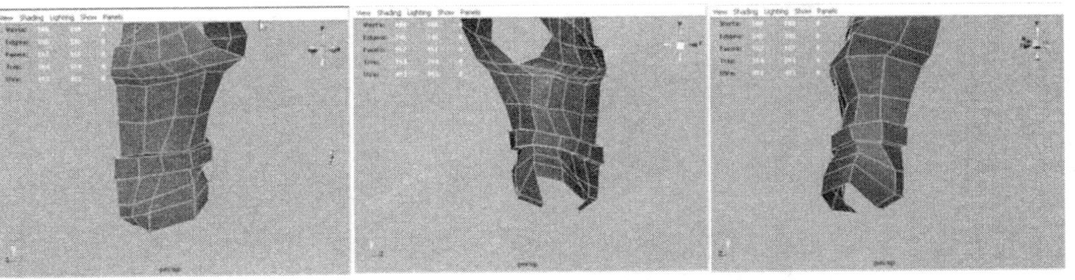

图 10－76　基本的裆部和臀部区域

第 47 步： 增补多边形面来封闭缺口。左右旋转视图，那么你就会清晰地看到裆部的情况。切换到物体模式（Object mode），选择使用 Polygons 模块/Edit Mesh→ Append to Polygon Tool 工具。点击一条边（如图 10－77a 所示），然后点击缺口另外一侧的边（如图 10－77b 所示），就会有一个新面增补到缺口处了，按键盘上的回车键完成操作。

为什么不从两侧挤出面然后合并顶点呢？是的，正如你在图片上看到的，到达裤裆底部的挤出面已经移到了下侧的大腿根部。当挤出腿部的时候，额外的细分会进一步向下挤出，这些多余的多边形会使模型在进行动画时出现问题。

若使用增补多边形工具（Append to Polygon Tool），裆部的缺口被架桥的方式填补了（因为这里很少被看到，所以不需要放置很多多边形），而不必继续向下挤出腿部。

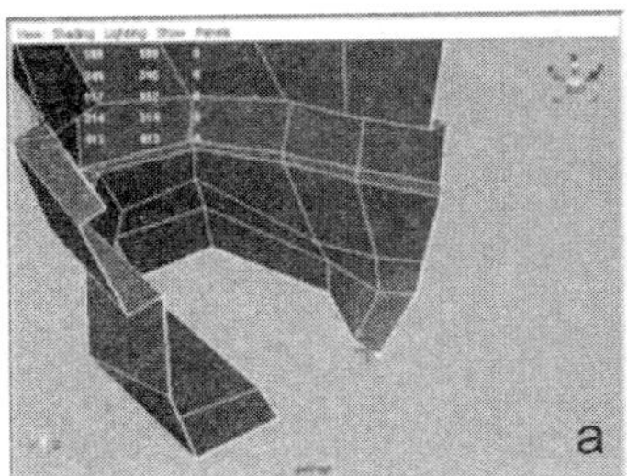

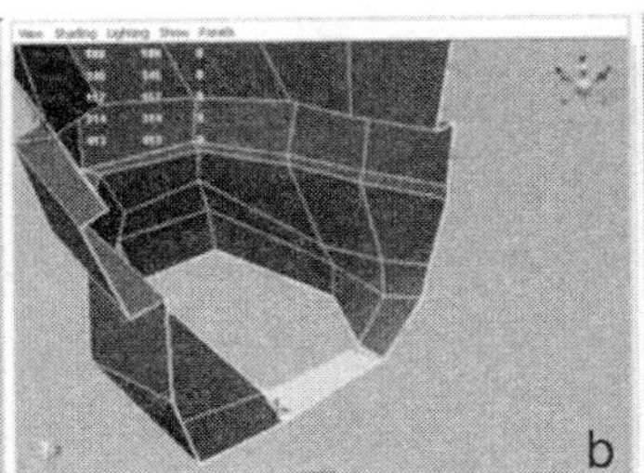

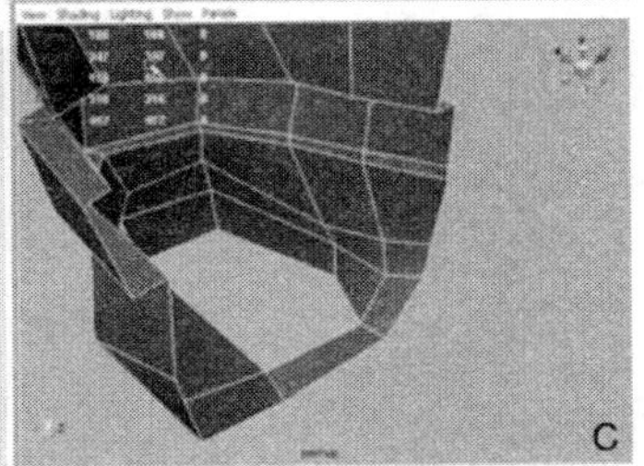

图 10－77　（a）使用增补多边形工具：先点击开始边；（b）提示出将要增补的多边形；（c）完成操作

第 48 步：调整裆部的几何体。调整顶点位置，使模型看起来如图 10－78 所示。

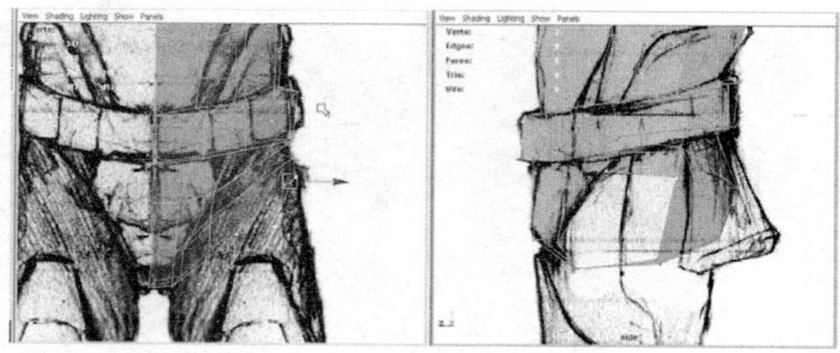

图 10－78　调整裆部的点来避免以后动画可能出现的问题

第 49 步：添加所需要的多边形。激活分离多边形工具（Polygons 模块/Edit Mesh→ Split Polygon Tool）。从大腿的前面向上到腰带位置，创建出一条边（如图 10－79 所示）。记住这个工具的用法是，首先在一条边上点击（滑动到腰带下方的一角），然后点击下一条边，最后再点击后面的边，以此类推。按回车键完成操作并退出工具。

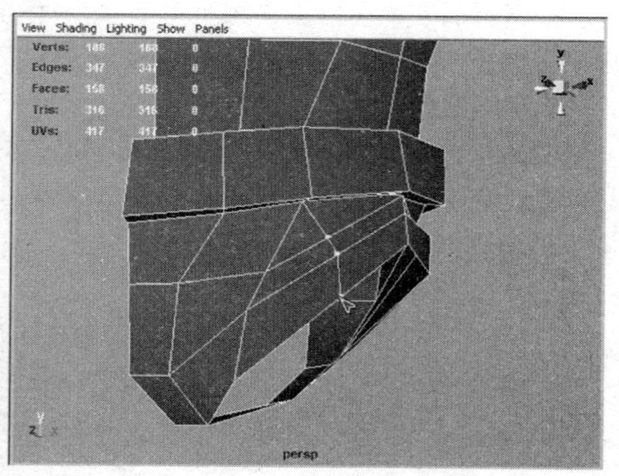

图 10－79　所示在大腿的前面添加边

嘿！看起来新添加的边不符合所有的规范。首先，它创建了一个三角形，而且产生了一组多边形都汇集在腰带下一个点上。的确是这样，但是像腰带下面这样的位置正好是遮盖这些问题的最佳位置。如果这不是一个游戏模型，需要进行光滑的话，那么这会是一个大问题。但因为

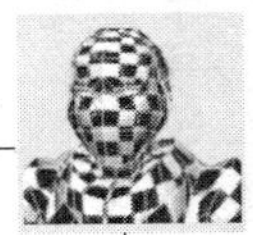

这是一个游戏模型，是更加“所见即所得”的，所以有个偶然的三角面也是可以接受的。

最终，这种权衡目的还在于想获得更多的边来创建腿。正如我们一直在增加能够让肢体（就像手臂和腿）生长出来的空间，我们让腿部的一些边得到释放，远离三角面等问题。所以这也是让一些有问题的部分恢复正常的一种方法。

第 50 步：在背部重复相同的劈线操作，如图 10－80 所示。

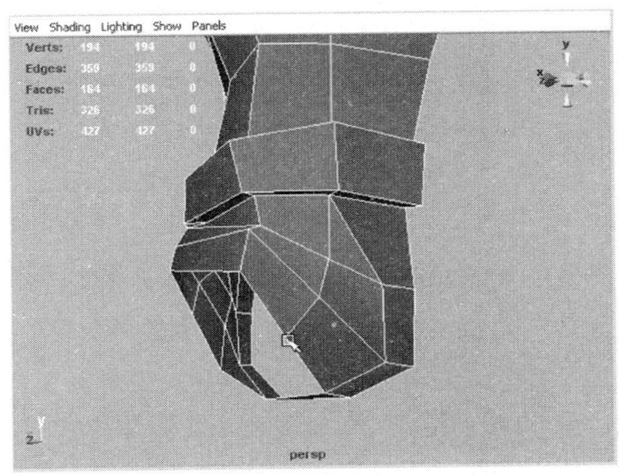

图 10－80　使用分离多边形工具（Split Polygon Tool）进行劈线

整理及复制身体另外一半

第 51 步：在前视图中。选择在角色中间位置的所有的顶点。在透视图中复核所有选择的顶点，把漏选的顶点加选上，并确认没有误选不该选择的点（如图 10－81 所示）。

这里，我们要使用一些技巧来创建镜像实例。然而，就像前面我们为了得到整洁的网格所做的那样，需要确定中间所有的顶点都处在对称轴上，这些顶点的 X 坐标都必须是 0。

第 52 步：将顶点吸附到 YZ 平面上（或顶点的 X 坐标为 0，X＝0）。双击工具盒中的移动工具，调出移动工具的属性设置面板。在 Move Snap Settings 移动吸附设置部分，去掉 Retain Component Spacing 选项的勾选。按住 x 键，用 X 轴的操作手柄移动顶点，使所有的顶点都被吸附到 X＝0 的网格上。

DI-SHIZHANG JUESE JIANMO

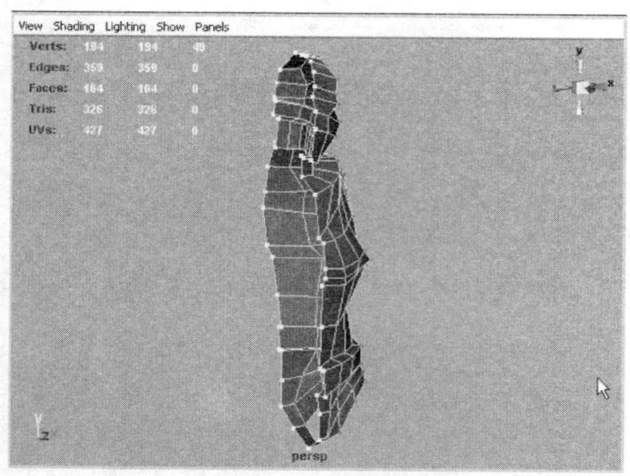

图 10－81　选择中间的顶点

一定只使用操作手柄的 X 轴手柄，因为 Retain Component Spacing 选项已经关闭了，如果你使用中心的手柄操作的话，所有的顶点都会吸附到网格上的一点上。

第 53 步：沿着－X 轴复制。在物体模式（Object mode）下选择角色，打开 Edit→Duplicate Special（特殊复制）的命令设置面板（Options）。将 Scale X（Scale 值的第一列）设置为－1，将 Geometry Type（几何体类型）选项设置为 Instance（实例），点击 Duplicate（复制）按钮（如图 10－82 所示）。

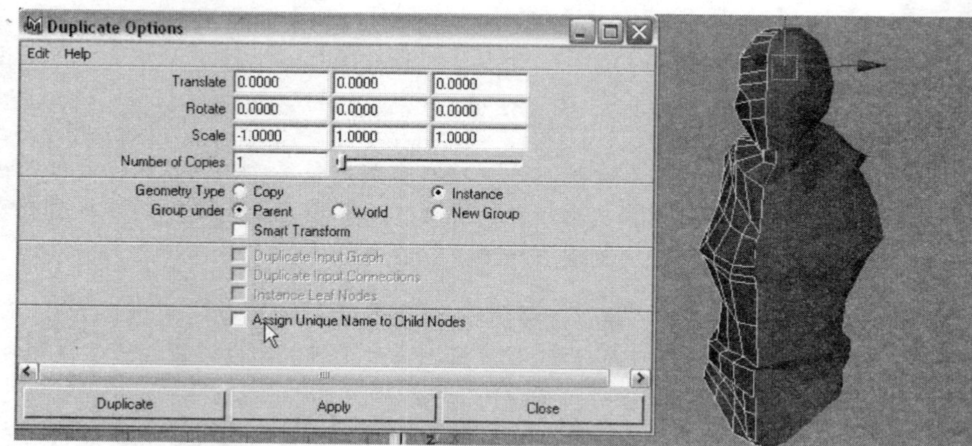

图 10－82　使用－X 轴方向上进行镜像复制

实际上有多种方法可以得到镜像的模型，我们也已经使用过好几种。第一种方法是用 Mirror Geometry 命令，但因为它是一种静态的复制功能——当我们调整一半模型时，另外一半模型并不随之产生同样改变。所以并不是我们这里所需要的第二种方法是使用 Subdiv Proxy（细分代理）命令中的选项，但是我们并不希望得到光滑的模型，所以 Subdiv Proxy 也是不合适的。第三种方法就是本步骤中所使用的方法。

Scale X 值设置为 - 1，是为了使复制出的几何体与原始几何体是镜像对称的关系。回想一下，当你缩放物体时，Scale X 的值越来越接近 0，那么物体会变得越来越薄。如果在 Scale X 值到达 0 之后还继续缩放的话，物体开始在另外一侧逐渐变大，即位于物体原位置的镜像位置上。

通过实例（Instance）创建的物体，当在原物体上进行修改时，实例也会做出相应的改变。

第 54 步： 通过调整顶点修改模型（如图 10 - 83 所示）。

如果你只创建了模型的一半，那么就很难清楚地知道整个模型会是什么样子。当你第一次镜像一个模型的时候，你会发现不可避免地需要进行一些调整。比如胸部太薄、太厚或是脸部的造型不正确。花点时间调整角色的左侧模型（右侧模型也会随之改变），来修改成你最终想得到的效果。

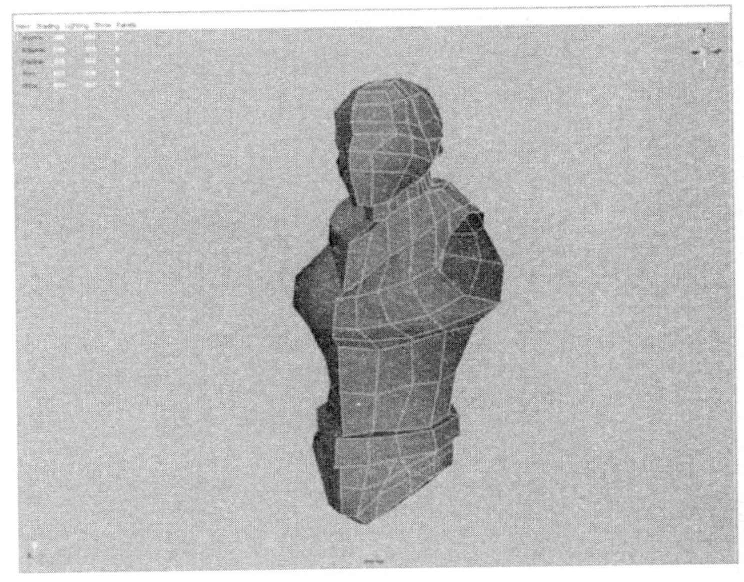

图 10 - 83　镜像复制之后需要修改模型

肩膀和手臂

第 55 步： 选择用来创建手臂的边进行挤出。首先向外挤出边（如图 10－84 所示），然后调整肩膀顶部与袖子交接处的顶点，要比腋窝处顶点的距离更长。

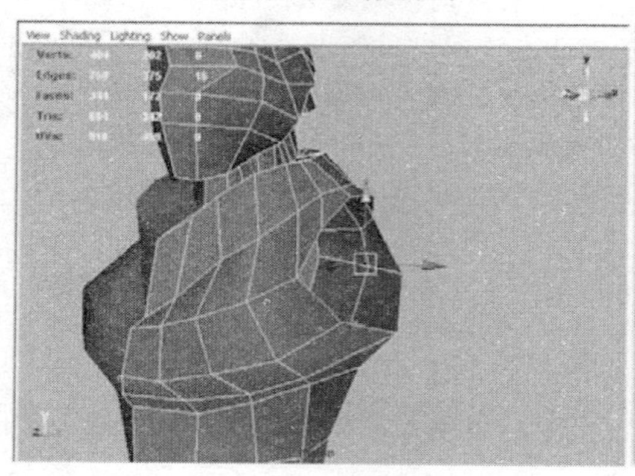

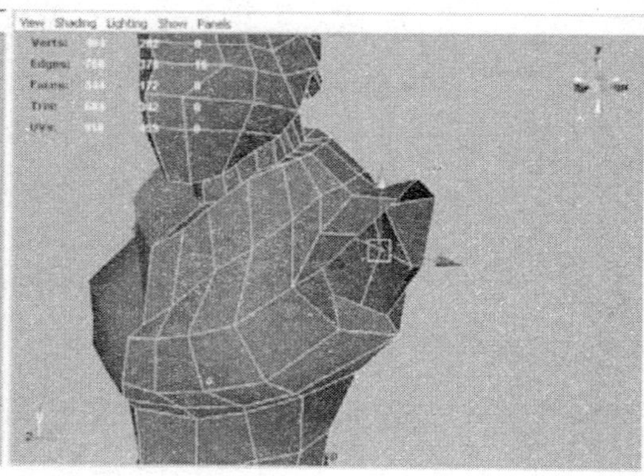

图 10－84 手臂的开端

第 56 步： 重复数次挤出操作，创建出肩膀铠甲需要的边。请记住，在腋窝处放置上一组顶点，好让较长的多边形延伸到肩膀顶部（如图 10－85 所示）。

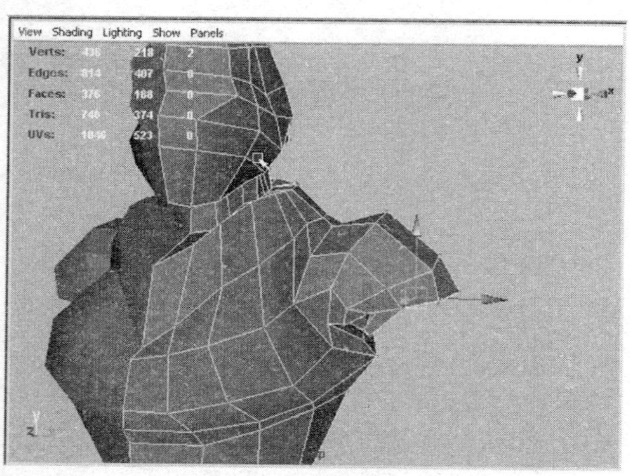

图 10－85 封盖后的肩部

第 57 步： 挤出铠甲的边界。它的制作与腰带的做法很相似，使用三次挤出操作创建出凸起部分（如图 10－86 所示）。

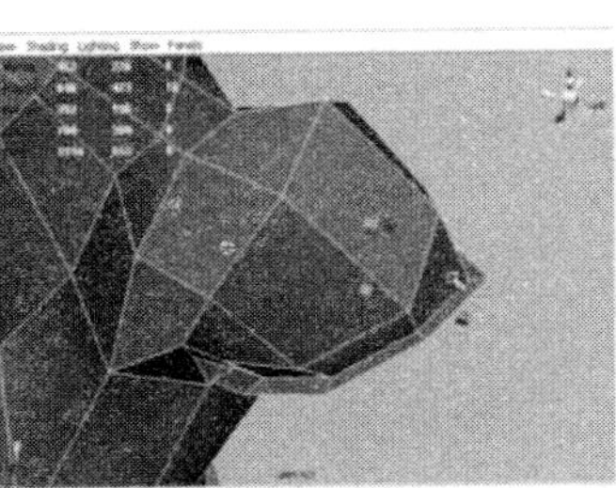

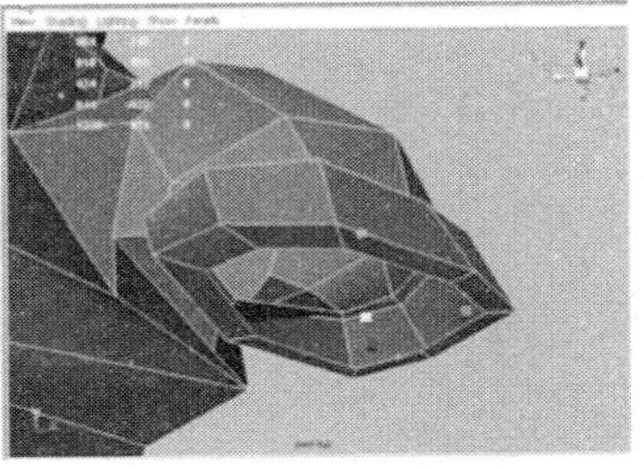

图 10－86 创建手臂铠甲的带状凸起

第 58 步：继续向下挤出圈状边，创建出手臂的大体形状。不用深究铠甲的每一个细节是否正确，但是当轮廓有了大的改变时，就做出调整（如图 10－87 所示）。

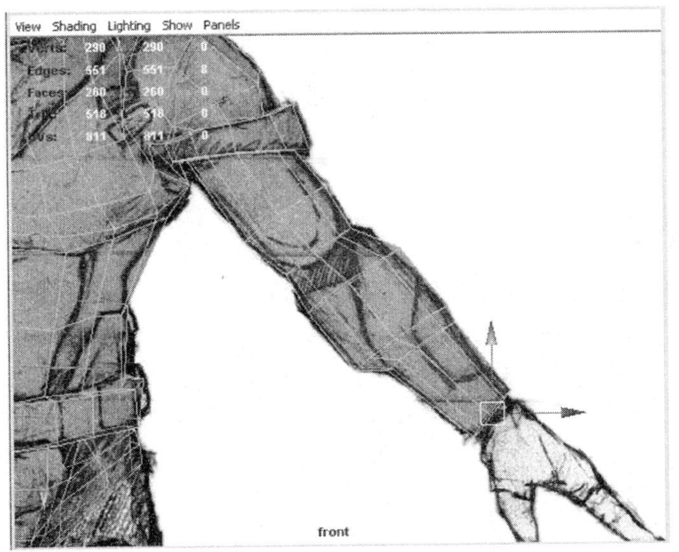

图 10－87 持续地挤出边生成手臂的大致形状

第 59 步：调整、调整、再调整。如果你在前视图创建了手臂的大致形状，那么无疑需要在透视图中进行一些调整。花些时间将形状调整正确。

手的制作

第 60 步：继续向下挤出，创建出手的形状。你大概需要四五次挤出操作来创建手。确保回到透视图进行观察并调整手的宽度（如图 10－88 所示）。

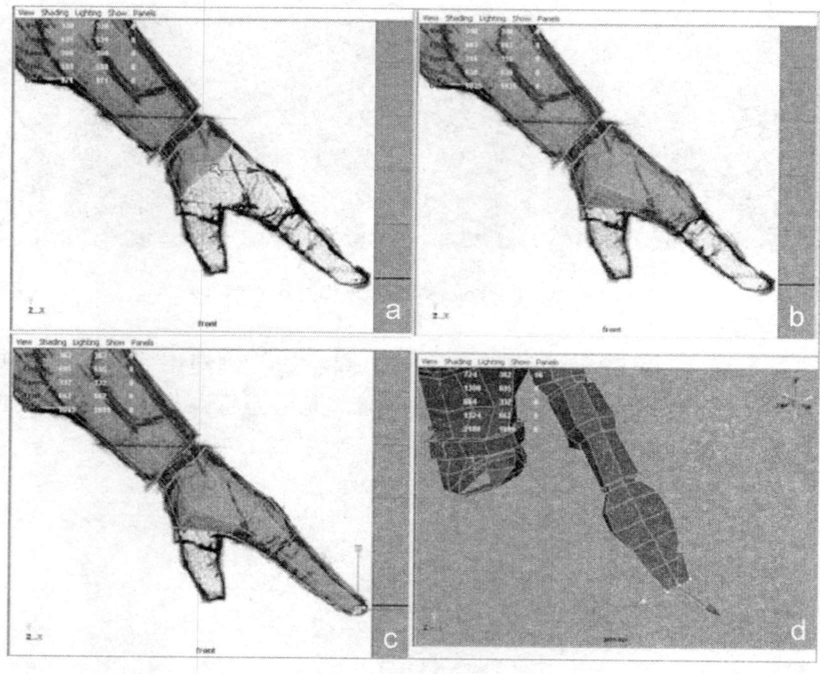

图 10－88　手的基本形状的创建过程

这只手看上去是不是很笨拙？请记住这是一只游戏模型的手。首先，在大多数情况没有必要区分出手指。制作成连指手套是一种建模技巧（有些游戏需要创建出用来扣扳机的食指）。想一下，当你在游戏中四处奔波，试图避免被火箭击中的时候，那么你根本不可能去关心一个火箭射击手的手做工细不细致。由于这个原因，你可以在手指部位使用低数量的多边形，而不必担心。

但是，手还是需要用来握枪或者是其他的东西，所以需要能够让它们弯曲。在本范例中，一定要在手上的几个位置上创建几行点，使关节能够对模型上的多边形网格进行变形。

第 61 步：封闭手指的指尖。找到最后一个挤出的多边形，使用增补多边形工具（Polygons 模块/Edit Mesh→Append to Polygon Tool）将边封闭起来（你应该还记得这个工具是通过在边上点击来使用的）。图10－89 展示了指尖处的一种布线结构。

第 62 步：挤出大拇指。选择如图 10－90 所展示的面，挤出两次，来创建大拇指的基本形状。

第 63 步：调整手和大拇指的形状（如图 10－91 所示）。

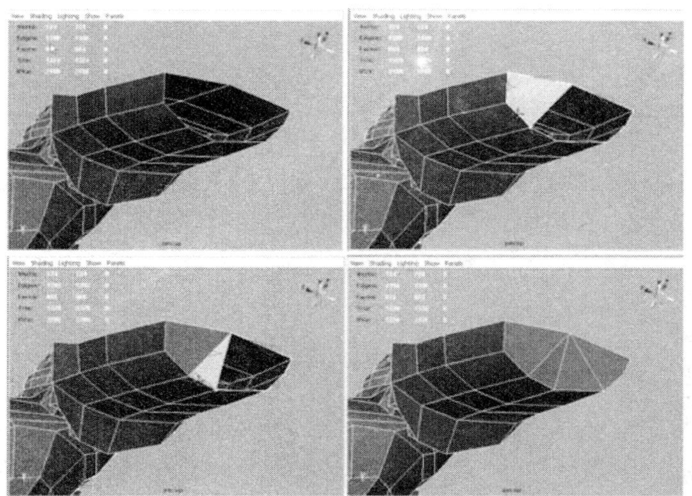

图 10－89 封闭手指的指尖

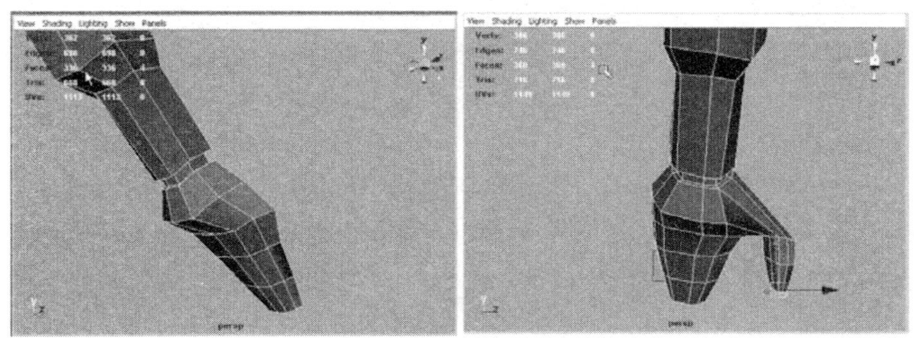

图 10－90 挤出大拇指

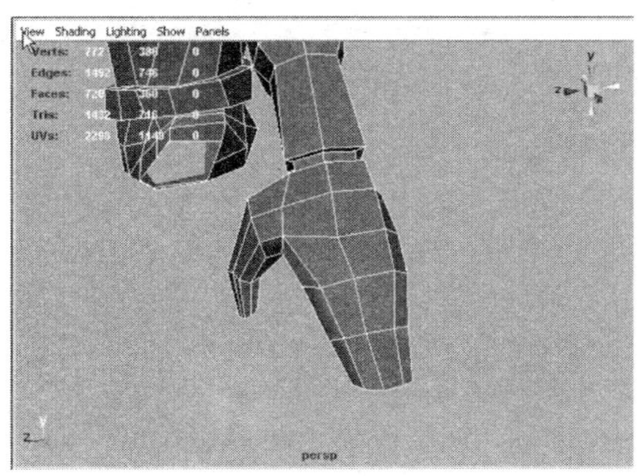

图 10－91 调整手和大拇指

腿和脚

第 64 步：挤出躯干与大腿衔接处的圈状边，创建出腿的基本形状。图 10－92 展示了所选择的大腿根部的边和腿的基本形状。请注意，这里只是依据前视图和侧视图的参考图像进行挤出操作，创建腿部的基本形状。在制作时，最好是按照你自己的理解来调整。

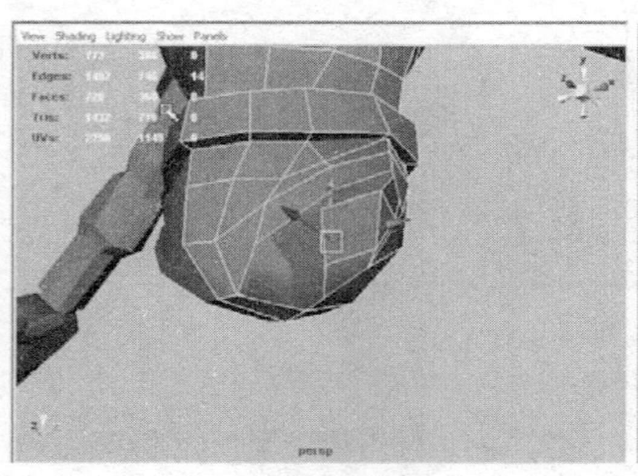

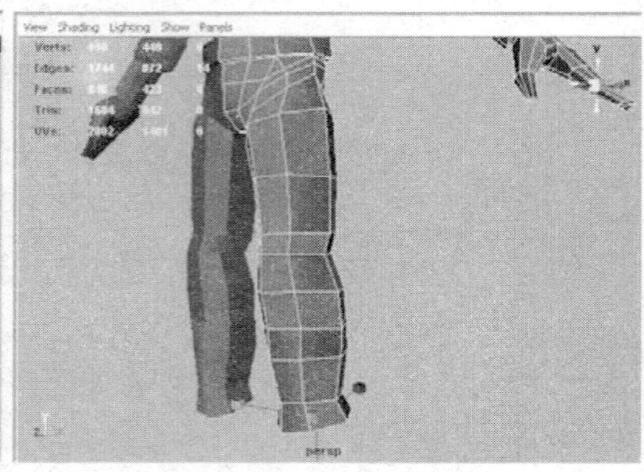

图 10－92　挤出的腿部形体

第 65 步：大致调整多边形使其接近铠甲的形状。不需要非常精确，如果在铠甲边缘的位置附近有一些顶点的话，那就调整这些顶点，使其匹配铠甲的形状。

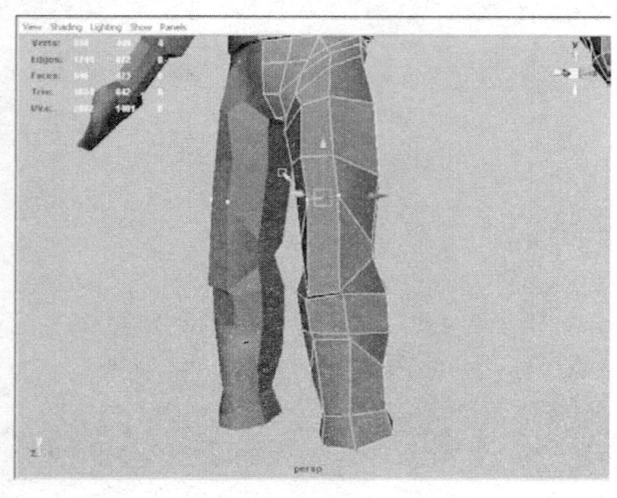

图 10－93　调整多边形来匹配铠甲的形状

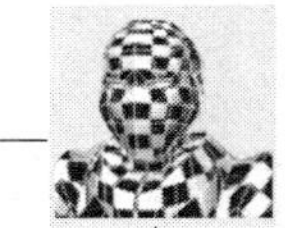

这些并不是创建每个角色时都能用得上的技巧。但是，当创建这样一个满身铠甲的人时，花费一些时间调整顶点来模拟铠甲的形状，将会为铠甲外形建模提供很大的方便。

第 66 步：向下挤出，创建出一个用来制作脚的桩体（如图 10－94 所示）。

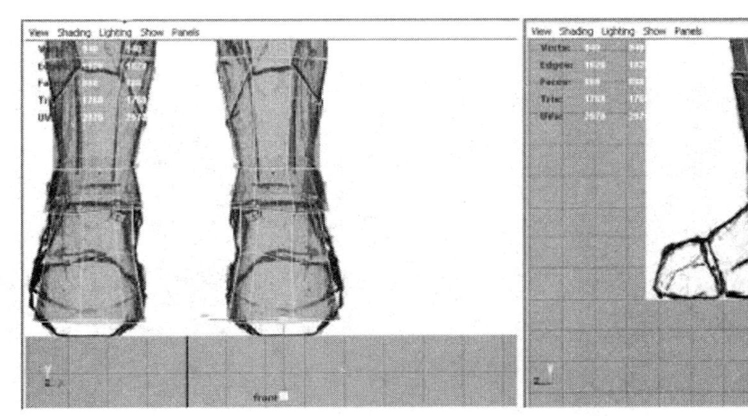

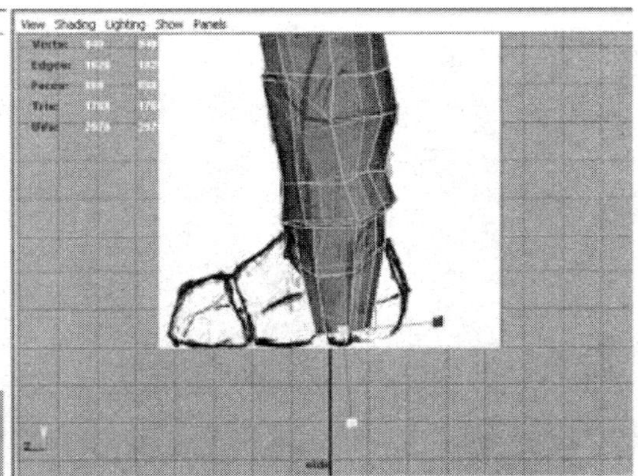

图 10－94 创建脚部的开始位置

第 67 步：封闭脚的底部。使用与封闭手指尖相同的方法来操作，使用 Append to Polygon Tool 工具封闭桩体的底部。

第 68 步：挤出脚的前部和后部。通过挤出面来创建脚的形状（如图 10－95 所示）。

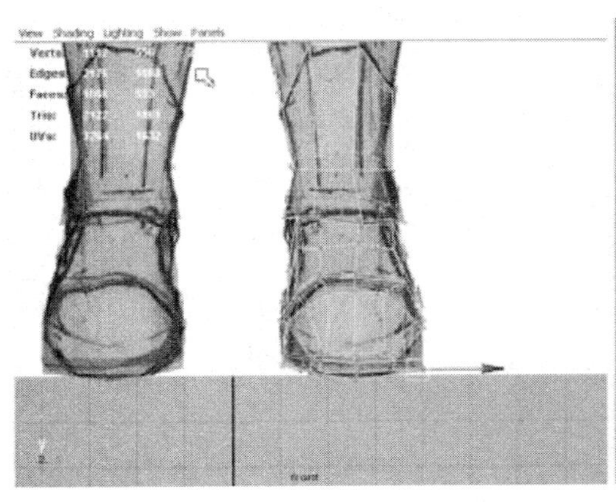

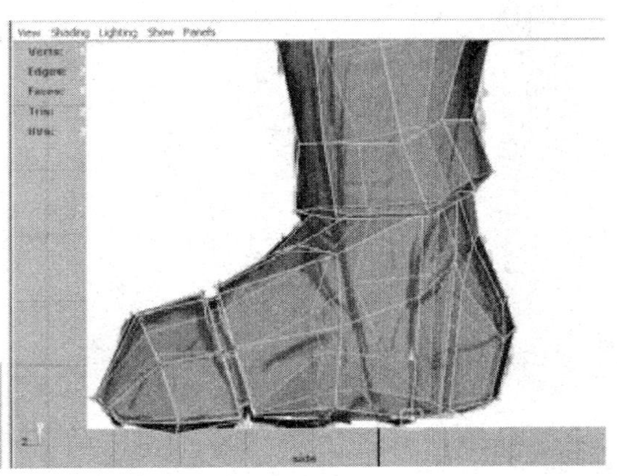

图 10－95 挤出后的脚

制作细节

第 69 步：看一下视图左上角显示的三角面信息的第三列，添加你觉得适合往上加的几何体，包括耳朵、眼眶、铠甲配件，等等。这很大程度上取决于你想加上什么，但是不要让三角面总数超过 3000 个。图 10 – 96 ~ 图 10 – 101 展示了这一增加细节的过程。

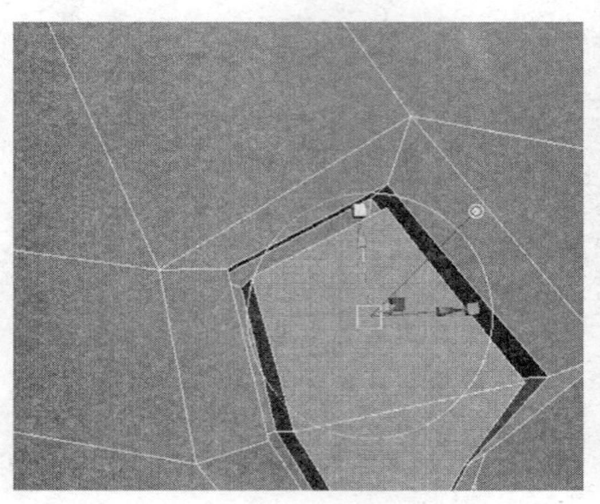

图 10 – 96　添加耳罩

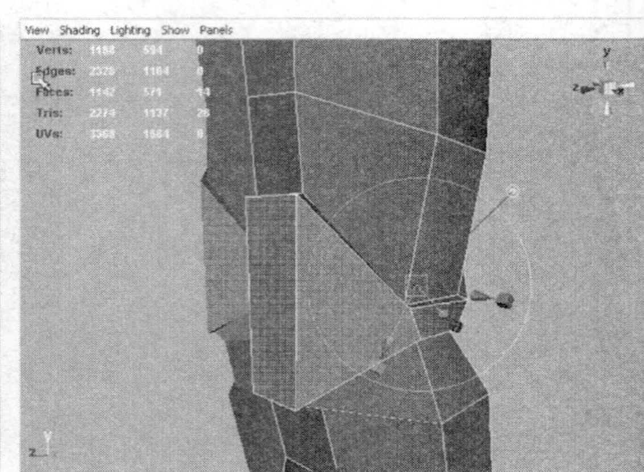

图 10 – 97　添加护膝装备

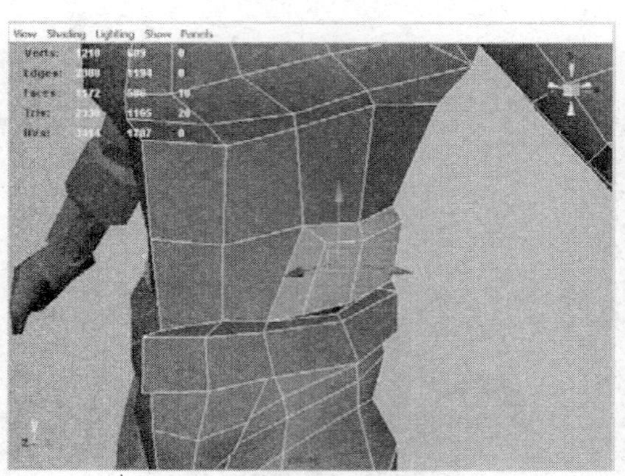

图 10 – 98　添加护腰装备

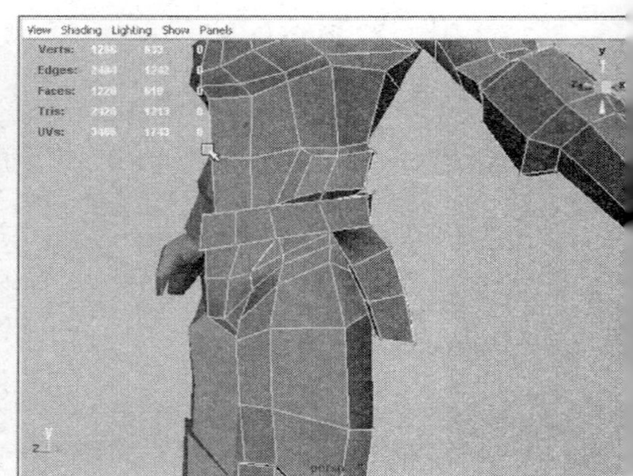

图 10 – 99　添加护臂铠甲

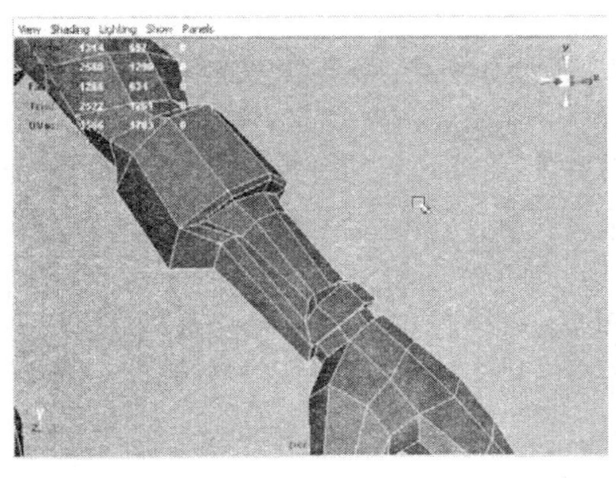

图 10－100　添加前臂的铠甲

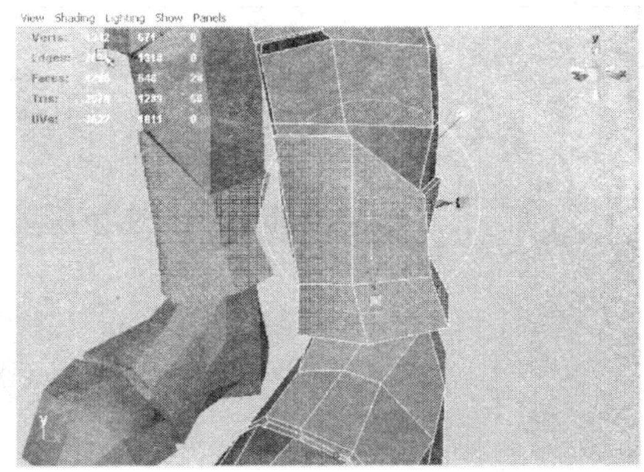

图 10－101　添加小腿的铠甲

第 70 步：软化法线。在物体模式下选择整个角色。使用 Polygons 模块/Normals→Soften Edge。如图 10－102 所示。

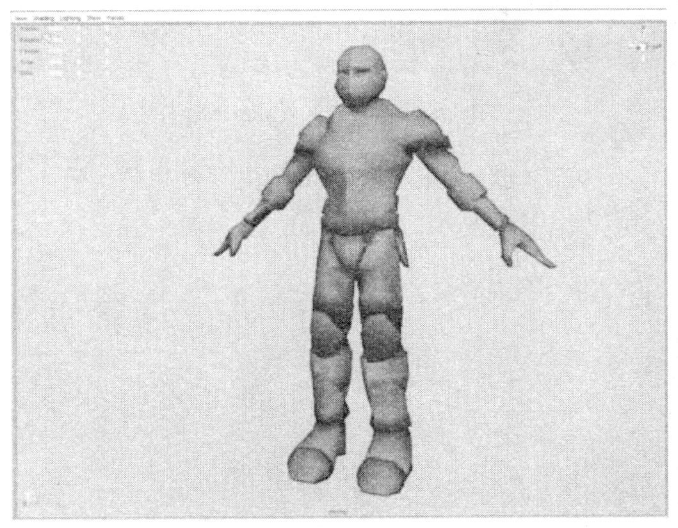

图 10－102　软化法线

并不是所有的游戏引擎都支持软化的法线。但是虚幻竞技场这款游戏是支持的。所以在这里，我们使用了这个功能。软法线的模型看上去要比默认情况下的模型更加光滑。面与面之间的硬边变得柔软，整个模型看上去好像具有了高模才会有的细节。

软化法线的操作也会带来一些问题。首先，模型中间位置出现了一条明显的缝隙。别担心，当我们为模型展开 UV 的时候会解决这个问题。

其次是模型上出现了一些黑斑（很大程度上是因为没有贴图，但是我们也可以设置硬法线来解决这个问题），再次是软化法线的操作把模型上所有部分都变得柔和了。有些位置，如铠甲的边缘，应该是硬边。

第 71 步：将所选择的边设为硬边。选择希望设置为硬边的圈状边（即铠甲和身体接触的部分），选择铠甲领子的边缘，执行 Polygons 模块/Normals→Harden Edge。如图 10－103，显示了设置硬边前（图 10－103a）；选择需要设置的边（图 10－103b）；设置硬边后（图 10－103c）的情况。

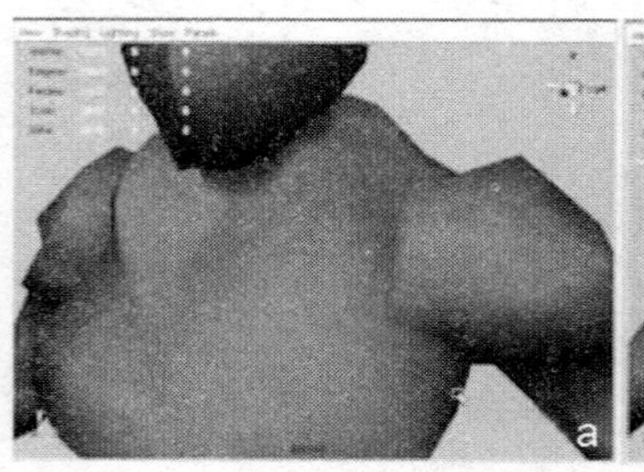

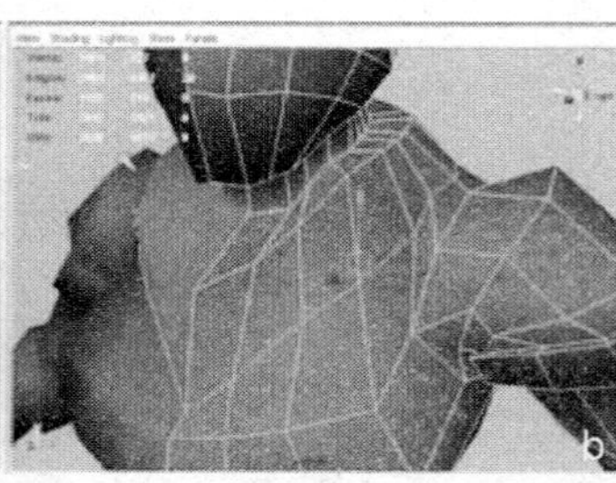

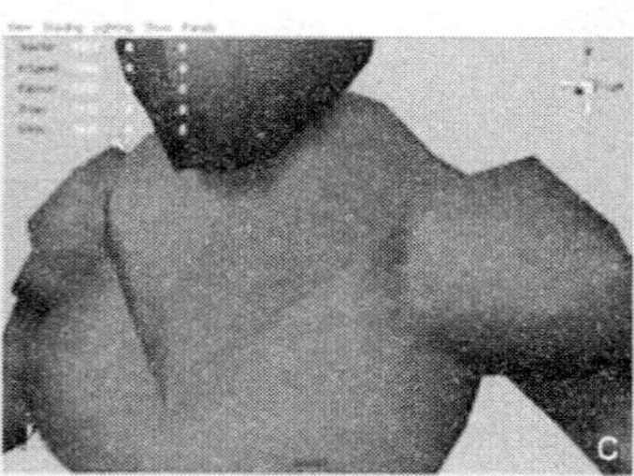

图 10－103　设置硬法线之后的结果

第 72 步：在模型上，其他需要硬边的位置上进行设置硬法线（如图 10－104 所示）。

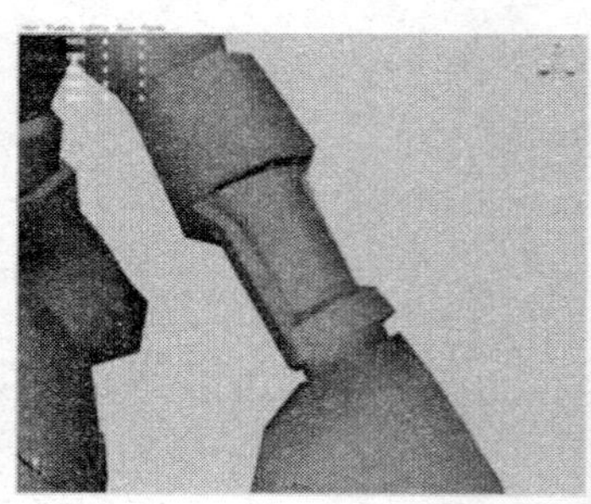
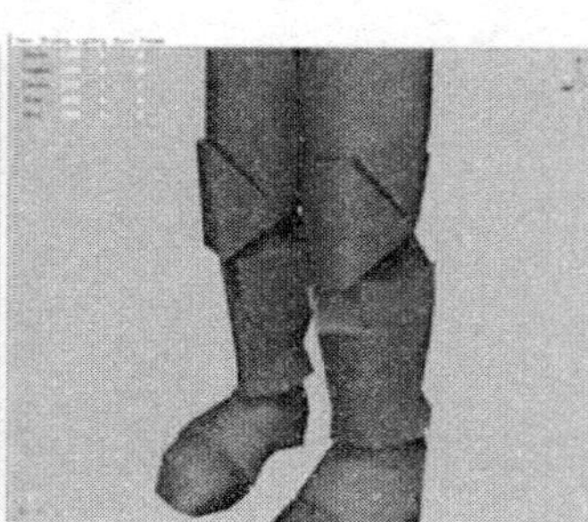
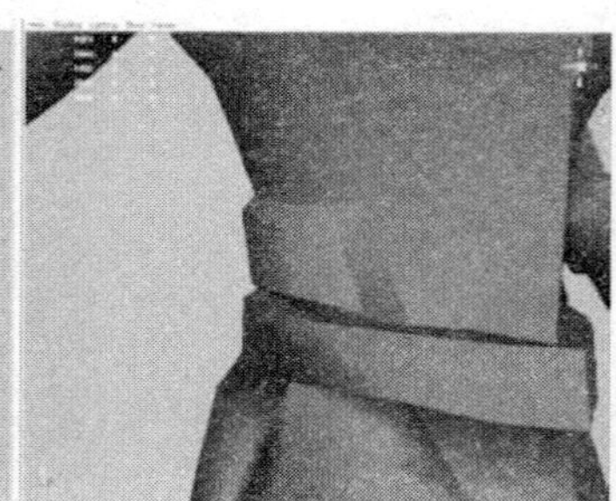

图 10－104　硬法线操作后产生的硬边

范例总结

进行到这里，一个基本模型创建完成了。此时的模型有 2842 个三角面——这意味着还有大约 100 个面可以支配。在随书光盘中 Game Model 目录（场景目录）下的 ProjectFiles 文件夹中，保存着本范例的模型。保存的模型有多个，你可以看到模型在制作过程中的不同变化。最终的模

型保存在 Tutorial10.2.mb 文件中。

请记住，创建该类模型的关键，是要尽量使用少的面数创建出丰富的视觉效果。当你创建自己的模型时，你会发现创建结束后还有很多地方都可以节省面的数量。但是随着你建模越来越多，对建模越来越熟练之后，你就会形成自己的风格，也就能够最有效地使用多边形了。

在后面的章节中，我们将为这个模型贴图并且绑定骨骼。因为我们建模时已经进行了合理的布线，所以接下来我们会更快、更容易地完成这两个工作。

挑战、练习和课后作业

1. 观察图 10－105，看到关节球的细节了吗？你该如何在范例 10.1 中的这个角色身上创建这些细节呢？

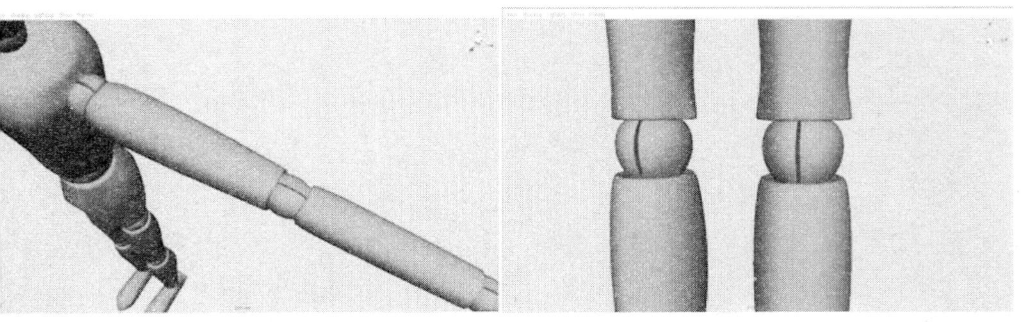

图 10－105　添加细节后的范例 10.1

2. 还能在范例 10.2 中的游戏角色模型中添加什么细节呢？三角面的数量还没达到 3000 个，还可以再创建一些细节。

3. 设计你自己的游戏模型。

第十一章

角色贴图和 UV 贴图

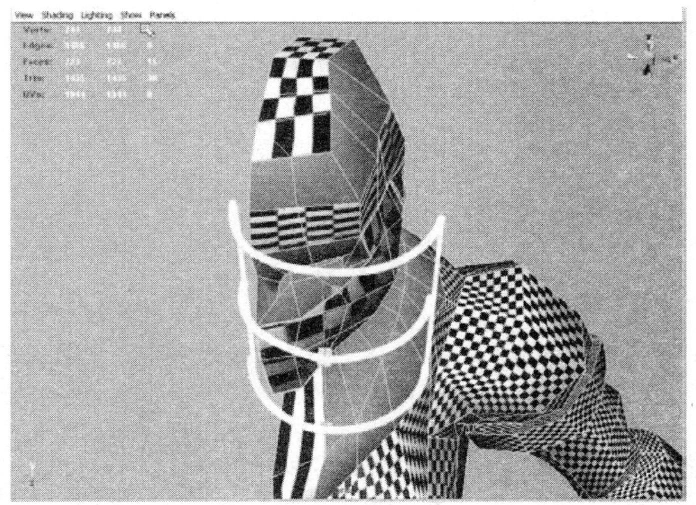

前面章节着重介绍一些关于材质的知识。读者已经学习了所有有关着色器、材质、各种材质类型（Blinn 材质、Phong 材质、PhongE 材质、Anisostropic 材质、Lambert 材质等等）的知识。同时也学习了如何创建一个新材质并将其赋给一个物体。我们也已经学习了通过贴图投射及与投射相关的操纵器来改变物体表面上某个特定材质（和纹理）大小的方法。如果还感到有些陌生，可回头看看第七章和第八章，复习赋给纹理的基本方法。

在这一章中，我们将要研究如何使用之前学过的技术来给更复杂的和有机体的模型添加纹理。同时，学习 UVs 和调整 UVs 相关的理论问题，能够大大提高你在模型上添加自定义纹理的能力。

"三维"材质和着色器

"三维"之所以要加引号是因为大多数人一听到三维着色器就会想："难道所有的着色器都是三维的?"我只是说我们这里所使用的是三维着色器！但事实上，有许多着色器和纹理是二维的（平面的）。它们只是简单地包裹或粘贴到三维形体上。确实有一些着色器和纹理是三维的，它们与物体的相互关系是三维的。这些三维纹理不仅仅是包裹到物体表面上，更是一种体积化的表现形式。这种材质在物体内部也是均匀分布的，而呈现在物体表面上的只是这种材质的一小部分。

例如下面这个小范例。

范例 11.1　为木头人贴图

目标

1. 通过实际操作了解三维纹理。
2. 创建一个三维纹理并调整默认设置以适合我们的需要。
3. 添加三维纹理，并且调整它的位置和大小。
4. 理解三维纹理和二维纹理的差异。

第 1 步：设置项目。在这个项目中，你需要给前一章的范例 10.1 中建立的人体模型添加纹理。这是 Amazing _ Wooden _ Man 项目的一部分。选择 File→Project→Set…命令，找到 Amazing _ Wooden _ Man 项目后，点击 OK 按钮。

如果你事先未操作其他文件，你可通过 File→Recent Projects 命令找到这个文件。这个命令可以很快地找出你上次使用的项目。

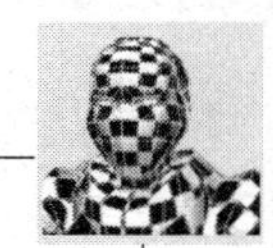

第 2 步：打开场景文件。在这个例子中，你可以使用我们提供的 Man _ Extra.mb 文件，也可以使用范例 10.1 中你自己制作的模型。

第 3 步：调整场景的组织，显示光滑后的模型。这取决于你的设置，你可能想要隐藏 LowPolyLayer 层和关闭参照层（在层面编辑器中，该层的第二栏中有一个字母 R），这样你就可以在场景中只显示光滑后的高面数模型。

为什么要选择高面数模型来添加纹理呢？这个问题问得很好。事实上，如果我们要做角色动画，我们通常会在低面数模型上添加纹理，因为我们做动画通常会使用低面数模型。使用光滑代理命令，就可以确保纹理转化到高精面数模型上。然而，因为这只是一个小范例，我们只是在学习简单的三维纹理概念，高面数模型能够更快、更好地展示出三维纹理的特点。

第 4 步：右键点击人体模型，从标记菜单中选择 Materials→New Material→Phong。它将在属性编辑器中打开材质属性。

第 5 步：将材质重命名为 WoodMaterial。

第 6 步：给色彩通道添加一个新的渲染节点。请记得点击 Color 属性旁边的棋盘格按钮来添加渲染节点。

第 7 步：在弹出的创建渲染节点的窗口中，在 3D Textures（三维纹理）中单击 Wood 按钮。将在属性编辑器中打开这个新节点的属性。

第 8 步：按照自己的喜好来调整 Filter Color、Vein Color 和 Grain Color 三个属性。不需要按照本书插图来将纹理颜色设置成灰色，因为它们只是被印刷成灰色的而已。可以参考一下大多数艺术家笔下的木偶人，你就知道该将纹理设置成什么颜色了。将 Filter Color 调成黄色、Vein Color 调成桃红色，并将 Grain Color 调成浅褐色。

第 9 步：在透视图中按下数字键 6。记住，键 6 能够显示出模型的纹理（如图 11 - 1 所示）。

在图中你需要注意以下几点。首先，Maya 显示的表面纹理往往有些奇怪，纹理的颜色似乎在头部出现了拉伸，在手臂上出现了大的深色斑点等等。别害怕，渲染后会有比较好的效果。

其次，需要注意的是人体模型头部附近出现了一个绿色的大方框。这是一个三维定位节点（实际上它的名字是 place3dTexture1）。可能你在对房间场景进行创建和添加纹理的时候就已经注意到这个节点的存在了。这实际上是控制三维纹理节点大小的节点（在本范例中是木头纹理）。你

可以在视图中选择这个节点，然后对它进行移动、缩放或旋转操作。

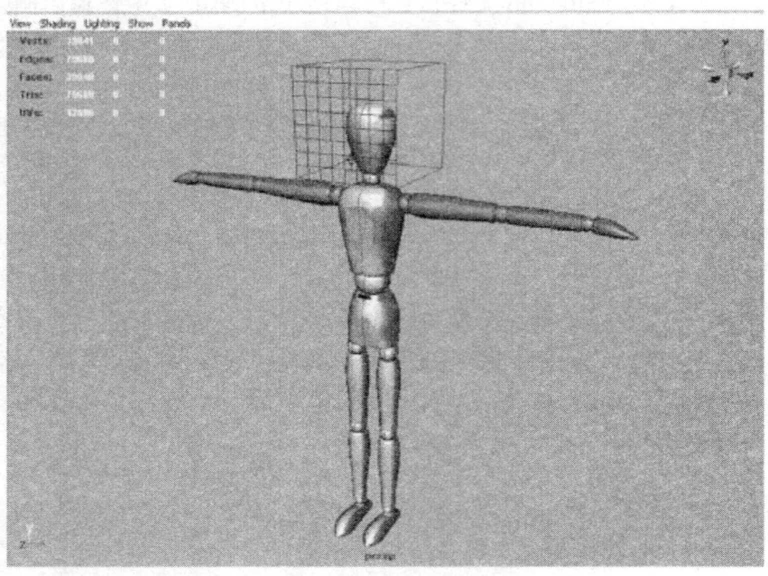

图 11－1　添加三维木质纹理后的效果

第 10 步：将模型的某个部分放大并且渲染（如图 11－2 所示）。你应该可以看到木质纹理是如何一次包裹至整个模型上的。

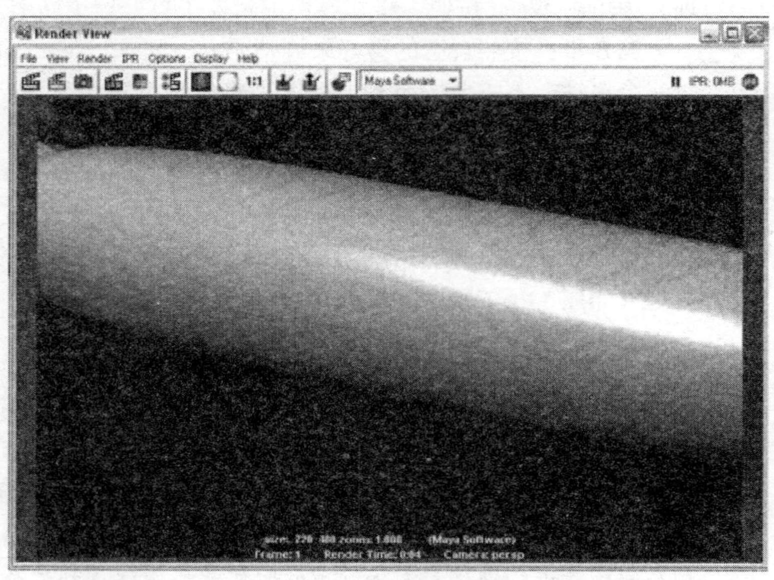

图 11－2　在色彩通道中添加三维木质纹理后的手臂的渲染效果

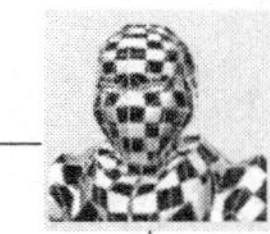

第 11 步：为了更有趣，用 place3DTexture1 节点来调整三维纹理节点的大小。选择模型头部周围的绿色方框（或在大纲视图中选择 place3DTexture1），使用缩放工具来调整其大小（如图 11－3 所示），再次渲染（如图 11－4 所示）。

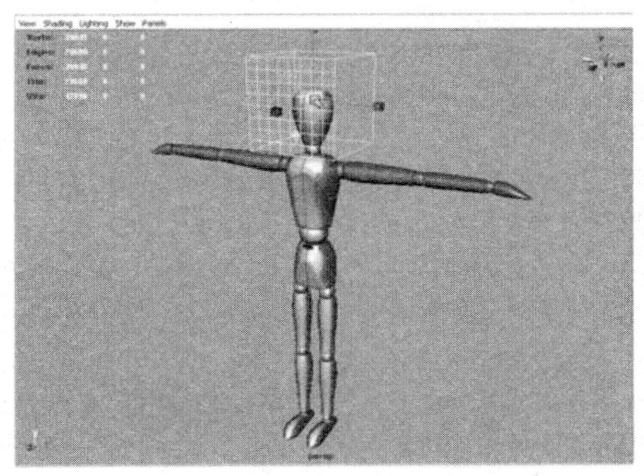

图 11－3　通过 place3DTexture1 节点调整三维纹理节点的大小

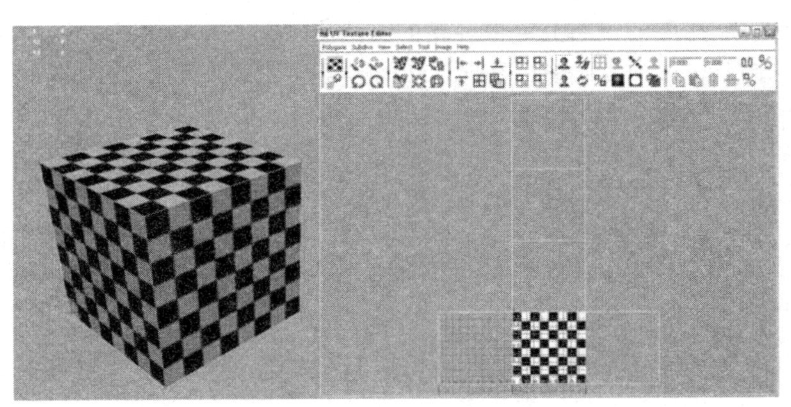

图 11－4　将节点尺寸调小后的效果

若将 place3DTexture1 节点调整得更小的话，你就会在模型表面看见更多的木纹。如果将该节点调整得更大的话，纹理中的颗粒就会变得太大，你将会在你的模型表面看见色点。

第 12 步：将文件另存为 Man _ Textured.mb

范例总结

很简单吧？木质纹理节点（Maya 内置的纹理）是一个程序着色器，它不是用位图图像创建的，而是由计算机程序计算出来的。这种纹理类型的优势是它有非常灵活的可调节性，你可以很容易并且迅速地调整它的颜色、纹路、新旧、颗粒等等。而且你不必担心如何把它应用到物体表面上，它的外观基本上是正确的，因为它是从表面渗透进物体内部的。最后的问题是，虽然这些程序内置的纹理创建起来很容易，但是外观效果太过普通。因为每个人都可以用相同方式进行创建，并给大量的物体添加上相同的木质纹理。这么做就显示不出你的专业眼光了（就像老板具有的专业眼光）。

UVs

一般来说，最好的材质（如果没有掌握大量关于创建自定义材质的编程知识的话）是通过手工绘制来创建的。你可以通过绘画程序或使用拍摄的图像来创建。我们在第七章和第八章已经探讨了如何创建自定义材质并把它应用在墙和家具上。

但是，在那些例子中，我们赋给纹理的形体一般是非常简单的。因为只需要将材质在一个方向上投射给物体，所以将一个材质放置到一面平整的墙面上是很容易的。使用 Polygons 模块/Create UVs→Planar Mapping 命令就可以实现这样的简单放置，当模型比较复杂——就像在 Tutorial 10.2 中创建的游戏模型那样复杂的时候该怎么办呢？大多数三维程序都是通过编辑 UV 来解决这个问题的。

那么，什么是 UV 呢？“UV 在哪里”比“什么是 UV”更重要。UVs 是三维物体表面的坐标系。可以把 UVs 想象成一个模型的纬度和经度，一般地说（在对多边形进行大量编辑之前），U 像纬度线一样水平包裹表面，V 则像经度线一样垂直包裹表面。

那么为什么它们很重要？UVs 可以让你确定纹理在物体表面上所贴的位置。将纹理想象成一条手帕，当物体表面的 UV 被正确划分以后，Maya（或任何三维软件）就知道了将这条手帕固定在表面的哪个地方。UVs 是数量很多的，所以能够按你的需要将贴图固定在物体表面合适的位置上，而不会出现褶皱和拉伸变形。

UVs 在哪里？一般是在顶点处。也就是说，在多边形相交的地方就有 UV 坐标。你可以在视图看到 UV，或者在一个叫 UV 纹理编辑器的工具中看到。

UV 纹理编辑器可以通过 Window→UV Texture Editor 命令打开，如图

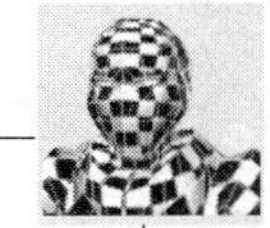

11－5 所示，在 UV 编辑器中显示出了一个简单的立方体的 UV。

注意，在 UV 纹理编辑器中，使用鼠标右键点击物体可以选择 Edges、Vertices、Faces 或 UVs（边、顶点、面或 UVs）。UV 纹理编辑器默认用不同颜色表示这些构成元素——UV 用绿色，顶点用黄色，面和边用突出的橙色。

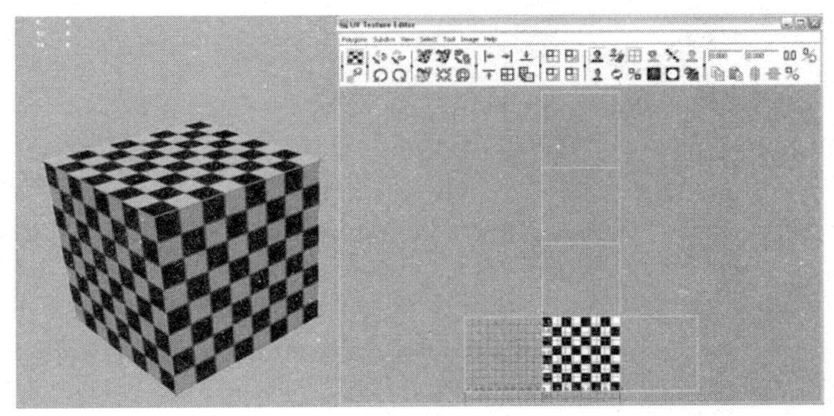

图 11－5　UV 纹理编辑器及通过 UV 纹理编辑器选择的构成元素

请注意，图 11－5 中的立方体看起来一点也不像立方体，它不是原本的立方体。你所看到的是立方体的展开后的形状，立方体的每个平面被平铺成易于理解的二维平面了。当你创建一个简单的多边形原始物体（比如这个立方体）时，顶点和 UV 在同一处。每个顶点都有相对应的 UV。

请注意，在 UV 纹理编辑器中实际上只有一个纹理图案（棋盘格图案），也就是说，一旦 UV 纹理编辑器中立方体的一个面能覆盖整个纹理图案，Maya 会自动将纹理重复铺满立方体其他的面，这样在立方体的每个面上都有相同数量的多边形，就像立方体的每个面都重复平铺着相同的 8×8 棋盘格图案那样。

你可以在 UV 纹理编辑器里选择 UVs（使用鼠标右键点击并在标记菜单中选择 UVs，然后框选想要的 UVs），然后可以对它进行移动、缩放或旋转（如图 11－6 所示）。请注意纹理本身是静止的，不过当操纵 UV 时，纹理会在立方体表面移动。

图 11－7 显示了原始多边形球体。看看如何让多边形（也即 UVs）令人满意地展开，以使其正好适合 UV 纹理编辑器的右上方象限？

你可以预料到 Maya 创建的默认形体会有很好的 UV 布局，不过你一旦开始创建更复杂的形体时，事情就变得复杂了。看看图 11－8，是不是很熟悉？它应该就是范例 10.2 中的游戏模型。

但是请看，UV 纹理编辑器中 UV 的布局是非常乱的：多边形互相叠在一起，有些还处在了纹理空间之外（右上方象限）。

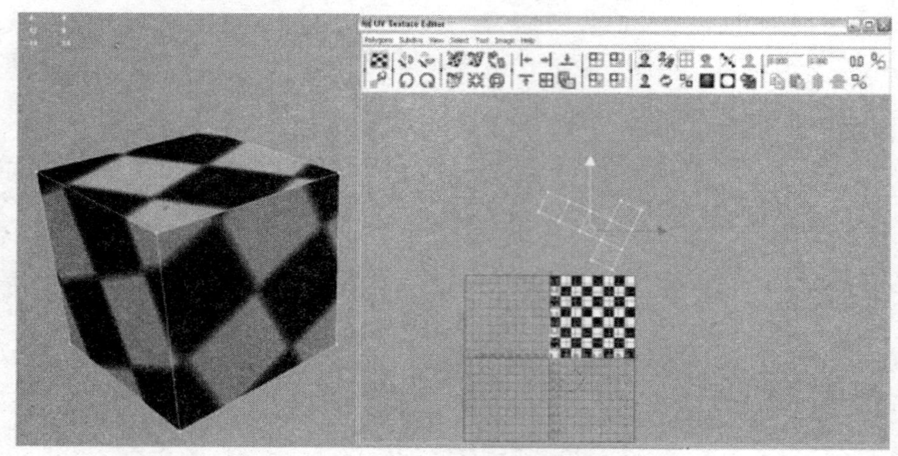

图 11－6　旋转、移动、缩放纹理以及由此引起的立方体变化

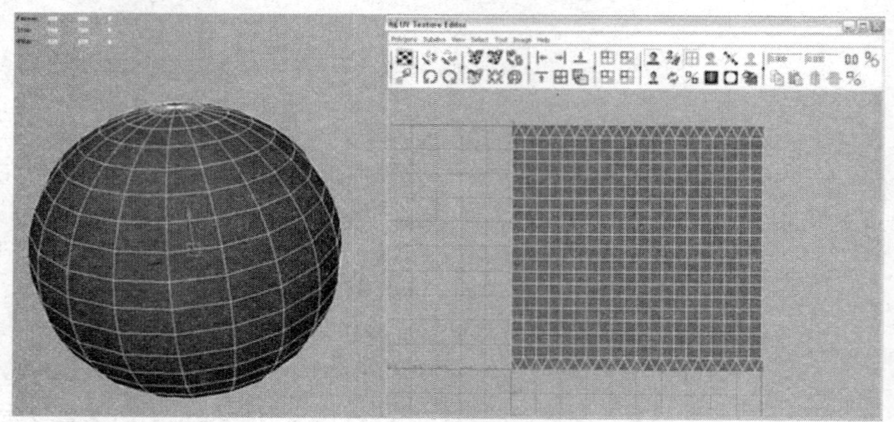

图 11－7　原始多边形球体的 UV 布局

当使用默认的灰色 Lambert1 材质时，这种情况看起来可能不是什么大问题。不过一旦应用了某种纹理后（比如说一个很容易测试出问题的棋盘格纹理），结果将会显得非常糟糕（如图 11－9 所示）。

注意在某些地方（比如横跨胸部的位置），一些面上的棋盘格纹理发生了拉伸，另一些则拥挤在一起。其他地方，比如头部，你可以看到一排横穿全部多边形的棋盘格都发生了拉伸。头顶部以及衣领等位置的多边形呈现出灰色——纹理在这些位置根本没有出现——这些位置的多边形完全没有 UV。

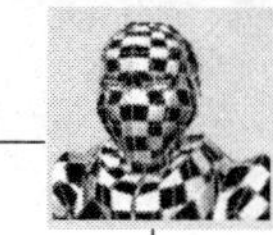

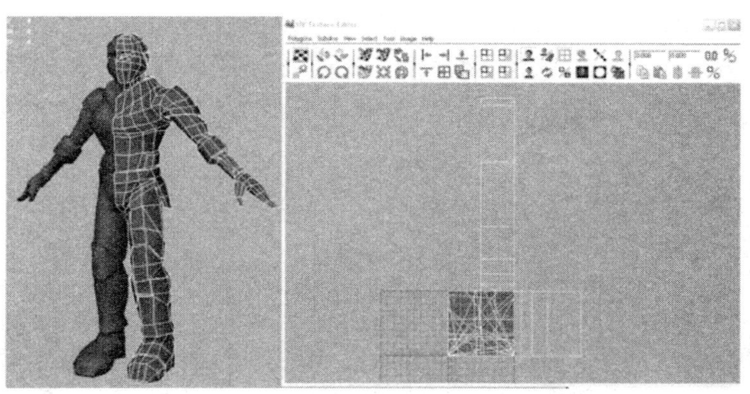

图 11－8　范例 10.2 中的角色以及该角色对应的 UV 分布

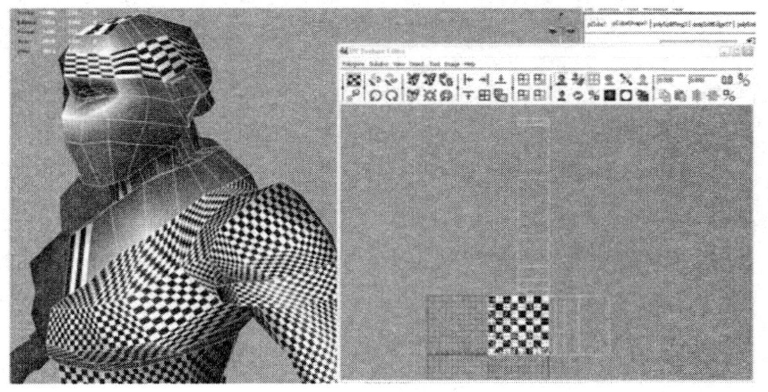

图 11－9　在该 UV 纹理分布情况下，左边的范例 10.2 所建角色添加纹理后的效果

如果我们赋给的材质都是单一的颜色，那么这种 UV 布局不会有问题。不过对大多数更高级的三维作品来说，自定义纹理是很有必要的。在游戏模型中，纹理很大程度上决定了一个角色的效果。能够将纹理应用到每一个多边形上，并且多边形没有在纹理空间中发生重叠或位于纹理空间之外，这些都是非常重要的。

UV 贴图

定义 UVs 以及再次划分 UVs 的过程叫做 UV 贴图。这个操作的大多数工具可以在 Polygons 模块/Create UVs 菜单中找到。

对于我们的游戏模型，这里的目标是控制模型上的所有 UVs，把它们装入 UV 纹理编辑器右上方象限的纹理空间。当这个布局（图 11－10

中显示了该模型 UV 布局的一个例子）完成时，我们可以将 UV 布局导出到一个可绘图程序中。在这个程序里，我们可以精确地绘制出色彩、凹凸、高光等属性——上面的所有操作均是以 UV 坐标系统为基础的。

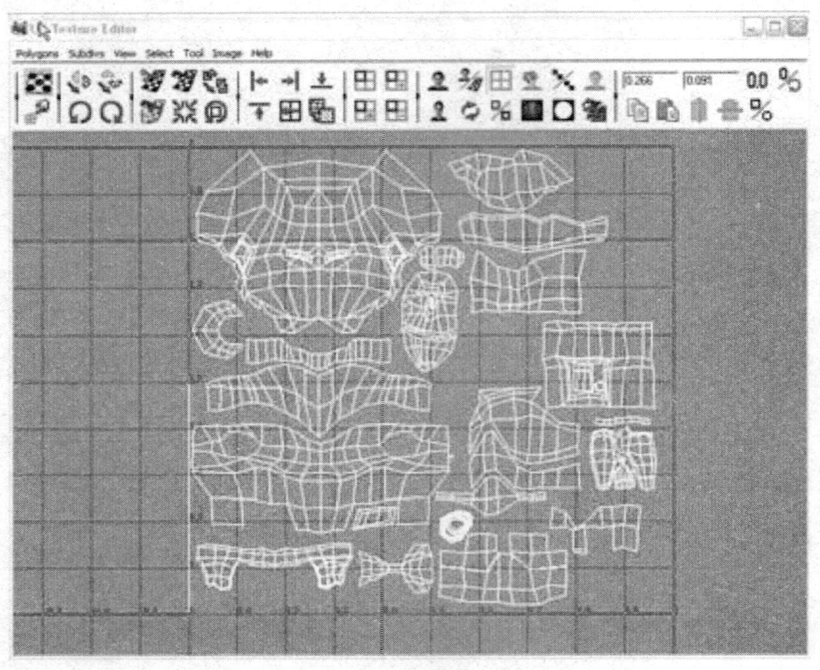

图 11－10　一个完整的 UV 布局

这种坐标系统好处是很多的，但是操作过程有点费力。在 Maya 的 Unfold UVs 选项中，已经出现了一些更新的工具（我们的范例中不会涉及这些工具——它们超出了本书的范围，且这些工具在 Maya 特有的某个具体工作流程中才能用得到）。其他一些工具，例如 Wings 和 Modo 开发的很好用的展开 UV 工具，能够简化 UV 贴图过程。在一个程序中进行大量人物建模，在另外一个程序中使用 UV 贴图，在第三个程序中制作动画并在第四个程序中渲染，这再一次佐证了在三维学习中不要过分以软件为中心。

在本章剩下的部分里，我们将学习一个传统方式下的 UV 贴图过程。这样做有几个好处：首先，它能让你全身投入其中，并能够理解 UVs 的工作原理及如何将它们恰当地展开；其次，所学习的有些操作技巧可以应用到其他软件中。所以，学习的着眼点应该放在通用性的技术上，而不是某个具体的软件命令和功能。让我们开始学习吧！

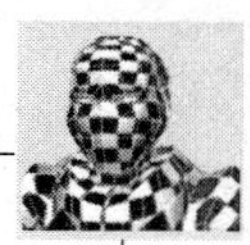

范例 11.2　游戏角色的 UV 贴图

第 1 步： 设置项目。可以使用 File→Project Set 命令（并找到你的 Game _ Model 项目文件夹），或在 File→Recent Projects 菜单选择这个项目。无论如何，我们都需要重新将 Game _ Model 设为你的项目文件夹（即范例 10.2 中的项目文件夹）。

如果你愿意，可以在随书光盘上的 ProjectFiles 文件夹中找到本范例的项目文件夹。在 Chapter11 文件夹中，你会找到另外一个 Game _ Model 项目文件。你可以提取 scenes（场景）文件夹和 sourceimages（源图像）文件夹里面的内容，将它们拷贝到你自己的项目文件夹中，从而更新你的项目文件，使其与本范例相匹配。它包括一个名叫 Tutorial11.2Start.mb 的场景文件，其本质上是范例 10.2 的制作结果，不过经过了一点清理工作。

第 2 步： 打开范例 10.2 中制作出的结果文件（或者你可以直接使用 Tutorial11.2Start.mb）。

第 3 步： 删除镜像后的一侧模型。选择角色的右侧（反方向复制出来的那部分），然后删除它。

这个模型是一个基本对称的人体。因此在安排 UV 布局的时候，我们只需展开一半角色的 UVs 即可。在完成这一半角色的 UVs 展开之后，我们可以复制出另一半，然后将其 UV 布局进行一下简单的镜像。当绘制纹理时，我们还可以通过纹理让角色显得更逼真和不对称。

第 4 步： 删除角色的历史记录。因为这是场景中的唯一物体，所以选择 Edit→Delete All by Type→History 命令来完成这个操作。

所有挤出操作、顶点合并和调整都会被记录下来，成为角色历史记录的一部分。从这点上来说，历史记录通常是一个很长的节点列表，如果你清除历史记录，将会提高场景操作的速度。当我们开始给角色添加不同的投射时，我们希望能够快速找到刚刚添加上的投射节点，因此将历史记录清理干净再开始新工作，可以让我们获得一个更简洁的工作流程。

第 5 步： 创建一个新的 Phong 材质，并命名为 CharacterMaterial。在角色上单击鼠标右键，并且从标记菜单中选择 Material→Assign New Material→Phong 命令。将新创建的材质重命名为 CharacterMaterial。

乐意的话，你也可以通过 Hypershade（超级材质编辑器）来创建材质。对材质进行命名可以清楚地表明该材质将会被赋给哪个物体，同时还避免了节点名称出现雷同。

第 6 步：在该材质的色彩通道导入一个棋盘格纹理节点。在属性编辑器（显示出 CharacterMaterial 的属性）中点击 Color 属性后面的棋盘格按钮。在弹出的创建渲染节点窗口中点击 Checker（棋盘格纹理）按钮。

第 7 步：将鼠标放在透视视图中，在键盘上按下数字键 6，看看这个纹理的效果。

棋盘格纹理并不像是一个给武士角色添加的皮革铠甲纹理，我们为什么要用它呢？请放心，这只是一个临时性的纹理。稍后，我们将会用自己绘制的纹理来代替它。但现在，棋盘格纹理有助于我们看到一些重要的东西。通过棋盘格图案，你可以很快看到在物体表面任何一点上是否出现了纹理拉伸或压缩，你还可以查看整个表面上的纹理分布是否一致（即你能够看到整个模型上的棋盘格大小是否相同）。

第 8 步：打开 UV 纹理编辑器。点击 Window→UV Texture Editor ...命令。

头部贴图

第 9 步：大致按照图 11 - 11 所示选择模型上的面。切换到 Faces（面）模式并选择一组面，这些面组成了一个垂直的四分之一圆柱体。

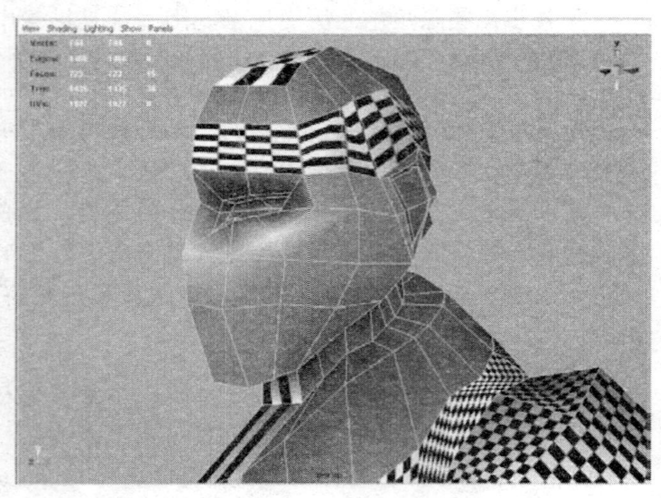

图 11 - 11　选择用于第一次投射贴图的选区

我们这次不是随便选择多边形的。我们将要使用的第一个投射是一个圆柱形投射贴图（对于大多数有机形体来说，这是一个好用的投射方式）。为了有效地使用圆柱形投射贴图，我们需要选择一组多边形，这组多边形的形状至少是圆柱形的一部分。注意，这些被选中的面没有出现相互重叠的现象，只是共同围绕成一个形状。

第 10 步：圆柱形投射贴图。选择 Polygons 模块/CreateUVs→Cylindrical Mapping 命令（如图 11－12 所示）。

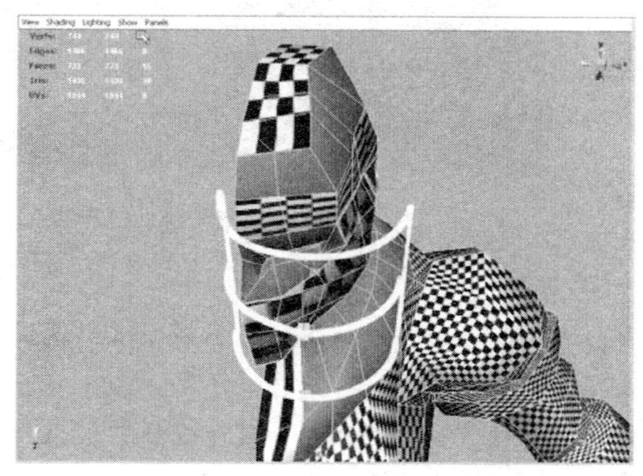

图 11－12　使用默认状态下的圆柱形投射贴图对 UVs 进行投射结果

图 11－12 中有一些东西被额外描绘成高亮状态。与圆柱形投射相关联的操纵器手柄在激活纹理后不太容易看见，不过，看清楚这些形状和它们的操纵手柄很重要。

这些操纵手柄之所以重要，是因为你可以用它们去操纵投射。不过，有时候在 Maya 中很难看清楚它们，在书的插图里面更不容易看清。

关于这个新的圆柱形投射贴图节点及其操纵器，你要注意以下几点。在使用 Polygons 模块/ Create UVs→Cylindrical Mapping 命令之后（或者使用任何一个投影命令之后），你可以立即进入操纵器，对 UVs 的大小及位置进行可视化的调整。事实上你会发现有两套不同的操纵器。通常情况下，你往往不想使用默认的操纵器，而是会通过图 11－13 所展示的切换手柄，切换到另外一个操纵器。

第二套操纵器和传统的移动、缩放以及旋转工具很相似，也与通用操纵器工具、挤出工具等其他工具很相似。该操纵器在移动/缩放手柄周围有一圈浅蓝色圆环，激活后可以对投射节点进行旋转，而移动/缩放手柄允许你移动或缩放代表投射的半圆柱体。

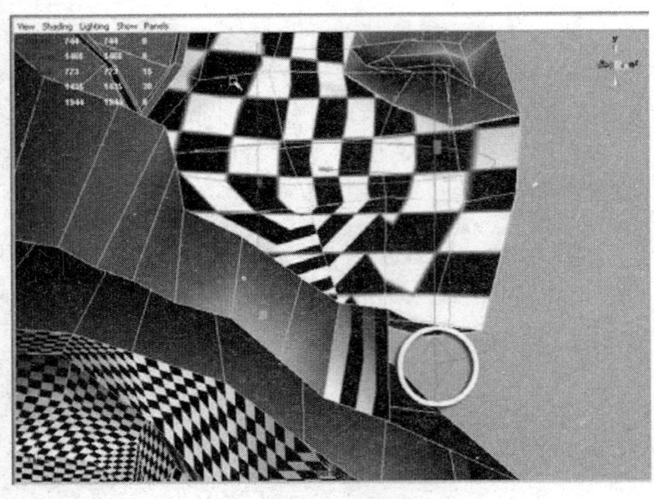

图 11－13　在圆柱形投射贴图节点中，可以让第二组操纵器展现出来的切换手柄

请记住，你可以通过点击同一个切换手柄切换回第一套操纵器。

同样很重要的是，如果你不小心点击了操纵器之外的场景，操纵器就会消失。通常按下 Ctrl 加 z 键可以让它们重新出现。不过，如果没有出现，你可以用以下两种方式找回它们：第一种，只需选择这些多边形面并重新应用投射（这将覆盖之前的投射节点）；第二种，你可以在通道栏中选择投射节点，然后确保在工具箱中点击显示操纵器命令，就可以重新找回操纵器了。

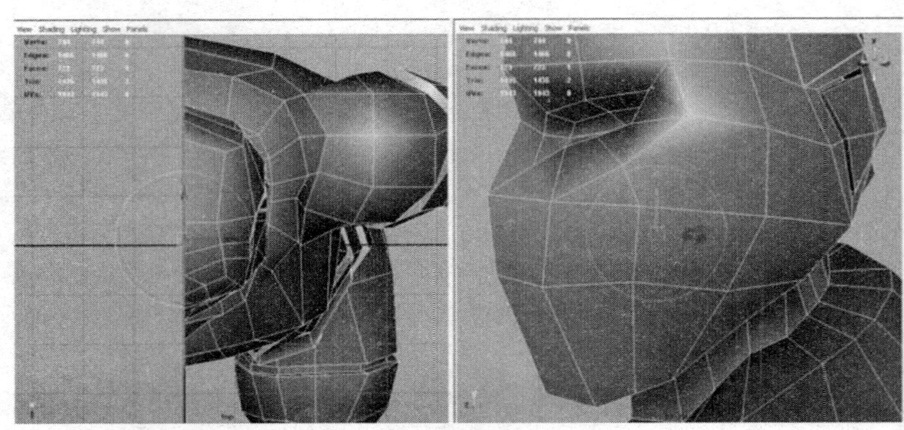

图 11－14　圆柱投射贴图节点的第二套操纵器，请注意在这个屏幕截图中，材质已经隐藏了

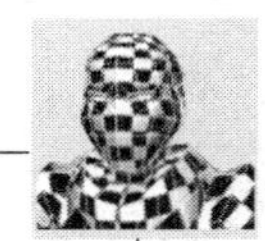

第 11 步：激活操纵器手柄，并对投射节点进行旋转、缩放及移动，这样将在脸颊上创建出大小相同的棋盘格（如图 11－15 所示）。确保投射的中心位于 Z 轴上（X＝0）。

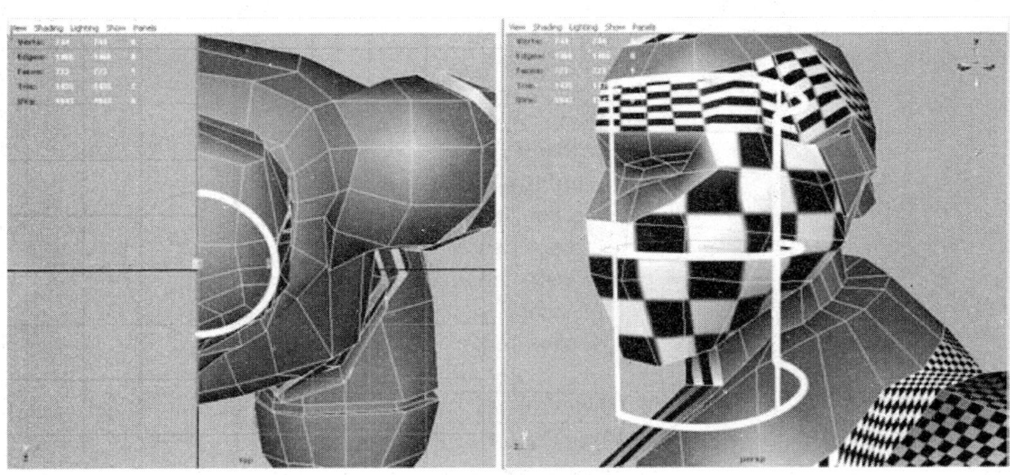

图 11－15　对投射操纵器进行旋转、缩放和移动，从而在所选择的面上创建出连续的纹理

在这里，棋盘格的大小可以随意一些，操作的目的是为了让纹理均匀分布，所以你需要确保在每个投射中可以看到足够多的棋盘格图案，以便判断出纹理是否出现拉伸或挤压。

因为我们只是在半个角色上进行 UV 投射，所以人体中轴线上的 UVs 要保持一条直线，以便与另一半角色的 UVs 进行缝合，做到这一点很重要。所以要确保圆柱形贴图的中心是 X＝0 或者位于对称平面之上。要想人体中轴线上的 UVs 保持一条直线，还需要确保投射节点旋转了 90°，从而使圆柱贴图外形的开放末端正好位于角色断开的一侧。

一些关于调整操纵器的提示。请记住你选择的这些面还构不成一个完整的圆柱体，而只是构成了圆柱体的一部分形状。所以通常将投射节点（通过移动操纵器手柄）在 Z 方向上（因为投射节点旋转了 90°，所以实际上是通过红色的 X 轴手柄来进行移动的）移动一点，会有助于棋盘格图案分布得更好一些。同样，当操纵器确实位于 X＝0 的位置上，并且你已将它往回移动了一点时，你可能会发现棋盘格图案不是正方形的。确保使用缩放操纵器手柄进行拉伸操作，使棋盘格图案成为完美的正方形。

另外请注意，这个操纵器可以通过通道栏进行数值调整。如果通道栏是打开的（使用界面右上角的按钮将其打开），而且你已经投射了

UVs，你将看到一个名叫 polyCylProj1 的节点，下面有一组输入区（如图 11－16 所示）。图 11－15 中用到的设置显示在图 11－16 中。请注意 Project Center X 值为 0，Rotate Y 值为 90，Projection Horizontal Sweep 值为 180。其他值的设置根据你的角色建模方式可能有所变化。

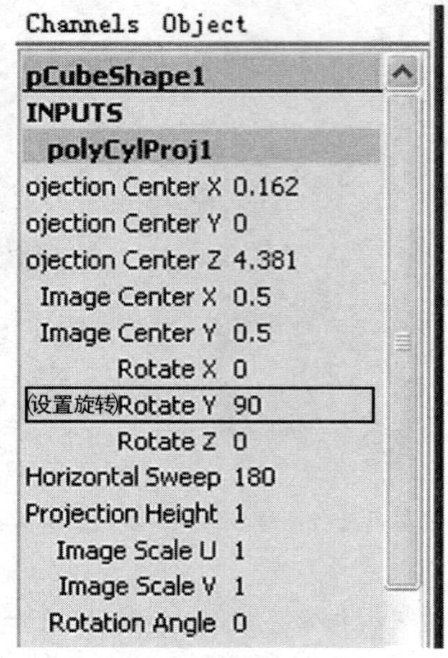

图 11－16　使用通道栏输入数值，来修改圆柱形贴图节点

操作的最终目标是在投射面上获得很少扭曲或无扭曲的完美方格图案。

第 12 步：在 UV 纹理编辑器中，将新投射好的面移出右上部象限。按下 w 键激活移动工具并拖动操纵器，将面（实际上这些面代表了 UV）从其他密集的 UVs 中移出来（如图 11－17 所示）。

是的，我们现在可以暂时将 UVs 移出它们最终必须放置的区域。不过这样做是有价值的，因为它允许你很方便地观察 UVs，还可以让你将这些 UVs 与其他 UVs 进行结合。如果它们仍然堆积在该象限中间，那样就无法处理了。

第 13 步：选择图 11－18 中显示的面（或者靠近的那些面）。将鼠标移动到透视视图中，按数字键 5 暂时隐藏纹理，并选择图 11－18 中显示的一圈多边形。它们基本上构成了一个圆柱形。

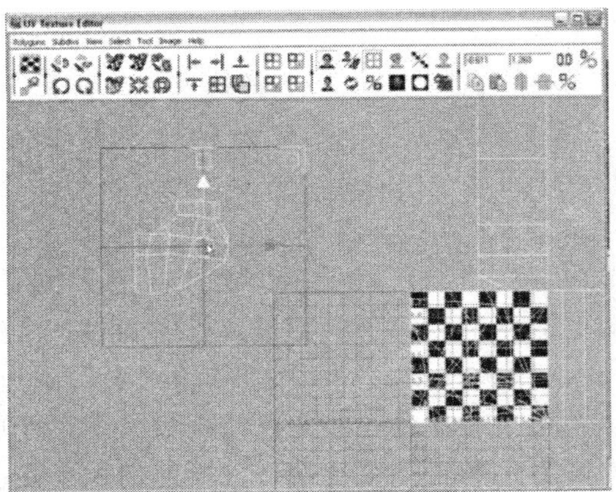

图 11－17 将 UVs 移开待用

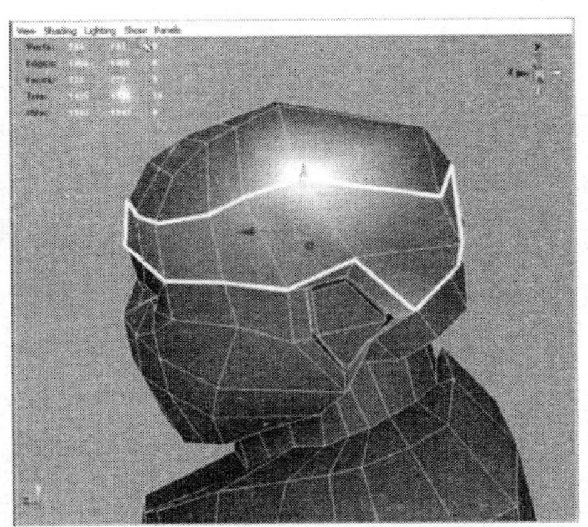

图 11－18 为下一次投射选择一组面

为什么要选这些面呢？此时选择这些多边形是因为投射命令是一个对投射对象要求比较严格的命令。当你工作时，你会逐渐看出来哪些区域可以作为某个投射类型的合适候选区域。一方面，你可以制作出大量的小面积投射（然后进行大量的缝合）来获得极其精确的投射结果，或者制作出一个大选区并随后将其进行一些伸展操作——但是你只需要进行少量的缝合。一个折中的方法是找到足够大的多边形选区，让投射的数量减到最少——但是要在实现精确投射的基础上来让数量变少。

第 14 步： 按下数字键 6 再次显示纹理。

第 15 步： 设置圆柱贴图的命令设置面板并进行投射。点击 Polygons 模块/Create UVs→Cylindrical Mapping 命令，然后在通道栏中的 INPUT 下面的投射节点数值设置区域中设置 Rotate Y 为 90（如图 11－19 所示）。

Polygon Cylindrical Projection Options

Edit Help

Center	0.0000	0.0000	0.0000
Rotation	0.0000	90	0.0000
Horizontal Sweep	180.0000		
Height	1.0000		
Smart Fit	Automatically Fit the Projection Manipulator		
	Insert Before Deformers		
Image Center	0.0000	0.0000	
Image Rotation	0		
Image Scale	1.0000	1.0000	
	Create New UV Set		
UV Set Name:	uvSet1		

Project Apply Close

图 11－19 设置圆柱投射的参数来节省时间

从之前的步骤中可知我们希望投射的中心位于 0 处，也明白我们需要将投射旋转 90°。虽然我们可以使用控制器手柄来将投射中心放置在 0 处并将投射旋转 90°，但在通道栏中这么做可以更省力一些，虽然这还需要进行一些调整，不过主要的两个问题（中心和旋转）已经解决好了。

第 16 步： 调整投射以找到棋盘格的正确比例。由于设置的问题，投射可能会出现在身体其他部位。点击切换手柄切换到投射的另一个操纵器手柄并使用 Y 轴移动手柄（绿色那个），将手柄移动到头部附近。你可能需要 Y 轴缩放手柄来将投射拉得更高一些，以使棋盘格图案变成正方形。调整大小直到这些方格的大小与脸颊处第一次投射的大小几乎相同（如图 11－20 所示）。

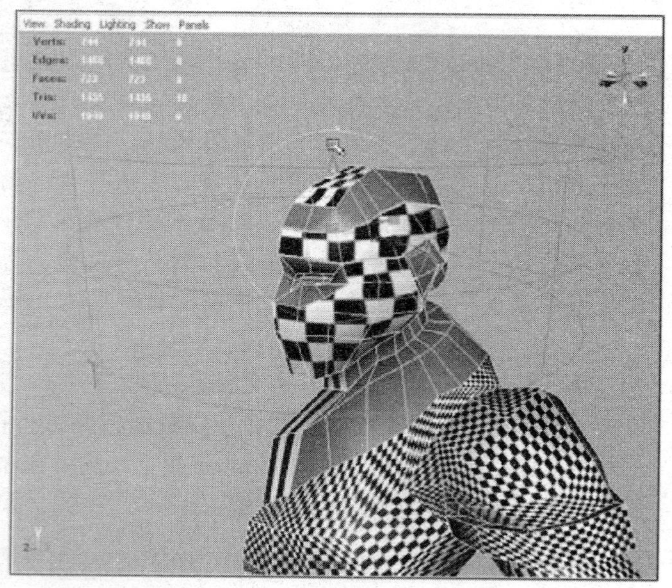

图 11－20　额外调整的结果

第 17 步： 在 UV 纹理编辑器中，将新投射的 UVs 移到左边（如图 11－21 所示）。

再一次说明，这里的要点是我们将已经处理好的区域与未处理的区域分开。注意在 UV 纹理编辑器中，只有那些新投射的面是可见的。不过，你将它们移到一边去之后，在纹理编辑器中没有面的任何区域上点击一下，你都将看到所有的面或 UVs。

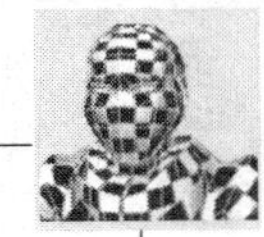

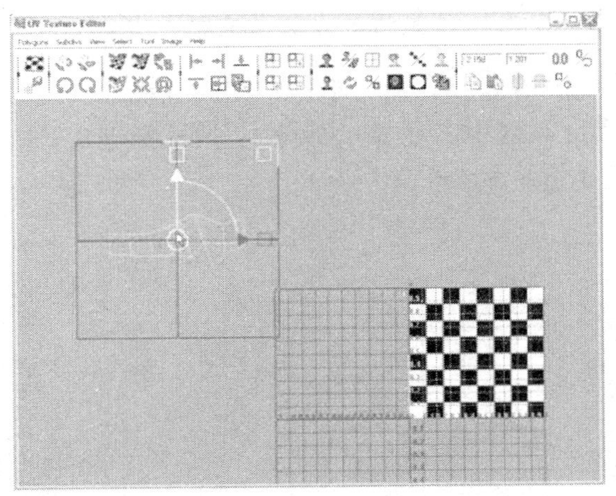

图 11－21　将新投射好的 UVs 从混乱的 UVs 中移开

第 18 步：将新投射的 UVs 移动到原来投射的 UVs 附近。使用鼠标右键点击最近完成的一组 UVs，并在弹出的标记菜单中选择 UV（如图 11－22a 所示）模式。框选这里的任意 UV（如图 11－22b 所示）。按 Ctrl 键并点击鼠标右键，在弹出的标记菜单中选择 To Shell（如图 11－22c 所示）。按 w 键并使用移动工具将它们移动到第一个投射附近，将得到与图 11－22d 相类似的结果。

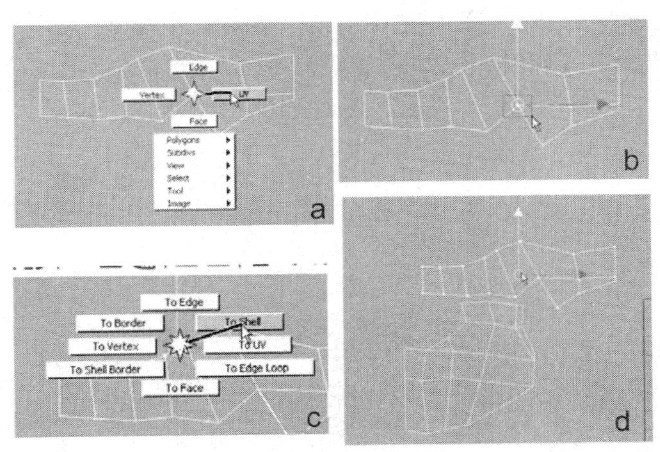

图 11－22　选择成组 UVs 的过程

是的，我们可以通过在 UVs 周围框选来选择它们。不过，这种通过选择单个 UV 进而选择整体框架的方法，在处理复杂情况时更能体现出

效果。你可以随时用该方法来选取成组的 UV 用于缝合（结合）。

第 19 步：识别共享边。在透视视图中，点击两个投射所共享的边（图 11－23 中高亮显示部分）。请注意在 UV 纹理编辑器中它们呈高亮（两条边）显示。

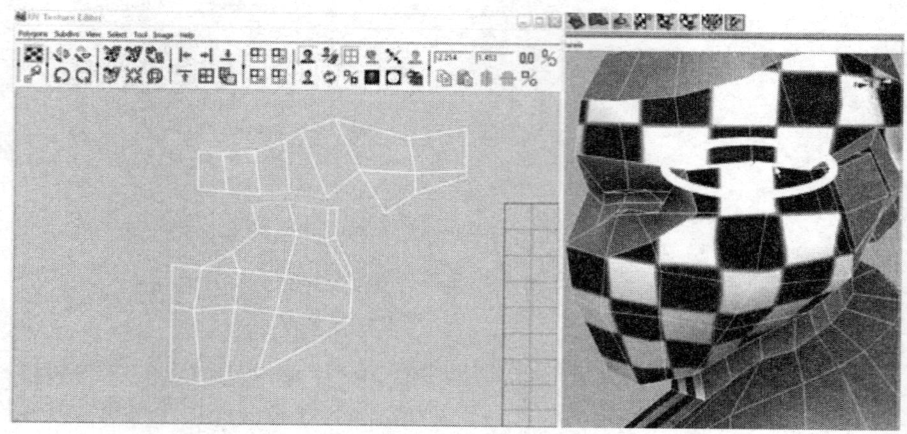

图 11－23　通过在视图中选择共享边来找出它们在 UV 布局中的位置

第 20 步：调整顶部的成组 UVs，使边的长短更相近。在 UV 纹理编辑器中，用鼠标右键点击顶部成组的 UVs 并选择 UV。选择顶部 UVs 框架，并按 r 键激活缩放工具。重新缩放大小，使每个框架的共享边长短相近（如图 11－24 所示）。

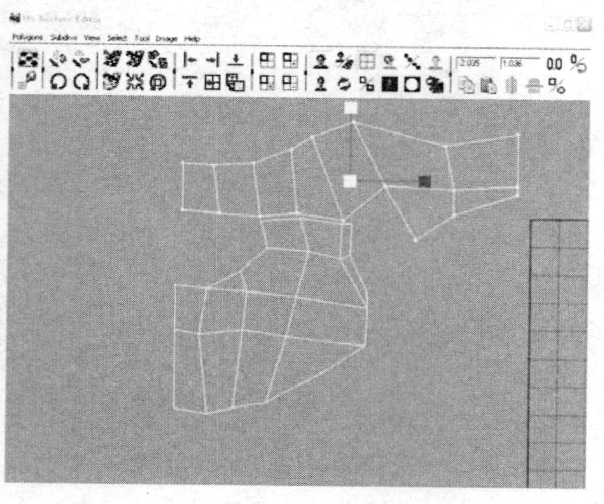

图 11－24　重新缩放后的 UVs

我们知道这些边是共享的，这表示在纹理空间中它们应该是长短一致的。通常，在处理棋盘格图案时，格子可能最终比选区要大一些，很难看出其大小是否正确。有时在UV纹理编辑器中会更容易看出来，并且也更容易调整大小。

第21步：将共享边缝合到一起。在UV纹理编辑器中，用鼠标右键点击并选择Edges边模式（如图11－25a所示），选中共享边（如图11－25b所示），点击Polygons模块→Move and Sew UVs命令（如图11－25c所示）。

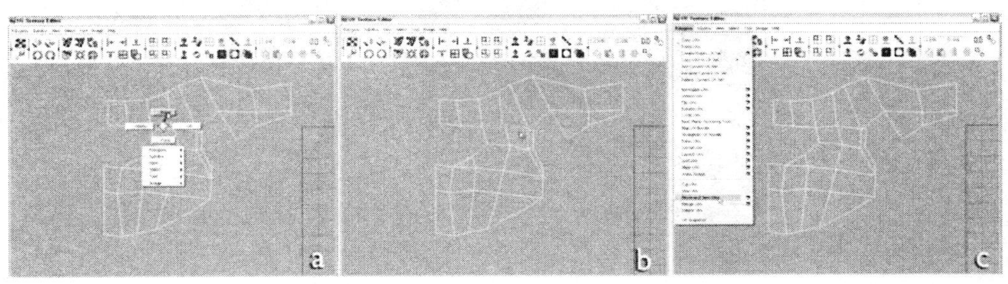

图11－25　缝合UVs的过程

这么操作的目的何在？共享边实际上只有一条边。这么操作意味着纹理可以不受阻碍地经过两个投射区域。它将我们做过的所有投射贴图的UVs结合成了一个连续的UVs投射贴图。像脸部这样的位置，就很有必要进行这个操作。当一个表面是连续的，该表面上的UVs就应该进行缝合，避免出现接缝（UV接缝）。

第22步：选择所有与耳部相连的面。请注意这可能会包括一些已经做过投射的面（如图11－26所示）。确保你的视角正对着这些面。

第23步：给这些面添加平面投射UVs。打开Polygons模块/Create UVs→Planar Mapping命令的命令设置面板。因为你正在直视该表面，将Mapping Direction（投射方向）设置为Camera（摄像机）。按下project（投射）按钮。使用恰当的操纵器手柄（红色的盒子）重新调整大小，以使格子图案与头部剩余部分相匹配（如图11－27所示）。

第24步：将新面缝合到其余已经做过投射的面上。在UV纹理编辑器中，移动新面使其对准其他面。切换到UV模式并缩放和旋转该组UV到它们所属的地方（如图11－28a所示）。选择Polygons→Move and Sew UVs命令（如图11－28b所示）。

现在我们打破了一些规则。一方面是我们获得了一些面对着摄像机投射得很好的面，不过，也存在着一些凹陷的面，这些面是用来塑造耳朵结构的。通常我们可以单独给它们做投射贴图，但在本范例中，没有必要这么做。

由于这些凹陷面很难被人看到，所以我们永远不会看到那里所出现的拉伸，因为这几个面在纹理空间中只是一个非常细小的部分。

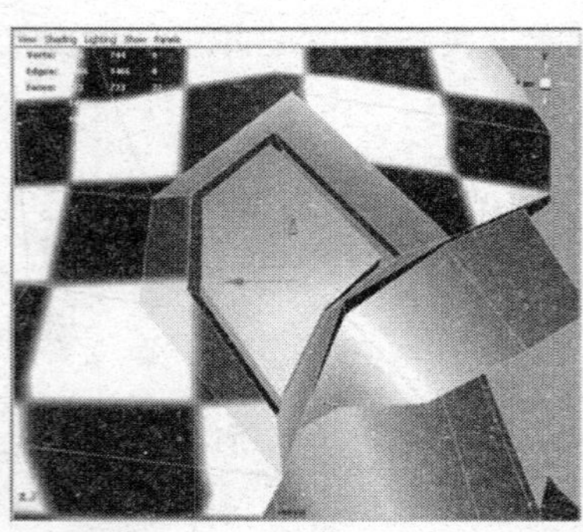

图 11－26　选择耳部的面

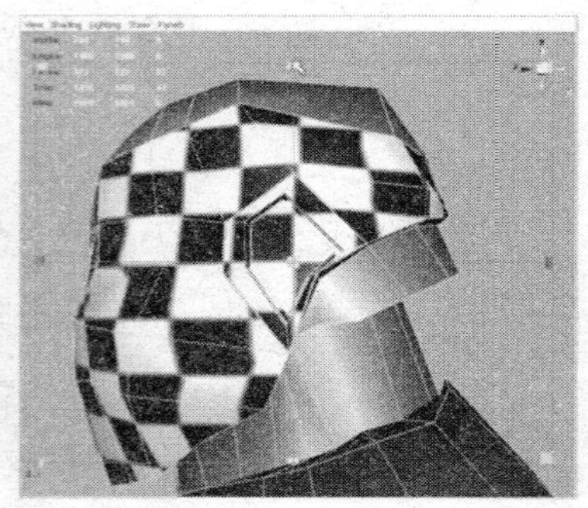

图 11－27　平面投射贴图与用操纵器调整的结果

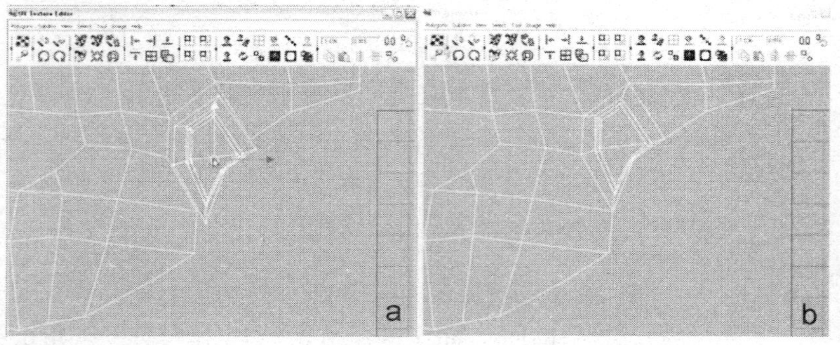

图 11－28　对齐、移动并缝合耳部的 UVs

第 25 步：在眼部重复上面的操作（如图 11－29 所示）。这里的凹陷面也可以不做投射贴图，因为眼窝全都是黑色的。

第 26 步：继续对头部剩余部分做投射贴图。请注意图 11－30 中显示的局限。

因为头部形体比较复杂，所以要么你需要增加几条接缝来将 UV 分离成几个部分，要么你就保留一些拉伸。对于许多角色而言，尤其是带有头发的角色，采用接缝更合适一些。因为你可以将它们隐藏到发际线

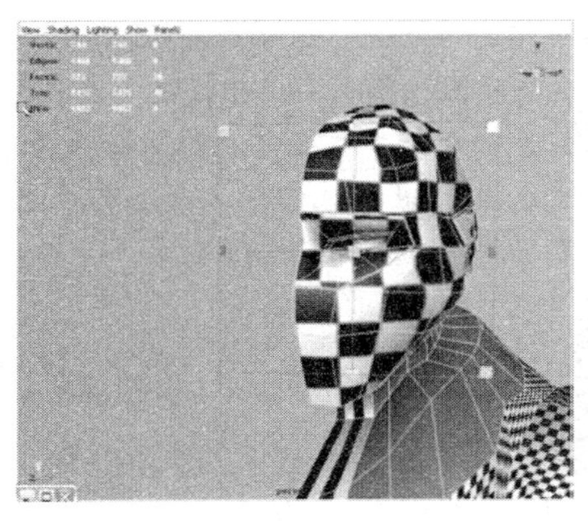

图 11－29　眼部投射贴图

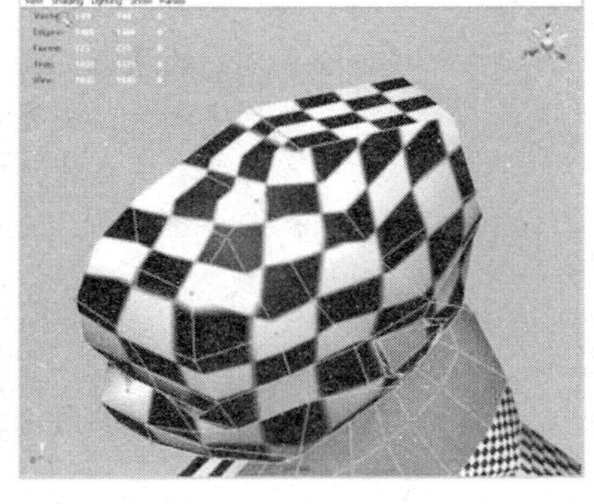

图 11－30　头部剩余部分投射贴图

中或其他纹理发生合理改变的位置中。但如果像本范例中的这个头顶部为金属头盔的角色，头顶的处理就变得更困难了。这样的话，我们应该在头部后面做些变形（而不是采用接缝）。这样做的部分原因是头的后面通常不会引起太多的注意，而且这么做要比额头顶部出现接缝更好。当然对不同的角色处理方法也是不同的。

第 27 步：给整个头盔顶部区域投射贴图。同时使用圆柱形贴图和平面贴图（如图 11－31 所示）。

图 11－31 展示了整个头部和头盔制作完投射之后所创建的投射效果。请注意，在顶部有一个单独的部分——这是头盔的第二个后长条形面。因为计划给这一部分添加一个单独的材质，所以这里是制作接缝的合理位置。也请注意，投射的底部有点“混乱”。底部周围还有些参差不

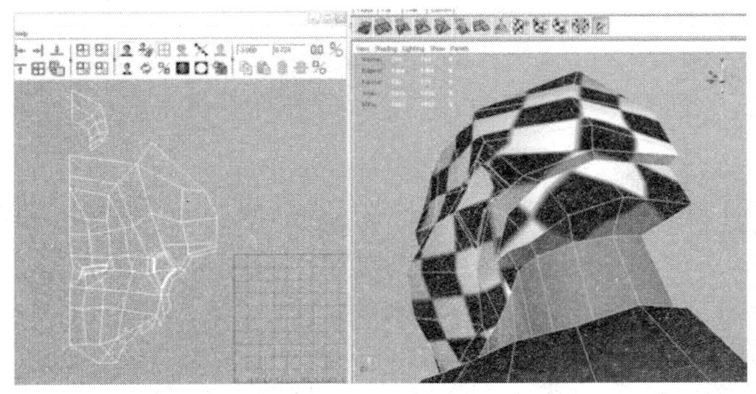

图 11－31　头部投射贴图和头盔

齐的 UVs，它们是构成下巴底部的一些面。这些面将很少被人看到，并将被涂成单一的黑色。由于这个原因，所以不用担心此处的接缝问题。

虽然严格来说，头盔的长条形面和下巴底部也应该做投射贴图（而且应该作为没有头盔的角色来处理），在本范例中，将个别的成组 UV 保留为分离或自由状态，能够节省制作时间和减少难度。

第 28 步： 清理接缝。在 UV 纹理编辑器中，选择所有在模型中间接缝处的顶点（如图 11－32a 所示）。激活 Move tool（快捷键 w），然后按住 x 键沿 X 轴向（实际上是 U 轴向）移动。

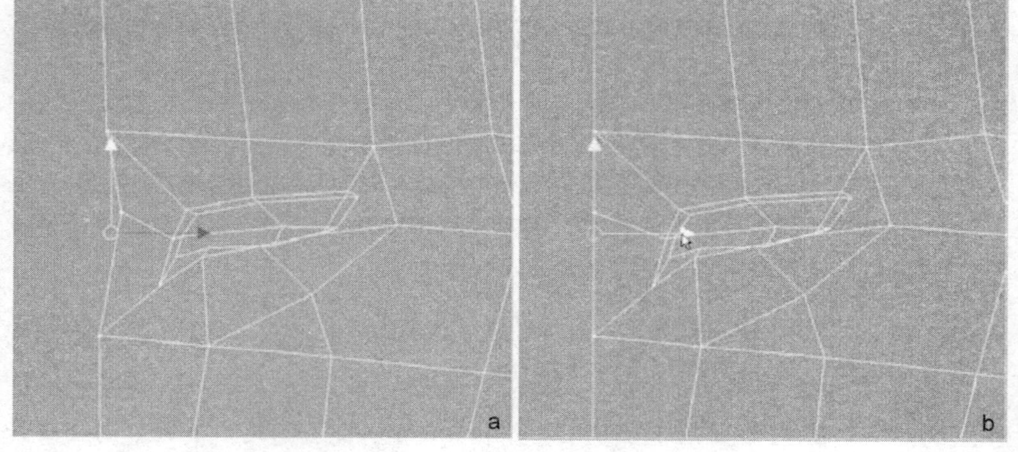

图 11－32　调整并清理接缝

如果你在投射的时候很仔细并确保所有的圆柱形投射贴图都在 X＝0 的平面上，应该不会有很多偏离的 UVs。不过，有时当你执行 Move and Sew UVs 命令时，UVs 可能会有一点移动。所以花点时间清理中间的接缝是必要的。

腿部映射

第 29 步： 给护膝部分做圆柱形投射贴图。按数字键 5 暂时隐藏纹理。选择所有构成护膝外圈的面（不要担心凹陷的面）。执行 Polygons 模块/Create UVs→Cylindrical Mapping 命令（如图 11－33 所示）。按数字键 6 打开纹理显示。

第 30 步： 使用默认投射操纵器手柄将投射完全包裹住护膝部位。抓住任意一个红色手柄并拖动，直到与另一个红色手柄碰到一起（可能

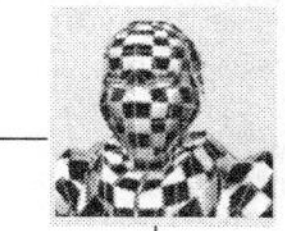

会在护膝背面碰到一起，如图 11－34 所示）。

图 11－33　使用默认设置的圆柱形贴图的结果

图 11－34　投射完全包裹住护膝部位

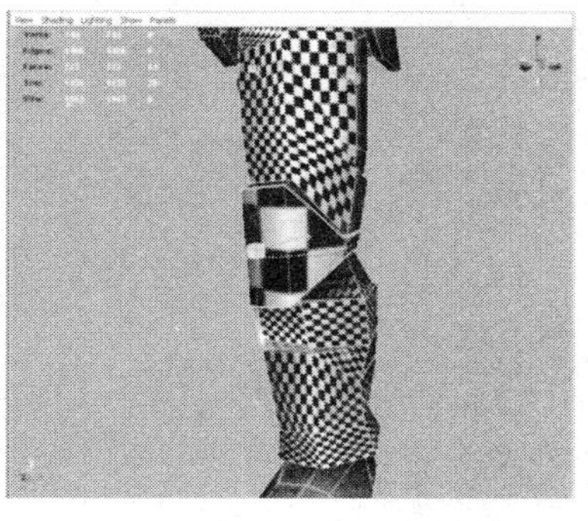

图 11－35　重新缩放投射节点创建出均匀的纹理

第 31 步：缩放投射节点以得到正方形格子。抓住操纵器的绿色块来垂直地调整大小（如图 11－35 所示）。请记住该处的棋盘格要调整成与脸部的格子相同的大小。

也可以使用另一套操纵器手柄来进行这个操作，这取决于你的习惯。有时候某些操作可以使用这两套操纵器中的任意一套来完成，有时候只能用其中一套。有时候最好的解决方法是两套都用一点儿，并且在通道栏中输入数值。例如，你可以在通道栏的 Projection Horizontal Sweep 一项中输入 360（可能输入区域在一个长长的列表底部——要向下滑动一下滑块才能看到）。或者，你可以像刚才采用可视化的方式来操作。

第 32 步：在 UV 纹理编辑器中将新投射的 UVs 移到边上。

第 33 步：给大腿护具做投射。选择组成大腿护具的面（确保选中所有部分）。执行 Polygons 模块/Create UVs→Cylindrical Mapping 命令。

第 34 步：调整投射节点，使其完全包裹大腿护具，并重新缩放来使棋盘格变成正方形（如图 11-36 所示）。

第 35 步：旋转投射节点，将接缝放置到大腿内侧偏后的位置上。在默认投射操纵器中间位置上，有一条连接两个红色块的线。点击并拖拽这条线来旋转投射节点（如图 11-37 所示）。

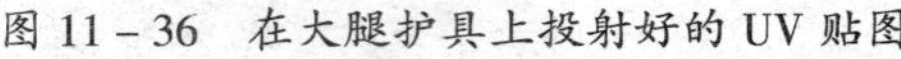

图 11-36　在大腿护具上投射好的 UV 贴图

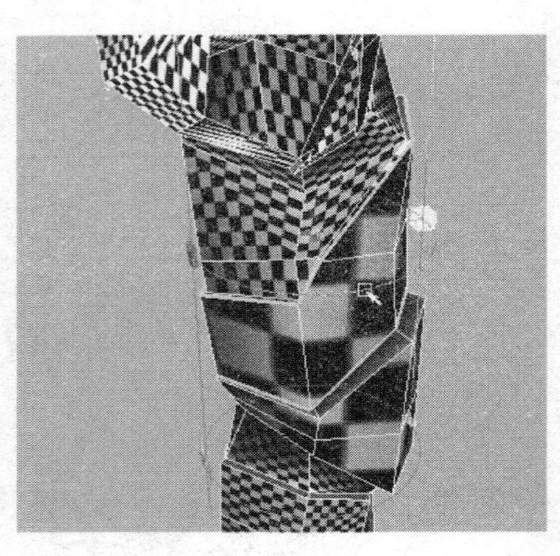

图 11-37　旋转投射使其与大腿内侧后部对齐

在给头部制作投射贴图时，我们的目的是创建一条能轻易被掩盖的接缝。在处理手臂和腿等部位时，也必然会有接缝。投射贴图肯定是展开的，而且会在某处断开。关键是找到一个合适的地方来放置这条接缝。

在给护膝做投射时，可以将接缝放置在膝盖后的小块地方，这么做很有道理，因为这个区域很小而且很难被人看到。不过，对于大腿护具来说，大腿后部中央不适合放置接缝，因为那是一块很大的区域，很容易被看见。你可以把接缝旋转到靠内侧的区域，那里不容易被人看见。

第 36 步：在 UV 纹理编辑器中将新投射的 UV 移到边上（如图 11-38 所示）。

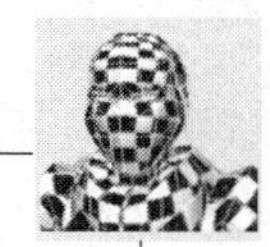

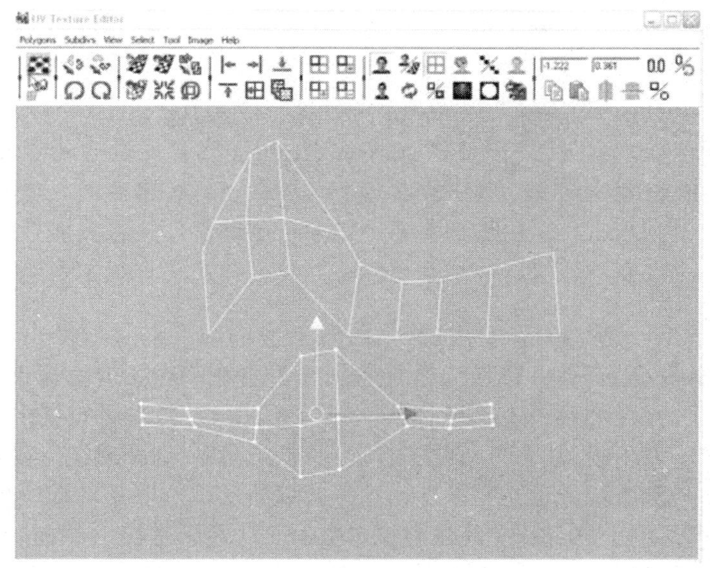

图 11－38　移动之后的膝部（底部及选中的部分）和大腿（顶部）UVs

请注意，我们没有将这些部位缝合到一起。如果我们把大腿和护膝变成了统一的表面，那么目的是为了纹理不会显示出接缝。不过，这个角色穿戴了许多分离的盔甲片，所以在这里保留一条接缝更合适。并且，对我们来说，还有个好处是可以更快制作出投射。

第 37 步：完成腿部投射。为不同盔甲片使用多个圆柱形投射贴图(如图 11－39 所示)。确保把每个投射的接缝都调整到最合适的位置。

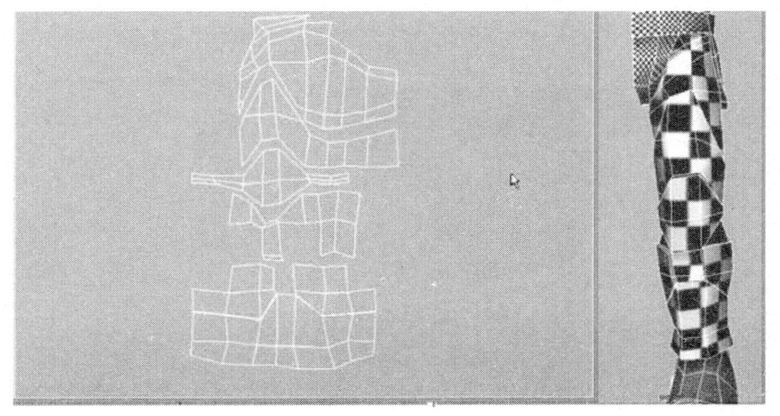

图 11－39　投射好的腿部

请注意，在UV纹理编辑器中，每一个已经做了投射的区域都被移开并排成直线。当然，这里都没有缝合（主要是因为这里有构成凹陷部分的面），但是这些部分都被紧密地嵌在一起。一方面是为了不浪费任何纹理空间，因为你肯定不希望Maya把计算时间花费在没有多边形面的纹理空间上。另一方面是，稍后在绘制纹理贴图时能够将不同的部分辨别出来，这一点很重要。通常的组织方式是将大腿放到顶部并将小腿放在底部，这样一来就更容易分辨出哪几组UVs用在腿的哪一部分上。

第38步：给大腿上所有剩余的面投射（如果你还没有完成的话）。这里有点小技巧，不过效果很好。在UV纹理编辑器中单击鼠标右键，在标记菜单中选择Faces模式。仍在UV纹理编辑器中，选择大腿上所有做了投射的面（将在透视视图中高亮显示）。现在，在透视视图中，按住Shift键并框选整条腿，这将会取消已被选中了的面（即已经做了投射的面），并且选中还没有被选中的面（即未做投射的面）。结果是盔甲凹陷部分的长条形面全部会被选中（如图11－40所示）。

很酷吧？事实上，用UV纹理编辑器来选择难以选到的多边形是一个很有效的方法。多数情况下，你可以来回使用“用Shift键加上取消之前选择的面”和“选择之前未选择的面”（或称作反选）这两个操作，这么做是确保你找出并投射所有面最快速而有效的方法。

第39步：沿Y轴平面为这些面进行投射贴图。打开Polygons模块/Create UVs→Planar Mapping命令的命令设置面板，将Mapping Direction（投射方向）改成Y轴，点击Project按钮。

第40步：移动并缩放这一块UV，将其放置到可用的纹理空间中的一小块位置上（如图11－41所示）。

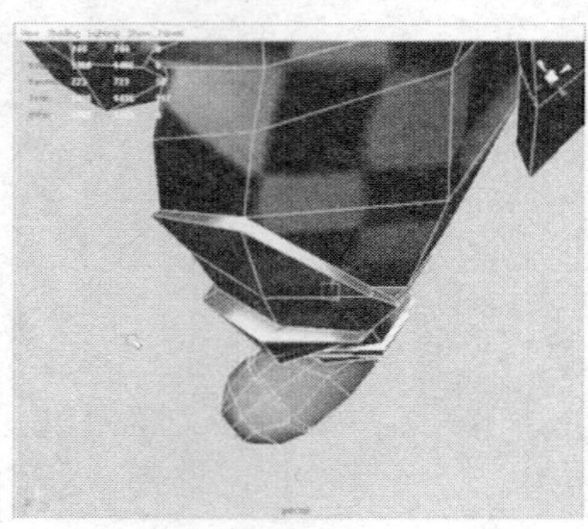

图11－40　已选中的未做投射的多边形

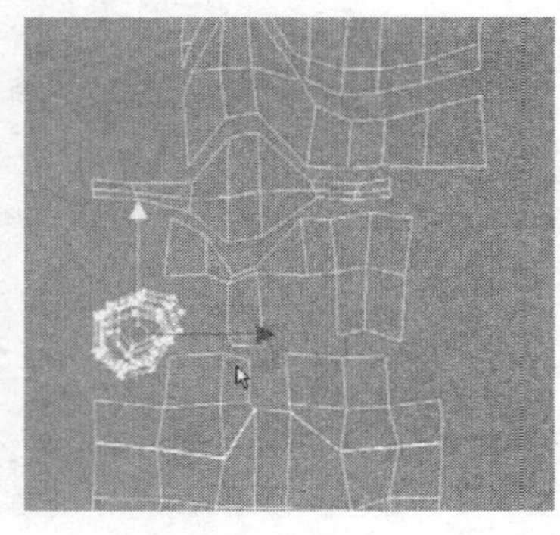

图11－41　已做过投射的凹陷部分的面

我们将要在这些盔甲的凹陷部分制作出生锈的外观。因为这些面很少能够被人看见，并且通常它们仅仅包含单一的铁锈色，我们不需要让这些面占用很多纹理空间，也不需要花费大量时间来缝合和放置它们。稍后我们将会学习如何使盔甲的纹理从边上直到前部都不产生缝隙。

制作手臂

第 41 步：使用与大腿相同的方法做手臂的投射。找到属于手臂上盔甲或皮肤上的一个具体区域。请注意，因为手臂以一定角度朝下倾斜，你需要旋转投射节点来获得与袖管倾斜角度相同的投射圆柱体（如图 11－42 所示）。使用投射操纵器的第二套手柄很容易完成这个操作，调整投射范围，使其往上直到护肩的边缘，向下直到腕部末端（如图 11－43 所示）。

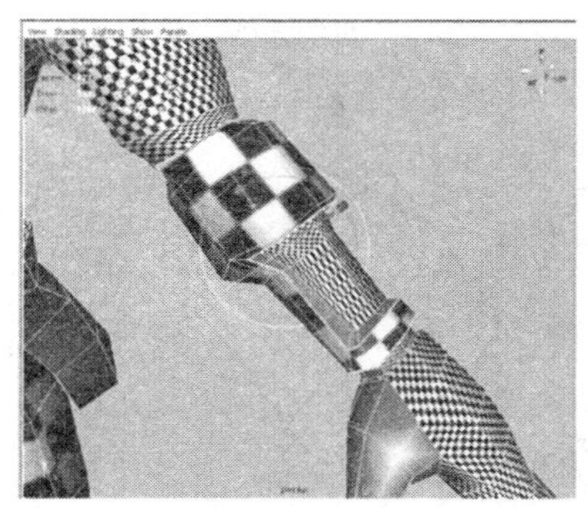

图 11－42　旋转投射节点后的结果

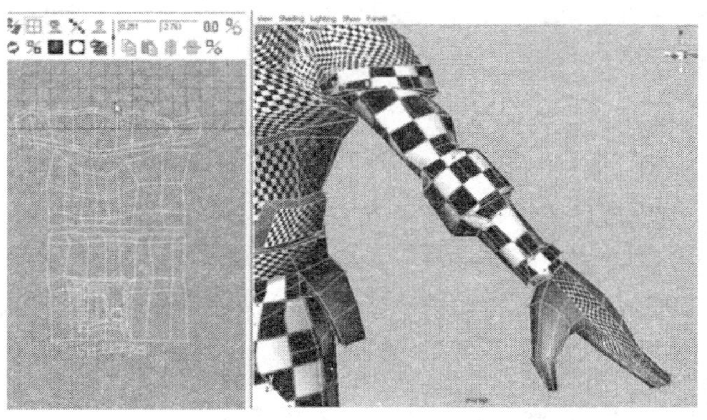

图 11－43　完成的手臂

有几个小提示：①有些部件所需要的圆柱形投射，其投射范围应该完全包裹整个手臂，而有时候所需要的圆柱形投射只包裹部分手臂即可。②记住有时候关闭纹理显示，更容易看到你选中的面（所以按下数字键

5只显示阴影模式——选择出你的面——当做投射时再按数字键6)。③不要太担心盔甲边缘的面(凹陷面)——只需给它做一个简单的投射,稍后就可以给它添加上生锈的纹理。

第42步: 给手的顶部使用平面投射。选择手(不是拇指)顶部的面并打开Polygons模块/Create UVs→planar mapping命令的命令设置面板。激活Fit to Best Plane选项并点击Project按钮。调整操纵器手柄使分布更均匀(如图11-44所示)。最后,确保在UV纹理编辑器中将UVs移到一侧。

第43步: 对手掌重复上面的操作。选择构成手掌的面并再次选择Polygons模块/Create UVs→planar mapping(不必再修改参数,因为Maya会记住该工具前一次的设置)。调节操纵器手柄来获得均匀的分布。最后,在UV纹理编辑器中移动UVs,使手的这两部分彼此靠近(如图11-45所示)。

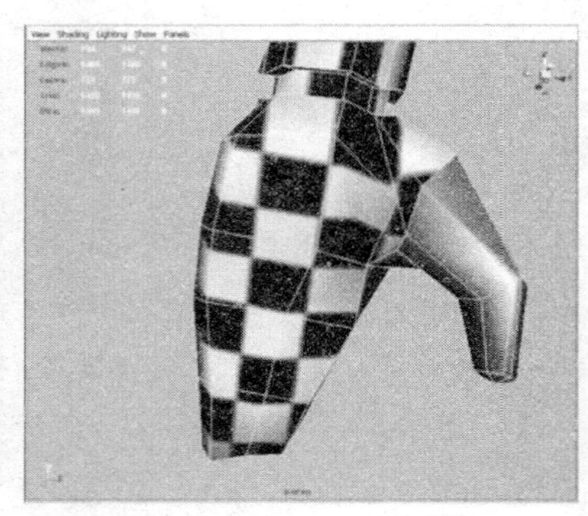

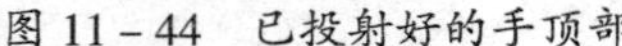

图11-44 已投射好的手顶部　　图11-45 已投射好的手掌

这个方法并不只是可以用在手部上面,通常对于游戏角色的手,你可以通过两次这样的平面映射得到一个快速的结果。沿着外侧边缘以及拇指和其余手指之间放置的接缝难以被人看到,再通过仔细地绘制纹理,接缝就几乎看不到了。

第44步: 可以使用两个圆柱形投射贴图来对拇指的两部分进行投射(如图11-46所示)。确保将接缝放置在拇指内侧相同的位置上。在UV纹理编辑器中,将两个投射移动到一侧,然后选择它们的公共边(一个投射的底部,另一个投射的顶部),使用Polygons→Move and Sew将其缝合在一起。

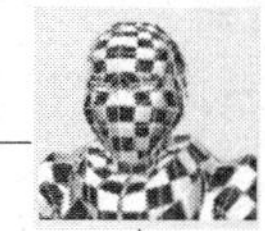

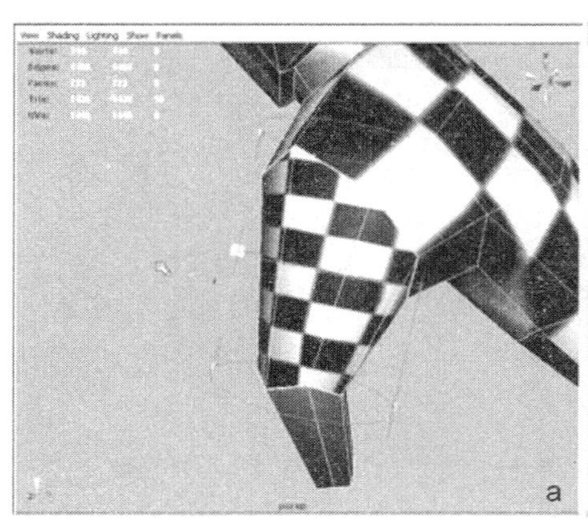
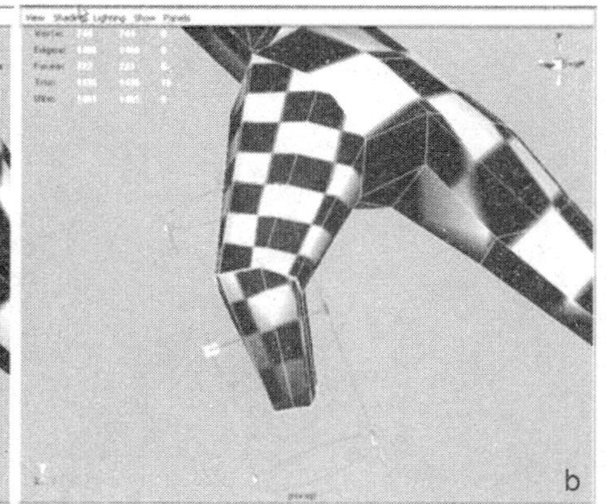

图 11－46 投射好的拇指

图 11－46 所示的截图中有着大量的棋盘格图案——超过了应有的数量。通常在处理一个需要缝合或需要细致划分 UV 的物体时，让纹理比平常显示得更小一点将更有利于工作。它能帮助你确定手部的四个投射是否确实保持了一致的尺寸。

一旦该区域完成投射，你就能够布置这些 UV 片了（如图 11－47 所示），然后选择并缩放所有的 UVs，腾出一个恰当的纹理空间来放置手部。

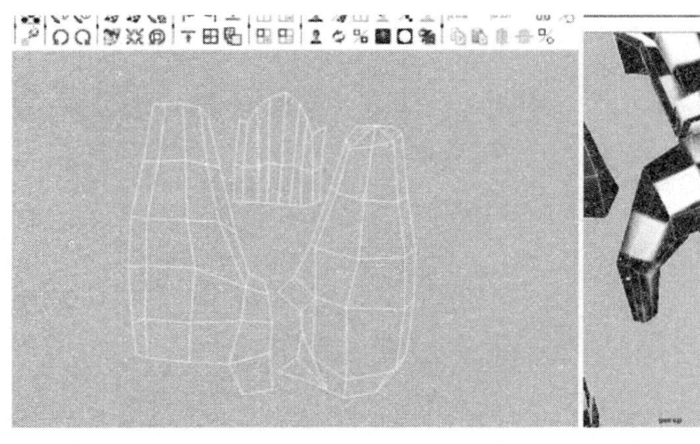

图 11－47 完成后的手。请注意手上的棋盘格的尺寸已经与手臂的棋盘格一致了

第 45 步： 给护肩投射贴图。使用两个圆柱形投射来完成该操作。（所用的面分别显示在图 11－48a 和 11－48b 中）确保接缝隐藏在难以看到的腋窝部。在 UV 纹理编辑器中，使用 Move and Sew 命令将两次投射的 UV 缝合起来。

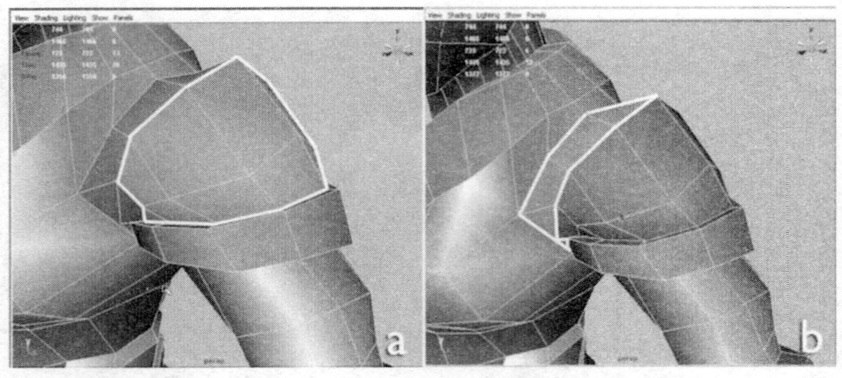

图 11－48　选择的投射面以及使用圆柱形贴图的投射

第 46 步：组织整理工作。在 UV 纹理编辑器中花点时间整理 UVs 框架。图 11－49 显示了目前创建出的框架。请注意手臂框架位于左上方，而手位于底部、护肩位于顶部。虽然你不必将这些框架合并到一起，但在绘制纹理前对它们稍微整理一下也很有必要。

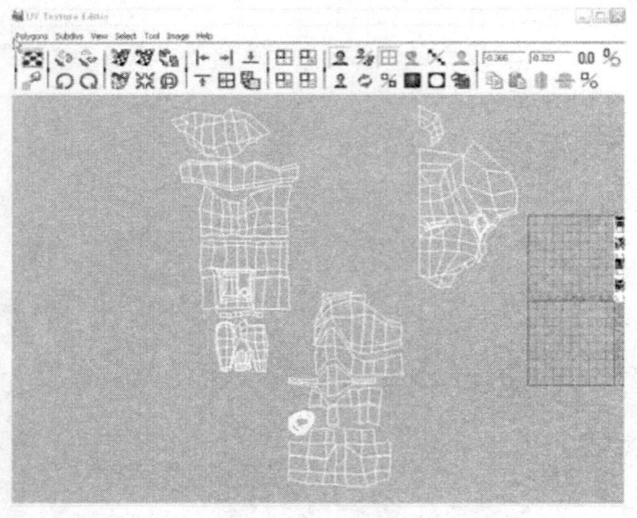

图 11－49　在布置框架时稍微组织整理一下会很有益处

胸部和胯部

第 47 步：给胸部做投射（不包括护腰和衣领）。该步骤可以用多种方式来完成，不过你可以试试用三个投射来做的方式。一个围绕腹部区域、一个围绕胸肌、一个围绕胸的顶部（如图 11－50 所示）。

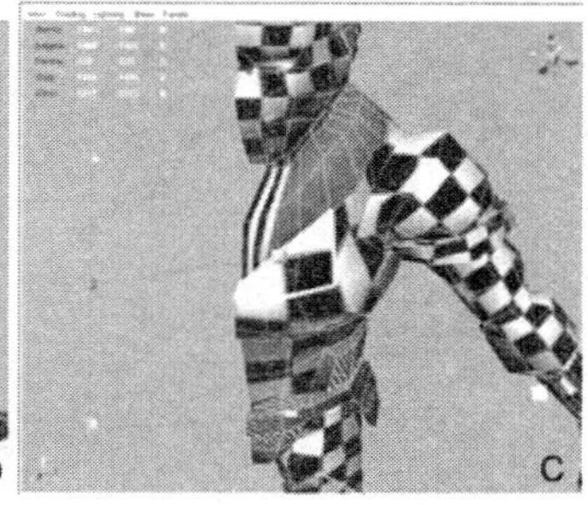

图 11－50　用三个投射大致完成胸部的 UV 投射

第 48 步：在 UV 纹理编辑器中将投射缝合在一起，并且将中心的 UVs 吸附到网格上（如图 11－51 所示）。

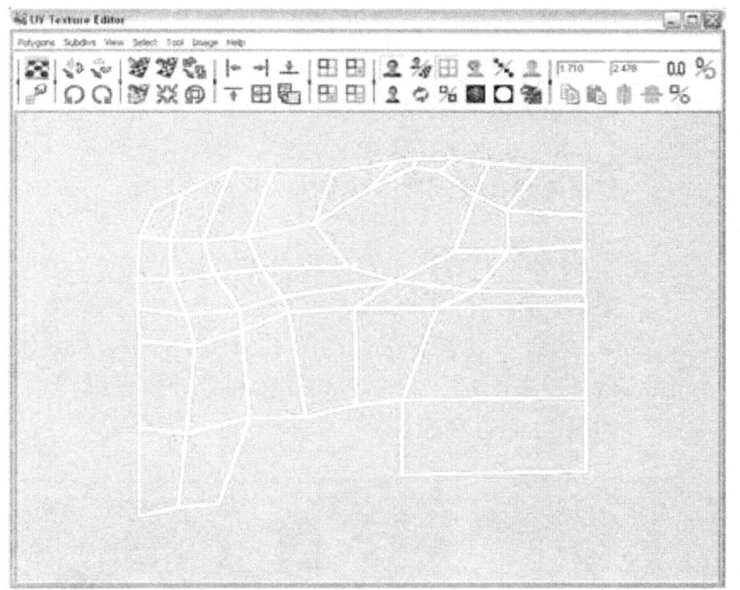

图 11－51　使用移动并缝合，将胸部做成一个整体的 UV 框架

给胸部做投射和给头部做投射很相似。胸的前面要尽可能做到无缝，所以要确保胸前的 UV 是完全平整的。后面会有一条缝，不过背部不太重要（就像头的后部一样）。

第 49 步：将护腰作为单独的部分，用圆柱形贴图进行投射。

第 50 步：给腰带的外边缘和护臂做投射（如图 11－52 所示）。

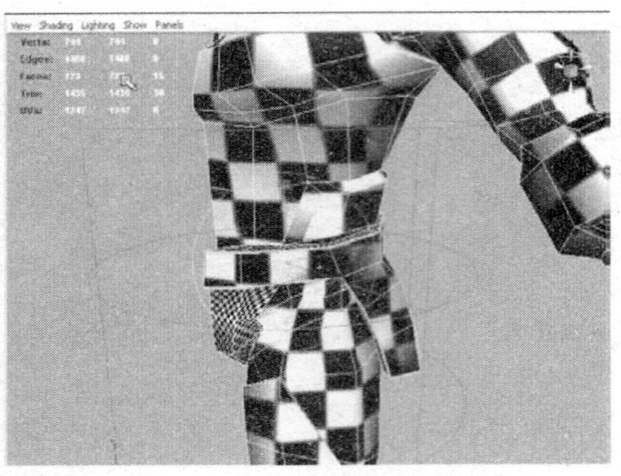

图 11－52　做好投射的腰带外圈的面

给外圈的面做投射相当简单，因为它很容易与圆柱形投射的形状相吻合。我们要解决的更大问题是腰带的顶部和底部。

在模型的其他地方，我们不必担心凹陷面（多边形圈状面的顶部和底部）。不过在这里，腰带太突出了所以不能将就。因此我们需要将外面的一圈面无缝连接到腰带顶部和底部的面上。

第 51 步：选择腰带顶部和底部的面。

第 52 步：使用平面投射，打开 Polygons 模块/Create UVs→planar mapping 的命令设置面板，激活 Fit to Bounding Box 选项。并将 Mapping Direction 改成 Y 轴。点击 Project 按钮，调整操纵器来获得大小合适的纹理（如图 11－53 所示）。

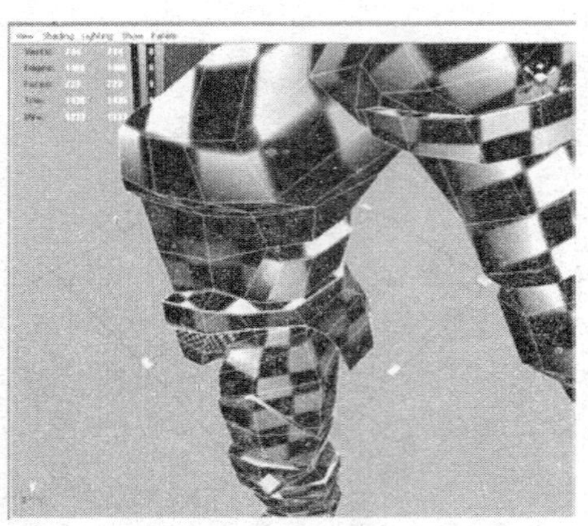

图 11－53　在腰带顶部和底部的面上进行平面投射的结果

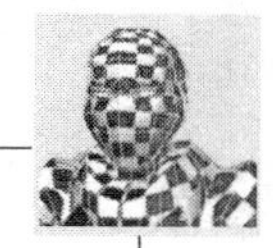

第 53 步： 在 UV 纹理编辑器中，将投射移动到旁边，将腰带顶部框架与底部框架分开（如图 11 – 54 所示）。

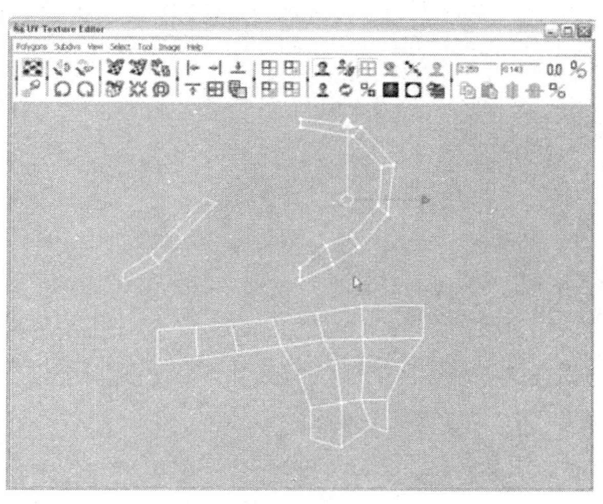

图 11 – 54　分离开的腰带顶部与腰带底部投射。位于底部的框架是腰带与护臂

当沿 Y 轴投射时，腰带顶部和底部的面都被投射到了上面。这意味着它们的 UVs 互相重叠。通过选择任何一个 UV，然后按 Ctrl 键点击鼠标右键，再选择弹出菜单上的 To Shell 命令，你可以看到这些框架正是顶部或底部的面。通过将其中一个框架移到旁边，你可以更轻松地看到各自的 UV 框架。

第 54 步： 剪切腰带顶部和底部框架的 UVs。在 UV 纹理编辑器中，选择将各个面分开的每一条边来完成这个操作。选择 Polygons→Cut UVs 命令。然后你可以选择一个 UV，按 Ctrl 键点击鼠标右键并在菜单中选择 To Shell。然后你可以将一个由单面构成的框架从其他面中移开。你可以每次移动一个面，对所有面重复这个操作（如图 11 – 55 所示）。

第 55 步： 使用 Move and Sew（移动并缝合）命令将每一个分离的面缝合到腰带/护臂的框架上（如图 11 – 56 所示）。

看起来好多了吧，不过，你可以清楚地看到一个问题，即沿着腰带顶部（和底部）的多边形彼此是分离的。在每一个分离的面之间都有一条裂缝。因为在这里需要保持连续纹理的面之间具有坚硬的转角，所以，在像这个位置的地方很难避免这种现象。减少这种问题的办法是避免接缝，但是要允许在更多缝合之后产生一些纹理的拉伸。

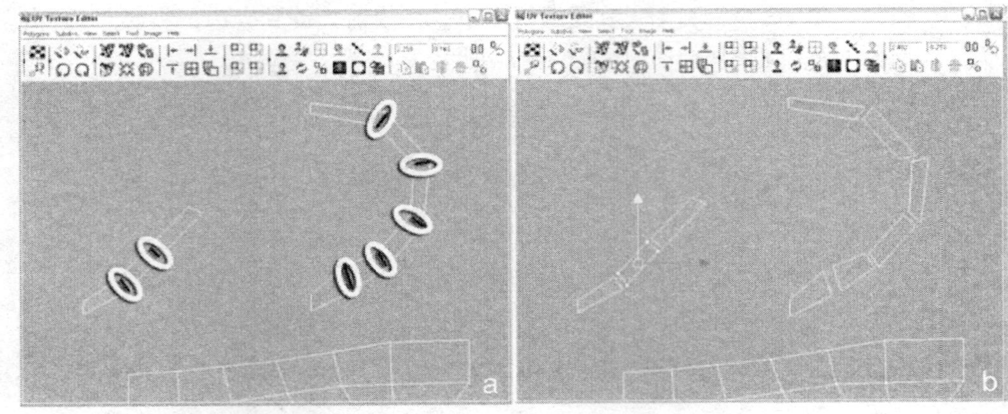

图 11－55　使用 Cut UVs 命令将一个投射分离成独立的多边形

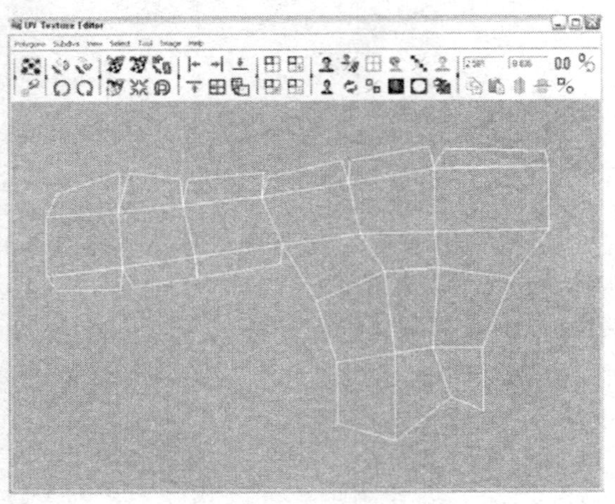

图 11－56　使用 Move and Sew 命令将腰带顶部和底部的面拼接到主要腰带框架的结果

第 56 步：缝合顶部和底部面上分离的边。选择腰带顶部和底部分离的面之间的共用边（在 UV 纹理编辑器中）。选择 Polygons→Sew UVs 命令（如图 11－57 所示）。

Move and Sew UVs 和 Sew UVs 两个命令的不同之处在于：Move and Sew UVs 命令能够将需要缝合的其中一个 UV 框架移动到相应的位置上，进行缝合，而不会让其中任何一个框架在缝合前出现扭曲变形。而 Sew UVs 命令则会使框架保持在原有位置上，而移动需要缝合的 UVs。在本范例中，Sew UVs 命令能够将我们需要缝合的 UVs 缝合起来，而不会破坏腰带框架的其他部分。

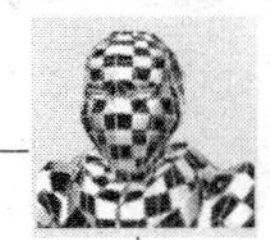

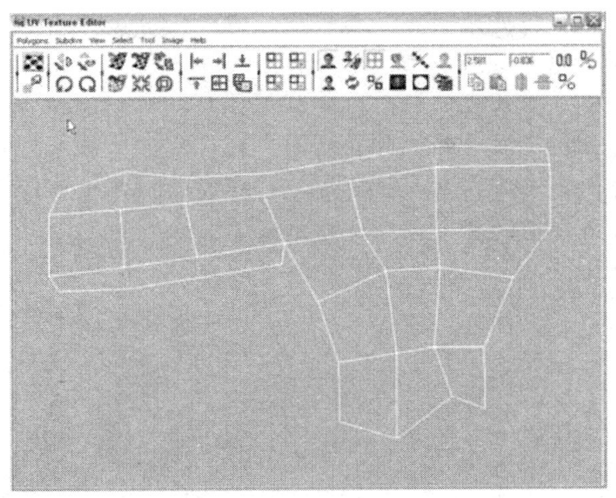

图 11－57 用 Sew UVs 命令缝合 UVs 清除接缝

第 57 步：为护臂的边重复这个操作过程（如图 11－58 所示）。

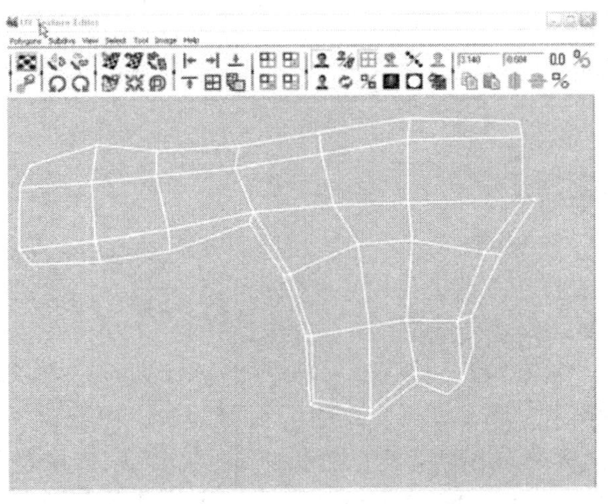

图 11－58 为护臂的边缘增加 UVs

第 58 步：给胯部进行投射贴图。用圆柱形和平面投射贴图两种方式的组合来完成该操作。请再次记住，在模型中心位置上的边要保持整齐。确保在 UV 纹理编辑器中将不同的投射缝合。

不要太担心胯部区域的精确性。游戏中没人会花太多的时间看那个区域，而且大多数胯部区域（即大多数臀部）都被护臂遮住了。所以如果你在这个区域的 UVs 有些拉伸也没什么关系。

然而需要注意一点的是，在图 11－59 中棋盘格图案很小——这表示在截图的时候，构成胯部的 UVs 占用了很多纹理空间。不过这些更小的方格可以让我们轻易地看到是否有拉伸——如果方格比较大的话，有时我们就无法看到拉伸。然而，在完成所有投射并将胯部缝合成一个整体之后，确保在 UV 纹理编辑器中减小胯部整体的大小，使上面的方格大小与模型的其余部分统一起来。

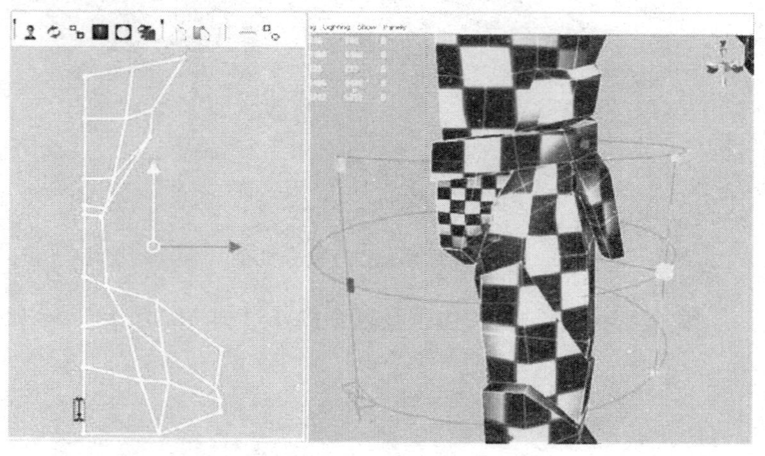

图 11－59　完成了的胯部

其他部分

第 59 步：给领子、颈部、鞋子做投射。你现在已经掌握了大多数重要技巧。请记住领子和颈部两个部位，需要沿着模型中间设置一条整齐的 UVs 线（如图 11－60 所示）。

第 60 步：检查遗漏的未做投射的 UVs。如果你已经仔细给每个面做了投射贴图，在 UV 纹理编辑器的右上象限就不会有遗漏的部分出现。在 UV 纹理编辑器中切换到 Face（面）模式来检查。框选整个右上象限空间。如果有的东西变成橙色，则说明某些面被你遗漏了。观察一下是否有重要的东西被遗漏。如果你发现还有重要的面未做投射，就快速地给它们添加一个平面投射贴图，然后对其进行缝合。对于在模型中找不到的面，那它可能就是一个隐藏面或相对于整体显得太小而无关紧要的面。将这些面（在 UV 纹理编辑器中）缩放到很小（让它们不会占用太多纹理空间）并将它们移到旁边。

第 61 步：检查没有 UVs 的面。在 UV 纹理编辑器中，切换回 face（面）模式并框选所有 UV 框架——在这里你可看所有东西。选择全部带有 UVs 的面。现在，在透视视图中，按下 Shift 框选整个模型。这么操作

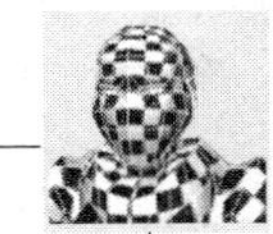

将会选中在 UV 纹理编辑器中未被选中的面——也就是说该操作所选中的面就是不带有 UVs 的面。如果没有东西被选中，就说明所有的面都分配上了 UVs。如果有选中的面，再对它做一个快速的平面投射贴图并将它缝合到所属的位置上。

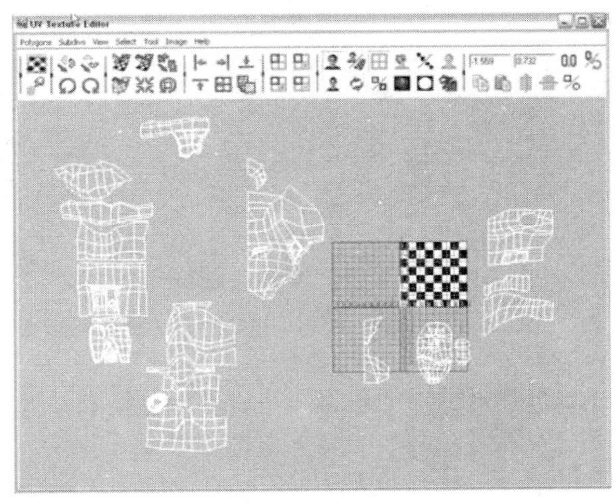

图 11－60　基本完成 UVs 投射贴图的角色

对模型和 UVs 做镜像

请注意将要开始的镜像过程。大多数游戏中，艺术家通常不将 UVs 做镜像。他们为一半模型创建一套 UVs，然后创建覆盖那一半模型的纹理贴图，然后简单地使用两次（为另一半做镜像）。这样做可以获得最大的纹理空间来创建更多细节的纹理。

不过，对于非游戏模型来说，为了创建出不对称的纹理，将 UVs 进行镜像是很重要的一个操作。因为这个原因，在这一部分我们将为模型和 UVs 做镜像，这样你就可以创建出不对称的纹理了。

第 62 步：删除历史记录。点击 Edit→Delete all by type→History 命令。

现在模型已完成投射贴图，我们不需要再留着那些长长的投射和调整记录了。

第 63 步：为角色做镜像。打开 Polygons 模块/Mesh→Mirror Geometry 命令的设置面板。确保将 Mirror Direction（镜像方向）设置为－X 方向，也确保激活 Merge With the Original 和 Merge Vertices 两个选项（如图 11－61 所示）。

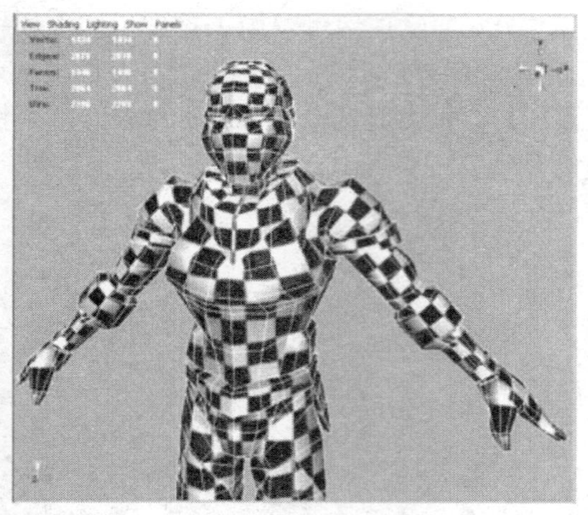

图 11 – 61 几何体镜像的结果

这么操作将会呈现出一个有着均匀棋盘格纹理的角色。需要特别注意的是，这些纹理其实是一个精确的自身镜像。请注意，在 UV 纹理编辑器中，这些纹理看上去好像没有任何改变，不过试试下面的操作：

在 UV 纹理编辑器中，切换到 UV 模式（用鼠标右键点击并在菜单中选择 UV）。在脸部区域中，点击框架上的任意 UV（不要框选），按下 Ctrl 加鼠标右键并从菜单中选择 To Shell。现在切换到移动工具并将框架移动到边上。你应该看到这里突然有了两套相同的 UVs（如图 11 – 62 所示）！

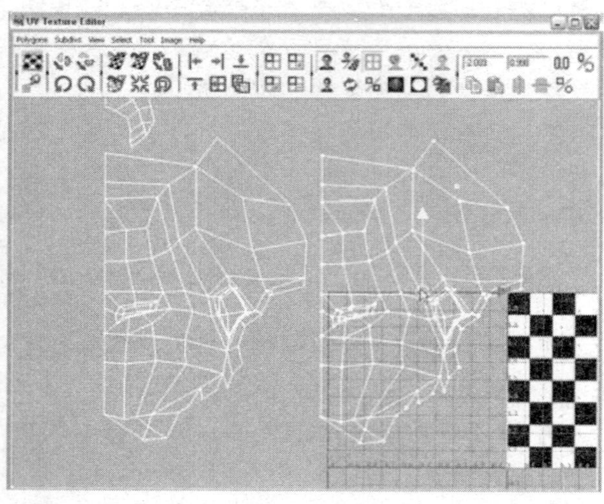

图 11 – 62 互相重叠的相同 UV 现在分开了

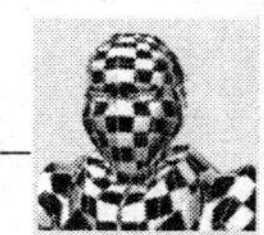

这点很重要。镜像几何体之后，你有了两套分离的 UV 框架，一模一样并互相重叠。但是，脸部和胸部这样的地方应是一个展开的完整表面（而不是互相重叠的两半）。

第 64 步： 在 UV 纹理编辑器中为一组 UVs 进行镜像。在头部区域，确保你分开了两套镜像后的 UVs（倘若你没看见“Why?”提示，请看上面方框里的提示）。选择代表角色右侧的 UV 框架（如图 11－63a 所示），仍然在 UV 纹理编辑器中，打开 Polygons→Flip UVs 命令的设置面板，确保 Direction（方向）设置成了 Horizontal（水平），点击 Apply and Close 按钮（如图 11－63b 所示）。

需要确保内部的两条接缝面对面放置在一块儿，以确保能够将它们缝合到一起。在应用 Flip UVs（翻转 UV）选项之后可能有一点混乱，所有东西都消失了，不要慌，只需切换到 UV 模式并在其他地方点击一下，所有东西都会回来。

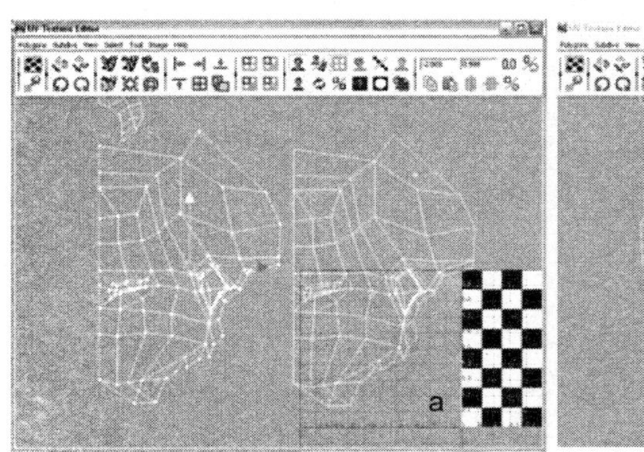

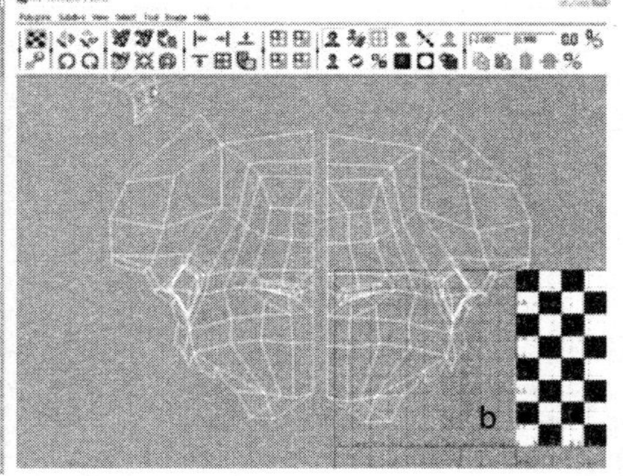

图 11－63　翻转了的 UV

第 65 步： 缝合两个框架。在 UV 纹理编辑器中，切换到 Edge（边）模式。选择两个镜像框架中心的边（这些边现在是共享的）。使用 Polygons→Move and sew UVs 命令移动并缝合（如图 11－64 所示）。

现在当你在透视视图面板中看到头部的时候，你将看到不再是一个镜像后的棋盘格纹理的复制品，而是在面部所有方向上都很流畅的棋盘格纹理。

第 66 步： 对头盔的横档、颈部、衣领、胸部、腰带和胯部护板重复以上操作（如图 11－65 所示）。

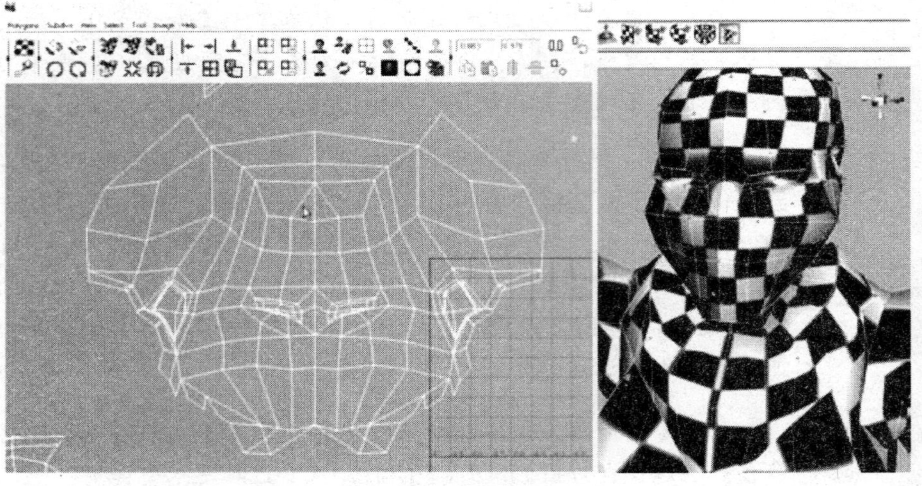

图 11－64　缝合到一起的头部

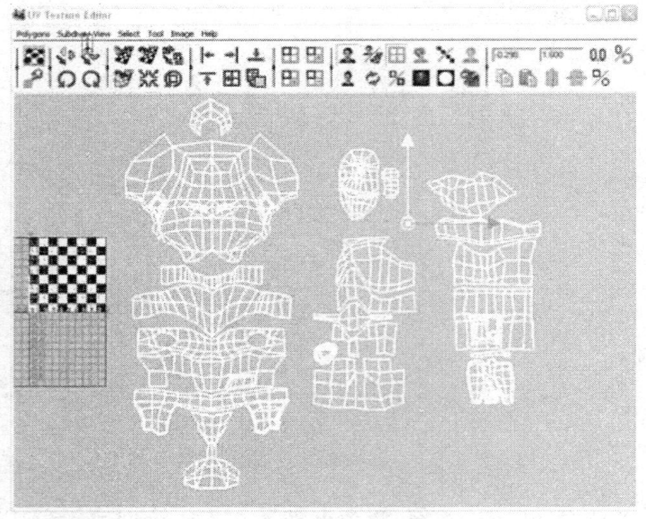

图 11－65　完整的 UV 投射贴图。请注意左边的一列框架已经做了镜像和缝合

最后阶段

第 67 步：在 UV 纹理编辑器中缩放并放置 UV 框架。在 UV 纹理编辑器中选择 Image→Show Image（这将打开映像）。通过框选方式选择所有的 UVs。调整它们的大小（使用中心缩放手柄），使它们接近右上象限的大小。布置 UV 使它们尽可能利用到右上象限的空间，不过也要做到能够将它们合理区分开（如图 11－66 所示）。

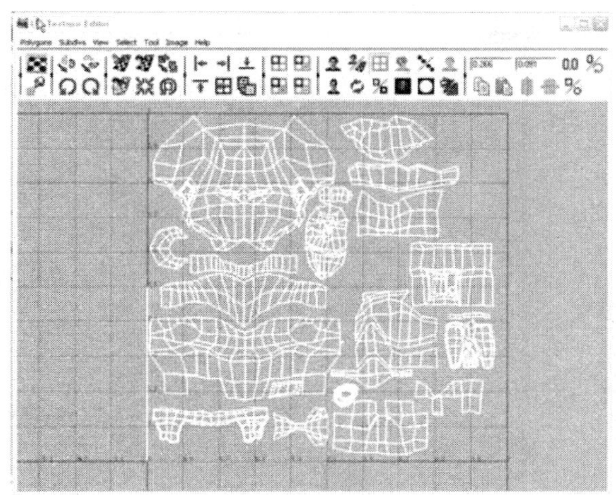

图 11－66 已经安排好布局的 UVs

一些规则：①确保只移动整个 UV 框架。不要只移动某些 UVs 或为 UV 不存在的地方贴图。②不要单独缩放任何一个 UV 框架。你可以将所有东西一起进行缩放调整，不过要仔细花费最后几个小时，来确保棋盘格纹理在表面上能够分布均匀。如果你重新缩放了一个框架而没动其他的，那么你也就对 UV 分布进行了调整。如果棋盘格图案足够小，当你开始重新缩放某些框架时，你就会观察到棋盘格所有的大小差异。③确保所有的 UVs 都放在了右上象限里。

第 68 步：输出 UV 贴图。在物体模式下，在透视视图中选择角色。然后，在 UV 纹理编辑器中选择 Polygons→UV Snapshot 命令，将 Size X 与 Size Y 的值改成 1256，将图像格式改成 TIFF。其余的值采用默认值就很合适（如图 11－67 所示）。

什么是 UV 快照？一个 UV 快照就是一种地图。创建一个 UV 快照就是创建一张图像，该图像指出了某个物体所有 UV 所处的位置。你可以使用这个快照（如图 11－68 所示）来决定在哪些位置上进行绘制，来使该处多边形上出现不同的色彩或凹凸。

请注意，Maya 将 UV 快照输出到你项目的 images 文件夹。所输出的文件名称为 outUV。UV 快照对话框允许我们定义快照大小和图像格式。对大多数游戏来说，一个 1256×1256 的纹理贴图属于中等大小。将 UV 快照保存为 TIFF 格式，可允许你在大多数绘图软件中（包括 Photoshop，Illustrator 等）打开它并进行编辑。

图 11-67　输出 UV 快照

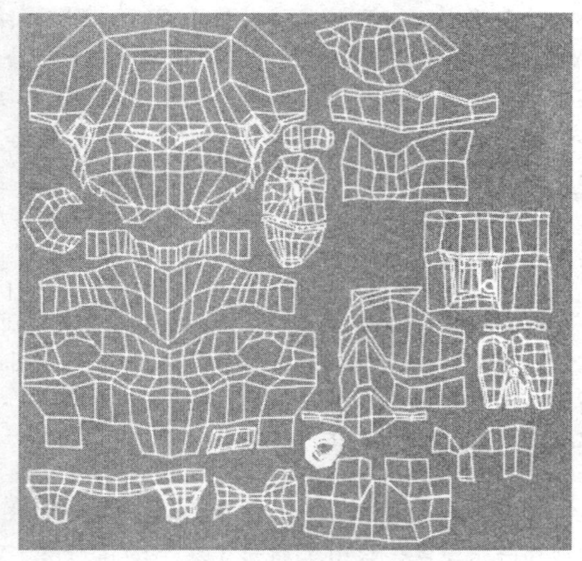

图 11-68　UV 快照

范例总结

那么不管如何，现在已经完成了投射贴图。图 11-69 显示了一个用本范例最后一步的 UV 快照创建出的一个简单手绘贴图。在 Maya 中，如果棋盘格节点被这个纹理所取代，添加纹理后的效果可以在图 11-70 中看到。

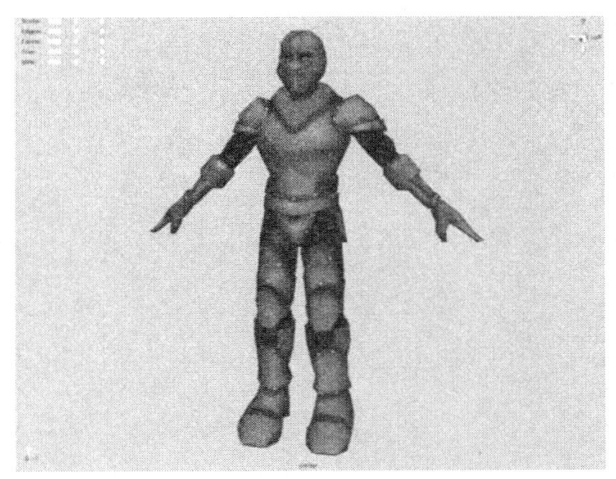

图 11-69 添加纹理后的角色

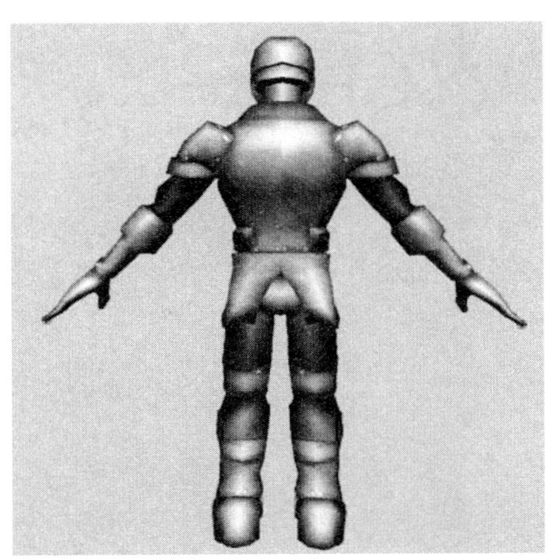

图 11-70 添加纹理后角色的另外一个视图

挑战、练习和课后作业

1. 学习完附录 D，并为这个角色创建一个自定义颜色纹理。

2. 创建一个自定义凹凸贴图、自定义高光贴图、给角色增添立体感和增强活力的贴图或质感。

3. 把这些技术用于你在前面章节的挑战环节中创建的角色贴图。输出 UV 快照，绘制一个新的纹理并将其应用。

第十二章 角色动画绑定及蒙皮

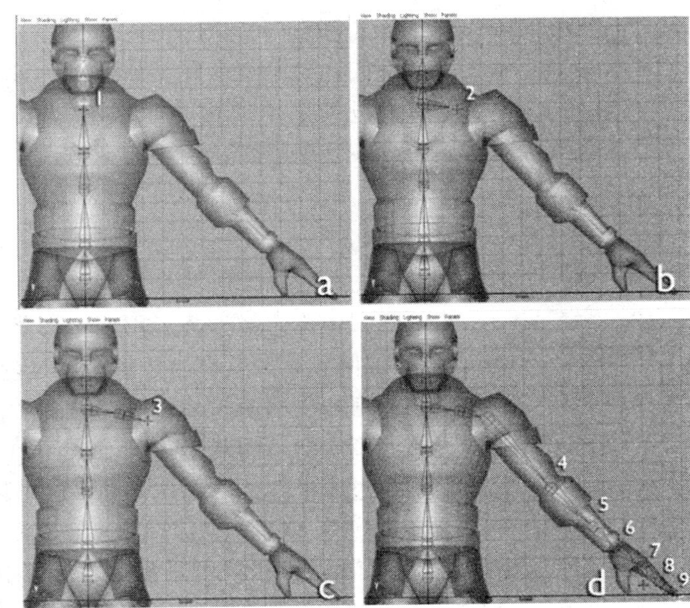

到目前为止，我们已经完成了房间场景的模型和角色模型的建模，并为房间和角色添加了纹理材质，也掌握了角色模型的复杂的 UV 贴图系统。现在我们已经可以准确地把纹理贴在模型上（我们想要贴的位置）了，我们还学会了渲染和灯光设置，从而给场景带来生动的视觉效果。所有这些都很重要，但真正的乐趣是从制作动画开始的。

在本章中我们将会对角色进行绑定，这样就可以做出吸引住大多数人的动画了。在大型动画公司，这一部分工作通常是由专业的技术人员来完成的。通常情况下，这些有趣的设计技术用于一个更加方便的绑定(这个工具可以让角色做出动画来)。Mel 脚本（一种 Maya 中的程序语言）的应用可以使一切都自动化起来，从平衡的中心到融合变形驱动的面部表情。

虽然这种高级的骨骼绑定通常是由技术指导人员来操作的，但并不意味着你在初学阶段就不能掌握绑定的基础知识。事实上，要成为一名好的动画团队成员，必须要知道团队的其他成员在做些什么，以及谁掌握了这些知识。也许以学习 3D 动画作为开始是成为一个技术指导迈向未来事业的第一步。无论如何，在你没有学好骨骼绑定和蒙皮设置的时候，你都无法制作出有效的角色动画。

那么不同之处是什么呢？你可能听说过当进入角色动画的学习阶段时，会有大量的术语向你袭来：IK、FK、运动学、骨骼绑定和蒙皮等等。要想理解这些术语，最好的方法就是，以涉及角色动画整个过程的一个 Maya 元素为学习的开始——关节。

关节

在前几章中你已经学会了用多边形网格来创建出一个角色（或者两个角色)。但问题是，这些多边形模型是静止不动的，除非你移动它的构成成分，否则如果不使用某种形式的变形，物体就没有可靠的办法去给予多边形模型生命。而变形物体——例如关节这样的物体，它允许你很好地变形多边形模型，可靠地移动多边形顶点。

从技术上说，在 3D 图形中，关节就是骨头连接的地方，大多数的 3D 软件都是以创建和编辑骨骼来实现多边形网格的依次变形的。Maya 软件中讨论的重点不是实现动画变形的骨骼，而是连接骨骼的关节。

绑定

绑定就是指放置关节以及定义这些关节如何工作的一个过程。你可以旋转关节、移动关节甚至缩放关节，你可以创建各种各样的控制机制，

这些控制机制可以让你间接控制骨骼或成组的关节。IK（反向运动学）是这种控制机制的一种，它允许你通过移动一个物体依次控制两个、三个，甚至更多一连串的连接骨骼的关节。你只需移动一个物体，并只需为这一个物体创建关键帧，而不是手工旋转每一个关节来为你的角色摆出姿势，这将会节省很多时间。

为了理解放置和绑定关节，请继续学习下面的小范例。

范例 12.1　绑定基本的 IK 关节链

第 1 步：建立一个新场景文件。使用 File→New Scene…命令创建。

第 2 步：将界面顶部的下拉菜单变成 Animation 动画模块的菜单。可以按键盘上的 F2，或从界面顶部左上角的状态栏中选择 Animation 动画模块。

第 3 步：激活关节创建工具。点击 Animate 模块/Skeleton→Joint Tool 后面的小方块（Options）。恢复该命令的默认设置。

关节创建工具（Joint Tool）也可以被看作是放置关节工具，它可以完成最基本的关节定位任务。恢复默认设置可以确保你不会继续使用其他人设置的参数进行工作。

第 4 步：放置三个关节来模拟臀部、膝盖、脚踝的关节。在侧视图中点击三次鼠标，放置三个关节，放置位置如图 12－1 所示。按键盘上的回车键退出关节创建工具（Joint Tool），完成创建。

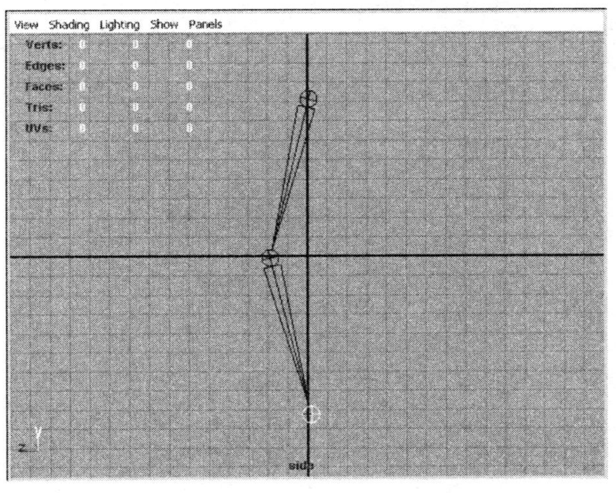

图 12－1　用关节创建工具（Joint Tool）完成关节定位，通过点击鼠标左键来放置关节

要确保不能将这些关节放置成一条直线。把膝关节放在臀部关节前面一点，使膝关节有些弯曲，这么操作会使 IK 设置过程更加容易。

第 5 步：活动一下这些创建好的关节。切换到旋转工具，然后选择并旋转这些关节，这样你就会知道它们是怎样工作的了。请注意它们的操纵功能与其他物体一样，也请注意踝关节是膝关节的子关节，以此类推，膝关节是臀关节的子关节。请看一下大纲视图中的层级关系（Window→outliner），如图 12－2 所示。

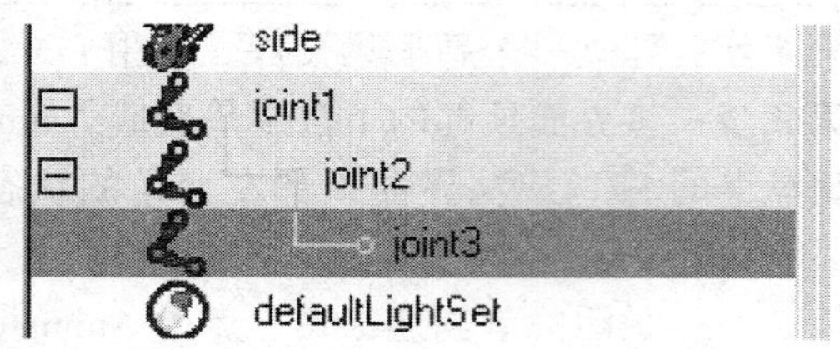

图 12－2　大纲视图中显示出的关节的层级关系

第 6 步：把最顶部的关节重命名为 HipJoint（髋关节），把第二个重命名为 KneeJoint（膝关节），把第三个重命名为 AnkleJoint（踝关节）。在大纲视图中很容易完成这个操作。

第 7 步：建立 IK 链条。激活 IK Handle Tool（IK 手柄工具）（点击 Animate 模块/Skeleton→IK Handle Tool 后面的小方框调出命令设置面板，并点击 reset settings 恢复默认设置）。在侧视图中先点击髋关节，然后点击踝关节就可以创建出 IK 链条（如图 12－3 所示）。

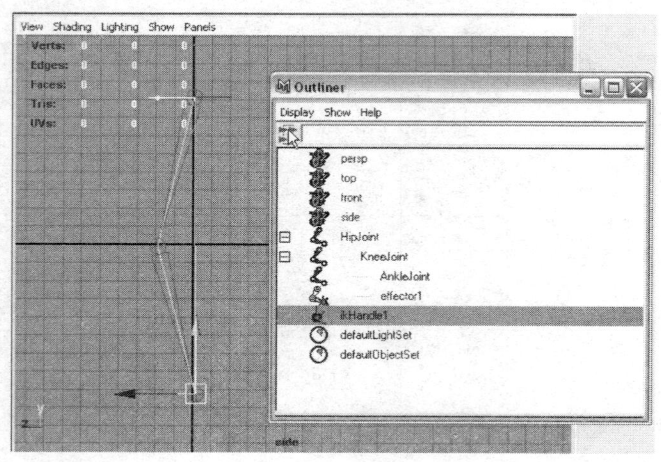

图 12－3　IK 链条以及大纲视图中（Outliner）所显示的操作结果

IK 手柄工具（IK Handle Tool）可以让你从技术层面创建一个 IK 手柄，但是为了创建 IK 手柄，Maya 创建了 IK 链。IK 链的基本思想是你可以选取一个 IK 手柄（父子关系中最末层级的元素），并且用移动工具对其进行移动，从而驱使 IK 链中的关节旋转，而不是直接去手工旋转每个关节本身。

第 8 步：使用 IK 手柄操作。在大纲视图里选择 IK 手柄，然后在侧视图中，使用移动工具移动 IK 手柄。你可以观察一下，HipJoint（髋关节）和 KneeJoin（膝关节）两个关节是如何在单一的移动操作基础上同时旋转的。

第 9 步：确保 IK 手柄的 Sticky（黏性）选项被激活，在大纲视图中，双击 IK 手柄的图标（而不是它的名称）——这将会在属性编辑器中打开 IK 手柄的属性设置。在 IK Handle Attributes 标签栏中找到 Stickiness 选项，把 Off 切换为 Sticky。

第 10 步：让这条腿用它的脚在地板上跳舞。选择 HipJoint（髋关节），然后用移动工具对它进行前后左右移动。请注意，ikHandle1（IK 手柄 1）（Stickiness 选项处在可用状态）使 IK 链的末端紧紧粘在地面上。如果你把这个骨骼想象成一条腿正在做这样的动作，那么就很好理解了，也就是假如你抬起和降低臀部，而脚却仍然在原地不动。

第 11 步：不要关闭这个文件，在下一个范例中我们会继续使用它。

范例总结

现在你已经完成了这个任务，进行了第一次骨骼绑定工作。这是一个非常简单的任务，但是已经实现了许多核心的思想。你创建了关节，而且还创建出了用来控制这些关节的 IK 链，绑定的内容就是指创建关节并完成对关节的控制。

腿部蒙皮

蒙皮是指将模型上的顶点分配给关节的过程。关节能够对顶点集合进行控制，意味着当关节旋转的时候，顶点也会跟着关节移动。这样就会允许你对静态的多边形模型进行弯曲。

我们在后几节范例中会涉及更多关于蒙皮制作的核心内容，但要想快速地了解蒙皮的思路，请继续学习下面的范例。

范例 12.2 腿部蒙皮

第 1 步：从上一个范例中创建的腿部骨骼开始，建立一个多边形立方体（点击 Create→Polygon primitives→Cube 后面的小方块，打开命令设置面板），确保 Subdivisions（细分值）的 Width、Height 和 Depth（宽度，高度和深度）的值都等于 1。

第 2 步：把立方体放置在 HipJoint（髋关节）之上，重新缩放和旋转立方体，使它比髋关节大一些（如图 12－4 所示）。

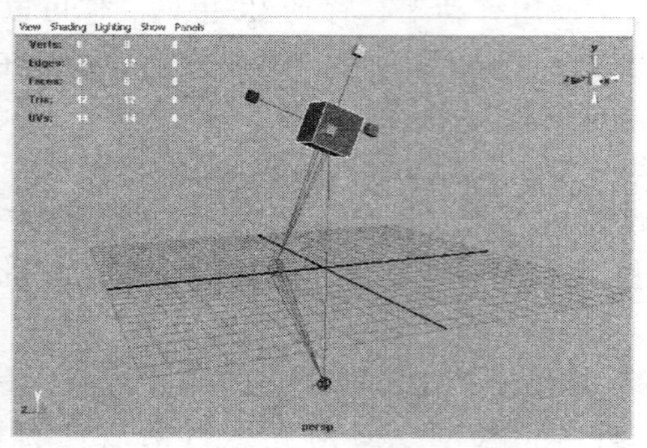

图 12－4 开始建立腿部模型

第 3 步：建立基本的腿部模型。通过转换到多边形建模模块和使用 Extrude 挤出命令向下挤出关节的形状，来创建出一个非常简单的腿部形状。你要确保在膝盖附近至少有三个段数的划分，如图 12－5 所示。

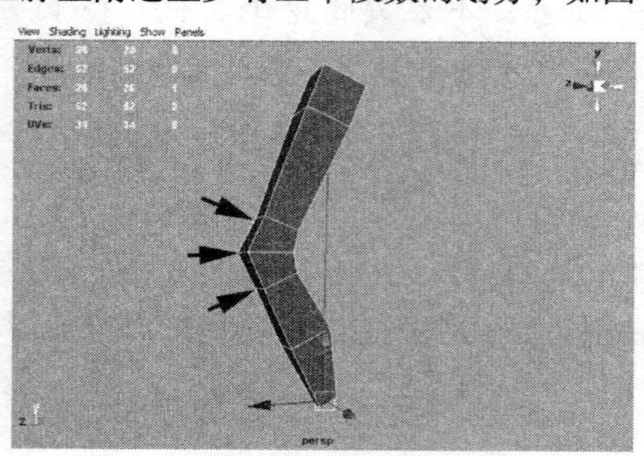

图 12－5 使用挤出命令创建简单的腿部外形。要留意在膝盖附近有三个细分段数的划分

要记住多边形本身是不会弯曲的。多边形网格可以弯曲的地方只能是多边形相交的地方——边或顶点。通过确保在膝盖附近有三处模型段数划分，你就可以告诉 Maya 就在这三个地方进行弯曲变形。如果只有

一个段数划分，膝盖无法实现弯曲变形。

第 4 步： 把关节与腿模型绑定在一起。在大纲视图中，选择 HipJoint（髋关节），然后按住 Ctrl 键加选 pCube1 物体。点击 Animation 模块/Skin→Bind Skin→Smooth Bind 命令后面的小方块，调出命令设置面板，恢复默认设置，点击 Bind Skin（绑定皮肤）按钮。

第 5 步： 选择 HipJoint（髋关节）或 ikHandle1（IK 手柄 1），然后用移动工具对它们进行前后移动。这些关节就可以使腿部的几何体产生弯曲变形了（如图 12 - 6 所示）。

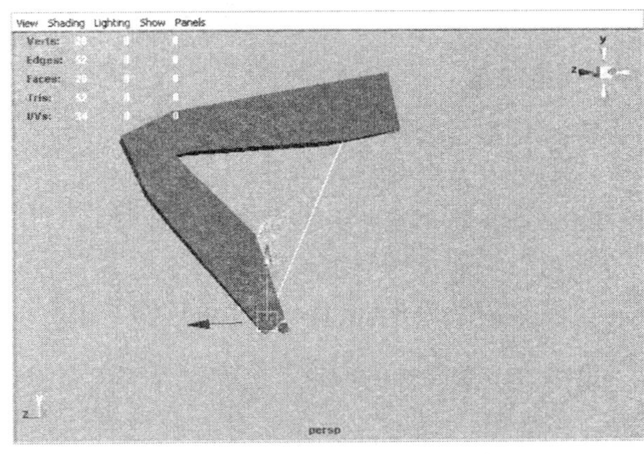

图 12 - 6　通过 IK 链的驱动，腿部模型在关节的作用下发生了变形

范例总结

非常简单，不是吗？但是当你有了更复杂的模型与骨骼的时候——比如两条腿，就不会这么简单了。然而，这个范例却展示出了关节是怎样使多边形网格发生变形的。在后面的范例中，我们将会通过精确控制每个关节对每个顶点产生影响的思路来工作，这样就能够避免在移动足尖部的关节时产生问题。

两足角色的绑定和蒙皮

本章的剩下部分将介绍游戏角色的绑定过程。整个过程是这样的：我们创建一些放置于角色内部的关节，并进行合理的组织、放置和命名。然后我们会利用腿部的 IK 链去控制组成腿部和脚部的关节。在我们完成关节的装配并对动作和控制效果感到满意后，我们就会将角色模型绑定到骨骼上面。默认的绑定设置不会是完美的，但我们将会使用 Maya 的 Paint Skin Weights Tool（绘制皮肤权重工具）去标记顶点，来决定这些顶点是如何被控制的。最后，我们会建立一个通过绑定可以很容易并快速地实现变形的角色。该角色穿着可以产生合理弯曲的盔甲，并带有可以产生应有变形的关节。

在我们开始前要做几点声明。为了学习的需要，我们使用了多种技术。有些游戏引擎需要使用由特别方法组织起来的特殊关节组合，而且要成功地导入游戏之中，角色的名称、尺寸、组织结构都是很重要的。在以后的几节范例中，我们会用一个十分普通却很实用的方法，创建一个很平常却很实用的绑定。不管这个绑定是否可能被直接用在游戏中，但它却能让你在下一章中开始制作动画。

范例 12.3 游戏模型绑定

目标

1. 为游戏角色创建一个自定义绑定。
2. 为一个简单完整身体绑定创建关节。
3. 对腿部创建一个简单的 IK 链。
4. 掌握 Mirror Joints Tool（骨骼镜像工具）。

第 1 步：选择你的项目。确保在你的项目里使用 Game _ Model 这个模型。你既可以使用上一次保存的游戏角色版本，也可以使用光盘中 Tutorial12.3 文件夹里的 Start.mb 这个文件。

第 2 步：删除历史记录。点击 Edit→Delete all by type→History 命令。

从这之后你就不应再删除历史记录了。一旦把关节与蒙皮绑定在一起，你就会有一个创建出来的节点帮助绑定。如果你删除了文件的历史记录，你也就打断了这个连接。如果你使用了融合变形这样的功能（能够对面部进行变形），你也一定要保留历史记录。如果你的模型本身已经将冗余数据和历史记录清理干净了，那么后面要用到节点就必须留下——因为这些节点会使你的工作进程更容易、更快。

第 3 步：优化工作空间。点击 Display→Heads Up Display→Poly Count 关闭多边形数量的显示。要确保在侧视图和前视图中切换到 X 射线的显示方式（Shading→X - ray）。

你不再需要关注场景中有多少几何体，尽管当你的朋友和家人看到你的屏幕时，会对这些东西留下深刻印象，但一个更整洁的场景会加速你的工作进程。

当我们创建关节的时候，要在角色的内部进行。一个进行了明暗着色的，但以 X 射线方式显示的模型，会使我们更容易看到将要定位的关节的组织方式。

第 4 步：创建脊柱。在侧视图中创建一串脊柱关节，使它尽量接近图 12－7 所示的样子。使用 Animation 模块/Skeleton→Joint Tool 工具，点击创建具有脊柱弯曲曲线的关节。要从下往上创建。

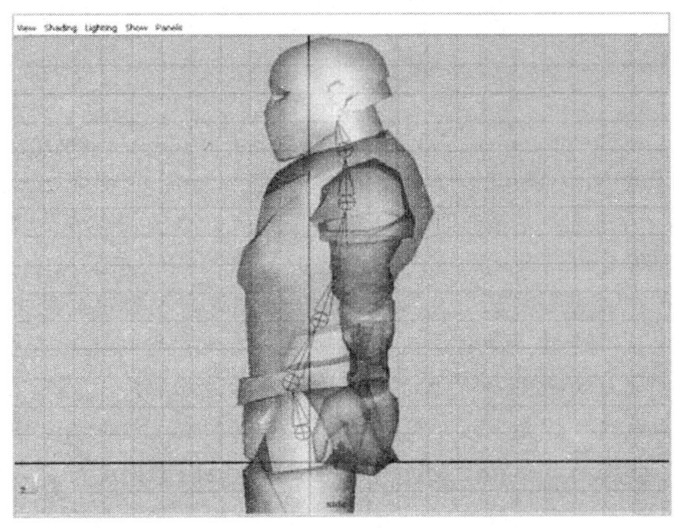

图 12－7 脊 柱

创建脊柱关节时的注意事项：第一，脊柱关节的数量不是特别重要——多一点，少一点都没关系。第二，一定要确保首个脊柱关节是放在最底部的（在侧视图中，要大致放在臀部中心的位置）。这个关节会成为其他关节的父物体，所以它的安放位置是非常重要的。第三，要确保有一个关节大致处在肩膀的中心位置。第四，要确保在颈部的底部和头部的底部都建立一个关节。

请注意在侧视图中创建这些关节时，要确保它们处在 YZ 轴的中心，正好放置在身体的中间，它们应该在的位置上。

第 5 步：重命名这些关节。把最底部的（在大纲视图中的第一个关节也是父子关系中级别最高的那个）关节命名为 Root _ joint；把肩部中心关节的上面的关节命名为 Spine _ joint；把肩部中心的关节命名为 Chest _ joint；Neck _ joint 是处在颈部底部的关节；Head _ joint 是处在头部底面的关节（如图 12－8 所示）。

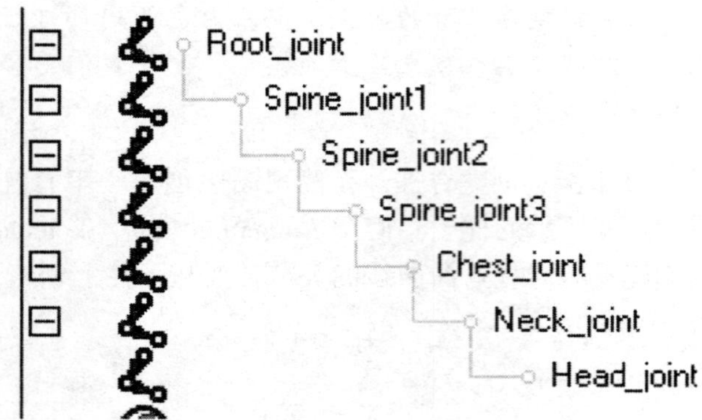

图 12－8　在大纲视图中重命名后的关节

这些名称可能会使人觉得没有什么重要意义。因为它们一定程度上都是以所处的位置进行命名的。然而，随着深入学习，你就会知道这样命名的必要性了，因为这样便于理解我们所说的是哪一个关节。

目前，在创建关节时会有一点让你感到违反直觉的现象。确保不要被大纲视图中所列的关节的顺序所迷惑，即父关节在上面和子关节在下面这个现象。这个意思是说，Root _ joint 这个关节在侧视图中处在三维空间的底部，但在大纲视图中却是最顶部的关节，以及 Head _ joint 这个关节处在三维空间的顶部，但在大纲视图中却处在底部。

第 6 步：创建锁骨、肩部和手臂。在前视图中建立 8 个关节，从脊柱一直延伸到手指的末端。激活 Joint Tool 工具，然后点击 Chest _ joint（在前视图中）开始创建。这样就建立出新的关节链的起点，然后点击应放置锁骨的位置，接着继续创建肩部关节、肘部关节，在前臂中部创建一个关节，接着创建手腕关节并在手部创建三个关节（如图 12 – 9 所示）。

要注意，在第一次点击的时候，要正好点击在 Chest-joint 这个关节上，如果点偏了一点儿，那么你就创建出了一个新骨骼，而不是创建了 Chest _ joint 关节的新的子关节链。确保第一次要点击在关节的中心处。当 Chest _ joint 上面的点呈现突出显示的时候，你就会知道你已经点中这个关节了。

这些关节大多数凭直觉就能放置正确，但前臂中部的奇怪关节除外，这基本上是一个用来做扭曲运动的关节。观察你的手臂，然后转动腕关节。你会观察到你的肘部一点也没有扭曲，但是手腕却在很灵活地转动，

这是由于真实的人体在前臂中有一个复杂的骨骼结构。这个扭曲动作显示出前臂中部发生的骨骼运动。因此，在前臂中部创建的关节不需要弯曲，只须通过旋转来实现手臂的这种扭曲。

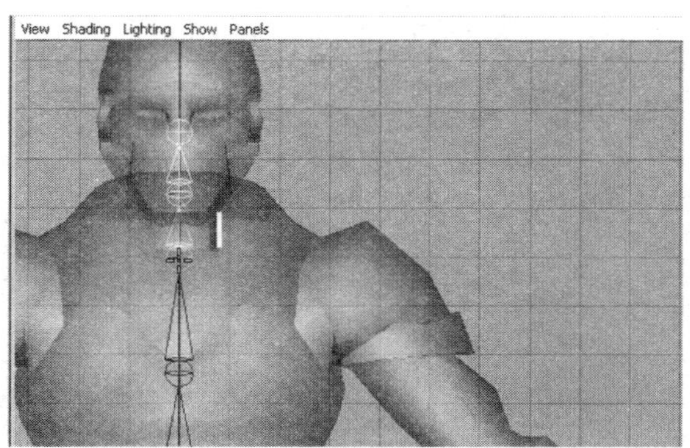

图 12－9　创建手臂上的关节链

第 7 步：把这些关节重新命名为 L _ Clavicle _ joint，L _ Shoulder _ joint，L _ Elbow _ joint，L _ Forearm _ joint，L _ Wrist _ joint，L _ Hand _ joint，L _ Finger _ joint，以及 L _ FingerTip _ joint（如图 12－10 所示）。

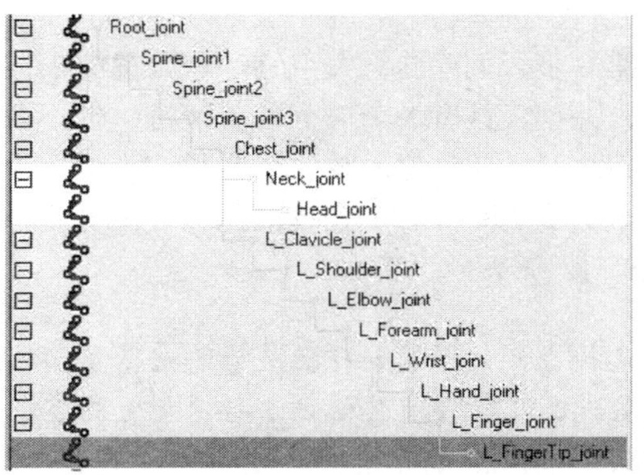

图 12－10　给关节重新命名

L 代表的是单词 left——即人物的左半边。可以设想一下，当通过大纲视图（或在动画曲线编辑器和动画摄制表中）中选择关节时，这些命名方式就能发挥作用了。

一定要知道在场景视图和大纲视图中关节的层级关系是如何组织的。这些新关节链都是Chest _ joint 的子物体，Chest _ joint 也有其他的子关节(Neck _ joint 和 Head _ joint 两个关节)与之连在一起。就应该是这样的，因为你不能移动任何脊柱关节，而且颈部和肩部也不能和它一起旋转。

第 8 步:在顶视图中稍稍调整这些关节。移动并旋转这些新创建的左手臂关节,使它们与模型几何体吻合得更好一些(如图 12－11 所示)。

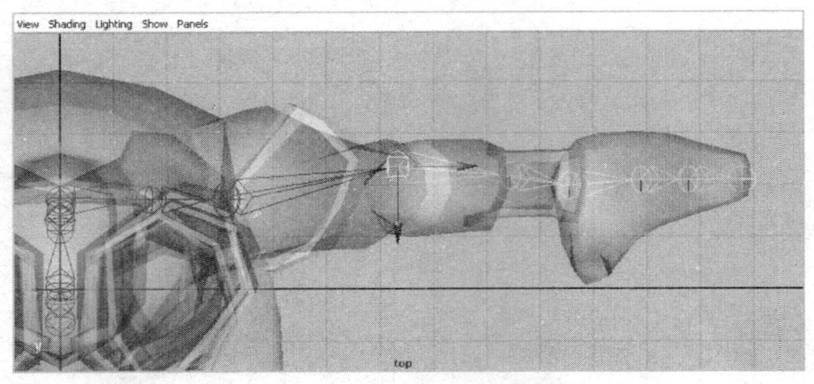

图 12－11　稍稍调整这些关节，以符合手臂的形态

从技术上说，这些关节没必要完全与几何体相吻合，然而，如果这些关节有与模型手臂的自然状态相同的弯曲，那么看起来就会更加符合直觉。

第 9 步：创建腿部关节链。在侧视图中，激活 Joint Tool（关节创建工具）并创建具有 5 个关节的关节链，但不要从任何现存的关节开始创建。请注意，新创建的腿关节要放在根部关节后面一点的位置上。要确保每个关节之间都有一点弯曲的角度——就是不要把它们连成直线（如图 12－12 所示）。

选择在侧视图里创建腿关节链是很重要的。这个关节链将会通过 IK 进行控制，尽管还有其他方法可以定义关节在 IK 里如何弯曲，但最简单的方法，就是在你创建关节链的时候给 Maya 一个暗示。通过在侧视图中创建关节链，并确保创建出的膝关节和踝关节都有些弯曲，那么，你就让 Maya 知道了 IK 操控这些关节时的弯曲方向。同时，你这么做也让 Maya 知道了你不希望这些关节在其他方向上产生旋转。

第 10 步：把这些关节重命名为 L_Hip_joint，L_Knee_joint，L_Ankle_joint，L_Ball_joint，L_Toe_joint。

第 11 步：对 L_Hip_joint 关节链进行定位。在大纲视图里选择 L_Hip_joint。在前视图中沿着 X 方向移动关节（拖拽红色手柄），那么这些关节就都位于腿的内部了（如图 12－13 所示）。

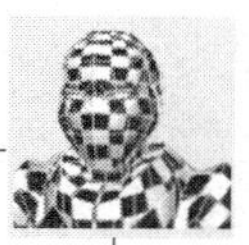

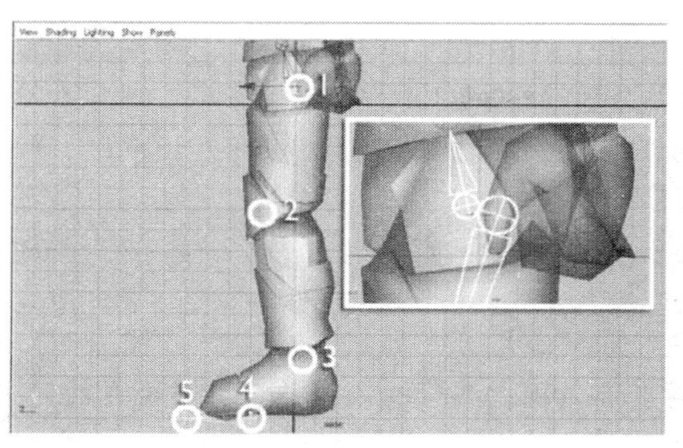

图 12－12　腿部关节

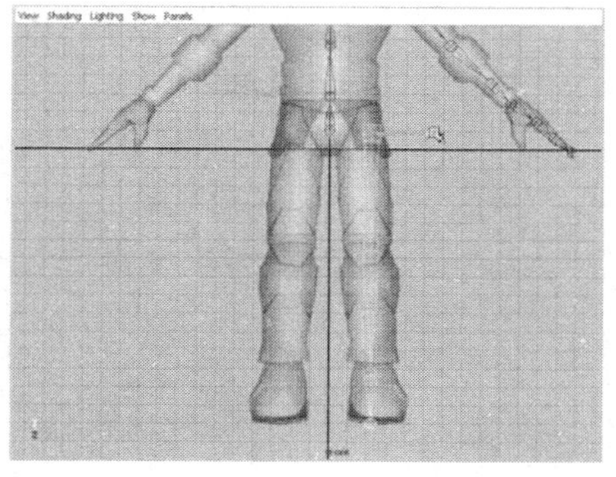

图 12－13　对腿部关节进行移动使它们位于腿的内部

第 12 步：把 L _ Hip _ joint 设为 Root _ joint 的子关节。在大纲视图中，使用鼠标中键拖拽 L _ Hip _ joint 到 Root _ joint 上面；或者先选择 L _ Hip _ joint，再按下 Ctrl 键后点击 Root _ joint，执行 Edit→Parent 命令。这两个方法能得到如图 12－14 所示的结果。

在此出现了一些重要事情。首先，请在大纲视图里仔细观察，连接物体的长的垂直线说明 L _ Hip _ joint 现在已经是 Root _ joint 的子物体了，而且与 Spine _ joint1 关节链处在同一层级上。其次，请注意在前视图中，在 Root _ joint 和 L _ Hip _ joint 之间已经创建出了新的骨骼。当你给一个关节与另外一个关节指定父子关系时，那么 Maya 就会自动创建连接它们的骨骼。

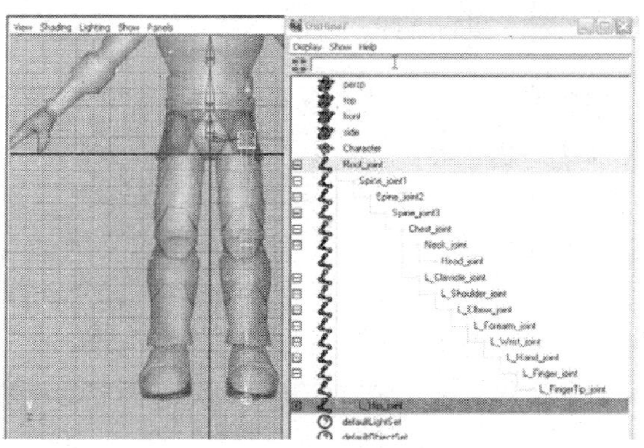

图 12－14　让 L _ Hip _ joint 关节成为 Root _ joint 关节的子物体

第 13 步：设置一个从 L _ Hip _ joint 关节到 L _ Ankle _ joint 关节的 IK 链。激活 IK 手柄创建工具（Animate 模块/Skeleton→IK Handle Tool）。

在侧视图里先点击 L _ Hip _ joint，然后再点击 L _ Ankle _ joint。

第 14 步： 设置一个从 L _ Ankle _ joint 关节到 L _ Ball _ joint 关节的 IK 链。再次激活 IK 手柄创建工具。在侧视图里先点击 L _ Ankle _ joint，然后再点击 L _ Ball _ joint。

第 15 步： 设置一个从 L _ Ball _ joint 关节到 L _ Toe _ joint 关节的 IK 链（如图 12 – 15 所示）。

你需要在这个问题上再花点时间。尽管在两个关节之间生成的 IK 链可能看上去有点傻，但为了比较重要的脚部转动的设置需要，一会儿我们将会绑定这个区域。

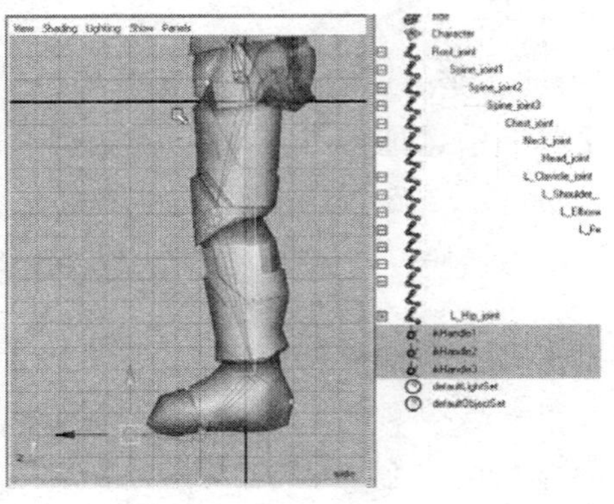

图 12 – 15　三个 IK 链产生的三个 IK 手柄

第 16 步： 把 ikHandle1 重命名为 L _ AnkleIK，把 ikHandle2 重命名为L _ BallIK，把 ikHandle3 重命名为 L _ ToeIK。

再次强调，有效的命名能加快你动画制作进程，因为它能使你更容易找到自己想找的物体。花费几分钟在大纲视图中看看这些关节是如何组织的。所有的关节都是 Root _ joint 的子物体，而且三个 IK 手柄都在关节的层级关系之外。就应该是这样，因为它能使你在角色身体之外独立地移动 IK 手柄，这么做将会让你把双脚放稳在恰当的位置上，并且不会出现在地板上滑动的情况。

还要请你注意，我们只对角色的一侧进行了绑定。故意这么做是因为我们知道角色模型是左右对称的，而且 Maya 有一个相当不错的 Mirror Joint Tools（镜像关节工具）。

第 17 步： 在大纲视图里选择 L _ Hip _ joint 关节。点击 Animation 模块/Skeleton→Mirror Joint 后面的小方块，打开命令设置面板（如图 12 –

16 所示)。在里面把 Mirror Across setting 设置为 YZ，在 Search For 中键入 L _，在 Replace With 中键入 R _，点击 Mirror 按钮。

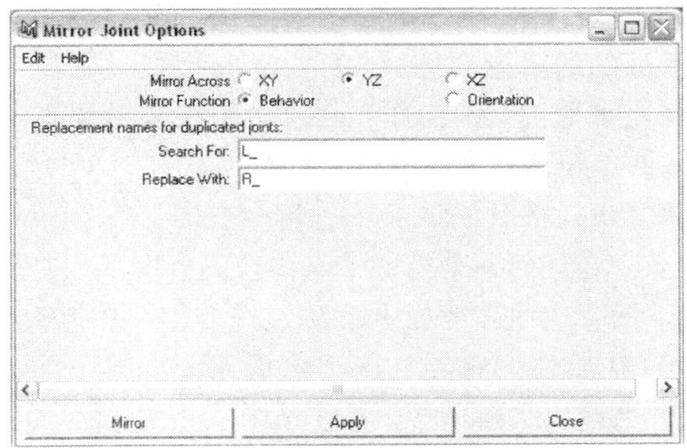

图 12－16　设置 Mirror Joint 镜像关节工具的命令参数

如果角色是朝前看的，镜像平面就应该是 YZ 平面，这个窗口不仅允许我们复制关节，还能把所有关节或 IK 手柄重新标注上 L _ 和R _。你要留意 Mirror Function（镜像功能）应设置为 Behavoir 项——这意味着它能在复制关节的同时，将与 L _ Hip _ joint 关节链相关联的 IK 链一同复制出来。

第 18 步：把 L _ AnkleIK、L _ BallIK 以及 L _ ToeIK 组合成一组。在大纲视图中选择这三个 IK 手柄，并按 Ctrl 加 g 键。把这个组重命名为 L _ Foot（左脚）。

第 19 步：把 L _ Foot 这个组的操纵手柄的位置转移到左脚脚跟处，选择 L _ Foot 这个组，按键盘上的 Insert 键，将操纵手柄的位置移至左脚的脚跟处。要确保在前视图里和侧视图里都放置好（如图 12－17 所示）。再次按 Insert 键结束移动。

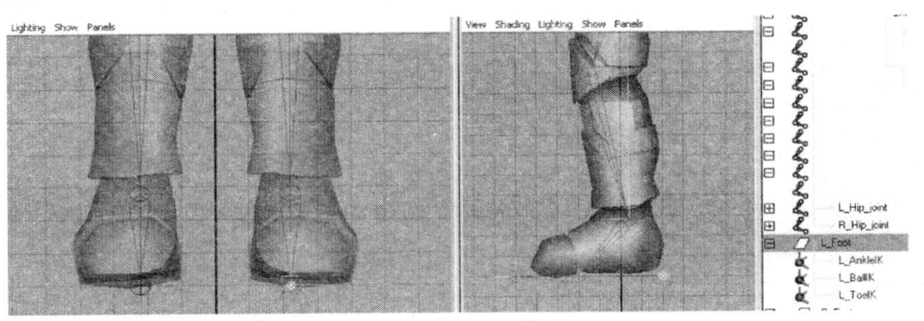

图 12－17　移动到合适位置的 L _ Foot 组的操纵手柄

第 20 步：把 R _ AnkleIK、R _ BallIK、R _ ToeIK 也组合成一组，重命名该组为 R _ Foot。把这个组的操纵手柄的位置移动到右脚的脚跟处。

第 21 步：测试腿部绑定。选择 L _ Foot（这个组），使用移动工具移动 IK 手柄的组。这个 IK 链的功能应该像一条腿一样。测试之后，按 Ctrl 加 z 键（取消当前操作）将这个组恢复到原先的位置（如图 12 – 18 所示）。两条腿都要进行测试。

第 22 步：继续测试 Root _ joint 关节。在大纲视图中，选择 Root _ joint 关节。在任何一个视图中，移动关节（实际上是整个关节链）。双脚应站稳，而不应该在地板上滑动。如果它们在地板上滑动了，那么选择 IK 手柄。在属性编辑器（IK Handle Attributes 的标签中）里开启 Stickiness 项。当该项起作用时，操作结果应与图 12 – 19 一样。确保测试完成后按下 Ctrl 加 z 键，让 Root _ joint 返回原来位置。

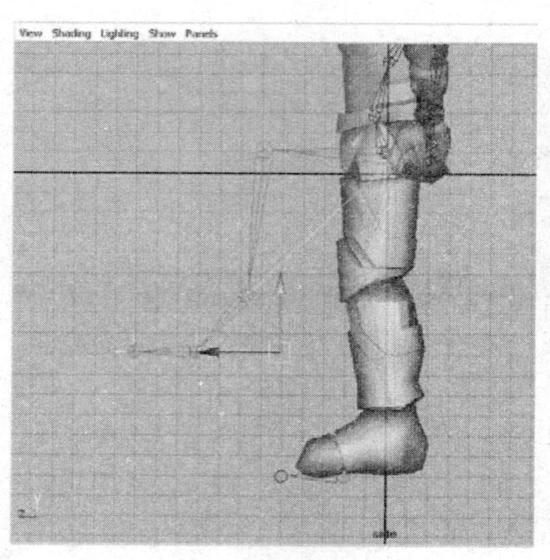

图 12 – 18　测试腿部绑定

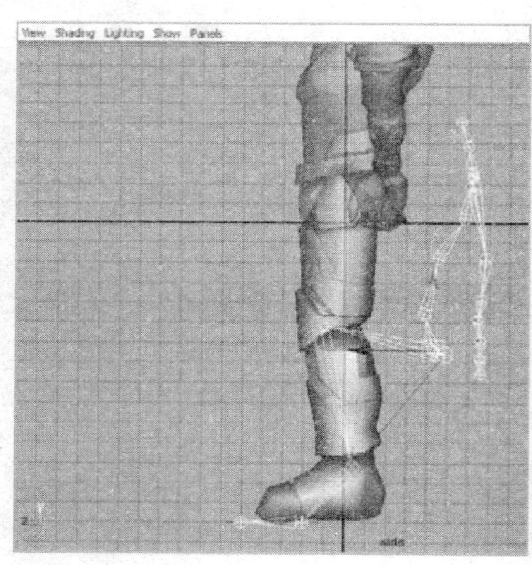

图 12 – 19　正在起作用的 IK 绑定

第 23 步：对锁骨和手臂进行镜像复制。在大纲视图中选择 L _ Clavicle。点击 Animate 模块/Skeleton→Mirror Mirror Joint 后面的小方块。确保选项与前面设置一样，然后按下 Mirror 执行镜像。

第 24 步：隐藏几何体来观察一下骨骼的绑定情况。在透视图里，选中角色（只是模型，而不是任何关节）。按 Ctrl 加 h 键对其隐藏（如图 12 – 20 所示）。你可以看到整个骨骼的绑定情况。同时按 Shift、Ctrl 加 h 键取消几何体的隐藏。

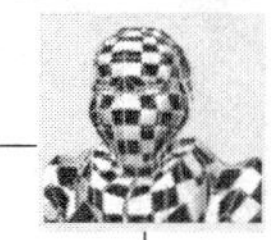

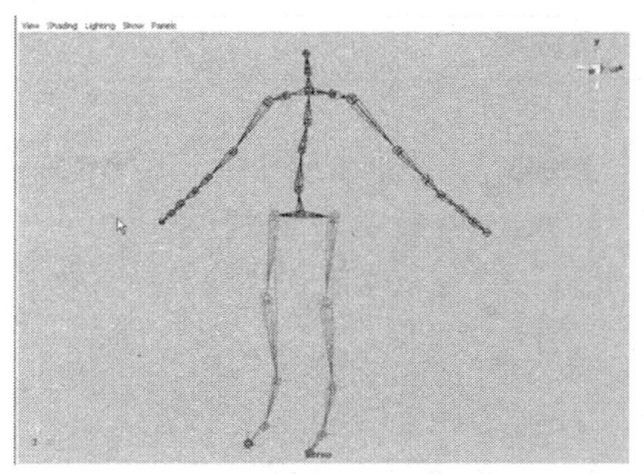

图 12 - 20　完成绑定后的整个骨骼

范例总结

你已完成了整个骨骼的绑定过程，这是一个很简单的绑定，但只完成骨骼的绑定是不够的。许多绑定都包含了允许你选择到组或关节的物体。有些绑定具有自动的驱动关键帧，能够更好地控制握拳时发生的快速变化，或将脊柱上的弯曲和扭曲平均分配给一些 SplineIK。遗憾的是，这些技术不在本书的讨论范围之内，不过如果你真的对绑定过程感兴趣，还要学习一些概念。

游戏模型蒙皮

尽管我们有了一个好的起步，但这些关节的移动却不能在场景中产生任何变化，在我们真正给角色赋予生命之前，要确保这些关节已经添加给角色，并能使角色产生变形。在下一个范例中，我们将了解如何做到这一点。

在进入具体操作之前，要先说明几个概念。一旦你给一系列关节绑定了蒙皮，就需要从顶点的角度来考虑问题了。你要告诉这些顶点，它们受到什么影响和它们是如何被影响的。事实上，当你把多边形与关节绑定在一起时，多边形角色就会获得一个叫做 skinCluster 的新节点。这个 skinCluster 节点储存了顶点是如何被操纵的相关信息。

最初的绑定不可避免地会产生一些问题，因为 Maya 在试着决定哪些顶点要将哪些关节单独绑定在一起。但 Maya 提供了一个 Paint Skin Weights Tool（绘制蒙皮权重工具），它允许你修改哪些顶点受到哪些关节的影响。这是一个视觉绘画的系统，在下面的范例里你会看到它。尽管有时这个工具使用起来让人有挫折感，但这却是一种很直观的调整蒙皮权重的方法。

范例 12.4 游戏模型蒙皮

目标

1. 用 Smooth Bind 命令把骨骼关节赋给模型。
2. 用绘制蒙皮权重工具修改蒙皮。
3. 完成一个可以直接用于动画的角色。

第 1 步： 打开上一个范例的操作结果。或者打开光盘上的 Tutorial12.4 文件夹中的 Start.mb 这个场景文件（目录为 ProjectFiles→Chapter12→Character _ Model→scenes）。

第 2 步： 把关节赋给角色。在大纲视图中选择角色，再按下 Shift 键加选 Root _ joint 关节。选择 Animation 模块/Skin→Smooth Bind 的命令设置面板。恢复默认设置，然后把 Max Influences（最大影响值）的值设置为 3。按下 Bind Skin 按钮。

通常情况下，Smooth Bind 命令设置的默认值已经很合适了。Max Influences 的默认值为 5，它表明了一个顶点上受到多少个关节的影响。不过在大多数情况下（一些涉及非常复杂的脊柱的情况除外），你不需要任何一个顶点受到三个以上关节的影响。

第 3 步： 测试绑定的蒙皮，弯曲人物使它变形。移动 Root _ joint 关节，移动 L _ Foot 组和 group 组。旋转不同的脊柱骨关节、锁骨、肩部和手腕。我们在寻找变形出现问题的地方，请进行操作尝试一下（如图 12－21 所示）。

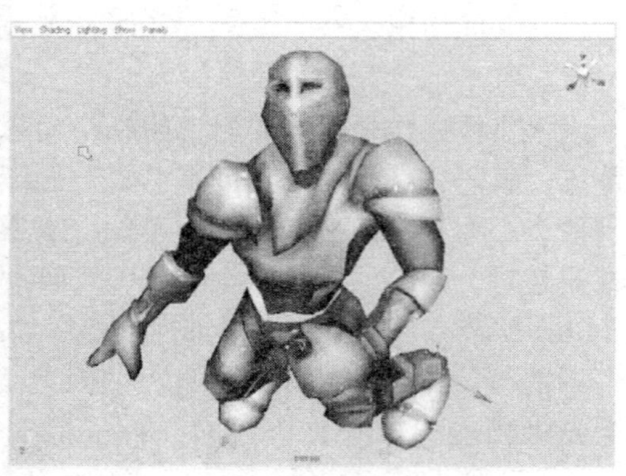

图 12－21 发生弯曲变形的角色

你会看到有的地方运转得很好，但有些地方需要修正。有些需要修正的区域在关节运动的时候能产生最好的效果。但却很难在书中展示出

来。然而，一些像是衣领部分的弯曲变形，能够在静止状态中观察清楚。在任何情况下，都会发生足够多的问题来提醒我们需要调整蒙皮的权重。

第 4 步：让角色变回到原先的样子——它的绑定姿势。通过多次按 Ctrl 加 z 键取消操作，或把 Root _ joint、L _ Foot 以及 R _ Foot 的旋转值清零来实现这个操作。然后选择 Root _ joint，并选择 Animation/Skin→Go to Bind Pose 命令回到绑定姿势。

Bind Pose（绑定姿势）非常重要，这是关节被绑定好的时候的旋转值。包括影响物在内的很多功能，都需要关节在绑定姿势中才能使用。在关节上使用 Go to Bind Pose 命令，可以使关节不受其他方法的控制。在本案例中，身体上半部分正好属于这种情况。当关节被绑定好之后，Maya 可以将它们旋转到最初值上，然而，身体下半部分却有点复杂。腿部关节是由 IK 控制的，因此 Maya 不能让这些关节独自返回绑定姿势。这就是你需要把 L _ Foot 组和 R _ Foot 组的 Translate（位移）的 X、Y 和 Z 三个值设置为 0 的原因。这么操作也使关节的旋转值回到了它们最初被绑定时的值。

第 5 步：打开绘制蒙皮权重工具。选择角色（多边形网格），打开 Animation 模块/Skin→Edit Smooth Skin→Paint Skin Weights Tool 的命令设置面板。该工具的选项将会出现在属性编辑器中（如图 12－22 所示）。

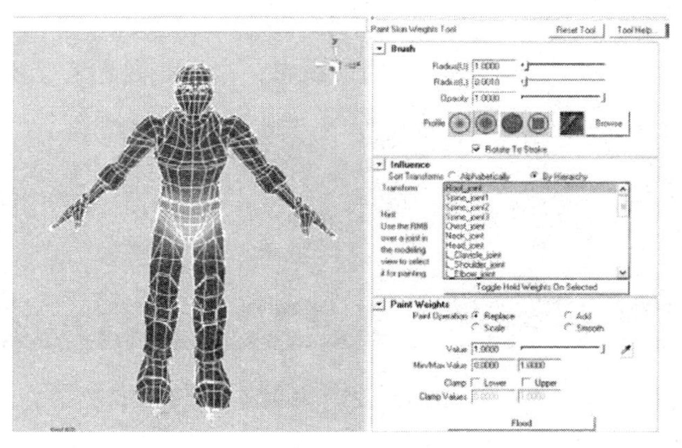

图 12－22　绘制蒙皮权重工具

要留意这个工具的组织结构：在属性编辑器里你会看到一些与该工具如何工作相关的部分。顶部区域可以设置虚拟画笔的大小、压力、笔刷形状，这样你可以用画笔绘制或删除蒙皮权重。

尽管我们对这些参数有一点了解，但最好的方法是不用这些笔刷滑块，而是按住 b 键，然后在视图中拖动鼠标，就可以增大或缩小笔刷的尺寸。

在它下面是影响设置（Influence）区域，这是一个非常重要的区域。这个主要列表应该很像是一个把所有关节指配给蒙皮的列表（多边形网格－角色）。当你在绘制蒙皮权重工具激活状态下点击一个关节时，视图中就会即时显示这个关节的影响结果。更准确地说，受到关节影响的顶点会变成白色，模型上没有受到影响的区域则显示为黑色。受到几个关节同时影响的点则呈现出不同级别的灰色显示。模型的某个部分越白，说明它受到绘制蒙皮权重工具窗口中所选择的关节的影响就越大。

在它的下面是绘制权重（Paint Weights）部分，它能够让你决定画笔对你所绘制点的影响。你可以完全替换顶点的值（与所选择的关节相关），你可以修改 Add、Scale 或 Smooth 的值。Add 和 Scale 都是很直观的，但是 Smooth 也很重要，它可以获取一个关节的值并将其等分给这个关节周围的点。

让我们在实际操作中看看这个工具。

第 6 步：对像头部这样重要的区域进行调整。在绘制蒙皮权重工具属性编辑器窗口里选择 Head _ joint。这会使头部的大部分变成灰色——它本来应该是白色。按住 b 键在视图中拖拽鼠标，重新把画笔的大小修改成合适的大小。要确保在 Paint Weights 部分的 Replace 选项被激活，并且它的值为 1。对头部进行绘制，使它完全变成白色（如图 12－23 所示）。请注意，你绘制的是顶点，这也正是你的工作目标。

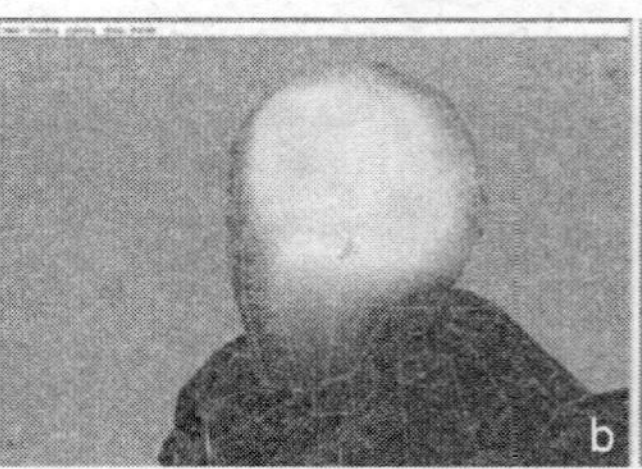

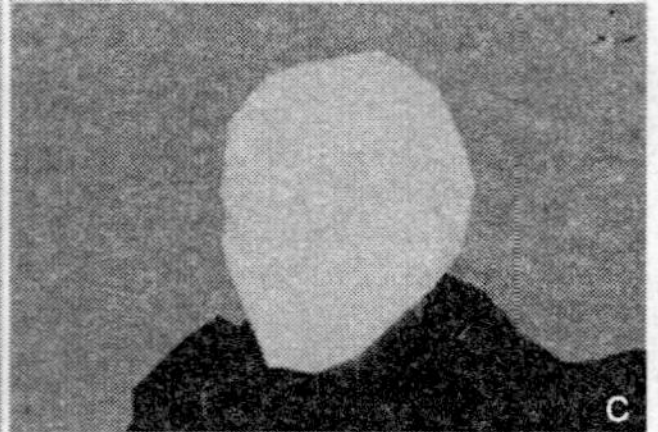

图 12－23　绘制头部的蒙皮权重

Why?

蒙皮的灰色部分表明这部分受到了多个关节的影响，这对于像肘部和膝盖这样的关节而言是好的，因为灰色说明了该处有着柔和的弯曲。然而，身体某些部分——例如头部——不应该受到影响，因为它们实际上从来不变形。尽管头部会移动，但它不能弯曲，因此头部应该完全受到 Head _ joint 这个关节的影响。由于一个顶点总的影响值为 1（它可以

受到很多关节的影响)，将头部赋予 1 的影响值，意味着头部的所有顶点都受到头部关节的影响。

第 7 步：测试刚绘制的新蒙皮权重。当你已把头部完全涂成白色时，组成头部的顶点的值都已变成 1 的影响值了（完全受到 Head _ joint 的控制)。在大纲视图中选择 Head _ joint，并旋转它进行测试。如果头部转动了而且没有发生变形，就是成功了。当转动头部时，不要担心其他部位是否移动（例如领子部位)，只需要关心头部是否变形。

为什么要这样做？要记住在 Smooth Bind 的命令选项窗口里，我们告诉了 Maya 每个顶点可以受到 3 个关节的影响。头部的顶点会受到 3 个附近关节的影响（也可能是颈部和肩部)。有一部分 Painting Skin Weights 命令的操作是返回并告诉身体的特定部分只受一个关节的影响。

第 8 步：对其他不可弯曲的部分重复这个操作。选择例如控制肩部护甲部位这样的关节（L _ Shoulder _ joint 和 R _ Shoulder _ joint)，然后把受该关节控制的部位全涂成白色。图 12 – 24 展示了几个例子，这个模型上每块盔甲处的某一个关节，都可以很容易对该处盔甲产生百分之百的影响。毕竟，金属盔甲是不会弯曲的。

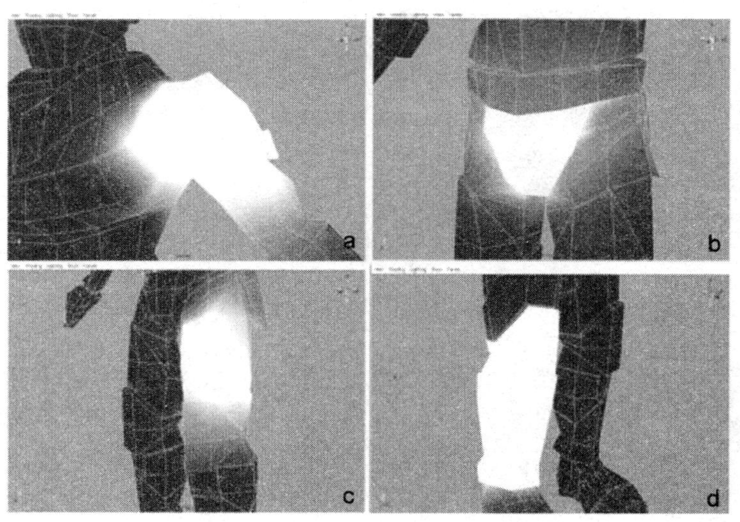

图 12 – 24 应该涂成白色的区域的例子——它们都只受到一个关节的影响

要注意，当你操作的时候，你可能感觉一个关节影响得太多了，你看到一些本不该受到你所操作关节影响的顶点，却呈灰色显示。

你需要抵制住将它们绘制成 0 值的诱惑，不要把它们涂成黑色。通常我们会以一个高一些的替代值来绘制它们。

你要积极地绘制并告诉这些顶点要去哪里，如果你将一个顶点所对应的某个特定关节的影响值绘制成 0，那你实际上就是说，“我不关心你去什么地方，但你就不能在这儿”。那这个顶点就会无奈地耸耸肩然后出发——去你也不知道的地方。这就意味着，稍后你会发现这个顶点会受某一个关节的影响，但你并不希望这个关节影响它。你最好要始终积极地绘制，告诉顶点，它们会受到哪些部分影响，这样它们就服从你的控制。

第 9 步：对光滑弯曲的部分进行绘制。胸部是这样一个区域，该区域每一个顶点值都很可能会受到几个关节的影响。先在 Paint Skin Weights Tool 属性窗口里选择 Spine _ joint2(如图 12 – 25a 所示)。然后把 Spine _ joint2 的顶点涂成白色(如图 12 – 25b 所示)。最后把 Paint Weights(画笔权重)部分切换成 Smooth(光滑)，按两次 Flood 按钮(如图 12 – 26 所示)。

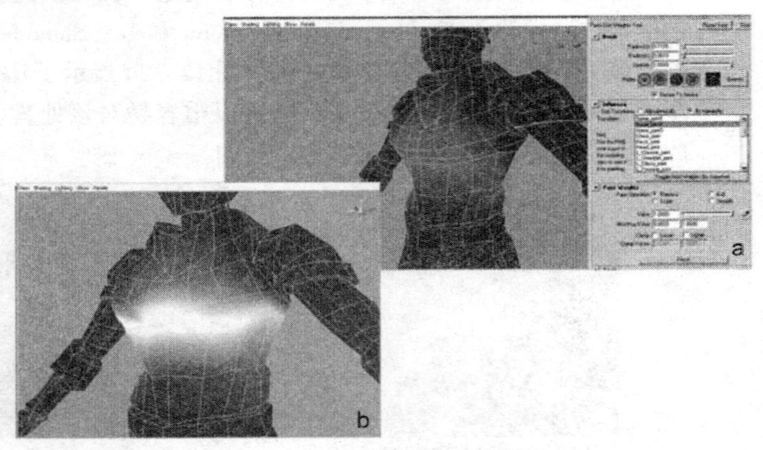

图 12 – 25　大体绘制出光滑部分

这个步骤的第一部分是告诉 Maya 影响的中心部分——受所选择关节影响最明显的区域。Flood 按钮可以从中心开始弱化整个影响区域。对上面和下面的不同脊椎关节都进行这样的操作，你可以使胸部顶点受到组成脊椎的关节的共同影响。

通常情况下，如果角色没有穿戴盔甲的话，这项技术会在像膝部和踝关节这些位置产生好的效果。这会使这些表面的弯曲更自然。

第 10 步：继续对角色表面的其他部分进行绘制权重，然后进行测试。边绘制，边测试。一直重复这样的操作。

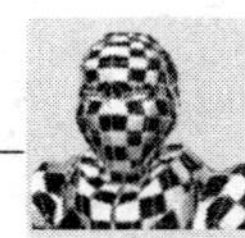

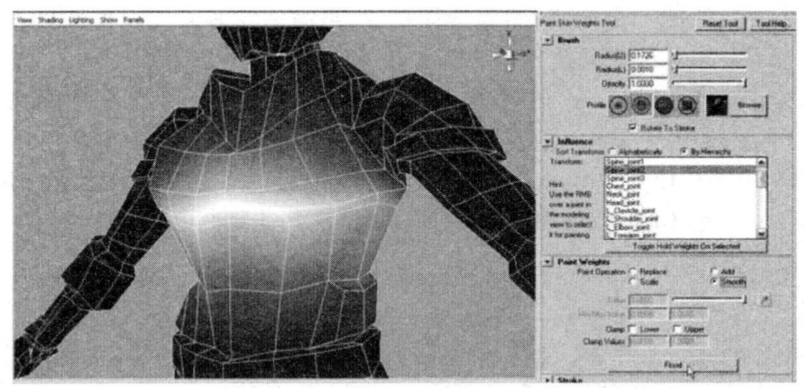

图 12 - 26　使用 Flood Smooth 弱化所选择的区域

范例总结

结束本范例的内容似乎有点儿早了，但是在本书里是不可能完全讲透 Painting Skin Weights Tool（绘制蒙皮权重工具）的操作。即使用讲座和视频范例也不能完全把它讲清楚。自己动手操作才能获得最好的理解。

在本范例里，我们已讲解了成功绘制蒙皮权重的方法。然而，因为它采用的是一种虚拟笔刷，正如范例中所展示的那样，它的边缘也是很柔和的。因此，它并不精确。其他人的绘制方法也可能与你所绘制的顶点不完全一样。因此掌握该方法后要继续深入研究。你进行绘制和调整的次数越多——并随时测试结果——你的操作就会更顺手更成功。

对绘制蒙皮权重工具的提示

• 要记住笔触权重调节工具只对多边形几何体产生作用。在选择 Animation 模块/Skin→Edit Smooth Skin→Paint Skin Weights 之前，要先选择角色。

• 你绘制的对象一直都是顶点。当你努力把某个区域绘制成白色时，要记住这一点——在你把构成一个面的顶点绘制成白色之前，无论你多么仔细地绘制这个面，它也不会变成白色。

• 有时获得顶点的最好方法是进入到角色模型的内部。要记住模型是中空的，并且有时会出现重叠的顶点，甚至更难获取到的顶点（可能在接缝处等地方），但是在面片内部却可以较为容易和迅速地获取到。

• 记住这是一个漫长的过程，对角色的绘制很少能够一次成功。而且需要进行大量的测试和重复绘制。

• 将角色摆好姿势之后，绘制蒙皮权重工具可以继续起作用。你可以弯曲一个关节，然后选择角色，再激活绘制蒙皮权重工具，最后绘制蒙皮。当你改变蒙皮权重，Maya 会及时显示这些顶点所受到的新影响。

• Maya7 之后具有了多色显示功能，当激活绘制蒙皮权重工具时，打开 Display 显示部分并激活 Multicolor Feedback（多色反馈）选项（如图 12－27 所示）。这样权重就会以彩色的方式显示出来，不同的颜色表示了不同关节的影响。这种功能确实能让我们更好地调整角色的权重。

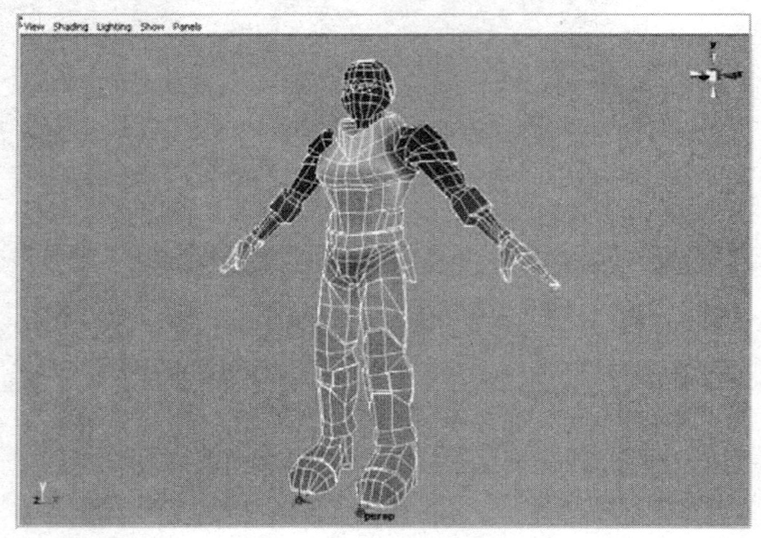

图 12－27 激活多色反馈产生的效果。不要在乎本插图的灰度，而是要去随书光盘中或你的文件中看看它的彩色效果

结语

你在角色绑定和蒙皮制作过程中所做的这些工作正确与否，最终会在动画制作过程中清晰地展现出来。绘制得太宽泛的蒙皮权重会让例如角色的头部这样的区域因为变形而变得难看。同时，准确地观察能让你绘制得更成功，绘制本范例也是一样的道理。

在下一章里我们将开始研究动画制作。在某些范例中，我们会继续对这个角色进行动画制作。当我们开始制作动画时，你肯定会发现你的或我的绑定中存在一些问题，甚至我们的绑定都有问题。调整蒙皮权重很可能是一个非常灵活的方法，因为我们随时可以做出调整。如果在角色行走循环的半路上，你发现大腿的蒙皮权重不正确，你可以调整该处，而不会使其他的动画设置失去作用。这种灵活性就是很多人在动画生产中首选 Maya 软件的原因。

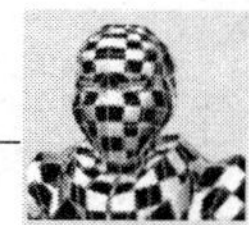

挑战、练习和课后作业

1. 继续对该角色的蒙皮权重进行调整。

2. 给角色摆出多种姿势（如图 12－28 所示），并尝试确定需要调整权重的地方（必要时做出调整）。

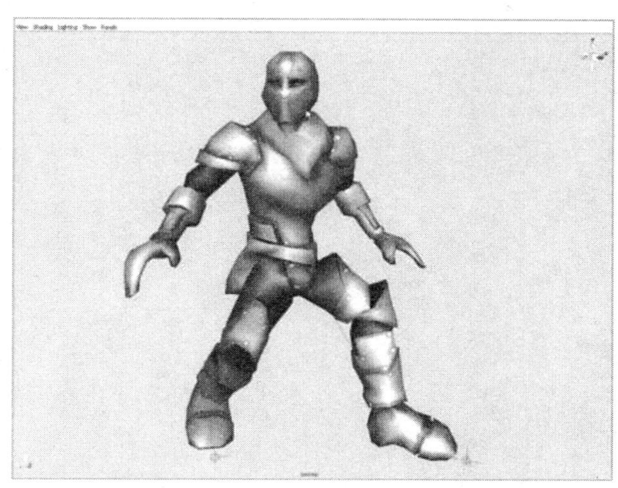

图 12－28　对摆好姿势的角色确定蒙皮权重问题

3. 给你创建的自定义角色调整权重，作为挑战练习的一部分。

第十三章 动画和角色动画

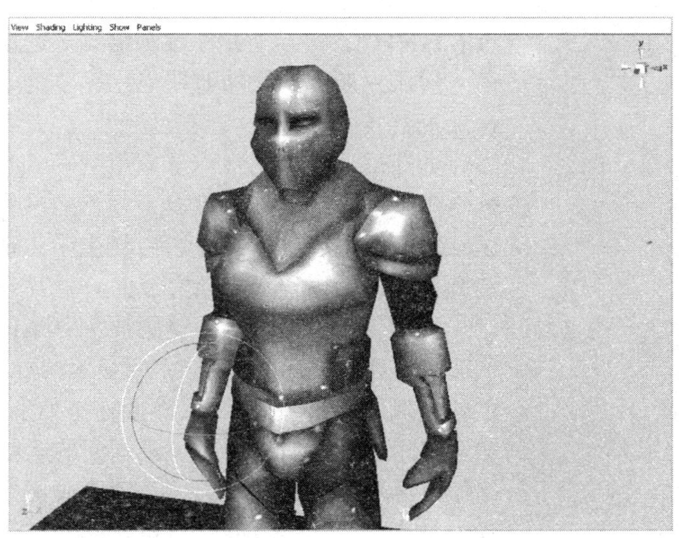

制作动画是真正令人兴奋的事情。虽然建模、灯光、渲染、骨骼和蒙皮全都是极其重要的——但是动画的关键在于：东西如何运动通常比发生运动的东西本身更重要。而这并不意味着动画能够解决所有问题。好的运动再多，也不能完全掩饰掉一个拙劣的构想或糟糕的模型。如果蒙皮做得不好，那么所有的运动也不过就是为了把权重上的问题暴露出来而已。但是有许多有着完美结构、质感、照明和渲染的模型，由于动画制作拙劣，使其看起来就像初学者的作品。

制作动画是很精细的事情。对于动画师——特别是对于角色动画师都有着很高的要求，因为这个领域虽然人数众多，但没有多少是真正优秀的人才。有很多人精通建模，有相当一部分人贴图学得很好，也有很多人尝试制作动画，但是这个工作需要敏锐的洞察力以及很多关于物理学、运动规律和角色知识，并且真正给模型赋予生命。

迪斯尼的范例

发明动画技术的人并不是沃特·迪斯尼。事实上，他本人与其说是动画师不如说是一个更善于讲故事的人。而真正的动画师是乌布·伊沃克斯(Up Iwerks)，实际上是他逐帧绘制了迪斯尼的动画片。

伊沃克斯曾经跟随迪斯尼三度创建动画工作室并三度失败。每一次迪斯尼都找到资金来启动工作室，但是每一次却都错失了发展机遇。最终，迪斯尼通过将同步声音应用到动画片中而走向成功。伊沃克斯使用这个声音同步的新技术完成了《汽船威利》的制作，而这部动画片在美国获得了巨大反响。在此之后诞生了多部成功的动画片，其中大部分的动画制作都是由伊沃克斯完成的。

那么伊沃克斯创造的动画技术意味着什么？动画(实际上是所有移动的图片)仅仅是一系列连续不断显示的静态图像。每一个静态图片与它之前或之后的那个图片相比,都会有些小小的不同。我们的眼睛在看到这些快速显示的图片时就会感觉到画面的运动。在传统胶片动画中(它是以用来绘制画面的胶片来命名的),动画师必须画下每一帧上的画面来获得运动。举个例子,今天的电影每秒钟播放 24 帧画面(帧速率),因此每一秒动画,动画师必须绘制 24 张画面。10 秒钟动画就意味着 240 帧。你可以看到,其实这种动画制作方式是一种劳动密集型的工作。

伊沃克斯作为迪斯尼最早的合作伙伴之一，他是享有薪酬最高的动画师，这当之无愧。但是对于迪斯尼来说，公司里最高薪酬的动画师，只是在绘制动画短片中数以千计、一闪而过的画面，这么做是没有商业价值的。虽然，伊沃克斯是一个非常非常快的绘图员，在像《骨骼舞》和

《汽船威利》这样的早期经典动画中，他坚持画下了每一帧画面。但是由于短片变得越来越成功，并且其市场需求也持续上升，迪斯尼开始想要以亨利·福特那样的流水线生产方式进行动画的生产。

这个思路是让伊沃克斯这样的高手画出最重要的一帧画面——关键帧。如果米老鼠走进镜头，并跳过一根圆木。迪斯尼想让伊沃克斯画下一组双脚下落时受到挤压、单脚跳起时产生拉伸、跳跃到最高点以及当他着地后的姿势等少数几帧画面。然后，迪斯尼将花更少一些的费用来雇佣一个初级动画师，让他画下这些关键帧之间的动画画面。这个思路是让最低报酬的动画师画下大部分画面，而让伊沃克斯去设计动作，花费更少的时间来生产更多帧数的动画。

然而伊沃克斯并不喜欢这个想法，他认为这么做降低了他工作的艺术性，最终他和迪斯尼分道扬镳了（伊沃克斯后来开创了他自己的公司，但失败了。最终他又回到了迪斯尼公司，并且为迪斯尼带头制作了一些非常重要的合成特效，例如《欢乐满人间》中的特效）。但是让一个原画师绘制关键帧，让动画师绘制剩下的画面（有时称为中间帧）的方法被保留了下来，并且沿用至今。

我们在这里提及这个故事，不仅仅是把它当成轶事传闻的。今天，这个工作流程已经融入电脑动画制作方式。你变成了原画师，你决定关键帧。而电脑变成了动画师，它来补充原画之间的动作。

在 Maya 软件中恰恰就是使用关键帧这样的术语来表达这个思路的。在 Maya 软件中，你在不同的帧上设置关键帧。每一个关键帧都在某个特定时间点上界定了一个特殊的事件、姿势或位置。

Maya 的动画界面

Maya 的动画工具深奥难懂，并且还在任意地方隐藏着。在默认界面中包含了一些动画制作工具，在我们深入学习动画之前，有必要提及一下这些工具。图 13－1 展示了 Maya 软件默认界面底部的相关工具。

该区域中带有数字及黑色方块的顶端部分是时间滑块。每一个数字代表一帧，而帧大致可以理解为一个时间点。通常情况下，Maya 默认每一秒钟包含 24 帧——这是按照电影的帧速率设置的。那个黑色方块（当

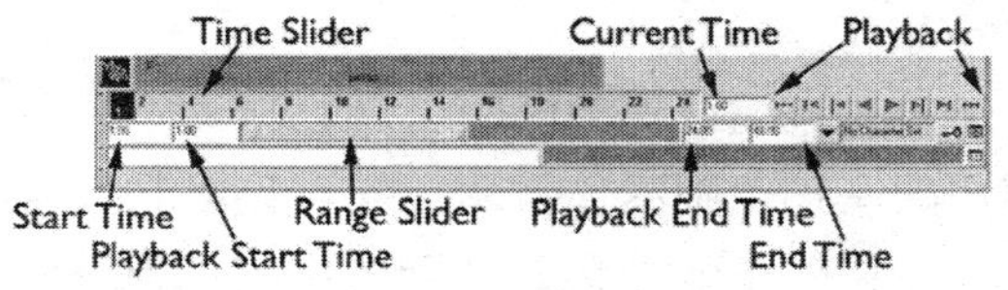

图 13－1 在 Maya 界面底部可见的动画制作工具

时间滑块上显示更多的帧时,黑色方块实际上会变得更小些)是当前时间标记。通过点击并拖动当前时间标记,将改变视图中所显示的场景时间点。因此如果当前时间标记是1,你将会看到你的作品在该时间点上的状态。如果是在制作动画,当你拖动时间滑块时,在视图中的场景就会随之更新。在时间滑块右边的输入区域,可以表示当前时间标记在哪个帧上。你可以在这儿输入数值,来给当前时间标记定位。

在时间滑块和当前时间输入区域的右边,有一些我们相当熟悉的按钮,它们和你的录像机和影碟播放器上的按钮非常相似。中间两个按钮用于前进或倒退播放动画;两侧的两个按钮用于跳转到前一个或后一个关键帧(带三角形和红色小竖条的图标);再靠外一点的两个按钮用于每次倒退或前进一帧(带三角形和小竖条的图标);最外侧的两个按钮是跳转到动画的开始或结束(带两个三角形和小竖条的图标)。

在这下面汇集了输入区域和滑块,规定了时间滑块所显示的时间范围。第一个输入区域是开始时间,它表示整个动画第一帧。第二个输入区域是回放开始时间,它代表如果你按下向前播放的按钮,Maya 软件将会从此处开始播放动画。

带有两个方块和数字的长条叫范围滑块。它上面的数字表示了在时间滑块中包括的动画帧数。如果你点击和拖动范围滑块,可以决定时间滑块显示哪些帧的动画。在范围滑块中有两个数字,第一个数字代表时间滑块上的第一帧,第二个数字代表时间滑块上的最后一帧。如果你点击并拖动数字旁边的方块,就能够增加或减少时间滑块中显示的帧数。请记住当你播放动画时,这些范围滑块的回放数值就是在时间滑块中显示的帧数。因此,利用范围滑块,你可以根据自己的需要来缩小需要处理的帧数范围,或扩大回放的时间范围来播放更多的画面。

在范围滑块的右面是两个输入区域。第一个是回放结束时间——范围滑块中的最后一帧,也是时间滑块中的最后一帧。第二个是结束时间,或是全部动画的最后一帧。通过改变输入区域中的数值,能改变任意一个时间。

下一部分是非角色动画设置。虽然角色设置将是一个强大的组织工具,但是我们不准备在这儿涉及太多,因为我们的场景比较简单。但当你的场景逐渐变得复杂,一定要看看 Maya 的帮助文件,学习一下这个工具是如何工作的。

旁边是自动设置关键帧工具,自动设置关键帧是很多动画师都很喜欢使用的一种动画制作技术,它可以加快动画制作进程。它的功能是这样的:如果你想要在某处设置关键帧,你只需要定位好时间并在场景中做出改变,它就会在该处自动设置关键帧。

如果你细心操作，这可以让你减少键盘的敲击。不过，这个工具经常会产生一些你不需要的关键帧。此外，它往往制造一些杂乱的动画——就是在属性上添加太多不必要的关键帧。因此，在接下来的范例中，我们是不会使用它的。然而，你也可以尝试一下看看，如果将它应用在你的动画制作过程中，能否与你的工作流程相符合。

Maya 允许你用许多方式去设置关键帧。在键盘上按下 s 键可以设置关键帧;不过,这种设置方法将会为所有属性设置关键帧。当你只想为移动或缩放属性设置关键帧的时候,它会同时为移动、旋转和缩放等所有属性设置关键帧。按下 s 键时的最大问题就是会出现许多你不需要的关键帧,而且当要整合动画或做任何细致调整时,你必须处理大量的关键帧,然而,如果在设置关键帧的时候更加明智,就不会遇到这样的问题了。

替代方法是通过 Shift 加 w 键设置移动属性的关键帧，通过 Shift 加 e 键设置旋转属性的关键帧，通过 Shift 加 r 键设置缩放属性的关键帧。虽然一些动画制作需要使用 s 这个快捷键，但是，大多数简单的动画制作用 Shift 键组合的效果会更好。

在设置关键帧上值得注意的最后一点问题。在 Maya 中，几乎可以为一切东西设置动画。这意味几乎每一个属性都可以设置成关键帧。如果你在属性编辑器或者通道栏里选择一个属性，然后用鼠标右键点击，将会出现一个包括 Key Selected 命令的下拉菜单。你可以使用这种方法来设置所有属性的关键帧，从用 IK 的 on/off 参数设置 IK 是否可见，到某个材质属性的设置。

下一个按钮可以打开动画参数设置窗口。我们在接下来的范例里会了解到更多。

紧接着是命令输入栏、命令反馈栏和帮助栏。除非你打算亲自输入命令，否则，该命令栏和命令反馈栏通常对于动画初学者不会有太大的帮助。然而帮助栏用处很大——或许你已经发现了——它显示了鼠标所指的工具的名字和该工具的简单介绍。

对这些制作动画工具的最后一点说明是，你可以利用 Display→UI Elements 来隐藏或显示这些工具。

在动画制作中，你或许会喜欢使用另外两个工具——摄制表和曲线编辑器。在实际操作中，它们是很好理解的，因此我们将在范例 13.2 中去解决它们的使用问题。

范例

对接下来的范例的一些说明。动画是一个相当复杂的艺术形式，用

一章、两章甚至十章的篇幅也无法讲得足够清楚。

大多数动画师经过长年累月的孜孜以求，才使动画更加逼真（甚至是非常个性化的动作）——认为可以通过一本书、一学期甚至是一年的学习培训就可以对动画制作获得很好的理解，是非常愚蠢的。但这个过程不是令人沮丧的——而是恰恰相反。当你使用 Maya 让物体产生运动的技巧时，例如让物体移动，让物体成为焦点的技巧——不要太担心第一个练习会看起来有些糟糕。一旦你熟悉了这个工具，你以后就会做出最好的作品，这种高效动画的技术和艺术效果很容易让人产生兴趣。

要记住动画制作是一个不断完善的创作过程。第一份草稿绝不会是最终的动画作品，每当你播放一段画面时，就会出现你认为可以修改的细节和完善的可能性。进一步说，就是随着你学习更多动画制作知识，并且对别人的动画作品中的重要元素运用产生更深刻的认识时，你会发现你的作品有更多可提高的空间和需要调整的地方。

因此，要在这些范例中寻找乐趣并熟练掌握工具。我们需要时间和实践来为动画赋予真正的生命力。

我们将讨论一些主要的动画制作技巧。首先，我们要看看一个经典的，但看上去有点复杂的案例——弹跳球的练习。然后我们会去学习一个游戏角色的简单行走练习。在这些操作中，我们会学习到 Maya 提供的一些主要工具。不过要记住这只是了解这些工具，我们要继续努力，从而能真正地为这些角色赋予生命力。

范例 13.1 小球弹跳

目标

1. 为一个简单的小球制作一个效果不错的动画。
2. 给小球的位置、缩放和旋转属性设置动画。
3. 模拟出可信的重量、能量和重力的感觉。
4. 解释有效的预测、拉伸、挤压和其他动画制作的基本原则。

第 1 步： 定义一个新项目。创建一个叫做 Ball _ Animation 的新项目（使用 File→Project→New 来创建新项目）。确保使用 Use Defaults 按钮来设置项目里的文件夹。

虽然我们不会使用任何纹理或其他种类的输入节点，但我们将会输出文件。我们需要渲染出以一系列静态图片方式存在的动画。如果不事先确定好一个项目文件夹，那么 Maya 将在别的地方存储这些静态图片，你稍后不得不费力去寻找它们。

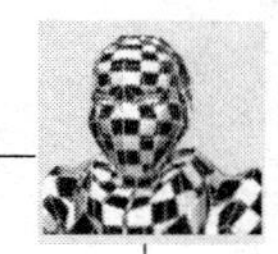

第 2 步：创建一个新场景。用 BallHop 名字保存。

第 3 步：创建一个新的（使用默认设置的）多边形球体。打开 Create→Polygon Primitives→Sphere 的命令设置面板。恢复默认设置（球体的 Radius 值为 1、Subdivisions Axis 和 Height 的值为 20）。

第 4 步：绑定这个球体。通过按 Insert 键并按 v 键(吸附到顶点上)，将操纵器移动到球的底部(如图 13－2 所示)。再次按 Insert 键退出操作。

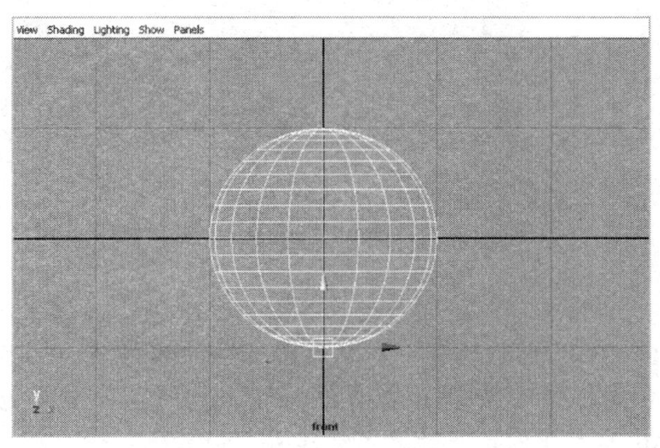

图 13－2　利用小球底部的操纵器操纵小球

因为操纵器的默认位置在小球的几何体中心点上，所以你操纵物体的位置也都在这个中心上。这就意味着如果我们缩放这个球体，它将会从顶部和底部同时收缩变小，底部也就随之提高。但是，因为我们正努力模拟真实世界的物理现象，所以让球体接触到地面是非常重要的。

将操纵器移到球体底部，意味着我们可以让球体吸附到地面上去。这也意味着当我们旋转球体的时候，它围绕着接触地面的那个点旋转，然后当我们缩放该球体的时候，将会在地面上放大或缩小——而不是在球体的中间。

第 5 步：向上移动球体到地平面（Y＝0)。按下 x 键（吸附到网格）并且向上移动球体，这样球体的底部就在 Y＝0 的位置上了。

第 6 步：创建一个平面并调整平面的大小，为小球的跳跃提供足够的空间。平面的具体大小并不重要（如图 13－3 所示)。

第 7 步：将动画参数设置为实时回放。点击动画参数设置窗口的按钮，或通过 Windows→Settings/Preferences→Preferences 命令进入该窗口，然后点击 Settings 类别的 Timeline 参数。在该栏的 Playback 区域，要确保 Playback Speed 设置的是 Real－time。

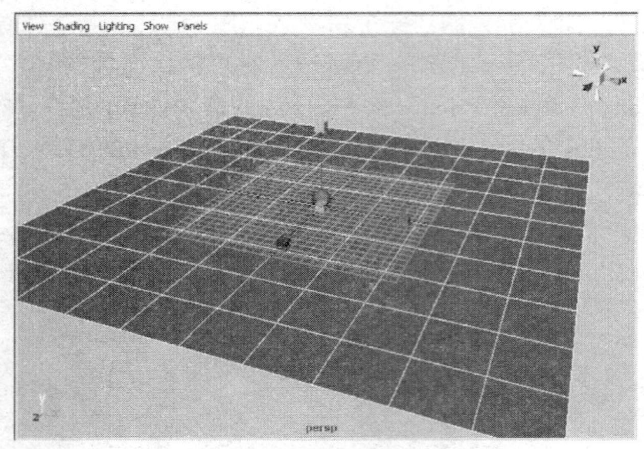

图 13－3 添加一个平面作为地板

Maya 可以将回放设置为不同的方式，目前你电脑上的设置取决于最后使用你电脑的那个人。通常你会希望以实时的方式进行回放——它会或多或少地显示出渲染后的结果。然而，当你的场景变得很复杂时，Maya 不能以实时的方式展现每一帧动画，所以当在视图中回放时，它通过丢帧来实现实时播放。在那种情况下，你或许会更有兴趣看到每一帧，而不是希望 Maya 实时播放。请注意，在 Playback Speed（回放速度）选项中，你可以将 Maya 设置为 Play every frame（播放每一帧），twice（两倍速度）或 half（一半速度）进行播放。

第 8 步：把时间设置成 30 帧每秒。仍旧在动画参数设置窗口中点击 Settings 类别。改变 Time 参数，从 Film（24 fps）到 NTSC（30 fps）。点击 Save 按钮保存。

Maya 在默认状态下是电影的设置。但是通常动画初学者的作品往往以电影的形式进行播放，而且通常会在电视上播放。美国电视的 NTSC 制式的标准是每秒 30 帧［中国大陆的电视制式是 PAL（25 fps）］。

这实际上有很大优势，通常情况下，30 帧每秒比 24 帧每秒更容易进行时间分配和计算。

第 9 步：将整个动画设置为 3 秒。在动画结束时间输入区域输入 90（每秒 30 帧，3 秒一共是 90 帧）。

第 10 步：在时间滑块中展示所有 90 帧。将范围滑块拉伸成从 1 到 90 的长度，或者是在回放开始时间区域输入 1，在回放结束时间输入 90（如图 13－4 所示）。

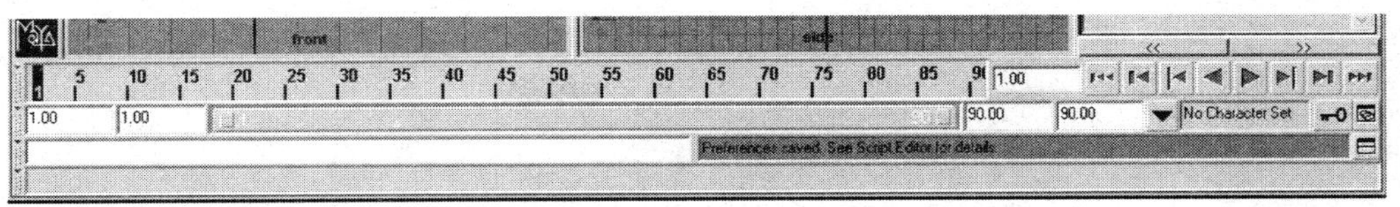

图 13－4 时间滑块设置

在制作这样的动画短片时，将所有动画一次显示出来是最简单的动画制作方法。能够看见所有的 90 帧和我们将要设置的关键帧，能够帮助我们把握住整个动画的感觉。如果一个动画片段就包括了成百上千帧动画，你可能需要不断地改变时间范围滑块，但是在许多情况下，你可以一直显示所有帧数。

第 11 步：在 30 帧上给移动属性设置一个关键帧。将当前时间标记拖动到 30 帧的位置，或在当前时间输入区域输入 30。然后按下 Shift 加 w 键。

为什么要在 30 帧处设置关键帧呢？我们稍后将要在动画的开始处增加一些动画；在 30 帧处设立我们的第一个关键帧并告知 Maya："好了，这是第一个 30 帧，不要做任何事情。"这给 Maya 设置了第一个 30 帧的命令，这个命令的意思是"从这里开始"。

当你设置这个移动属性关键帧的时候会发生一些变化。首先，在通道栏中设置了关键帧的部分将会以橙色突出显示（Translate X、Translate Y、Translate Z 三个属性将会变成橙色）。第二，在时间滑块中会出现一个小红线（为了看到它，你或许不得不往旁边移动一点点当前时间标记）。这个小红线代表你刚刚设置的关键帧。

第 12 步：拖动当前时间标记到 60 帧，将球体沿 Z 轴负方向移动 12 个单位的距离，设置一个移动属性关键帧（如图 13－5 所示）。

这是制作动画的标准程序。给 Maya 一个开始的地方（在本范例中是第 30 帧中 Translate Z = 0），然后移动当前时间标记定义一个新时刻，在该时刻对场景做出改变（在这种情况下，沿着 Z 轴移动球体 12 个单位），并且记下这些变化（用 Shift 加 w 键设置移动属性关键帧）。

这一操作在 60 帧处将会创建一个新关键帧，你可以看见一个新的小红线。如果你拖动时间滑块，你就可以看到球体沿着地面来回滑动。或者按下回放按钮，你可以播放这个动画来看到这个运动过程。

第 13 步：在 45 帧处增加一个关键帧使运动完善。将当前时间标记拖动到 45 帧处，将球体向上移动 3 个单位（如图 13－6 所示），按下

Shift 加 w 键。

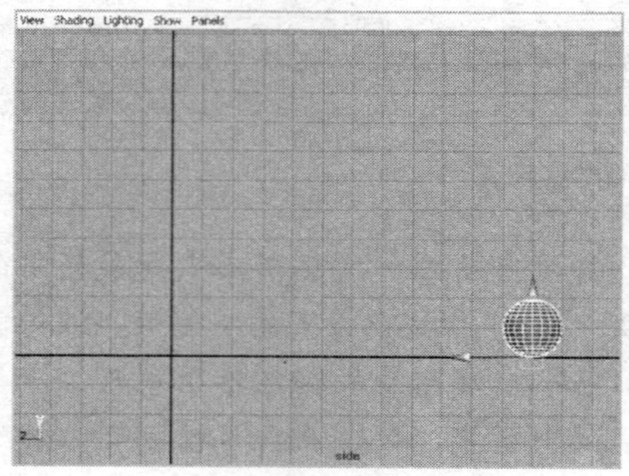

图 13 – 5　小球的新位置

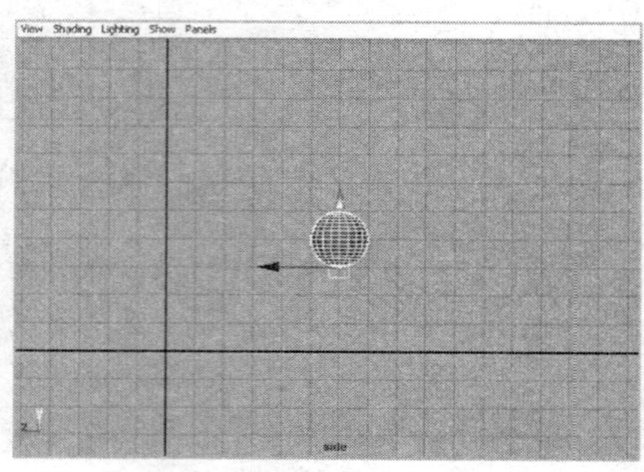

图 13 – 6　用额外的关键帧对动画进行完善

是的，我们本可以用线性方式简单地制作出这些关键帧，但重要的是，这些关键帧在任何时候都可以设置——现存关键帧之间也可以设置关键帧。你可以用这种方式在任何时间点上增加新关键帧，以完善或重新定义运动过程。实际上这个操作是被称为 pose to pose（姿势到姿势）的动画制作技术的基础。

第 14 步：在球体上增加贯穿整个动画的旋转。图 13 – 7 展示了一些额外的动画优化操作。图 13 – 7a 展示的是 30 帧。旋转球体让它做出弹跳前的倾斜动作——按下 Shift 加 e 键设置旋转属性关键帧。然后在 60 帧（如图 13 – 7b 所示）处将球体旋转回来，确保它的底部是首先接触地面的部分。按 Shift 加 e 键设置第二个旋转属性关键帧。

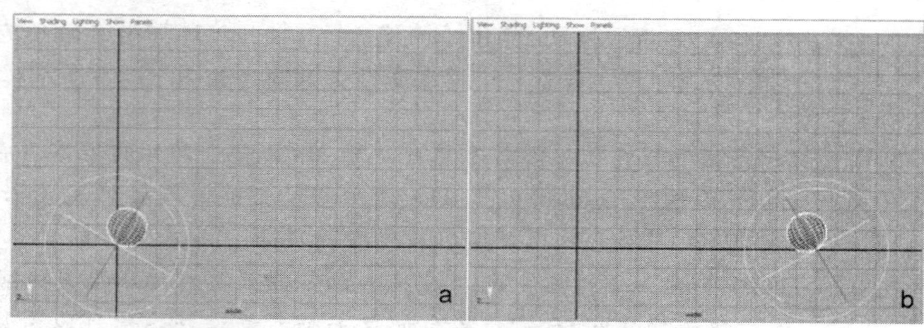

图 13 – 7　在 30 帧和 60 帧添加旋转属性关键帧

请注意一下，我们在与位置关键帧相同的地方添加了旋转属性关键帧。在时间滑动条上不会看到任何明显的不同，但是你将会在通道栏里看到已设置关键帧的旋转通道变为了橘黄色。

第 15 步：给弹跳添加拉伸形变。在 30、45 和 60 帧处增添缩放属性关键帧（Shift 加 r 键）。垂直拉伸小球（30 帧），恢复正常形状（45 帧），再次拉伸准备碰撞地面（60 帧）。图 13 – 8 展示了可供参考的缩放过程。

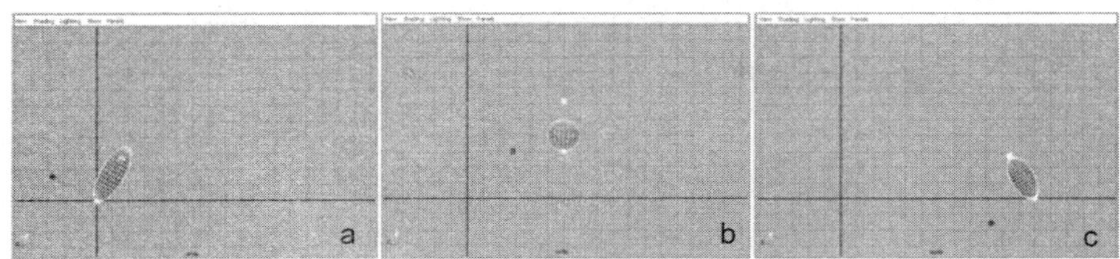

图 13 – 8　弹跳的形变

第 16 步：添加弹跳前的挤压变形和旋转。将当前时间标记移动到 26 帧。将球体转回 Rotate X = 0 的状态，并挤压球体（如图 13 – 9 所示）。按下 Shift 加 e 键设置旋转属性关键帧，然后按下 Shift 加 r 键设置缩放属性关键帧。

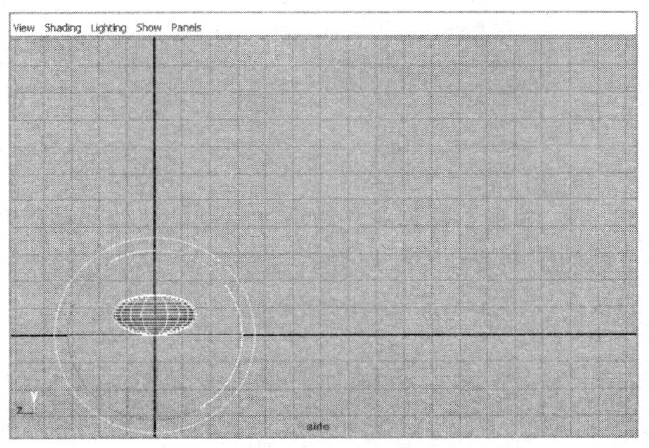

图 13 – 9　在弹跳的准备阶段旋转和挤压球体

有时你会希望用分层次的方式来制作动画——先设置好所有的移动属性关键帧，然后返回来设置所有的旋转属性关键帧。但有的时候，你可以在一帧上设置好旋转、缩放和移动的参数，然后在该帧一次性为这些参数添加关键帧。实际上，动画往往是交替出现的，很少在一帧上同时出现旋转、缩放和移动关键帧。然而，当你一开始粗略制作动画的时候，你可以将所有的初始关键帧放置在相同的帧上，这样容易操作而且会节省时间。

在这之前你已经添加了拉伸变形。在开始时，挤压变形是发生在拉伸变形之前的。

第 17 步：在弹跳的结尾处添加挤压。在 62 帧处设置旋转属性关键帧（Rotate X = 0），并且当它落地并恢复正常的时候，为它添加缩放属性关键帧使球挤压变形（如图 13 – 10 所示）。

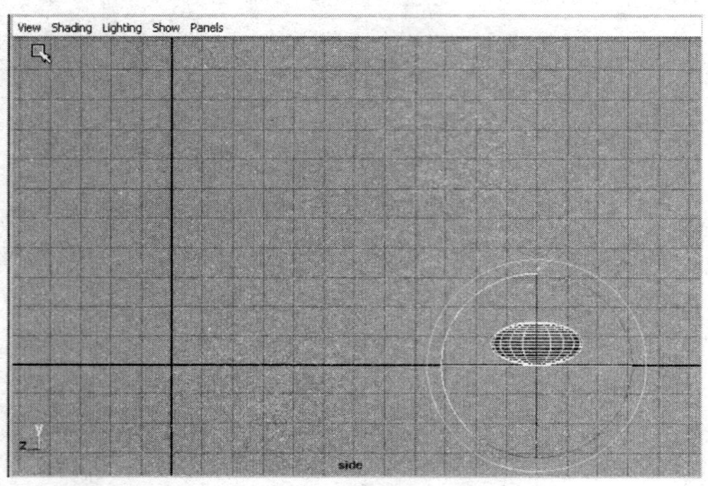

图 13 – 10　在弹跳结尾处的挤压和旋转

第 18 步：在弹跳之前添加预期的拉伸和挤压变形。图 13 – 11a 展示了添加了旋转和缩放属性关键帧后的 13 帧。图 13 – 11b 中展示了 19 帧的状态（再次添加旋转和缩放属性关键帧）。

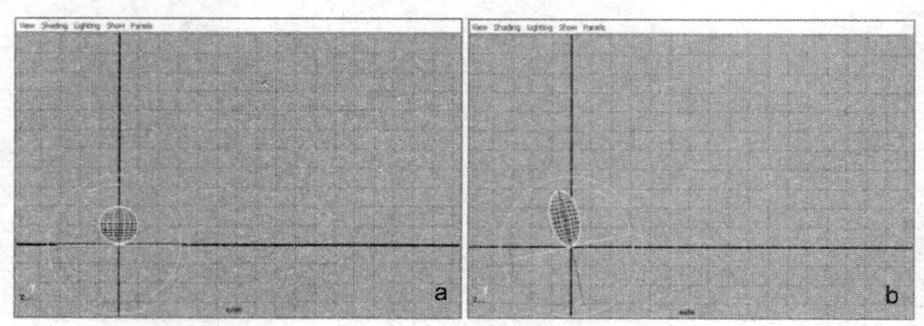

图 13 – 11　在小球实际弹跳之前给了它们一点拉伸和挤压（以及旋转）

我们怎么知道 13 帧和 19 帧是我们的目标帧呢？其实，我们真的不知道。这些都是对实际发生时间的猜想。毫无疑问，稍后我们会在时间

把握上做一些调整。大部分时间是我们主观设置的，这能让我们粗略地知道小球在弹跳前的轻微摇摆（轻微摇摆是弹跳前的准备动作）。稍后你可以把时间调整正确。

第 19 步：给小球添加撞击后的轻微摇摆。图 13 – 12a 展示了 66 帧，图 13 – 12b 中展示了 72 帧。在球撞击地面之后，这么做给球体添加了一些因重力产生的额外摇摆。

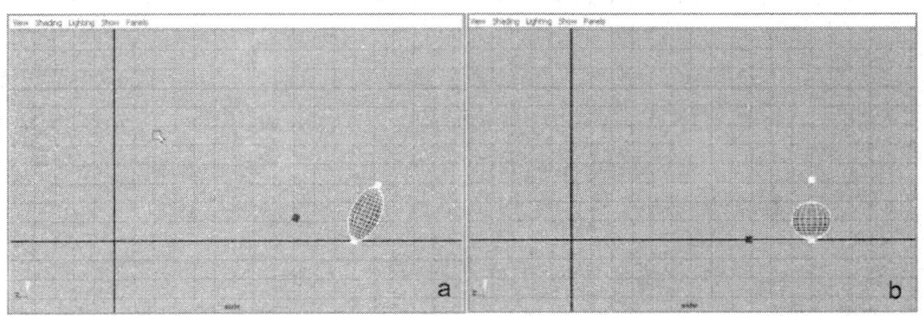

图 13 – 12　给该帧添加额外的移动和重力反应

第 20 步：回放动画来看看小球的运动过程，如果你想做一下比较的话，该范例源文件保存在随书光盘 Step19.mb 中。

调整曲线——图形编辑器

第 21 步：显示出图形编辑器。选择 Window→Animation Editors→Graph Editors 命令。图 13 – 13 显示了选择 Sphere1 后的图形编辑器。

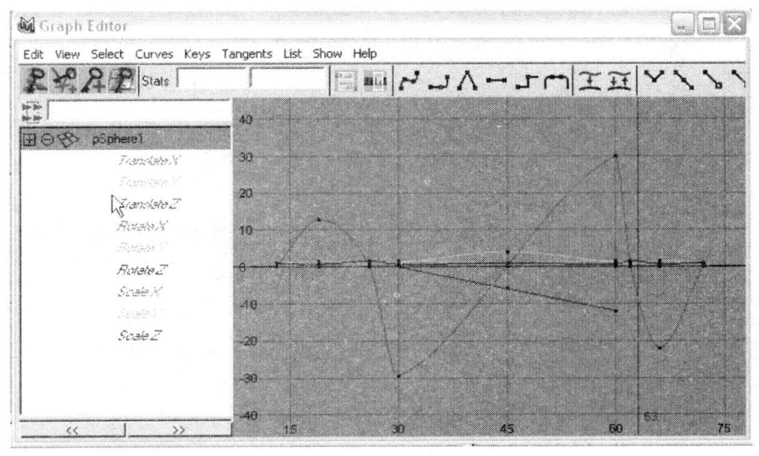

图 13 – 13　目前动画的图形编辑器

图形编辑器是一种在 Maya 中调整关键帧的方法。在左边你将会看到已选择的物体,它们下面是设置了关键帧的特定属性。在主要区域——图形区——你会看到关键帧是用彩色曲线连接的黑点表示的。曲线代表关键帧之间的补间动画——实质上意味着 Maya 关键帧之间的所有帧。你在图形编辑器中的操作与视图中是相同的，也是使用 Alt 键和鼠标按键结合操作。

Maya 在默认情况下会生成流线型的动画曲线。这就是为什么补间动画是曲线形的。然而有时默认的补间动画使运动太过平稳了。例如，当小球正在结束挤压并且开始弹跳时的拉伸时，它离开地面时的运动就会显得太过柔和和迟缓。同样地，当它着地时，就感觉像是落在一个棉花球上，这两种情况都缺乏力度感。当某些东西在硬地面上跳起或着地时，都应该有力度感。图形编辑器将会帮我们解决这些问题。

第 22 步：只显示移动属性的关键帧。在球体下面，选择 Translate X、Translate Y 和 Translate Z 三个属性。其他关键帧的曲线将会自动隐藏。

第 23 步：按下 f 键来重点显示这些帧。注意绿色曲线代表球体沿 Y 方向运动的路径。

第 24 步：在 Y 曲线的开始处框选周围的帧。这将会选择帧并显示出它的切线手柄。

第 25 步：调整切线权重。在图形编辑器中选择 Curves→Weighted Tangents 命令。

在默认情况下，这个曲线是无权重曲线。这就意味着该曲线上的每一个点（我们的关键帧）对曲线没有任何影响力。虽然我们能够调整切线手柄（或用一个更相似的术语称之为控制点的贝塞尔手柄）的方向，我们却无法调整切线手柄的长度，通过让一个关键帧对补间动画产生更大的影响，而给一个曲线添加权重可以让我们做到这一点。

注意我们只是选择了一个关键帧，却调整了整个曲线。

第 26 步：释放切线权重。在图形编辑器选择 Keys→Free Tangent Weight 命令。

释放切线权重，允许我们抓住切线手柄并可以将它们拉长或拉短，来更加有效地控制补间动画。

第 27 步：放大第一个 Y 关键帧。你在图形编辑器中的操作与视图中是相同的，按住 Alt 加鼠标左键和中键拖拽允许你推拉视图摄像机。

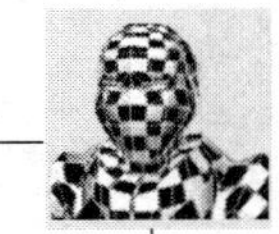

第 28 步： 使用框选的方式来选择右侧切线（该切线在帧的右边）。

第 29 步： 切换到移动工具（快捷键 w），用鼠标中键拖拽切线使它大致如图 13－14 所示。

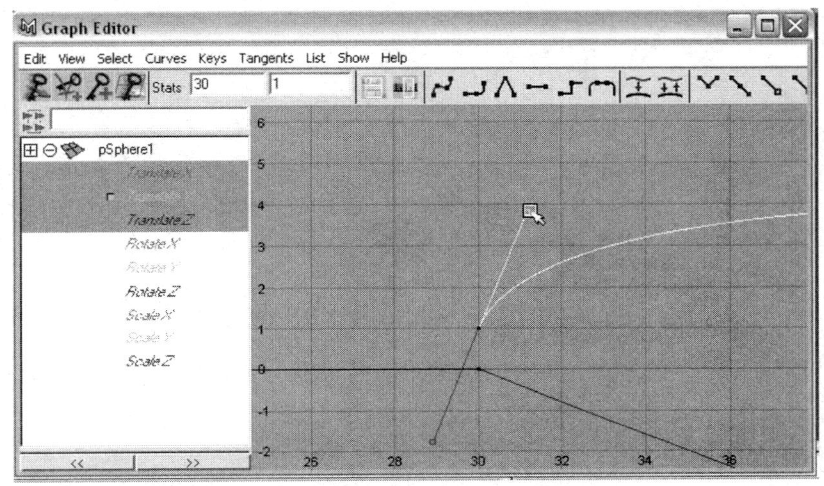

图 13－14　使用移动工具调整切线

不激活移动工具，你就无法按照自己的意图调整切线。学生们经常忘记这点，从而常以为是图形编辑器坏了。当你发现图形编辑器不能按照你的要求运行时，请确定你是否激活了你想要用的工具。

注意，图形编辑器只使用鼠标左键来选择物体。如果你想要对一些东西进行调整，那么几乎总是使用鼠标中键。

像这样调整切线，将会使小球极为迅速地跳离地面。

第 30 步： 选择 Translate Y 曲线结尾处的关键帧。释放切线权重。

第 31 步： 按照图 13－15 所示调整曲线。

这会使球体在落地时运动逐渐加速。

第 32 步： 缩放图形编辑器视图，并把观察重点放在 Translate Y 曲线上。缩放你的图形编辑窗口（点击并拖拽该窗口右下角），选择曲线，按下 f 键将该曲线重点显示。

当图形编辑器试图为你展示随着时间推移 X、Y、Z 轴的数值变化时，它不得不通过显示出大量图形来说明这种数值变化。如果你让 Maya 只显示出一条曲线，你对补间动画进行实际调整的思路会更加清晰。

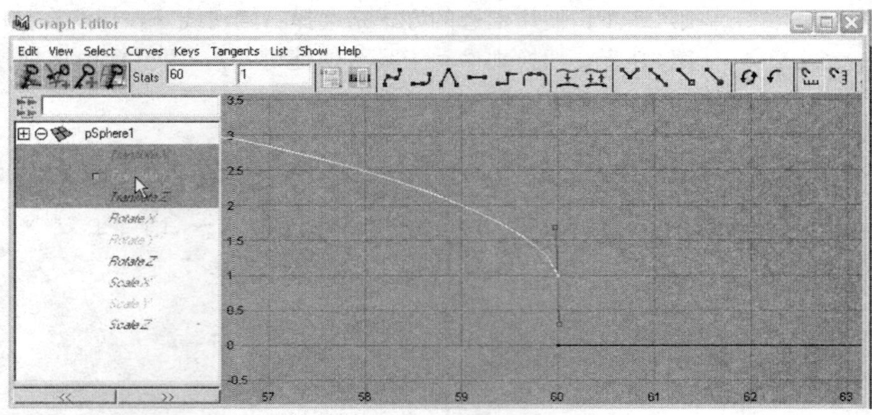

图 13－15　为 Translate Y 曲线结尾处的关键帧调整切线

第 33 步：优化曲线，使其形状与图 13－16 相似。通过选择和调整切线来控制曲线，实现优化效果。

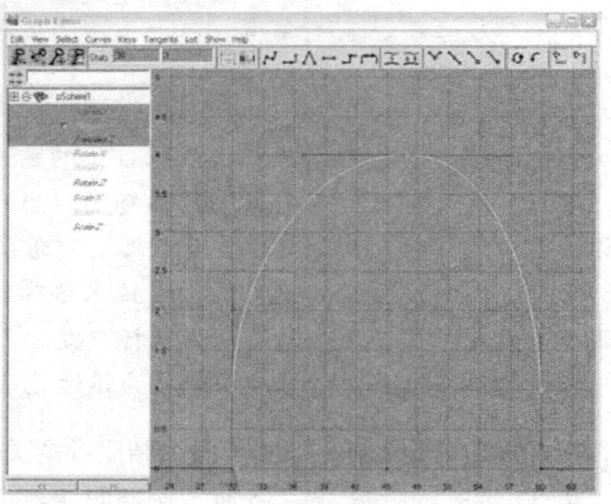

图 13－16　对调整后的 Translate Y 曲线进行重点显示

第 34 步：回放动画。请注意小球快速跳起并加速下落的运动特点。

第 35 步：在图形编辑器中找到 Translate Z 的动画曲线，调整它的关键帧数值。当你看到这个小球弹跳的距离，你会发现它跳得太远（像是在漂浮）。在图形编辑器左边选择 Translate Z 并按下 f 键，对其进行重点显示。框选 Translate 曲线最后一个关键帧（该曲线显示为一条直线）。注意图形编辑器顶端的状态栏，它应该在第一个输入区域里显示为 60（帧数），在第二个输入区域里显示为－12（在 Z 轴上的值）。请将第二个输入区域的值修改为－8。

注意，你也可以用更直观的操作方式，即在图形显示区域用鼠标中键拖拽这个关键帧来修改其位置。但是用输入数值的操作方式可以让操作过程更干净利落一些。

第 36 步：删除 Translate Z 曲线中间部分的关键帧。用框选的方式选择该帧并按下键盘上的 Delete 键进行删除。

当你调整了最后的关键帧，Translate Z 就从直线变成了一条曲线。这意味着，这个球在一开始先弹跳出一个很长的距离，然后停止在一个位置上。为了简单起见，我们假设对于整个弹跳过程来说，这个球在 Z 轴上进行均匀的移动。删除中间的关键帧让 Z 轴曲线变回到一条直线。

第 37 步：关闭图形编辑器。

第 38 步：在时间滑块中调整时间。在时间滑块中，按下 Shift 拖拽所有关键帧（如图 13－17a 所示）。现在选区已变成红色，选择选区右端末尾的三角形拖动到左边。这个操作将缩放选中的关键帧（围绕第一个选中的帧进行缩放，如图 13－17b 所示）。

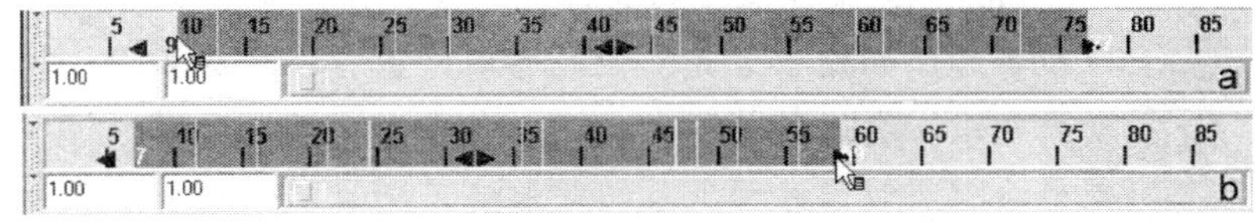

图 13－17　选择（a）并且缩放关键帧（b）

缩放关键帧的操作将改变每个帧之间的时间。如果帧之间帧数的数量越少，运动的速度就会越快。因而，在时间滑块中将关键帧的选区缩放得越小，运动也就变得越快。

请注意这个操作并不是非常精确的。先缩放，再按下播放按钮进行动画回放，再次进行缩放，观察所获得的动画，直到感觉到运动符合你的想象为止。

请注意，你可以通过红色选区开始或结束处的三角形来缩放关键帧。但也要注意，在红色选区的中间是一个双箭头，你可以使用它将这些关键帧简单地移动到一个不同的时间点上。

播放预览

第 39 步：创建一个播放预览。在透视图中，将你的摄像机移动到能够看到整个弹跳过程的位置。修改范围滑块，使动画回放范围只包括弹跳过程，不包括弹跳完成之后的帧数。打开 Window→Playblast…命令的

命令设置面板，恢复默认设置，改变 Scale（缩放）值为 1，按下 Playblast 按钮（如图 13－18 所示）。

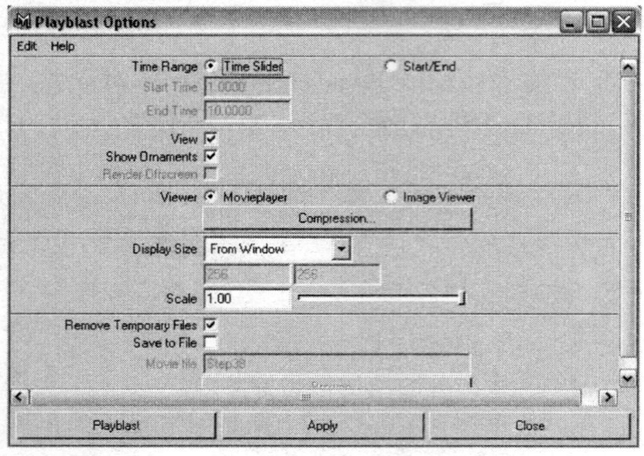

图 13－18　Playblast（播放预览）命令设置窗口

Playblast 是动画序列的预览。这种预览不使用 Maya 软件渲染器或其他耗费时间的输出方式，但能够创建出一个迷你影片，可以让你预览到动画效果。在这种预览方式下，你看不到具体有多少多边形，也比你在视平面中实时回放动画时的效果略差一点。不过，在更加复杂的一些场景中，Maya 无法做到实时回放每一帧，因此播放预览就显得很重要了。

播放预览将会保存每一帧动画，并把它输出成一个影片，以便你在电影播放器中查看。Playblast 命令设置窗口中的大多数设置都非常容易理解。窗口里的 Show Ornaments 选项是指显示像操纵器手柄和定位器这样的东西；Compression 参数可以用来更改输出电影的压缩方式；Display size 参数是用于设置画面尺寸（例如 DVNTSC 电视制式画面的大小为 720 ×480）的。在窗口底部，你还可以选择保存播放预览的影片文件，而不是只作为一个临时文件输出（如图 13－19 所示）。

第 40 步：给场景打上灯光并且渲染。在场景中放入一些灯光照明——确保它们投射出了阴影。打开 Render Settings（渲染设置）窗口。将 Frame/Animation Ext（帧或动画后缀名）选项设为 name # .ext；将 Image Format（图像格式）改为 Tiff（tif）；将 Start Frame（起始帧数）改为 1；将 End Frame（结束帧数）改为 60（或改为你的动画的结束帧数）；将 Frame Padding（帧填充）改为 2；其他的设置使用默认值就可以了（如图 13－20 所示）。

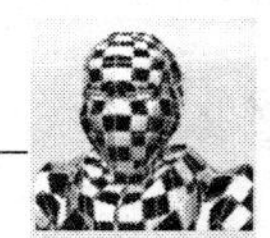

对于渲染动画制作来说，渲染设置窗口（事先的总体渲染设置）中有一些东西是很重要的。Frame/Animation Ext 选项允许你规定 Maya 采用何种规范来命名它渲染出来的这些帧。不同的视频编辑软件往往使用不同的命名规范，但是几乎所有视频编辑软件都可以接受 Name # .ext 的命名方式。

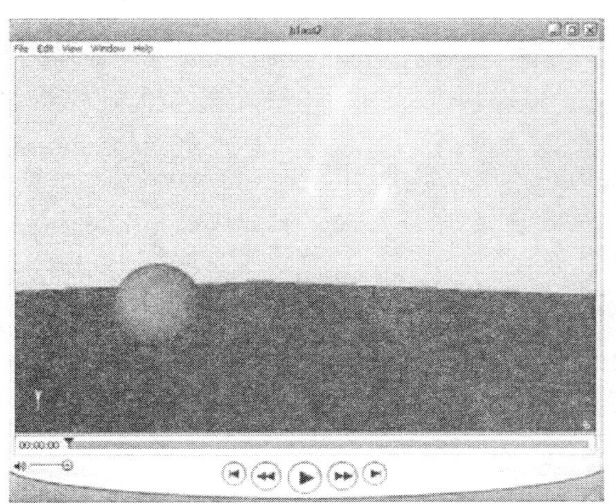

图 13－19 播放预览的效果

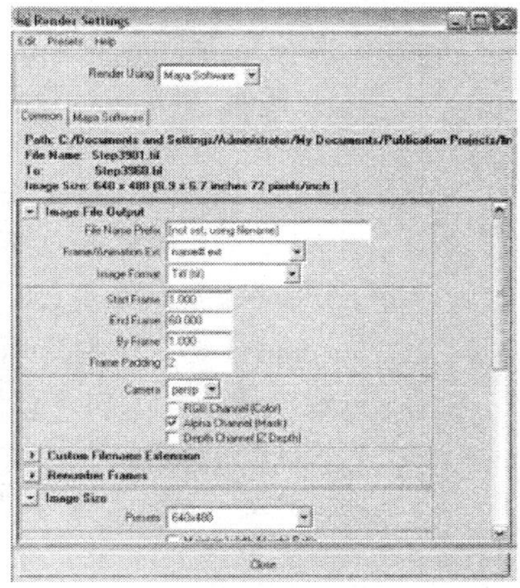

图 13－20 小球弹跳动画的渲染设置

将 Maya Tiff 格式改变为一个普通的 Tiff 格式,可以让视频编辑能够读取这些文件。设置开始帧数和结束帧数的作用就不必说了,很容易理解。Frame Padding 这个概念可能就不太好理解了。基本上是指在渲染帧数的前面要放置多少个零。那么当 Frame Padding 设置为 3 的时候,渲染出的第一帧的名字叫做“Filename 001.tif”(文件名＋序号＋后缀名)。这个设置很重要,因为它能让电脑知道每一帧画面的连接关系,这样就不会出现 File1.tif 后面紧跟着 File10.tif 这样的情况了,而是能够正确地接上 File2。

第 41 步：改变成渲染模式（快捷键 F6），并点击 Rendering 模块/Render→Batch Render 命令。在你的界面右下角处，你应该看到一些类似图 13－21 所示的提示。

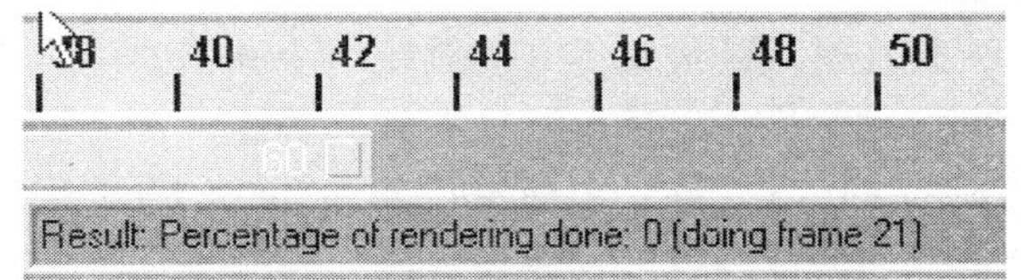

图 13－21 渲染进程

你也可以点击 Windows→General Editors→Script Editor 命令打开脚本编辑器，来观看渲染进程。

这个操作将会渲染每一帧画面，并将文件保存到你的项目文件夹中的 images（图像）文件夹中。

第 42 步：在 Fcheck（在该程序中打开 File→Open Animation 命令）播放器中或是在像 Quicktime（专业版）这样的播放器（在该程序中打开 File→Open Image Sequence 命令）中查看动画。你也可以将图像序列导入一些像 Premiere、Final Cut Pro 或 After Effects 这样的影视处理软件中。

FCheck 是 Maya 内置的图像浏览器。它通常位于 Maya 同一个目录中——并且通常可以通过“开始→程序→Autodesk→Autodesk Maya2010→FCheck”来打开它。当你开启了该程序，你可以点击 File→Open Animation 命令，打开 BallHop 文件夹（你的项目文件夹）并找到里面的 images（图像）文件夹。选择动画中的第一帧，然后按下 Open 按钮。

Fcheck 就会将每一帧图像读取到内存中，第一次读取的时候或许有点慢，但是一旦读取全部完成，它就能够播放动画了（如图 13－22 所示）。

图 13－22　运行中的 FCheck

范例总结

现在这只是最基本的动画练习。动画时间也不是十分准确，小球的预期拉伸和挤压以及最终晃动直到静止，都应该被调整成一个更加精细的动画过程。应该让小球的拉伸和旋转错开，成为交替出现的运动。对该动画的调整还可以（而且应该）继续细化下去。限于本章篇幅，美化运动的更多细节暂不讲解了。

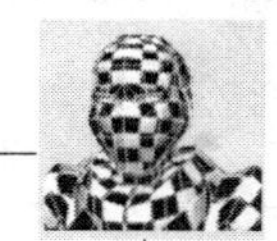

不管怎样，在这个范例中你接触到了许多 Maya 动画制作流程中的重要工具。你对位移、旋转和缩放属性设置了关键帧。你还在现有关键帧之间、之前、之后的位置上增加了新关键帧。你在图形编辑器中调整了关键帧的位置，并使用图形编辑器控制动画曲线定义关键帧之间的补间动画。你也使用了时间滑块来缩放及移动关键帧。

最后，你使用 Playblast 播放预览输出一个预览动画并渲染出最终的序列动画作品。严格来说，你接触了 Maya 动画制作中的所有主要工具。然而，还有很多应该学习的动画知识我们还没有讲。

在下面的范例中，我们要使用这些工具制作一个角色动画。令人惊奇的是，同样是用来设置移动、缩放和旋转关键帧的基本工具，却能够给角色带来生命。

范例 13.2 基本行走

目标

1. 设定一个角色动画。
2. 使用引用来保持原始角色的完整性。
3. 使用 IK 制作下肢动画。
4. 使用 FK 制作上身动画。
5. 简单了解一下权重的原理。
6. 制作出完整的行走动画。

第 1 步：把当前项目设置为 Game _ Model。该项目中应该包含了你做好绑定的角色模型。

第 2 步：打开你所做游戏模型的最近版本，且要确保这个版本的模型已经被绑定好并给它添加了蒙皮。

第 3 步：返回角色的绑定姿势。请记住你必须要做这些，把 IK 组返回到它们的原始状态——在通道栏中的 Translate X、Y 和 Z 三个属性中输入 0。

第 4 步：将模型、IK 手柄和关节打组。选择 Root _ joint、L _ Foot、R _ Foot 并按下 Ctrl 加 g 键将它们组合起来，在这个组中不包括角色。重新命名该组为 Character _ Group。将该组的操纵器放置在脚的底部中心上（如图 13 – 23 所示）。

用这种方式组织角色，可以允许你在不移动多个物体的情况下，把角色放在一个新位置上。当你准备制作动画时，如果你需要让角色沿着

与模型原来所在平面不同的平面行走，或者沿着与现在不同的方向走，那么你只需旋转该组就能够做到了，因为该组包含了所有东西。记住不要将角色包括到该组之中。因为，关节将会控制整个多边形角色。

如果你将角色放入了这个组中，那么当你移动这个群组时，多边形模型将会接收到两次移动指令——一次是给多边形本身的指令，而另一次是给关节的指令。这么操作将会导致多边形比关节的运动快两倍。

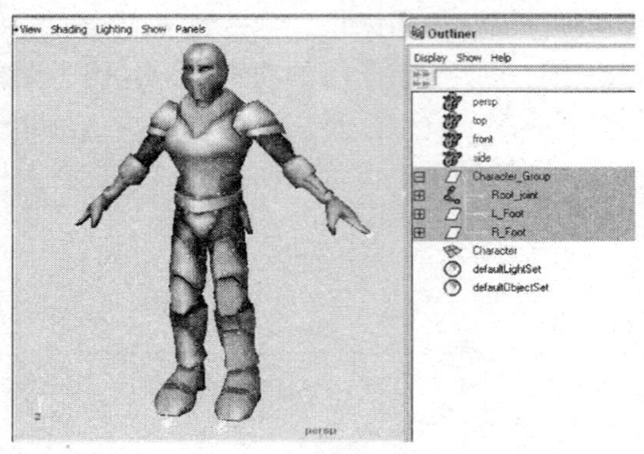

图 13－23　通过群组来组织文件

第 5 步：把文件保存为 GameModelReady.mb。

我们将要使用 Maya 的引用系统。这种系统的核心思想是，你可以在 Maya 文件中引用另外的 Maya 文件。这与简单地导入文件不同，因为所引用的文件可以随时更新。

在本范例中，我们将把 GameModelReady.mb 引用到另一个文件 GameModelWalk.mb 中进行动画制作。事实上，只要我们想引用，我们就能把 GmbeModelRead.mb 引用到许多文件中。这样做的优点是，在制作动画过程中，只要我们发现一个蒙皮权重问题或其他确实存在的问题，那么我们就可以在 GameModelReady.mb 中修改，而且，所有引用这个文件的地方都会随之改变。

这个设计为我们提供了很多帮助。首先，它使原始的 GameModel-Ready.mb 文件保持整洁，没有写入任何关键帧和其他垃圾信息。其次，如果你制作的是一个故事片项目，那么你可能制作了许多代表不同镜头的 Maya 文件。如果你需要让角色的盔甲从蓝色变成红色，那么只需调整一个文件，就可以改变所有镜头的文件。

第 6 步：创建一个新的场景。使用 File→New Scene 命令创建。

第 7 步：创建一个平面作为地面。设置它的 Width 为 50、Height 为

200。给这个地面创建一个材质。确保给这个地面添加一点纹理效果（可以是棋盘格纹理，也可以是修改过的膨胀纹理或者其他类似的纹理）。

这么做虽然并非完全有必要，但如果角色脚下的地面有一些图案的话，你就可以对角色的运动了解得更清楚，这么操作可以让你看到角色踩住了哪些地方。

第8步：创建一个引用。打开 File→Create Reference 的命令设置面板。恢复默认设置并点击 Reference 按钮，这将打开你的项目文件夹中的场景文件夹。选择 GameModelReady.mb 文件并按下 Reference 按钮（如图 13－24 所示）。

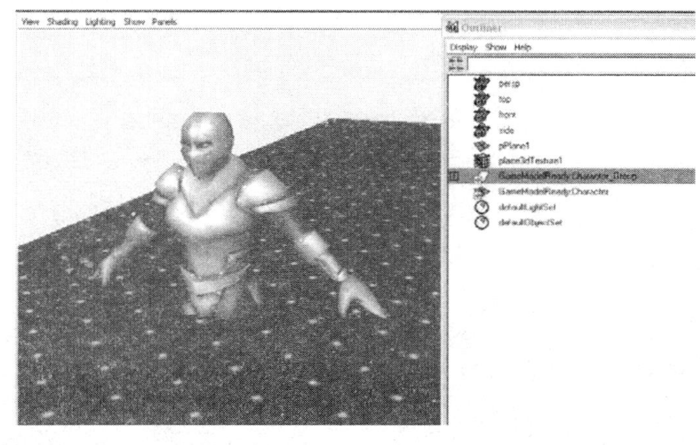

图 13－24 创建一个引用的效果

请注意，现在的场景中有一些东西不同于原来场景。首先，角色和与它相关联的关节和 IK 手柄全在一个新的场景中——虽然它们并未处在一个合适的位置上（部分出现了穿过地面等情况）。其次，请注意在大纲视图中靠近 GameModelReady：Character _ Group 名称的图标上有一小蓝点，它表明这是一个引用物体。

被引用物体受到了一些限制。最大的限制就是你按下 Delete 键时，是无法删除文件的。你如果要删除引用文件，就需要打开引用编辑器（使用 File→Reference Editor 命令）。在这儿（如图 13－25 所示），你可以关闭一个引用文件，这样它就不会在文件中出现了，或者你可以使用鼠标右键点击引用文件，并选择弹出菜单中的 File→Reference→Remove Reference 命令。

第9步：移动 GameModelReady：Character _ Group，将其放在站立于地面之上的位置（如图 13－26 所示）。选择 GameModelReady：Character _

Group,并使用移动工具将其放置到合适的位置上。位置的确切地点并不重要,但是要确保他站立在地面上。

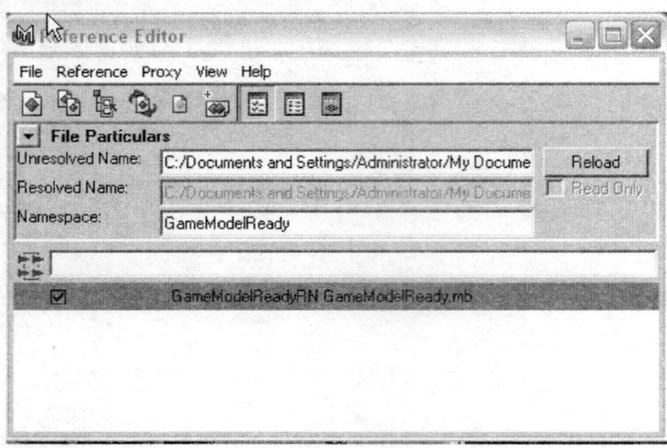

图 13－25　引用编辑器可以让你对场景中的引用文件进行控制、关闭或删除操作

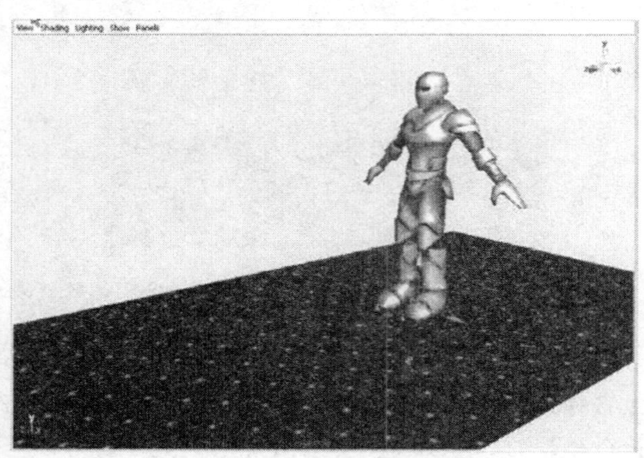

图 13－26　放置好的角色

第 10 步： 把这个场景时间拉长到 90 帧，并且确保你制作的动画帧速率为 30fps。在范围滑块旁边的结束时间输入区域修改帧数。打开 Animation Preferences（动画参数设置）窗口，在 Settings 类别中，确保把 Time（时间）设置为 NTSC（30fps）。

第 11 步： 组织大纲视图，展开 GameModelReady: Character _ Group 组。把 GameModelReady: Root _ joint 最小化；把 GameModel: Ready: L _ Foot 和GameModel: Ready: R _ Foot 也最小化。你的大纲视图应该与图 13－27 相似。

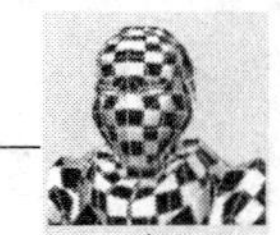

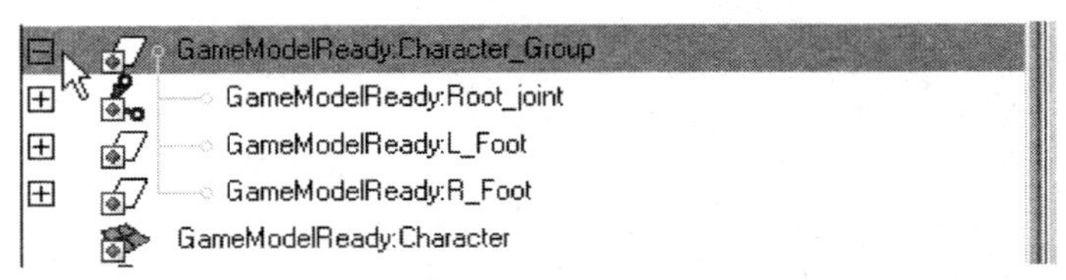

图 13－27　组织好的大纲视图

为了方便阅读，在本范例剩下的内容中省略了物体名称中的 GameModelReady，并且我们只列出一部分将要使用的参考文件名称。因此要记住，本书下文所说的 L _ Foot 就是你的大纲视图中的 GameModelReady：L _ Foot。

粗略制作出运动

第 12 步： 在第 1 帧处为 L _ Foot 设置一个移动属性关键帧。记得要用 Shift 加 w 键来进行这个操作。

请记住，为了界定动画，我们必须在动画的每个部分的开头和结尾处设置一个关键帧。在本范例中，我们将在 L _ Foot 上设置整个动画的第一个运动，但是我们必须首先给它设置一个用于动画开始的位置和时间。

第 13 步： 在第 1 帧处为 Root _ joint 设置一个移动属性关键帧。

在第一部分，我们将设置出腿部运动并带动整个身体的移动。因此，我们需要给 Root _ joint 设置一个关键帧作为运动的开始。

第 14 步： 将当前时间标记移动到第 5 帧。将 Root _ joint 向前并向下移动一点（如图 13－28 所示），记录下一个移动属性关键帧。

第 15 步： 仍旧在第 5 帧处，移动 L _ Foot 大致如图 13－29 所示。记录下一个移动属性关键帧。

第 16 步： 在第 10 帧处为 L _ Foot（如图 13－30a 所示）和 Root _ joint（如图 13－30b 所示）记录下一个移动属性关键帧。请记住，在每一次移动之后都要设置移动属性关键帧。

第 17 步： 仍旧在第 10 帧位置上，为 R _ Foot 设置一个移动属性关键帧。

R _ Foot 将要在第 10 帧中开始移动。因此，我们必须在这里给它设置一个关键帧，好知道它何时开始移动、将要移动到哪里去。

第 18 步：在第 15 帧处，为 R _ Foot 和 Root _ joint 设置一个移动属性关键帧（如图 13 – 31 所示）。

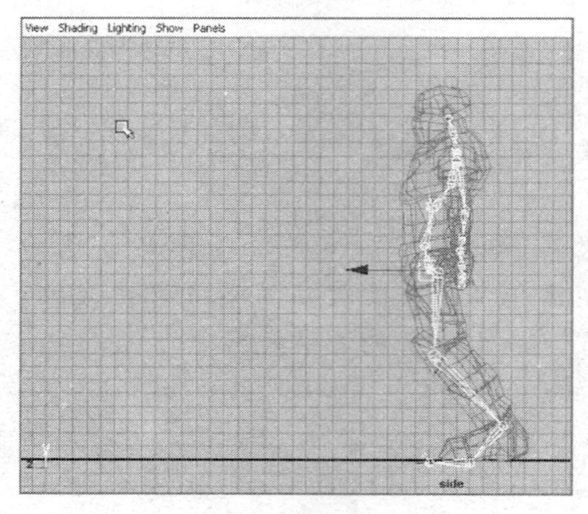

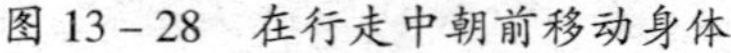

图 13 – 28　在行走中朝前移动身体

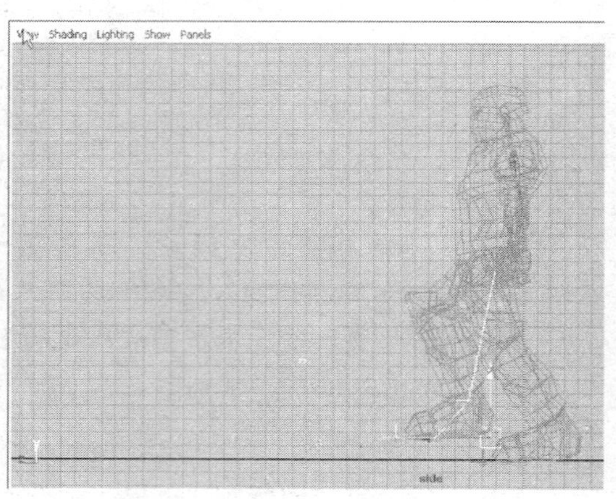

图 13 – 29　把脚移动到一个位置

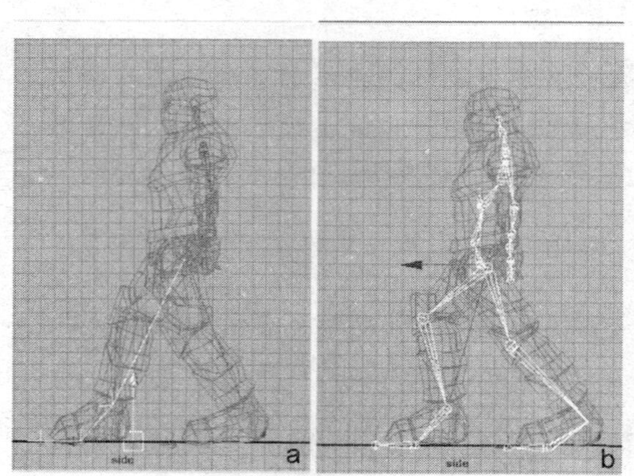

图 13 – 30　在第 10 帧中的姿势

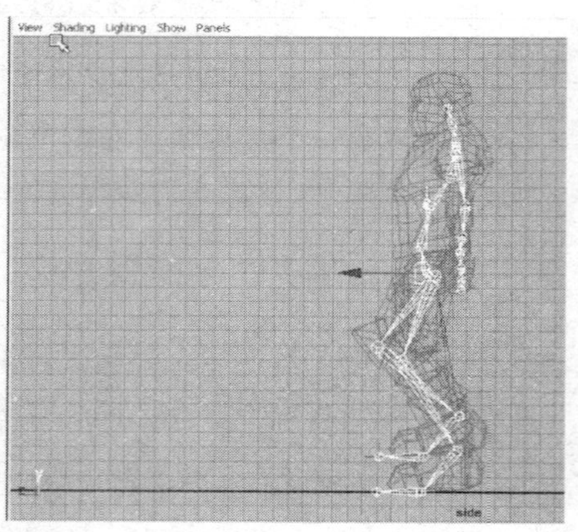

图 13 – 31　在第 15 帧中的姿势

第 19 步：在第 20 帧处，为 R _ Foot（前脚）和 Root _ joint 记录一个移动属性关键帧，摆成与图 13 – 32 一致的姿势。

第 20 步：在第 20 帧处，为 L _ foot 设置一个移动属性关键帧。

在第 10 帧和第 20 帧之间，L _ Foot 已经站在地面上，并且没有移动。在第 20 帧上设置一个移动属性关键帧，是在告诉 Maya：“好，要求在第 10 帧处要站在这个位置上，而且在第 20 帧处仍然站在这个位置上，因此在这期间不要移动。”

与此同时，给 Maya 一个关键帧可以使其知道什么时候再次开始移

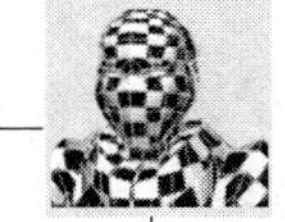

动 L _ Foot。

第 21 步：在第 25 帧处为 R _ Foot 和 Root _ joint 设置一个移动属性关键帧，使其与图 13－33 大体一致。

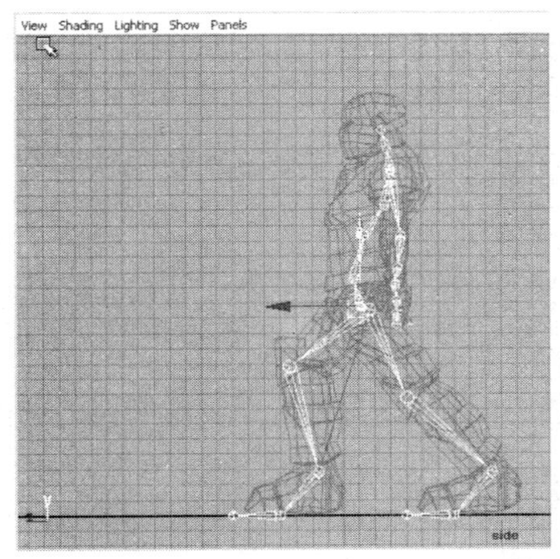

图 13－32 在第 20 帧处右脚落下

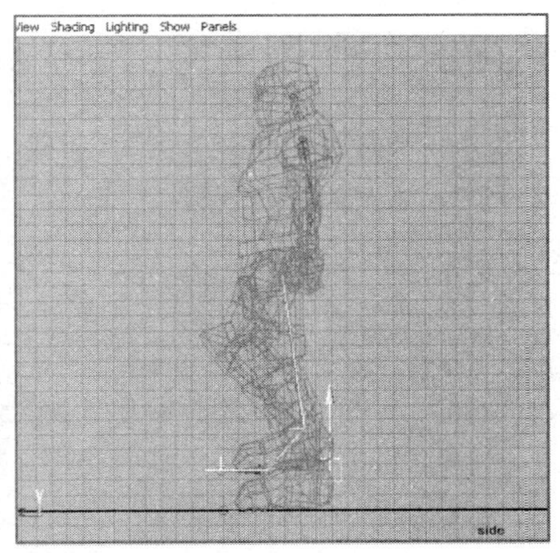

图 13－33 在第 25 帧处，为下一步设置的暂时性姿势

第 22 步：在第 30 帧处为 R _ Foot 和 Root _ joint 设置一个移动属性关键帧，使其与图 13－34 大体一致。

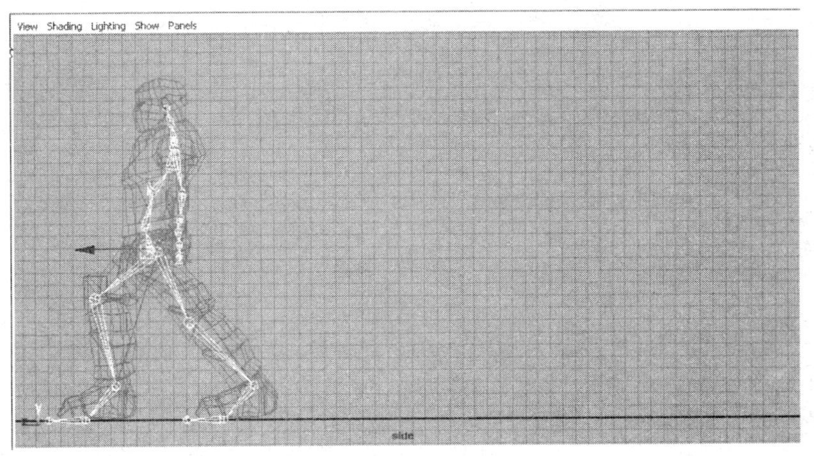

图 13－34 在第 30 帧处的姿势

第 23 步：重复这些步骤，直到第 90 帧。通常的设置模式是这样的：每 10 帧双脚落在地面上一次（第 10 帧，第 20 帧，第 30 帧，第 40 帧，第 50 帧，第 60 帧，第 70 帧，第 80 帧，第 90 帧）；在这些关键帧之间

的每 5 帧脚抬起一次，抬起到空中，大致相当于原来站在地面上时脚踝的高度。请记住，每次双脚落在地面时（每 10 帧处），必须要给双脚记录下一个移动属性关键帧。

完善脚的动画

第 24 步：在第 1 帧处为 L _ Foot 设置一个旋转属性关键帧。把当前时间标记移动到第 1 帧处，在大纲视图中选择 L _ Foot 并且按 Shift 加 e 键设置关键帧。

在行走过程中，我们将旋转脚部来模拟踝关节的旋转。在第 1 帧处设置一个关键帧，从而给 L _ Foot 一个旋转值来开始动画。

第 25 步：在第 5 帧处，为 L _ Foot 设置一个旋转属性关键帧（使用 Shift 加 e 键），使其与图 13 – 35 大体一致。

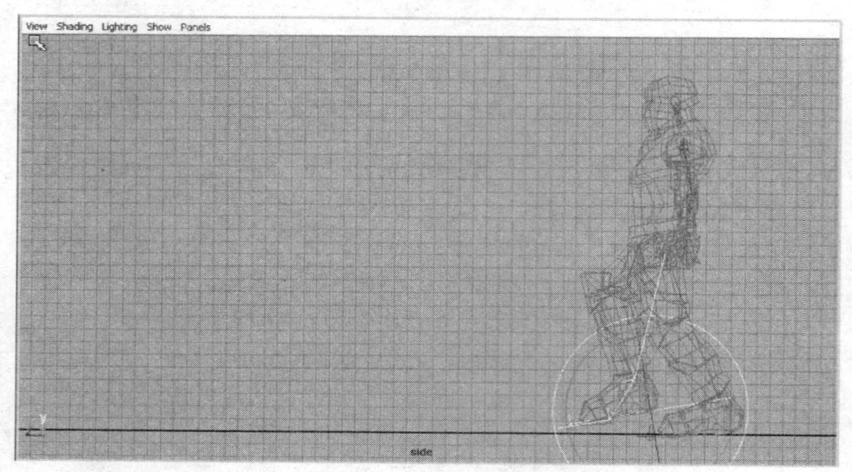

图 13 – 35　旋转 L _ Foot。在该帧中，Rotate X 的值为 10

当脚实际接触地面时，这个足尖更能体现出摆脚动作的发生。它将会在几步之内就表现得很明显。

第 26 步：在第 10 帧处，当脚后跟着地时，按照图 13 – 36 所示向上旋转 L _ Foot。记录一个旋转属性关键帧（使用 Shift 加 e 键）。

但我们走路的时候，通常先着地的部分是脚后跟。这样向上旋转脚部，可以直观地显示这一点。

请注意在说明中,列出了 Rotate X 的值。请记住,你可以在通道栏中输入数值,然后按下 Enter 键后,再按下 Shift 加 e 键设置旋转属性关键帧。

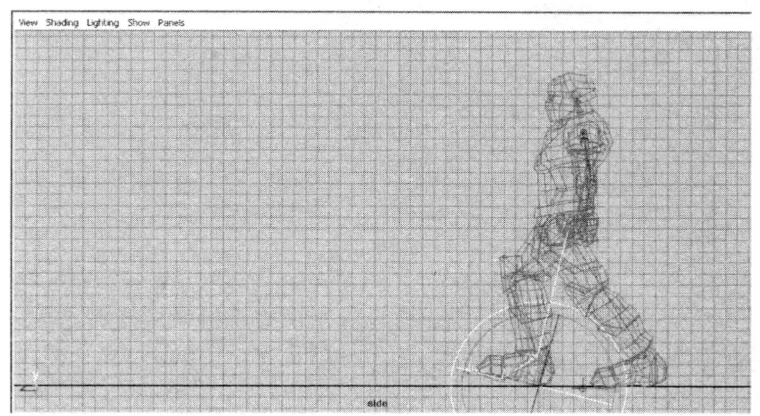

图 13 – 36　在第 10 帧处，旋转 L _ Foot。此时，Rotate X 值为 – 15

第 27 步： 在第 12 帧处，再次将 L _ Foot 旋转至水平状态（Rotate X = 0），并设置一个旋转属性关键帧（如图 13 – 37 所示）。

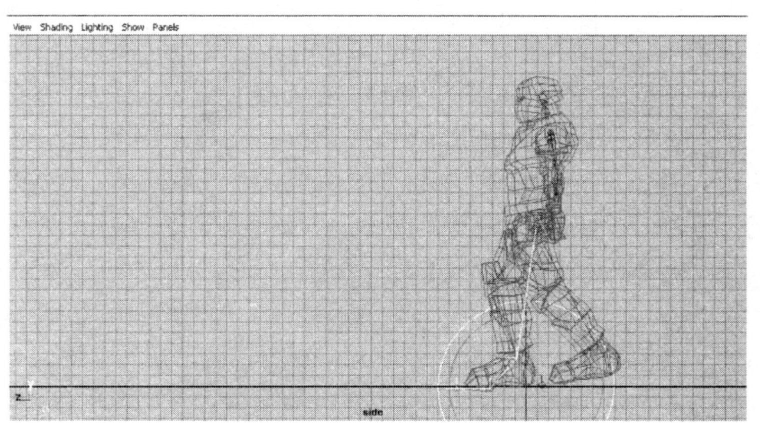

图 13 – 37　在第 12 帧处，通过将 L _ Foot 旋转至水平状态（Rotate X = 0），来完成脚的制作流程

第 28 步： 为 R _ Foot 重复摆脚动作，在第 10 帧处，设置旋转属性关键帧。在第 15 帧处，向下旋转（Rotate X = 10），设置一个旋转属性关键帧。在第 20 帧处向上旋转（Rotate X = – 15）并设置一个旋转关键帧。在 22 帧处，将脚转平（Rotate X = 0），并设置一个旋转帧（如图 13 – 38 所示）。

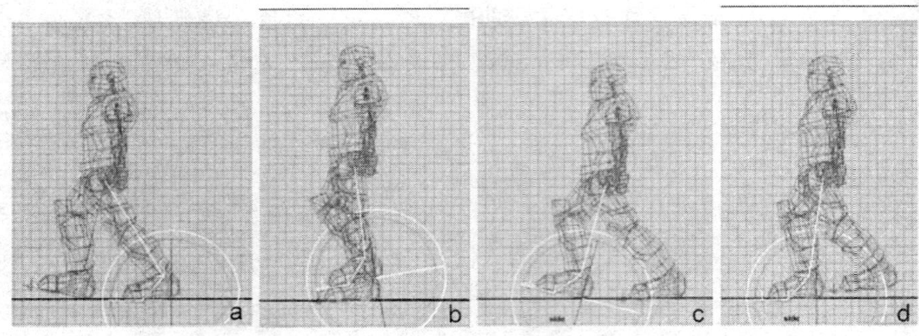

图 13－38　为右脚设置摆脚动作

第 29 步：为了持续地行走，给双脚增加摆脚动作。

制作上身动画

第 30 步：展开 Root _ joint 这个群组显示出所有的关节。按下 Shift 键的同时，在大纲视图中点击 + 号。

第 31 步：在第 1 帧处，旋转肩膀（R _ Shoulder _ joint 和 L _ Shoulder _ joint）、肘部（R _ Elbow _ joint 和 L _ Elbow _ joint）、手腕（R _ Wrist _ joint 和 L _ Wrist _ joint）、手部（R _ Hand _ joint 和 L _ Hand _ joint），制作出一个更自然的姿势（如图 13－39 所示）。

第 32 步：在第 1 帧处，为后面的关节设置一个旋转属性关键帧，Root _ joint、Spine _ joint2、Chest _ joint、Head _ joint、L _ Shoulder _ joint、L _ Elbow _ joint、L _ Wrist _ Joint、R _ Shoulder _ joint、R _ Elbow _ joint、R _ Wrist _ Joint。做这一步最容易的方法是在大纲视图中（如图 13－40 所示）按下 Ctrl 并单击每一个关节（而不是按下 Shift 并单击，因为它会把你想要选择的两个关节之间的所有关节都选中）。然后当它们全被选中时按下 Shift 加 e 键为它们设置关键帧。

第 33 步：移动到第 10 帧开始摆出姿势并设置关键帧。向前旋转 R _ Shoulder _ joint（设置一个旋转属性关键帧——使用 Shift 加 e 键），向后旋转 L _ Shoulder（设置一个旋转属性关键帧——使用 Shift 加 e 键）。通过 Root _ Joint 来旋转臀部，使得左臀部在前面（设置一个旋转属性关键帧——使用 Shift 加 e 键）。相向旋转 Spine _ joint2（设置一个旋转属性关键帧——使用 Shift 加 e 键）和 Neck _ joint（设置一个旋转属性关键帧——使用 Shift 加 e 键）。从本质上说，使用旋转工具旋转上半身各个关节从而找到正确的姿势。请记住，当你把它旋转到你想要的位置上之后，为各个关节设置一个旋转属性关键帧。

图 13－39　旋转胳膊，做出放松的姿势

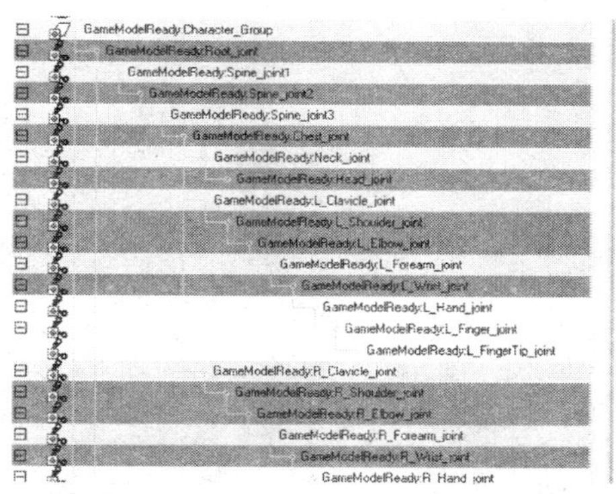

图 13－40　一次为多个关节设置关键帧

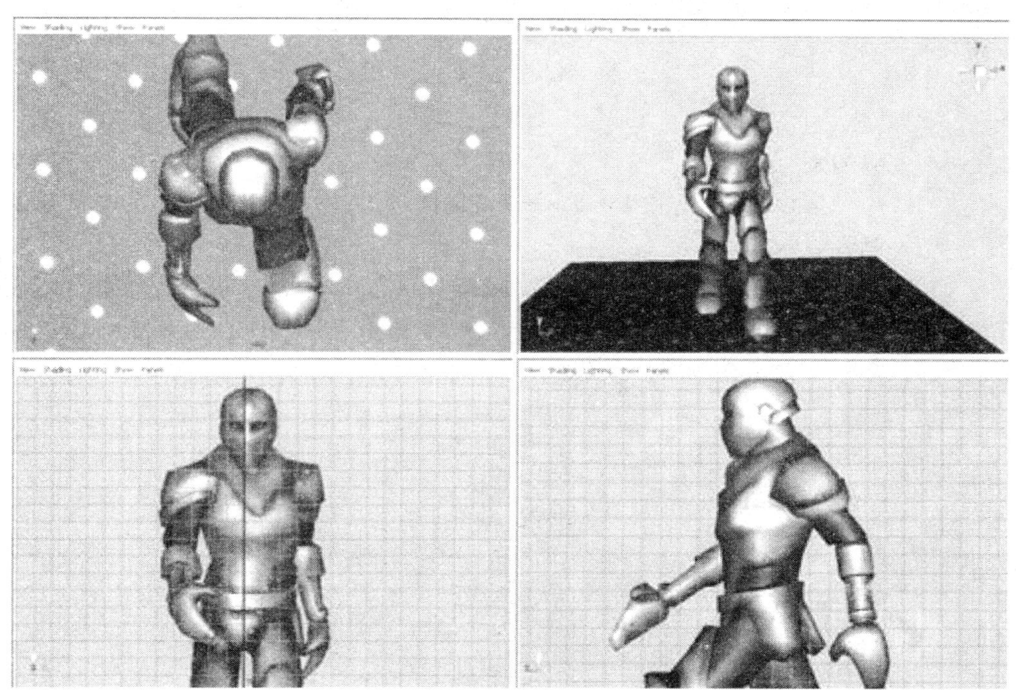

图 13－41　为第 10 帧建立姿势。为你旋转的各个关节设置一个旋转属性关键帧

第 34 步：移动到第 20 帧，再次摆好姿势并设置旋转属性关键帧。基本上，本步骤中所旋转的关节都是第 31 步中所旋转的那些关节，只是旋转的方向相反（如图 13－42 所示）。

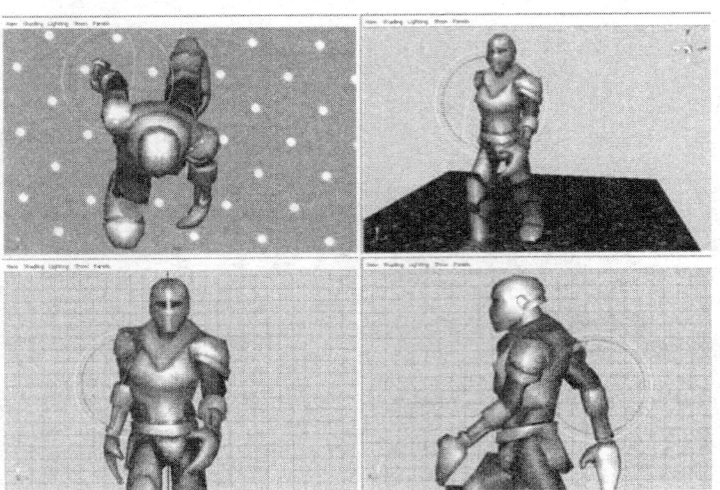

图 13 – 42　为第 20 帧旋转上身

摄制表

第 35 步：点击 Window→Animation Edits→Dope Sheet ..命令打开摄制表。

第 36 步：在大纲视图中，选择 Root _ joint。观察摄制表（如图 13 – 43 所示），并将 Root _ joint 展开（按下 Shift 键的同时点击 + 号）。

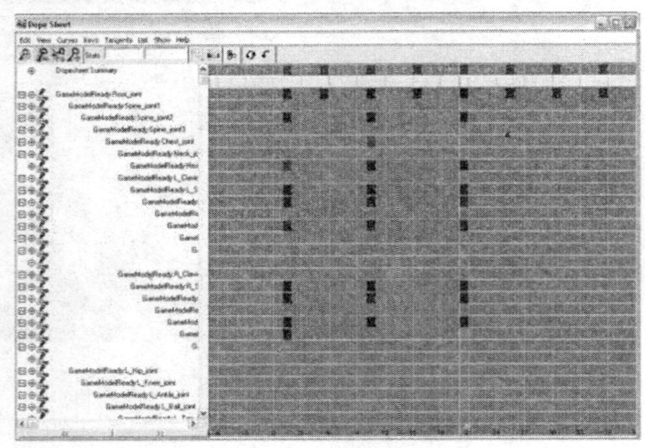

图 13 – 43　显示了 Root _ joint 的关键帧和它的子关节的摄制表

搞明白你正在看的是什么，这很重要。图 13 – 43 展示了展开 Root _ joint 后的摄制表。你会注意到在 Dopesheet Summary（摄制表摘要）左下方是所有的关节（你可以用该栏底部带有≫符号的按钮来扩大这个区

域)。右边是核对符号，这些核对符号由代表帧的灰色块和代表关键帧的黑色或深灰色块组成。你可以围绕关键帧进行框选，被选中的将会用高亮的黄色显示出来。

请注意，你可以像在 Maya 的其他窗口里一样对摄制表进行操作。使用 Alt 加上鼠标中键，可以让你上下左右移动视图。使用 Alt 加上鼠标左键和鼠标中键，可以让你缩放视图，以便看到更多或更少的帧。

第 37 步：展开 Root _ joint 的关键帧。通过点击圆圈中的 + 号来展开关键帧。

我们拥有了 Root _ joint 的旋转属性关键帧和移动属性关键帧。因为我们已经让关节做到了它应有的移动，所以就没有必要再复制这些移动属性关键帧了。但是我们希望能够复制旋转属性关键帧，但是要做到这一点，我们需要看到关键帧的差异。

第 38 步：选择从第 10 帧到第 20 帧的所有上身的旋转属性关键帧。要做到这一点，首先要激活在摄制表左上角的 Select Keyframe Tool（选择关键帧工具，如图 13－44 所示）。然后，从第 10 帧处的 Root _ joint 的旋转属性关键帧，一直到你能看到的第 20 帧处的最后一个关键帧，全都框选出来。这将会创建出一个底部带有小范围数字的（第 10 帧和第 21 帧）浅蓝色的框。被选中的关键帧以高亮的黄色显示出来（如图 13－45 所示）。

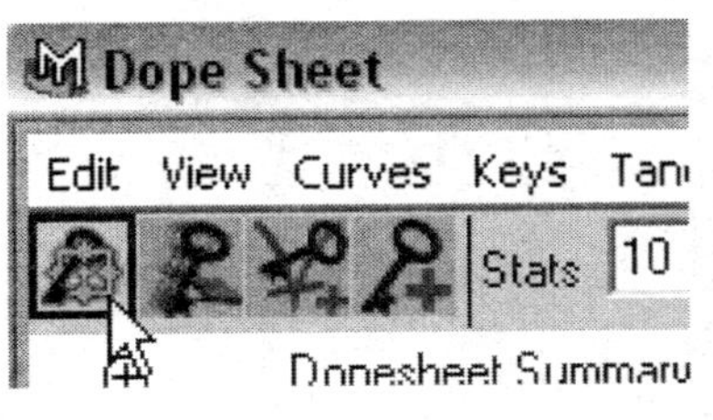

图 13－44　选择关键帧工具

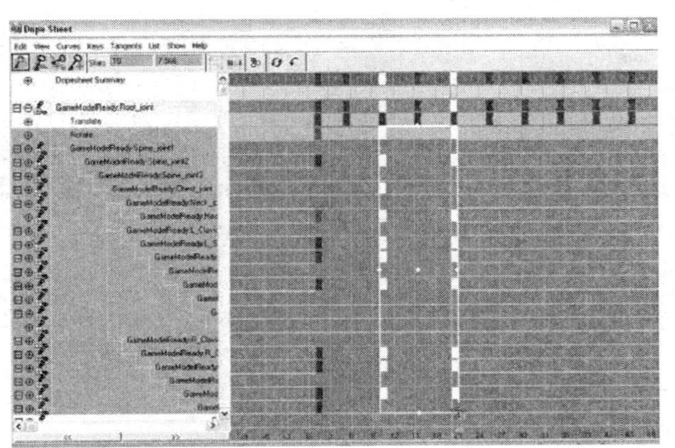

图 13－45　选中的关键帧

第 39 步：将这些关键帧复制并粘贴到从 30 帧到 41 帧范围中。通过三个步骤来完成这个操作：①按下 Ctrl 加 c 键（复制）；②点击并拖拽选区中心的蓝色小菱形（当你操作时它会变成高亮的黄色显示），直到你看到在选区底部出现了从 30 到 41 的范围数值（如图 13－46 所示），再停止拖拽；③按下 Ctrl 加 v 键粘贴（如图 13－47 所示）。

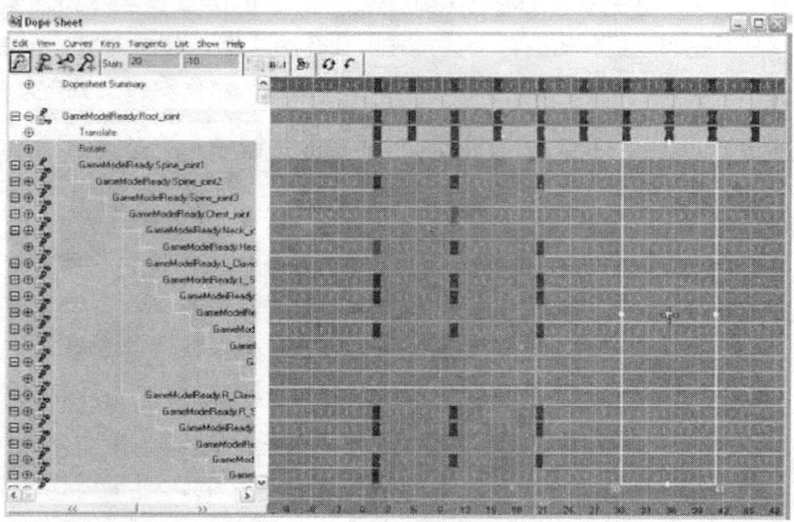

图 13－46　移动选区框到目标帧上

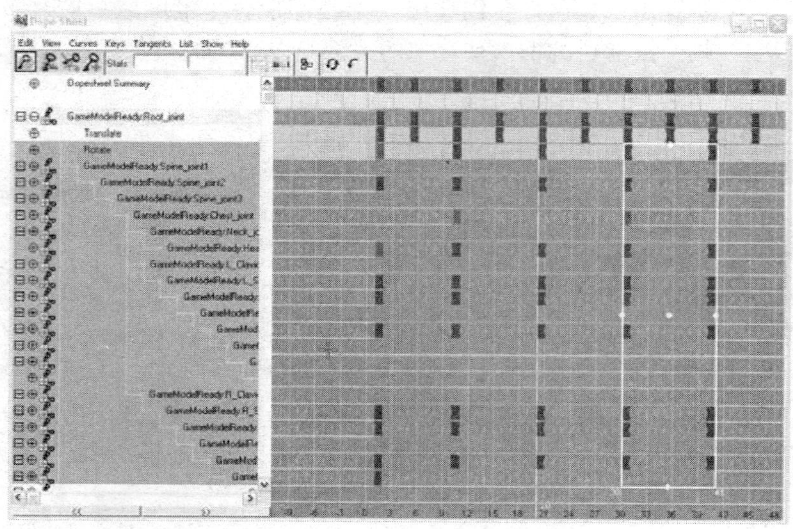

图 13－47　将帧粘贴到目标区域

确保你已经在 Root＿joint 的一列旋转属性中选择了关键帧。当你粘贴时，如果同第 37 步所描述的不符，撤销本步骤操作（Ctrl 加 z 键）并

且在摄制表中恢复 Edit→Copy 命令和 Edit→Paste 命令的默认设置。重新从第 37 步开始操作。

如果你操作正确，你的角色会一直正确地摆动他的胳膊和胸部，直到第 40 帧处。

第 40 步：重复操作，一直到第 90 帧处。每次，选择一组关键帧（如果你有更多关键帧的话，你可以增加它的数量），复制它们，移动你的选区，然后粘贴。

第 41 步：调整、调整、再调整。需要进行很多次的调整才能得到一个完美的行走动画，要解决这个问题，那内容多得可以写一本书了。现在，尽力而为吧，行走动画的艺术来自于学习和实践。

第 42 步：如果你的机器配置较低，不能流畅地回放这个动画，那么输出一个 Playblast（播放预览）来实时观看。

第 43 步：给场景打上灯光并且进行渲染（如图 13 - 48 所示）。

图 13 - 48　带有角色动画的场景的渲染效果

范例总结

这是一个开始——仅仅只是一个开始。一个行走动画包含了扭曲、权重和交替运动等复杂机制，具有一定难度，需要你花费一段时间来掌握。然而，在这个范例中，我们学习了如何使用 IK 去控制腿部和创建一个基本的行走。我们看到了怎样使用 FK 或基本的旋转来操作上半身。最后，我们看到了摄制表在快速选择、移动和复制关键帧方面的强大能力。

结语

综上所述，在这本书中，我们涵盖了 Maya 的所有基本内容。在这些章节中我们涉及了大量领域。我们建造原始形体，并让它变得复杂，一直到我们创建了一个包含有机形体家具的完整房间。我们学习了如何利用纹理让家具看上去效果更丰富，还学会了如何创建自定义材质。

我们也研究了如何通过模拟现实世界中的灯光来给一个场景添加灯光，从而让场景具有立体感。

我们研究了有机建模的生动世界。我们创建了一个游戏角色，并为其创建了自定义 UV 贴图和自定义纹理。最后，我们学习了如何绑定、蒙皮及制作角色动画。

这是一个漫长的过程，但是希望在这一学习过程中，你能很好地掌握我们所介绍的这些工具。请记住，范例这种学习方式，可能是开始学习这些工具的一个好方法，不过这个学习结果还无法让你创作出一个完整的动画样片。实际上，如果你成功地完成了这个范例的学习，那么你的能力就会同其他学完这些步骤的人一样。

当你使用这些思想和工具，创建出带有你自己想象力的作品的时候，你就真正成长起来了。只有到那时，你才找到了把 Maya 的成套工具融入你自己工作流程中的方法，并能够创作出打动观众、获得奖项和给你带来工作的三维作品。

挑战、练习和课后作业

1. 完善步行动画。

2. 给一个角色创建角色动画。试试一个卡通角色、一个时装模特、一个运动员等等。

3. 创建一个受伤的角色动画（脚部骨折或受伤的腿）。

4. 如何制作角色奔跑的动画？如何体现出奔跑和行走的差异？

5. 尝试一下蹦跳、弹跳、练功夫、跳起来空翻等动画。

附录A 课程设置

本书内容依据作者多年的 Maya 课堂教学经验写作。本书所选择的方法和设置的范例都可以使学生们更好地认识 Maya 工具，也可以使他们更快地深入三维动画工作中去。

本附录提供了一个授课建议来帮助你安排教学进度。事实上，每个领域的学生都有不同的知识储备。如果你在大学授课，你的学生在高中已接触过数字媒体课程，那么你的课程进度可以快些；相反，如果你的学生之前没有接受任何训练，那么你需要再补充些基础知识。你应该已经具备了开设该课程的前提条件，并不需要将大量时间花费在 Photoshop 上，或者这本书也可以用于为没有经验的学生开设的课程中。

如果该书被用作高校课本，学生的能力将决定你的授课速度。如果学生家里有电脑，并可以通过家庭作业来对课堂教学补充学习，你可以安排一些更有难度的任务。

总之，本教学大纲仅供参考，你可以根据实际需要进行调整。谨记本书用来补充课堂教学，切勿本末倒置。

计划 1：按照一学期（16 周）排课

该计划作出以下假设：

※ 你使用本书来进行一整个学期的教学。

※ Maya 只安排这一个学期的课程。

※ 你每周授课两次，每次至少两小时。

※ 大部分操作必须在课堂上完成。

授课	授课内容	课程章节	课后作业
第 1 课	课程大纲，三维设计举例，Maya 简介	范例 2.1 制作简单的小人	阅读第一、第二章 用原始物体建立寺庙模型
第 2 课	创建房间，多边形初级建模	范例 3.1 用原始物体创建房间	阅读第三章
第 3 课	创建房间，构成元素的编辑	范例 4.1 在房间场景中进行布尔运算 范例 4.2 使用构成成分编辑和挤出面来创建一个桌子	阅读第四章
第 4 课	创建房间，构成元素编辑	检查房间，继续进行家具建模	坚持完成房间里的家具
第 5 课	创建房间，NURBS 建模	范例 5.1 创建花瓶 范例 5.2 制作房内装饰	阅读第五章
第 6 课	进一步学习 NURBS	在自己创建的房间中完成装饰条和门框	阅读第六章 完成房内装饰

授课	授课内容	课程章节	课后作业
第 7 课	多边形高级建模	范例 6.1 使用细分代理创建一个洗手池模型	创建洗手池和软包家具
第 8 课	建模续	完成房间内各种元素的建模	阅读第七章
第 9 课	Maya 材质	范例 7.1 创建一个材质 开始给房间贴图	阅读第八章
第 10 课	多边形贴图	范例 8.1 创建无缝纹理	为房间搜寻下载纹理(在网上)
第 11 课	多边形贴图	范例 8.2 为淋浴间贴图	给浴室贴图
第 12 课	贴图续	范例 8.3 为主要的房间贴图	房间贴图
第 13 课	贴图续	完成房间贴图	阅读第八章
第 14 课	Maya 灯光简介	范例 9.1 夜晚场景的灯光设置	完成夜晚灯光设置
第 15 课	Maya 灯光续	范例 9.1 白天的灯光设置	白天的灯光设置续
第 16 课	Maya 灯光续	完成白天灯光设置	完成白天灯光设置
第 17 课	Maya 灯光续	浪漫场景的灯光设置	阅读第十章
第 18 课	有机体建模	范例 10.1 木头人建模	完成令人惊奇的木头人
第 19 课	有机体建模续	范例 10.2 游戏角色模型	
第 20 课	有机体建模续	游戏模型续	完成游戏模型
第 21 课	有机体建模续	完成游戏模型	阅读第十一章
第 22 课	UV 投射贴图	范例 11.1 为木头人贴图 范例 11.2 游戏角色的 UV 贴图	UV 投射贴图续
第 23 课	UV 投射贴图续	游戏角色 UV 贴图	UV 投射贴图续
第 24 课	UV 投射贴图续	游戏角色 UV 贴图	UV 快照
第 25 课	Photoshop 纹理绘制	附录 C：UV 快照的创建自定义纹理	阅读第十二章
第 26 课	绑定/IK	范例 12.1 绑定基本的 IK 关节链 范例 12.2 腿部蒙皮 范例 12.3 游戏模型绑定	完成绑定
第 27 课	蒙皮	范例 12.4 游戏模型蒙皮	完成蒙皮
第 28 课	动画简介	范例 13.1 小球弹跳	完成小球弹跳动画
第 29 课	角色动画	范例 13.2 基本行走	制作行走动画
第 30 课	角色动画续	完成行走，角色弹跳动画	制作弹跳动画
第 31 课	角色动画续	制作跑步动画	制作跑步动画
第 32 课	角色动画续	制作趾高气扬地行走/蹦跳/胖人行走/老人行走等等	

FULU A KECHENG SHEZHI

计划 2：按照两学期（32 周）排课

该计划作出以下假设：

※ 你使用本书来进行一整年或两个学期的教学。

※ Maya 只安排这一个学年的课程。

※ 你每周授课两次，每次至少两小时。

※ 你可以自行制定课堂计划。

授课	授课内容	课程章节	课后作业
第 1 课	课程大纲，三维设计举例，Maya 简介	范例 2.1：制作简单的小人	阅读第一、第二章 女朋友，用原始物体建立寺庙模型
第 2 课	创建房间，多边形初级建模	范例 3.1 用原始物体创建房间	阅读第三章
第 3 课	房间设计 现状调查	开始学生房间建模	继续建模学生房间
第 4 课	创建房间，构成元素编辑	范例 4.1 在房间场景中进行布尔运算 范例 4.2 使用构成成分编辑和挤出面来创建一个桌子	阅读第四章 为学生房间的窗子和门进行布尔运算
第 5 课	创建家具	继续为学生房间的硬质家具建模	阅读第五章 学生房间续
第 6 课	创建房间，NURBS 建模	范例 5.1 创建花瓶 范例 5.2 制作房内装饰	学生房间 花瓶/玻璃杯 学生房间的装饰
第 7 课	进一步学习 NURBS	在自己创建的房间中完成装饰条和门框	阅读第六章 完成房内装饰
第 8 课	高级多边形建模	范例 6.1 使用细分代理创建一个洗手池模型	创建学生房间中的软包家具建模
第 9 课	建模续	继续软包家具建模	阅读第七章
第 10 课	Maya 材质	范例 7.1 创建一个材质 开始纹理学生房间	阅读第八章
第 11 课	多边形贴图	范例 8.1 创建无缝贴图	为学生房间搜寻下载纹理（在网上、书上、照片中）
第 12 课	多边形贴图续	范例 8.2 为淋浴间贴图	给学生房间贴图
第 13 课	贴图续	范例 8.3 为主要的房间贴图	给学生房间贴图
第 14 课	贴图续	给学生房间贴图	给学生房间贴图
第 15 课	贴图续	完成房间贴图	阅读第九章
第 16 课	Maya 灯光简介	范例 9.1 夜晚场景的灯光设置	尽可能完成范例中的房间灯光设置
第 17 课	Maya 灯光	为学生房间设置夜晚灯光	为学生房间设置夜晚灯光
第 18 课	Maya 灯光续	范例 9.2 白天的灯光设置	为教程中的房间设置白天灯光

授课	授课内容	课程章节	课后作业
第 19 课	Maya 灯光续	为学生房间设置白天灯光	为学生房间设置白天灯光
第 20 课	Maya 灯光续	继续白天灯光设置	继续白天灯光设置
第 21 课	Maya 灯光续	完成白天灯光设置	
第 22 课	Maya 灯光续	浪漫场景的灯光设置	阅读第十章
第 23 课	有机体建模	范例 10.1 木头人建模	完成令人惊奇的木头人建模
第 24 课	有机体建模续	范例 10.2 游戏角色模型	游戏模型
第 25 课	有机体建模续	继续游戏模型	游戏模型
第 26 课	有机体建模续	完成游戏模型	创建自定义角色样式表
第 27 课	有机体建模续	学生角色（附录 C）	学生角色
第 28 课	有机体建模续	学生角色	学生角色
第 29 课	有机体建模续	完成学生角色	阅读第十一章
第 30 课	UV 投射贴图	范例 11.1 为木头人贴图 范例 11.2 游戏角色的 UV 贴图	UV 投射贴图续
第 31 课	UV 投射贴图续	UV 投射贴图续	UV 投射贴图续
第 32 课	UV 投射贴图续	UV 投射贴图续	UV 快照
第 33 课	Photoshop 纹理绘制	附录 C UV 快照和创建自定义纹理	
第 34 课	UV 投射贴图续	学生角色的 UV 投射贴图	学生角色的 UV 投射贴图
第 35 课	UV 投射贴图续	学生角色的 UV 投射贴图 UV 快照	学生角色的 UV 投射贴图
第 36 课	自定义纹理	绘制并应用自定义纹理	自定义纹理
第 37 课	自定义纹理续	结束自定义纹理	阅读第十二章
第 38 课	绑定/IK	范例 12.1 绑定基本的 IK 关节链 范例 12.2 腿部蒙皮 范例 12.3 游戏模型绑定	完成绑定
第 39 课	蒙皮	范例 12.4 游戏模型蒙皮	完成蒙皮
第 40 课	再次绑定	给学生角色做绑定	给学生角色绑定
第 41 课	再次蒙皮	给学生角色做蒙皮	给学生角色做蒙皮
第 42 课	完成绑定	测试学生角色的蒙皮和绑定	阅读第十三章
第 43 课	动画简介	范例 13.1 小球弹跳	完成小球弹跳动画
第 44 课	桌上的球	制作 15 秒的动画：小球从桌上滚下，弹跳直至静止	
第 45 课	小球撞击空盒子	制作 10 秒的动画：重球在地面滚动，撞击一个空盒子	
第 46 课	小球撞击装满东西的盒子	制作 10 秒的动画，轻球在地面滚动，撞击一个很重的盒子	
第 47 课	小球的一家	制作 25 秒的动画，一个小球组成的家庭（父亲，母亲，十几岁的男孩，蹒跚学步的女儿）走在路上	
第 48 课	角色动画	范例 13.2 基本行走	制作行走动画
第 49 课	角色动画续	制作学生角色的行走动画	

授课	授课内容	课程章节	课后作业
第 50 课	角色动画续	完成行走动画 制作学生角色弹跳动画	制作弹跳动画
第 51 课	角色动画续	完成弹跳动画	
第 52 课	角色动画续	制作跑步动画	制作跑步动画
第 53 课	角色动画续	完成跑步动画	
第 54 课	角色动画续	制作趾高气扬地行走动画	完成趾高气扬地行走动画
第 55 课	角色动画续	制作蹦跳动画	完成蹦跳动画
第 56 课	角色动画续	制作角色跑、跨栏动画	完成跑、跨栏动画
第 57 课	角色动画续	制作角色偷偷溜走的动画	完成角色偷偷溜走的动画
第 58 课	角色动画续	制作角色投掷棒球动画	完成角色投掷棒球动画
第 59 课	角色动画续	制作角色拳击动画	完成拳击动画
第 60 课	角色动画续	继续角色拳击动画	完成拳击动画
第 61 课	角色动画续	制作角色费力负重行走动画	完成角色费力负重行走动画
第 62 课	角色动画续	制作年老体衰角色的行走动画	完成年老体衰角色的行走动画
第 63 课	角色动画续	制作角色走进房间，坐在椅子上的动画	完成走路/坐下动画
第 64 课	展示与陈述	展示与陈述	

附加作业的提示

在每个章节结束部分都有附加的挑战或课后作业。如果你想在课堂上使用本书，那么这些内容可以作为家庭作业；如果班里的学生水平不一，这些内容则适用于那些接受新知识较快的学生。

如果这本书不是用于课堂教学，而是用于自学 Maya 的话，这些内容的用处仍然很大。请记住如果只是跟随范例学习，你可以成功地完成作者所做的范例作品。但是，你对如何创建自己的作品依然不清楚。而这些额外的作业对你创建自己的作品更有帮助，并且也有助于拓展能力和眼界。

附录B　准备图像平面

在建模时，图像平面能够起到很大帮助。它基本上可以让你把三维形体先用二维绘画的形式描绘出来。图像平面不仅对你的设计很有用处，并且经常用于三维动画工作中。要知道，建模师往往不是设计师。但是建模师仍然有责任保持角色设计师所做设计的完整性。因此，充分准备并用好图像平面是很重要的。

图像平面与用来创建它们的原始图像在本质上是完全一样的。这些图像的质量取决于你为图像平面所做的准备工作。在图像平面中，弯曲的图像或正视图、侧视图不相符的图像比没有图像平面还要糟糕——它们会成为你建模的阻碍。正因如此，为你的图像做好准备工作就非常重要。

在准备图像时，有几个目标要记住：首先，确保在正视图和侧视图中角色特征必须相符。其次，确保你创建的两个图像必须高度完全相同。再次，假设你的人物差不多对称的话，确保前视图图像的对称中心与角色的对称中心是同一个中心。

目标：让正视图和侧视图中的角色特征相匹配

第 1 步： 扫描你的画稿。确保当你（或者你的角色设计师）绘制设计画稿时，首先画出一个视角的原稿，然后用尺子大致引导着绘制另外视角的画稿。许多设计者经常会发现带格子的纸更好用一些。虽然你能在 Photoshop 中修复许多问题，但如果你一开始画得更好一些，你可能会更容易成功。

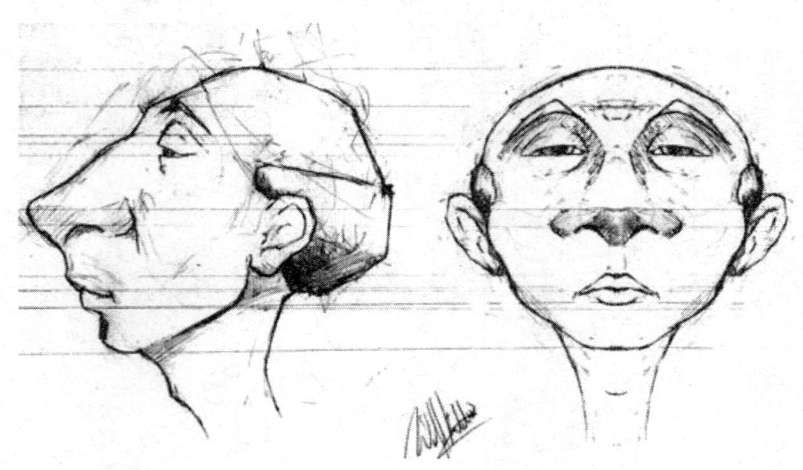

图 B－1　由 Willem Keetell 设计的角色（www.willemkeetell.com）

第 2 步： 在 Photoshop 中按 Ctrl 加 r 键打开标尺。从标尺上将几条标尺指示线拖拽到你的扫描图上。一条放置在头顶位置，然后将其他的指示线放置在下巴、眼睛、耳尖、肩膀、腋窝、胸部、腰部、胯部、膝盖、脚踝和脚底等部位。放置越多的标尺指示线，你就越明白该扫描图的有效性（如图 B－2 所示）。

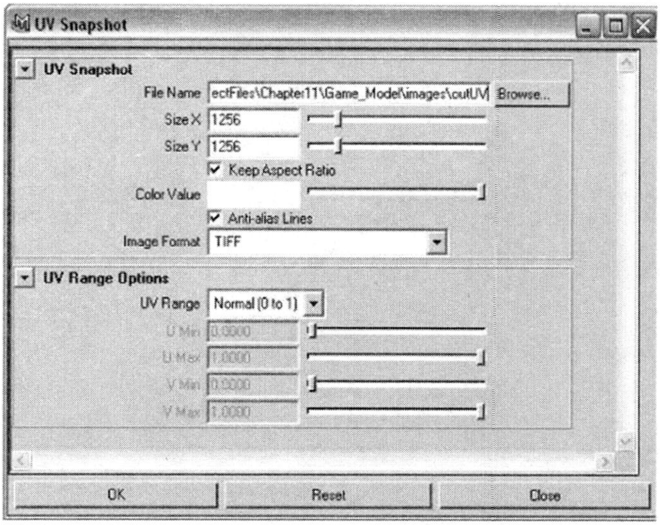

图 B－2 使用 Photoshop 里的标尺指示线来测量正视图和侧视图中的高度是否一致

第 3 步： 如果正侧面不是很相符（例如，前视图中的鼻子过高），你可以使用自由变换工具（先选择后按 Ctrl 加 t 键）对其调整。注意，有时候你可以通过使用自由变换工具或者是液化命令对图像进行一些细致调整，但有时画稿本身就没有画好。如果你不得不花更多时间去对其中一半图像进行变形调整，那么还不如重新绘制一张画稿。

第 4 步： 修剪图像，去除任何多余的空间或在调整过程中产生的多余画布。Maya 可以处理很多信息，但是，没必要让你的显卡处理那些你根本不需要的信息（如图 B－3 所示）。

第 5 步： 分离侧视图。使用矩形选框工具并选中侧视图。确保你从图像的最上方一直选到最下方。现在，你确保已经对齐了正视图和侧视图，因为二者大小一致是很重要的。复制（编辑→复制命令），创建新文件（文件→新建命令——在新建窗口里点击确定），然后粘贴（编辑→粘贴命令）。新建文件的尺寸自动与复制到内存中的像素大小相同，所以侧面应该正好粘贴到尺寸相同的新文件中（如图 B－4 所示）。

第 6 步：将图像保存为 Side.tif。当然，虽然没有压缩的 .tif 图像格式在 Maya 中更好用一些，但你也可以使用 .pict 或 .jpg 格式。

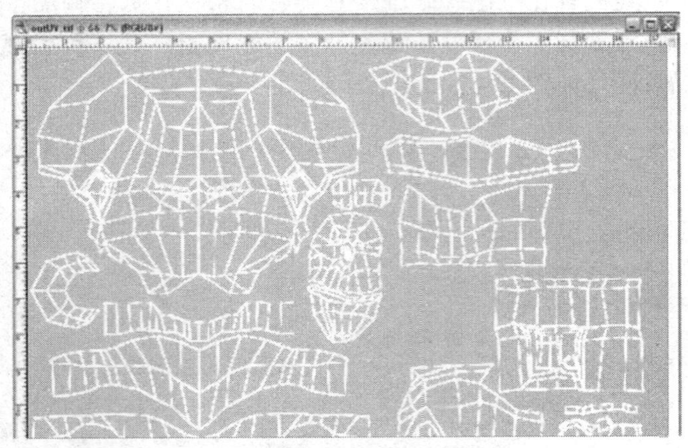

图 B－3　修剪掉不必要的内容

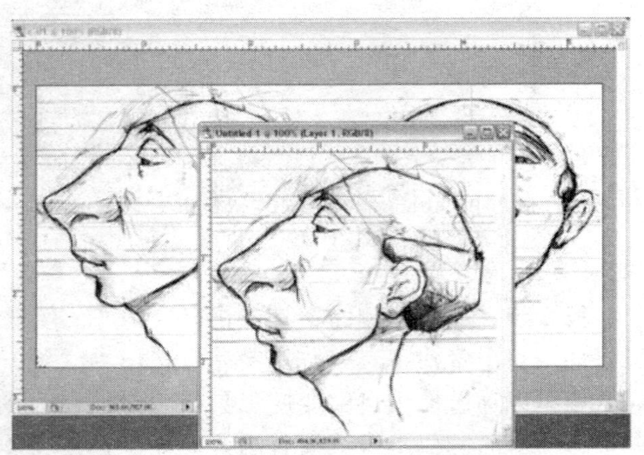

图 B－4　粘贴侧视图

第 7 步：回到原始的扫描图中，选择正视图的一半。再次确保选择时从最上方选到最下方。尽可能精确地在脸的中间选择出一半脸部（如图 B－5 所示）。

第 8 步：复制并粘贴到新文件中。选择编辑→复制命令，创建新文件（文件→新建命令），然后使用编辑→粘贴命令粘贴到新的文档中（如图 B－6 所示）。

第 9 步：将画布的大小增大一倍，确保当前的画稿像素放置到画布的一边（如图 B－7 所示）。

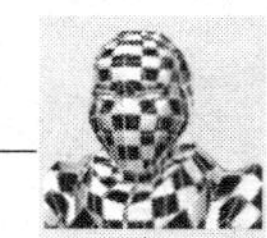

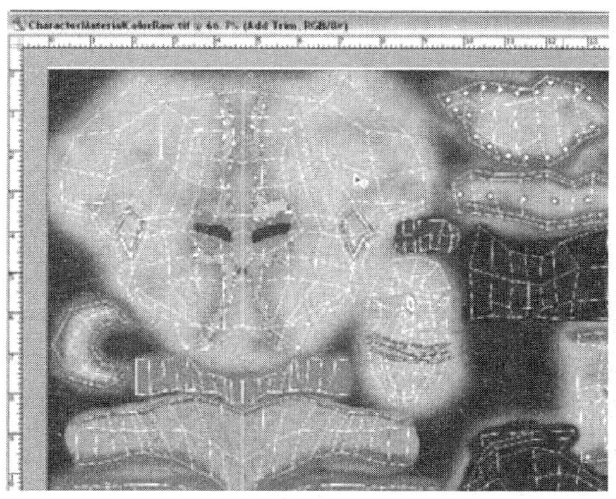

图 B－5 选择前视图的一半

图 B－6 粘贴一半脸部

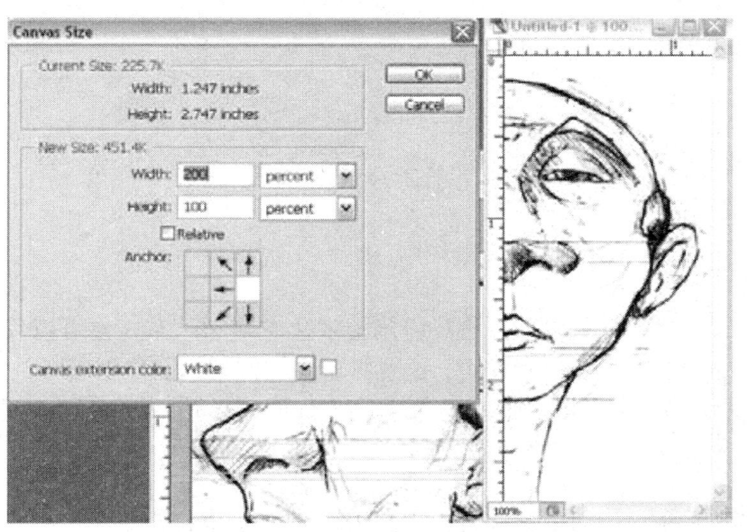

图 B－7 建立双倍宽度的画板

第 10 步：再次粘贴。内存中仍有一半脸部的前视图。使用编辑→粘贴命令，再次粘贴到你的文件中，它将自动复制到一个新图层上。

第 11 步：选择编辑键→变换→水平翻转命令将这一半脸部进行镜像。

第 12 步：使用移动工具将镜像后的一半脸部移动到合适的地方。

第 13 步：合并你的图像图层（图层→合并图层），然后保存为 Front.tif。

第 14 步： 在 Maya 软件中，你现在可以将 Side.tif 和 Front.tif 导入到你的图像平面中了。

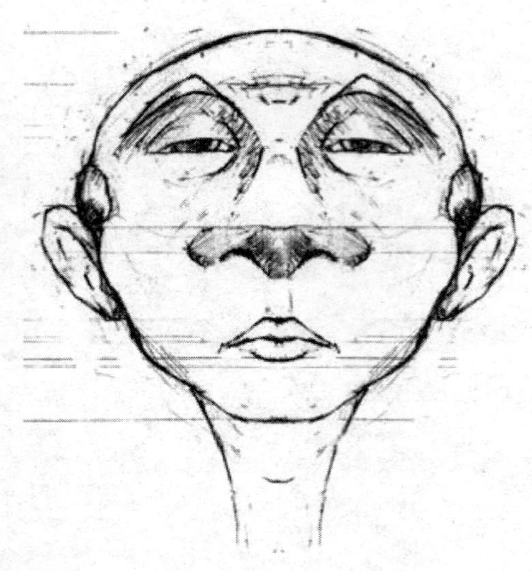

图 B－8　镜像后并放置好的一半脸部

总结

由于你小心地裁切掉了多余像素和画布，你可以确定你的两个图像垂直大小是一致的。这意味着当它们导入图像平面时，它们大小会一致，前视图和侧视图将会相符。当你使用多边形来制作正视图的鼻子时，它也会与侧视图相符。

因为你有一个镜像后的半个脸部，所以你知道图片 Front.tif 的中心就是你的角色的中心。这意味着当把图像作为前视图的图像平面来使用时，它会被设置成脸部的中轴位于 y 轴上。这样设置可以让你仅仅创建出其中一半脸部，并使用 Mirror Geometry（镜像几何体）命令来创建出整个脸部。请记住，大部分的人脸实际上是不完全对称的，应该让其中一半脸部在某些地方对称，而有些地方不必太对称，但是如果采用镜像的方法，你只需要为其中一半脸部进行真实建模，而不必顾忌这些细节。

附录C　UV 快照和创建自定义纹理

当我们结束第十一章时，我们已经学习到了如何创建自定义 UV 投射贴图，它能够帮助我们让 Maya 确定多边形物体的 UVs 在纹理空间中的位置。我们已经通过各种投射创建了一个自定义 UV 布局（如图 C－1 所示）。

然后，在 UV 结构编辑器内，我们使用 Polygons→UV Snapshot…命令来创建一个图像，这样就可以用它在其他软件中绘制一个自定义纹理（如图 C－2 所示）。我们为这个游戏模型创建一个 1256 × 1256 大小的纹理（当然如果你需要，也可创建更大的纹理贴图）。

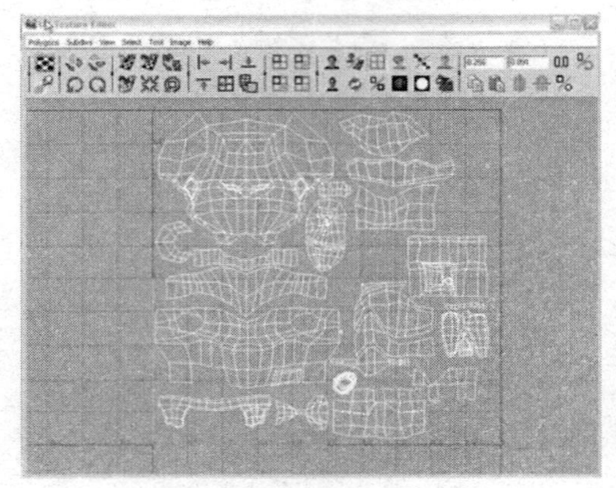

图 C－1　完成后的 UV 布局

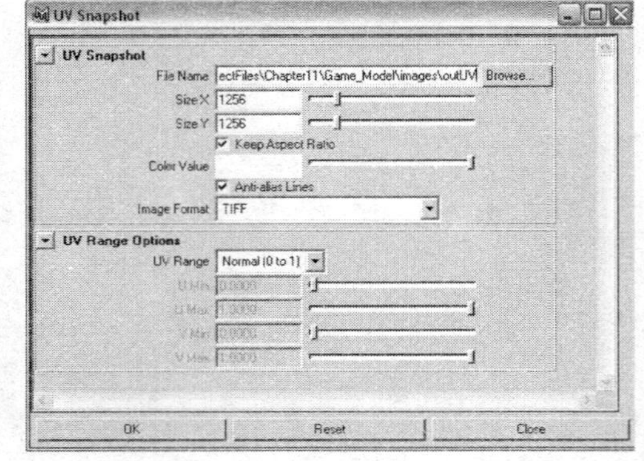

图 C－2　UV Snapshot 命令的设置窗口

最后保存到项目 Images 文件夹中的输出结果是一个普通位图图像（或称为光栅图像）。你可以使用你喜欢的图像处理软件来编辑这个图像。这里我们将使用 Photoshop，但是你同样可以使用别的软件。

本附录的重点不是如何绘制纹理——这个问题可以写成几本书——而是展示如何为绘制纹理准备你的图像文件。更确切地说，我们想要使用线（这些线代表了多边形的边）来帮助我们定义在哪些地方画些什么东西，而不是马上就画上去。

第 1 步： 在 Photoshop 中打开 outUV。请记住 outUV 是在 Maya 中建立的快照，并且储存在 Game _ Model 项目文件中的 images 文件夹中（如图 C－3 所示）。请注意，当然白线表示多边形的边。

第 2 步： 从黑色背景中分离白线。这有好几种做法，但是 Maya 已经输出了一个 Alpha 通道，该通道你会用得到。在层面板中，切换到通道标签栏中。按住 Ctrl 并点击 Alpha 1 通道，选出白色的线（如图 C－4 所示）。

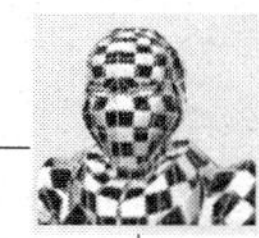

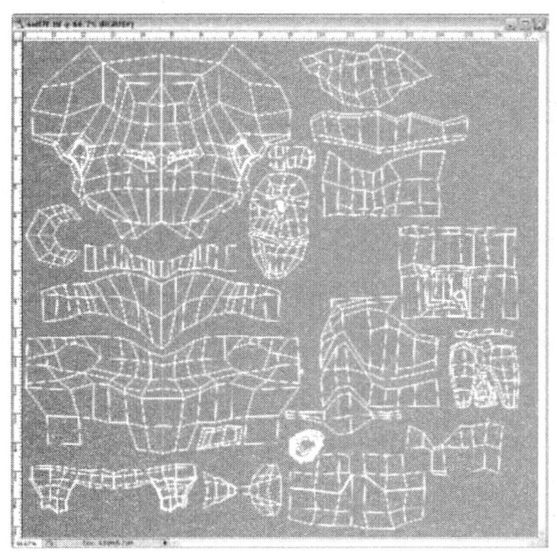

图 C－3　outUV 图像

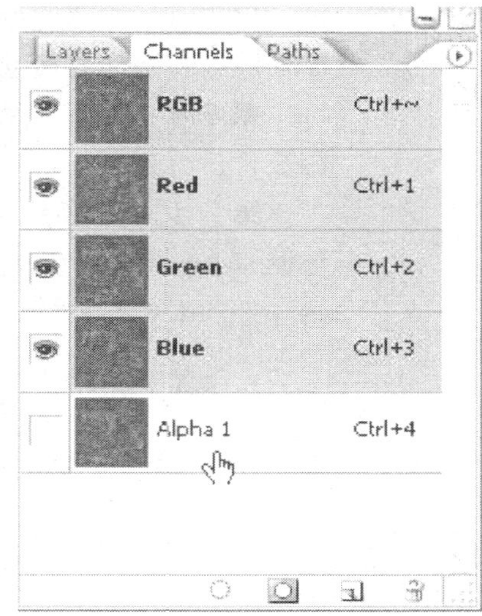

图 C－4　只选择代表多边形边的白线

第 3 步： 复制并粘贴到一个新层中。选择好白线之后（在上一步做完的），点击编辑→复制命令，然后点击编辑→粘贴命令。该操作将白线复制到一个新层中。将该层重新命名为 UVs。

第 4 步： 在 UVs 层的下方但在背景层的上方创建几个新层。在这些层上进行绘制。请注意在图 C－5 中，你会看到 UVs 层在所有层的上方。当我们绘制纹理时，我们是在这些白线的引导下进行绘制的。

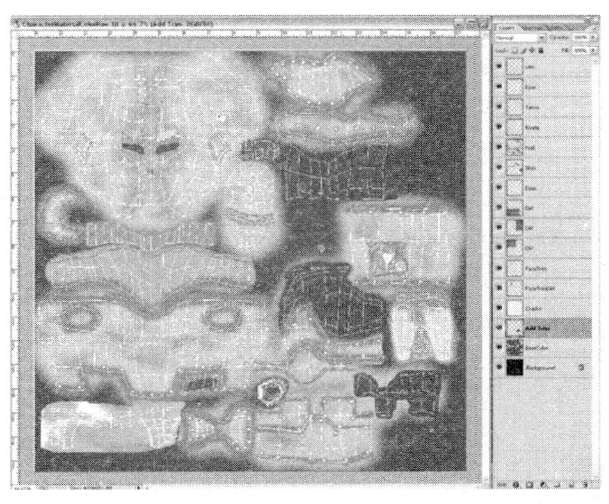

图 C－5　在背景层和 UVs 层之间巧妙绘制纹理

第 5 步： 在为了将图像用于 Maya 而进行保存之前，确保你隐藏了 UVs 层（否则你的模型上面会出现白线）。

第 6 步： 保存一个带有所有层的纹理的原始版本，以防你需要返回源文件进行修改。

第 7 步： 将绘制好的纹理命名为 CharacterMaterialColor.tif，保存到你的 sourceimages 文件夹中。确保在保存对话框中清除图层和 Alpha 通道（如图 C－6 所示）。

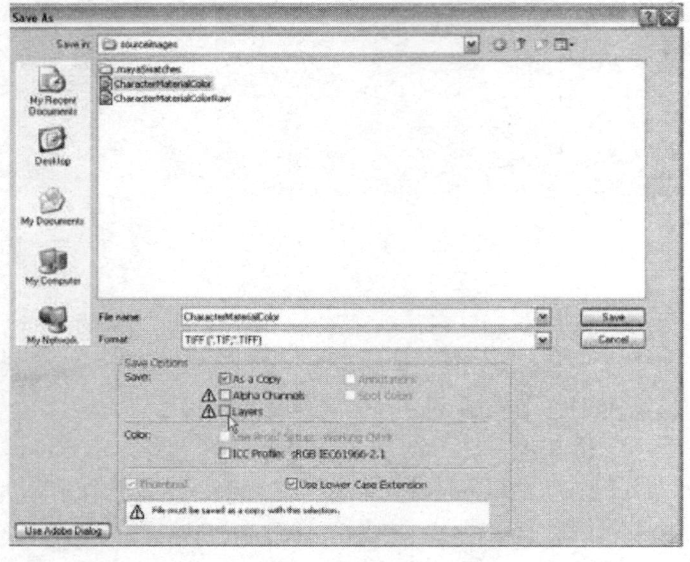

图 C－6　保存色彩贴图到 CharacterMaterialColor.tif 文件夹中

第 8 步： 在 Maya 中，打开 Hypershade 并将 CharacterMaterial 材质的输入/输出节点全部显示出来。删除作为纹理的棋盘格节点。反之，则点击 Color（色彩）属性通道的棋盘格按钮并选择新保存的 CharacterMaterialColor.tif 文件。结果是你新绘制的纹理出现在模型上，而颜色正好与模型上的位置很好地对应起来。

日本动画全史
—日本动画领先世界的奇迹

DONGHUA
动画背景绘制基础
BEIJING HUIZHI JICHU

中外影视动漫名家讲坛
ZHONGWAI YINGSHI DONGMAN MINGJIA JIANGTAN

CARTOON
漫画创作技巧

CARTOON
日本漫画创作技法
—少女角色

CARTOON
日本漫画创作技法
—妖怪造型

CARTOON
日本漫画创作技法
—变形金刚

CARTOON
日本漫画创作技法
—神奇幻想

CARTOON
日本漫画创作技法
—格斗动作
CARTOON
日本漫画创作技法
—色彩运用

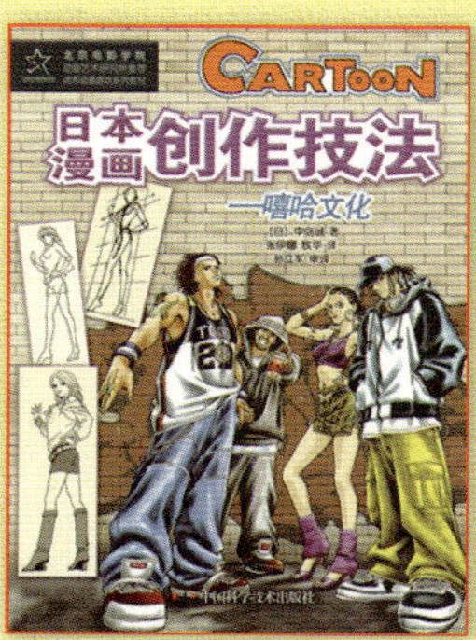
CARTOON
日本漫画创作技法
—嘻哈文化

CARTOON
日本漫画创作技法
—肢体·表情

CARTOON
欧美漫画创作技法
—冒险世界

CARTOON
欧美漫画创作技法
—角色设计

CARTOON
日本CG角色设计
—动作人物

优秀动漫游系列教材

本系列教材中的原创版由北京电影学院、北京大学、中央美术学院、中国人民大学、北京工商大学等高校的优秀教师执笔，从动漫游行业的实际需求出发，汇集国内最优秀的动漫游理念和教学经验，研发出一系列原创精品专业教材。引进版由日本、美国、英国、法国、德国、韩国、马来西亚等地的资深动漫游专业专家执笔，带来原汁原味的日式动漫及欧美卡通感觉。

本系列教材既包含动漫游创作基础理论知识，又融合了一线动漫游戏开发人员丰富的实战经验，以及市场最新的前沿技术知识，兼具严谨扎实的艺术专业性和贴近市场的实用性，以下为教材目录：

书　名	作　者
中外影视动漫名家讲坛	扶持动漫产业发展部际联席会议办公室　组织编写
中外影视导演名家讲坛	扶持动漫产业发展部际联席会议办公室　组织编写
动画设计稿	中央美术学院 晓　欧　舒　霄 等
Softimage 模型制作	中央美术学院 晓　欧　舒　霄 等
Softimage 动画短片制作	中央美术学院 晓　欧　舒　霄 等
角色动画——运用2D技术完善3D效果	[英]史蒂文·罗伯特
影视市场以案说法——影视市场法律要义及案例解析	北京电影学院　林晓霞 等
影视动画制片法务管理	上海东海职业技术学院　韩斌生
2D与3D人物情感动画制作	[美]赖斯·帕德鲁
动画设计师手册	[美]莱斯·帕德 等
Maya角色建模与动画	[美]特瑞拉·弗拉克斯曼
Flash 动画入门	[美]埃里克·葛雷布勒
二维手绘到CG动画	[美]安琪·琼斯 等
概念设计	[美]约瑟夫·康塞里克 等
动画专业入门1	郑俊皇　[韩]高庆日　[日]秋田孝宏
动画专业入门2	郑俊皇　[韩]高庆日　[日]秋田孝宏
动画制作流程实例	[法]卡里姆·特布日 等
动画故事板技巧	[马]史帝文·约那
Photoshop全掌握	[中国台湾]刘佳青　夏　娃
Illustrator平面与动画设计	[韩]崔连植　[中国台湾]陈数恩
Maya-Q版动画设计	中国台湾省岭东科大　苏英嘉 等
影视动画表演	北京电影学院　伍振国　齐小北
电视动画剧本创作	北京电影学院　葛　竞
日本动画全史	[日]山口康男
动画背景绘制基础	中国人民大学　赵　前
3D动画运动规律	北京工商大学　孙　进
影视动画制片	北京电影学院　卢　斌
交互式漫游动画——Virtools+3ds Max 虚拟技术整合	北京工商大学　罗建勤　张　明
Flash CS4 动画应用	北京工商大学　吴思淼
电子杂志设计与配色	北京工商大学　蒋永华

书名	作者
定格动画技巧	[美]苏珊娜·休
日本漫画创作技法——妖怪造型	[日] PLEX工作室
日本漫画创作技法——格斗动作	[日]中岛诚
日本漫画创作技法——肢体表情	[日]尾泽忠
日本漫画创作技法——色彩运用	[日]草野雄
日本漫画创作技法——神奇幻想	[日]坪田纪子
日本漫画创作技法——少女角色	[日]赤　浪
日本漫画创作技法——变形金刚	[日]新田康弘
日本漫画创作技法——嘻哈文化	[日]中岛诚
日本CG角色设计——动作人物	[美]克里斯·哈特
日本CG角色设计——百变少女	[美]克里斯·哈特
欧美漫画创作技法——大魔法师	[美]克里斯·哈特
欧美漫画创作技法——动作设计	[美]克里斯·哈特
欧美漫画创作技法——角色设计	[美]克里斯·哈特
漫画创作技巧	北京电影学院 聂　峻
动漫游产业经济管理	北京电影学院 卢　斌
游戏制作人生存手册	[英]丹·爱尔兰
游戏概论	北京工商大学 卢　虹
游戏角色设计	北京工商大学 卢　虹
多媒体的声音设计	[美]约瑟夫·塞西莉亚
Maya 3D 图形与动画设计	[美]亚当·沃特金斯
乐高组建和ROBOLAB软件在工程学中的应用	[美]艾里克·王 [美]伯纳德·卡特
3D游戏设计大全	[美]肯尼斯·C·芬尼
3D 游戏画面纹理——运用Photoshop创作专业游戏画面	[英]卢克·赫恩
游戏角色设计升级版	[英]凯瑟琳·伊斯比斯特
Maya游戏设计——运用Maya和Mudbox进行游戏建模和材质设计	[英]迈克尔·英格拉夏
2011中国动画企业发展报告	中国动画协会、北京大学文化产业研究院
卡通形象创作与产业运营	北京大学 邓丽丽

如需订购或投稿，请您填写以下信息，并按下方地址与我们联系。

联系人		联系地址	
学　校		电　话	
专　业		邮　箱	

★地　　址：北京市海淀区中关村南大街16号中国科学技术出版社

★邮政编码：100081　　★电　话：（010）62103145

★邮　　箱：bonnie_deng@163.com　　milipeach@126.com